计 算 机 科 学 丛 书

原书第3版

数值方法（MATLAB版）

[英] 乔治·林德菲尔德（George Lindfield）
约翰·彭尼（John Penny） 著 李君 任明明 译

Numerical Methods Using MATLAB

Third Edition

U0317230

机械工业出版社
China Machine Press

图书在版编目（CIP）数据

数值方法：MATLAB 版（原书第 3 版）/（英）林德菲尔德（Lindfield, G.），（英）彭尼（Penny, J.）著；李君，任明明译．—北京：机械工业出版社，2016.2
（计算机科学丛书）
书名原文：Numerical Methods Using MATLAB, Third Edition

ISBN 978-7-111-52429-8

I. 数… II. ①林… ②彭… ③李… ④任… III. ①电子计算机–数值计算–教材 ②计算机辅助计算–Matlab 软件–教材 IV. ① TP301.6 ② TP391.75

中国版本图书馆 CIP 数据核字（2015）第 313261 号

本书版权登记号：图字：01-2013-1802

Numerical Methods Using MATLAB, Third Edition
George Lindfield and John Penny
ISBN: 978-0-12-386942-5

本书深入浅出地介绍数值分析，除了以理论说明基本原理之外，还辅以 MATLAB 程序让读者立即实验，由做中学，并提供习题解答以检验理解及应用是否正确，此外还扩充方法以解决实际工程科学的问题．

本书可作为高等院校数学、计算机科学等专业本科生或研究生的教材，也可作为工业和教育领域相关工作人员的参考书．

出版发行：机械工业出版社（北京市西城区百万庄大街 22 号 邮政编码：100037）
责任编辑：和 静　　责任校对：董纪丽
印　　刷：北京诚信伟业印刷有限公司　　版　　次：2016 年 3 月第 1 版第 1 次印刷
开　　本：185mm×260mm 1/16　　印　　张：23
书　　号：ISBN 978-7-111-52429-8　　定　　价：99.00 元

凡购本书，如有缺页、倒页、脱页，由本社发行部调换
客服热线：（010）88378991 88361066　　投稿热线：（010）88379604
购书热线：（010）68326294 88379649 68995259　　读者信箱：hzjsj@hzbook.com

文艺复兴以来，源远流长的科学精神和逐步形成的学术规范，使西方国家在自然科学的各个领域取得了垄断性的优势；也正是这样的优势，使美国在信息技术发展的六十多年间名家辈出、独领风骚. 在商业化的进程中，美国的产业界与教育界越来越紧密地结合，计算机学科中的许多泰山北斗同时身处科研和教学的最前线，由此而产生的经典科学著作，不仅擘划了研究的范畴，还揭示了学术的源变，既遵循学术规范，又自有学者个性，其价值并不会因年月的流逝而减退.

近年，在全球信息化大潮的推动下，我国的计算机产业发展迅猛，对专业人才的需求日益迫切. 这对计算机教育界和出版界都既是机遇，也是挑战；而专业教材的建设在教育战略上显得举足轻重. 在我国信息技术发展时间较短的现状下，美国等发达国家在其计算机科学发展的几十年间积淀和发展的经典教材仍有许多值得借鉴之处. 因此，引进一批国外优秀计算机教材将对我国计算机教育事业的发展起到积极的推动作用，也是与世界接轨、建设真正的世界一流大学的必由之路.

机械工业出版社华章公司较早意识到“出版要为教育服务”. 自 1998 年开始，我们就将工作重点放在了遴选、移译国外优秀教材上. 经过多年的不懈努力，我们与 Pearson, McGraw-Hill, Elsevier, MIT, John Wiley & Sons, Cengage 等世界著名出版公司建立了良好的合作关系，从他们现有的数百种教材中甄选出 Andrew S. Tanenbaum, Bjarne Stroustrup, Brain W. Kernighan, Dennis Ritchie, Jim Gray, Afred V. Aho, John E. Hopcroft, Jeffrey D. Ullman, Abraham Silberschatz, William Stallings, Donald E. Knuth, John L. Hennessy, Larry L. Peterson 等大师名家的一批经典作品，以“计算机科学丛书”为总称出版，供读者学习、研究及珍藏. 大理石纹理的封面，也正体现了这套丛书的品位和格调.

“计算机科学丛书”的出版工作得到了国内外学者的鼎力相助，国内的专家不仅提供了中肯的选题指导，还不辞劳苦地担任了翻译和审校的工作；而原书的作者也相当关注其作品在中国的传播，有的还专门为其书的中译本作序. 迄今，“计算机科学丛书”已经出版了近两百个品种，这些书籍在读者中树立了良好的口碑，并被许多高校采用为正式教材和参考书籍. 其影印版“经典原版书库”作为姊妹篇也被越来越多实施双语教学的学校所采用.

权威的作者、经典的教材、一流的译者、严格的审校、精细的编辑，这些因素使我们的图书有了质量的保证. 随着计算机科学与技术专业学科建设的不断完善和教材改革的逐渐深化，教育界对国外计算机教材的需求和应用都将步入一个新的阶段，我们的目标是尽善尽美，而反馈的意见正是我们达到这一终极目标的重要帮助. 华章公司欢迎老师和读者对我们的工作提出建议或给予指正，我们的联系方法如下：

华章网站：www.hzbook.com
电子邮件：hzjsj@hzbook.com
联系电话：(010) 88379604
联系地址：北京市西城区百万庄南街 1 号
邮政编码：100037

华章教育
华章科技图书出版中心

译者序

随着当今科技的日新月异，数值方法已经成为各个领域不可或缺的研究手段，而MATLAB作为世界上最先进的科学计算工具之一，以友好的界面和强大的分析、计算能力，越来越受到人们的青睐.

本书从MATLAB的使用入手，在简述MATLAB的特点和优势的基础上，系统地介绍了一些常用的数值方法，主要包括：线性方程组求解和特征值问题，非线性方程组的求解方法，数值积分和微分，微分方程的初、边值问题，数据拟合，优化以及符号计算等.其中，很多具体的实例来源于生物科学、混沌、神经网络、工程和科学等领域中的应用问题，所有的程序脚本均可在MATLAB 7.13中执行.

本书略去了繁琐深奥的理论证明，通过大量生动翔实的实例，演示了常用的数值方法在MATLAB中的实现.读者在了解掌握基本算法的同时，可以极大地激发学习研究的兴趣和热情，这无论对初学还是进一步提高都大有裨益.

本书的翻译工作由李君、任明明完成，受译者能力所限，错漏之处在所难免，敬请读者批评指正.

译者

2015年10月于南开园

第 3 版在多方面对第 1 版和第 2 版进行了完善. 我们检查和修正了所有的 MATLAB 脚本和函数，以确保它们在 MATLAB 7.13 中可以执行.

本版的主旨和之前的版本一样，即介绍大量的数值算法，解释它们的基本原理并举例说明其应用. 这些算法用软件包 MATLAB 来实现，MATLAB 本身一直在不断改进，它为相关研究提供了一个有力的工具.

本书讨论了很多重要的理论结果，但目的并不是提供各领域里详细的、严谨的理论进展，而是希望展示数值方法是怎样解决诸多应用领域的问题的，同时给出了数值方法在解决具体问题时的预期理论功效.

若能谨慎使用，MATLAB 提供了一个自然简洁的方式来描述数值算法，并提供了试验这些算法的有力工具. 然而，任何一个工具，不管它多么强大，都不可以轻率或不加鉴别地使用.

本书可以使得读者从数值分析的很多有趣问题中获得激励，通过系统的实验来学习数值方法. 尽管 MATLAB 已经提供了许多有用的函数，但本书还要向读者介绍很多有用和重要的算法，并且开发 MATLAB 函数来实现它们. 鼓励读者使用这些函数，并以数值和图形的形式产生结果. MATLAB 提供了强大多样的图形工具，这些工具可使我们对数值方法的结果有更清晰的认识. 本书给出了具体的例子来说明如何利用数值方法研究生物科学、混沌、神经网络、工程和科学领域中的应用问题.

需要指出的是，我们对 MATLAB 的介绍相对简洁，只能作为读者学习的一种辅助. 它无法取代标准的 MATLAB 手册或 MATLAB 软件的教科书. 我们提供了宽泛的主题介绍，以 MATLAB 函数的形式开发算法，并鼓励读者去试验这些函数，为清晰起见它们已尽可能保持简单. 这些函数仍可以改进，强烈建议读者开发自己特别感兴趣的部分.

除了 MATLAB 的一般介绍，本书涵盖了以下主题：线性方程组求解和特征值问题；求解非线性方程组的方法；数值积分和微分；初值和边值问题的求解；曲线拟合，包括样条函数、最小二乘法和傅里叶分析；优化课题中的内点法，非线性规划和遗传算法等. 最后，我们展示了如何将符号计算与数值算法结合起来. 具体到第 3 版，第 1 章中增加了一些新加到 MATLAB 中的函数的说明和示例，并举例讨论了图形操作. 第 4 章现在包含一节洛巴托（Lobatto）积分方法和克龙罗德（Kronrod）展开的内容. 第 8 章进行了全面修订，包括了连续遗传算法、莫勒（Moller）缩放共轭梯度法及求解约束优化问题的方法.

本书包含很多实用的例子、实践问题（其中很多是这一版中新加入的）和解决方法. 我们希望书中提供了一些大家感兴趣的问题.

本书适合本科生、研究生以及工业和教育领域的人员. 我们希望读者分享我们对这一研究领域的热情. 对于那些还没有接触 MATLAB 的读者，本书给出了一般性介绍，其中包括大量的数值算法以及很多有用又有趣的例子和问题.

为方便本书读者，其他参考资料，包括所有 .m 文件脚本和书中所列函数，可从本书配套网站 www.elsevierdirect.com/9780123869425 获得. 使用本书作为教材的老师，可以到教科书网站 www.textbooks.elsevier.com 注册，获取本书的习题解答[⊖].

感谢世界各地的很多读者为我们提供了有益的建议，完善了本版. 也感谢同事 David Wilson 在调整 7.5、7.6 和 7.7 节时给予的大力协助.

欢迎读者指出错误或提出改进建议. 此外，还要感谢 Elsevier 的主要工作人员，包括组稿编辑 Patricia Osborn、编辑项目经理 Kathryn Morrissey、出版商 Joe Hayton、编辑项目经理 Fiona Geraghty、设计师 Kristen Davis 和项目经理 Marilyn Rash.

George Lindfield 和 John Penny

伯明翰市阿斯顿大学

⊖ 关于本书教辅资源，使用教材的教师需通过爱思唯尔的教材网站（www.textbooks.elsevier.com）注册并通过审批后才能获取. 具体方法如下：在 www.textbooks.elsevier.com 教材网站查找到该书后，点击"instructor manual"便可申请查看该教师手册. 有任何问题，请致电 010-85208853. ——编辑注

目 录

MATLAB 简介

MATLAB 是 MathWorks 公司（www. mathworks. com）生产的一个软件包，它可应用于个人电脑和超级计算机系统，包括并行计算. 本章的目标是提供 MATLAB 的有用介绍，为将要讨论的数值方法提供充分的背景. 读者可以参照 MATLAB 手册了解该软件包的完整说明.

1.1 MATLAB 软件包

MATLAB 大概可以说是世界上最成功的商业数值分析软件包，它的名字源于“矩阵实验室”. 它为科学、工程问题以及需要进行重要数值计算的广大领域提供了一个交互式的开发工具. 该软件包可直接执行单一语句或准备好的语句列表——称其为脚本(script). 脚本一旦命名并保存，即可作为一个整体被执行. 软件包最初是基于 LINPACK 和 EISPACK 项目编写的软件，现在已经包括了 LAPACK 和 BLAS 库这些目前“最先进的”矩阵计算的数值软件. MATLAB 为用户提供了如下功能：

1. 简洁的矩阵结构运算.
2. 不断增长和发展的大量强大的内建程序.
3. 强大的二维、三维图形操作.
4. 脚本体系，允许用户根据自己的需求开发和修改软件.
5. 称为工具箱的函数集，它们可以添加到 MATLAB 核心中，并被设计用于特殊应用，如神经网络、最优化、数字信号处理及高阶谱分析.

虽然要以最高效率实现复杂的任务需要丰富的经验，但这并不是说 MATLAB 难以使用. 一般来说 MATLAB 工作时需要使用矩形或方形数组的数据（即矩阵），它们的元素可能是实数也可能是复数. 一个标量也可以看成是包含单一元素的矩阵. 这是一个优雅而强大的想法，但它也会造成用户初期使用时概念理解上的困难. 如果用户学过 C++ 或 Python等语言，自然会熟悉伪表达式 A=B+C 这一形式，而 MATLAB 可以立即把它解释为一个指令，即 A 被指定为 B 和 C 中存储的数值的和. 在 MATLAB 中变量 B 和 C 可以表示数组，所以数组 A 的每个元素就成为 B 和 C 的对应元素值的和. 1

有些语言或软件包与 MATLAB 有些相似之处，包括：

APL. APL 是 A Programming Language 的首字母缩写，即一种编程语言，主要用于处理数组. 它包含了许多功能强大的工具，但较罕见地使用了非标准的符号和语法，并用这些特殊字符重新映射键盘. 这一语言对其他语言产生了重要影响，现在已被 APL 2 取代，至今仍在使用.

NAg 库. 这是一个非常广泛、优质的数值分析的子程序集合. MATLAB 中还有一个针对 NAg 库的工具箱.

Mathematica 和 Maple. 这两个软件包以执行复杂符号数学运算的能力而著称，同时也能承担高精度的数值计算. 相较之下，MATLAB 更擅长强大的数值计算和矩阵操作. 当然，MATLAB 也提供了一个可选的符号工具箱，将在第 9

章讨论.

其他软件包. 如 Scilab[1]、Octave[2](仅适用于 UNIX 平台) 和 Freemat[3], 它们有点类似于 MATLAB，都实现了广泛的数值方法. 商业上 O-Matrix[4]常替代 MATLAB 使用.

本书撰写时 MATLAB 的最新发行版本是 7.13.0.564 (R2011b)，它可在多种平台上运行. 一般来说 MathWorks 公司每半年发布 MATLAB 的一个升级版. 调用 MATLAB 时，它会打开一个命令窗口；若需要也可以打开图形、编辑和帮助窗口. 用户可以设计自己认为合适的 MATLAB 工作环境. MATLAB 脚本和函数通常是独立于平台的，它们可以轻易地从一个系统移植到另一个. 关于安装和启动，读者可根据特定的工作环境参考 MATLAB 手册.

本书中给出的脚本和函数已在 MATLAB 7.13.0.564 (R2011b) 上做过测试. 当然，大多数也可直接用于 MATLAB 的早期版本，不过可能需要修改.

本章余下部分将简要介绍 MATLAB 的一些语句和语法，而省略结构和语法的一些细节，读者可从 MATLAB 手册中获得. MATLAB 的详细描述由 Higham 和 Higham (2005) 给出.
2 其他信息来源于 MathWorks 公司网站和维基百科. 使用维基百科时需加以辨别.

1.2 MATLAB 中的矩阵和矩阵运算

矩阵是 MATLAB 的基础，附录 A 提供了一些宽泛简单的介绍. MATLAB 中矩阵的名称必须以字母开头，后面可以是字母或数字的任意组合，可以是大写或小写字母. 请注意本书中用特殊字体来表示 MATLAB 的语句和输出，例如 disp.

在 MATLAB 中关于标量的加、减、乘、除的算术运算可用通常的方式进行，也可以直接用矩阵或数组数据. 当然用户须先创建矩阵，才能使用这些矩阵的算术运算. 在 MATLAB 中，有几种创建矩阵的方法，其中适合小型矩阵的最简单的方法如下所示. 要指定一组值给矩阵 A，只需打开命令窗口，然后在提示符>> 后键入

```
>> A = [1 3 5;1 0 1;5 0 9]
```

方括号内是矩阵的元素，每行元素由至少一个空格或逗号分隔，分号 (;) 表示结束该行，开始另一行. 按下回车键，将显示矩阵：

```
A =
     1     3     5
     1     0     1
     5     0     9
```

所有语句都将在按下回车键后执行. 例如，在提示符>> 后输入 B = [1 3 51; 2 6 12; 10 7 28]并按回车，就给 B 赋了值. 在命令窗口中，将矩阵相加的结果赋值给 C，只需键入 C = A+B，类似地，如果键入 C = A-B 即为矩阵相减的结果. 上述两种情况的结果均在命令窗口逐行显示. 需要注意的是，以分号结束的 MATLAB 语句无任何输出.

对于简单的问题，可以使用命令窗口. 所谓简单，是指有限复杂度的 MATLAB 语句，当然，有限复杂度的 MATLAB 语句也可以提供某些强大的数值计算. 但是，如果要按照顺序执行一个 MATLAB 语句 (命令) 序列，那么较合适的方法是，打开 MATLAB

[1] www.scilab.org
[2] www.gnu.orgsoftwareoctave
[3] freemat.sourceforge.net
[4] www.omatrix.com

编辑窗口，写入这些语句序列，创建脚本，再取一个合适的名称保存它，以备将来使用. 除非在命令窗口中键入该脚本的名称并按回车键，否则程序不会执行或显示输出.

矩阵如果只有一行或者一列，则称为向量. 一个行向量包含一行元素，而一个列向量
包含一列元素. 在数学、工程和科学领域，通常用黑体的大写字母来表示矩阵（例如 **A**）， 3
用黑体的小写字母来表示列向量（例如 $\boldsymbol{x}$）. 转置操作可以把一个行向量变成列向量，反之亦然，所以可以用列向量的转置来表示行向量. 在数学上，通常用上标的 T 表示转置，这样一个行向量可以表示为$\boldsymbol{x}^{\mathrm{T}}$. 在 MATLAB 中，用户可以直接定义向量的形式，既可以是行向量也可以是列向量.

在 MATLAB 中，对向量和矩阵进行乘法操作是非常方便的. 对向量乘法，假设 `d` 和 `p` 是两个行向量，有相同的元素个数，对这两个向量做乘法可以写为 `x = d * p'`，这里符号“`'`”表示把行向量 `p` 转置成一个列向量，这样才可以相乘. 乘法的结果 `x` 是一个标量. 也有很多人使用“`.'`”表示转置，原因将在 1.4 节中解释.

假设矩阵 `A` 和 `B` 都已赋值，那么矩阵乘法可简单地写为 `C = A * B`. 如果可以相乘，该语句把 `A` 乘以 `B` 的结果赋予 `C`，并打印输出 `C`. 否则 MATLAB 将给出相应的错误提示. 矩阵可以相乘的条件在附录 A 中给出. 注意在这里符号“`*`”是必需的.

MATLAB 中一个很有用的函数是 `whos`（函数 `who` 提供相似的功能），它可以告诉用户当前工作区的内容. 例如，假设前面提到的矩阵 `A`、`B` 和 `C` 都没有从内存中清除，那么将有

```
>> whos
  Name       Size                    Bytes  Class
  A          3x3                        72  double array
  B          3x3                        72  double array
  C          3x3                        72  double array

Grand total is 27 elements using 216 bytes
```

它说明 `A`、`B` 和 `C` 都是 3×3 的矩阵，以双精度数组存储. 一个双精度数需要 8 个字节来存储，所以每个数组的 9 个元素共需要 72 个字节来存储. 考虑下面的操作：

```
>> clear A
>> B = [ ];
>> C = zeros(4,4);

>> whos
  Name       Size                    Bytes  Class
  B          0x0                         0  double array
  C          4x4                       128  double array
```

```
Grand total is 16 elements using 128 bytes
```
4

这里，从内存中清除（删掉）了矩阵 `A`，将一个空矩阵赋予 `B`，并将一个 4×4 的全 0 数组赋予 `C`.

矩阵的大小可以用函数 `size` 和 `length` 来获得：

```
>> A = zeros(4,8);
>> B = ones(7,3);
>> [p q] = size(A)

p =
     4
```

```
q =
     8

>> length(A)

ans =
     8

>> L = length(B)

L =
     7
```

这里 size 给出了矩阵的大小，而 length 给出了最大维度上的元素个数.

1.3 操作矩阵的元素

在 MATLAB 中，可以单独访问矩阵的元素或者以块的方式访问矩阵的元素. 例如：

```
>> X(1,3) = C(4,5)+V(9,1)
>> A(1) = B(1)+D(1)
>> C(i,j+1) = D(i,j+1)+E(i,j)
```

这些访问矩阵元素的语句都是合法的. 矩阵的行和列作为完整的实体也是可以操作的，比如 A(:,3) 和 B(5,:) 分别表示 A 的第 3 列和 B 的第 5 行. 如果 B 有 10 行 10 列，即 B 是一个 10×10 的矩阵，那么 B(:,4:9) 表示 B 的第 4 到 9 列，这里符号“:”表示所有的行. 注意，在 MATLAB 中，缺省情况下矩阵下标从 1 开始，当实现某些算法时这可能会导致
5 一些混乱.

下面的例子展示了 MATLAB 中使用下标的一些方式. 首先，给一个矩阵赋值：

```
>> A = [2 3 4 5 6;-4 -5 -6 -7 -8; 3 5 7 9 1; ...
          4 6 8 10 12;-2 -3 -4 -5 -6]

A =
     2     3     4     5     6
    -4    -5    -6    -7    -8
     3     5     7     9     1
     4     6     8    10    12
    -2    -3    -4    -5    -6
```

这里使用“省略号”（…）表示语句没有结束，下一行是这一行的继续.

执行下面的语句：

```
>> v = [1 3 5];
>> b = A(v,2)
```

将给出：

```
b =
     3
     5
    -3
```

即 b 由 A 的第 2 列的第 1、3、5 个元素组成.

执行语句：

```
>> C = A(v,:)
```

将给出：

```
C =
     2     3     4     5     6
     3     5     7     9     1
    -2    -3    -4    -5    -6
```

即 C 由 A 的第 1、3、5 行构成.

执行语句：

```
>> D = zeros(3);
>> D(:,1) = A(v,2)
```

将给出：

```
D =
     3     0     0
     5     0     0
    -3     0     0
```

6

这里，D 是 3×3 的零矩阵，而后将其第 1 列元素分别替换为 A 的第 2 列中第 1、3、5 个元素.

执行语句：

```
>> E = A(1:2,4:5)
```

将给出：

```
E =
     5     6
    -7    -8
```

如果用一个单独的下标来引用一个数组（方的或者长方的），对于该下标的解释如下：下标 1 对应该数组最左上的元素，下标增加的方向是对每一列从上往下，对不同列从左往右. 例如，对于前面的数组 C：

```
C1 = C;
C1(1:4:15) = 10

C1 =
    10     3     4     5    10
     3    10     7     9     1
    -2    -3    10    -5    -6
```

注意这里下标增加的跨度是 4.

当操作非常大的矩阵时，常常不确定矩阵的大小. 举例来说，如果要找矩阵 A 的倒数第 2 行和倒数第 1 列的元素，可以编写如下语句：

```
>> size(A)

ans =
     5     5

>> A(4,5)

ans =
    12
```

更简单的做法是使用 end：

```
>> A(end-1,end)

ans =
    12
```

函数 reshape 可对整个矩阵进行操作，如其名字所示，该函数将一个给定的矩阵重新调 7

整为指定大小的矩阵（要求两个矩阵有相同的元素个数）. 例如，一个 3×4 的矩阵可以调整为一个 6×2 的矩阵，但是一个 3×3 的矩阵不能调整为一个 5×2 的矩阵. 该函数按列取原始矩阵的元素，直到满足新矩阵的列大小，然后对下一列重复此过程. 例如，对于矩阵 P：

```
>> P = C(:,1:4)

P =
     2     3     4     5
     3     5     7     9
    -2    -3    -4    -5

>> reshape(P,6,2)

ans =
     2     4
     3     7
    -2    -4
     3     5
     5     9
    -3    -5

>> s = reshape(P,1,12);
>> s(1:10)

ans =
     2     3    -2     3     5    -3     4     7    -4     5
```

1.4 转置矩阵

对矩阵可以做转置操作，以互换矩阵的行和列. 在 1.2 节中简单介绍过向量的转置，在 MATLAB 中转置用符号“'”来表示. 例如，对矩阵 A，

```
>> A = [1 2 3;4 5 6;7 8 9]

A =
     1     2     3
     4     5     6
     7     8     9
```

8

把 A 的转置赋予 B，语句如下：

```
>> B = A'

B =
     1     4     7
     2     5     8
     3     6     9
```

如果使用符号“.'”替代“'”，将得到相同的结果. 但是在 MATLAB 中，当 A 是复矩阵时，符号“'”表示复共轭转置. 例如：

```
>> A = [1+2i 3+5i;4+2i 3+4i]

A =
   1.0000 + 2.0000i   3.0000 + 5.0000i
   4.0000 + 2.0000i   3.0000 + 4.0000i
```

```
>> B = A'

B =
   1.0000 - 2.0000i   4.0000 - 2.0000i
   3.0000 - 5.0000i   3.0000 - 4.0000i
```

为了得到转置，而非共轭转置，可以写为：

```
>> C = A.'

C =
   1.0000 + 2.0000i   4.0000 + 2.0000i
   3.0000 + 5.0000i   3.0000 + 4.0000i
```

1.5 特殊矩阵

有些矩阵在矩阵运算中经常出现，MATLAB 可以很容易地生成这些矩阵. 几个最常用的命令，如 ones(m,n)、zeros(m,n)、rand(m,n)、randn(m,n)和 randi(p,m,n)，分别生成全为 1 的矩阵、全为 0 的矩阵、由均匀分布随机数组成的矩阵、由正态分布随机数组成的矩阵以及由均匀分布随机整数组成的矩阵，矩阵维数均为 $m\times n$. randi(p,m,n)中的 p 表示最大整数. 如果只给了一个标量参数，那么这些函数将生成一个给定参数大小的方阵. 函数 eye(n)生成一个 $n\times n$ 的单位矩阵. 函数 eye(m,n)生成一个 m 行 n 列的矩 9
阵，其对角线元素都是 1：

```
>> A = eye(3,4), B = eye(4,3)

A =
     1     0     0     0
     0     1     0     0
     0     0     1     0

B =
     1     0     0
     0     1     0
     0     0     1
     0     0     0
```

如果需要生成一个随机矩阵 C，而且要求 C 的大小和已存在的矩阵 A 的大小一致，则使用语句 C = rand(size(A)). 类似地，D = zeros(size(A))生成一个全 0 的矩阵，E = ones(size(A))生成一个全 1 的矩阵，D 和 E 的大小都跟 A 相同.

第 2 章将介绍其他更多的特殊矩阵.

1.6 用给定元素值生成矩阵和向量

这里只讨论一些简单的例子：

x = - 8:1:8（或 x = -8:8）设置 x 为由元素 −8，−7，…，7，8 构成的向量；

y = -2:.2:2 设置 y 为由元素 −2，−1.8，−1.6，…，1.8，2 构成的向量；

z = [1:3 4:2:8 10:0.5:11]设置 z 为向量 [1 2 3 4 6 8 10 10.5 11].

函数 linspace 也可以用来生成向量，用户需要指定该向量的起始值、结束值以及元素个数，例如：

```
>> w = linspace(-2,2,5)

w =
```
10
```
    -2    -1     0     1     2
```

这也可以通过 w = -2:1:2 或 w = -2:2 来实现，但下面的语句如果用其他方法来实现会更困难一些：

```
>> w = linspace(0.2598,0.3024,5)

w =
    0.2598    0.2704    0.2811    0.2918    0.3024
```

如果需要向量元素间是对数间隔，可以使用下面的语句：

```
>> w = logspace(1,2,5)

w =
   10.0000   17.7828   31.6228   56.2341  100.0000
```

注意，上面的值是介于10^1和10^2之间的，不是 1 和 2 之间的. 用其他方法来生成上面的向量是比较困难的. 使用 logspace 时需要注意，如果第二个参数是 pi，那么向量结束值就是 π，不是10^{π}. 例如：

```
>> w = logspace(1,pi,5)

w =
   10.0000    7.4866    5.6050    4.1963    3.1416
```

可以通过组合矩阵来生成更复杂的矩阵，例如，下面的两行语句：

```
>> C = [2.3 4.9; 0.9 3.1];
>> D = [C ones(size(C)); eye(size(C)) zeros(size(C))]
```

生成一个新矩阵 D，其大小是 C 的 2 倍：

```
D =
    2.3000    4.9000    1.0000    1.0000
    0.9000    3.1000    1.0000    1.0000
    1.0000         0         0         0
         0    1.0000         0         0
```

函数 repmat 按照要求的次数复制一个给定矩阵，例如，假设矩阵 C 如上所定义，则语句

11
```
>> E = repmat(C,2,3)
```

将把矩阵 C 作为一个块复制多次，生成一个新的矩阵，新矩阵行数为原来的 2 倍，列数为原来的 3 倍，即 E 为一个 4 行 6 列的矩阵：

```
E =
    2.3000    4.9000    2.3000    4.9000    2.3000    4.9000
    0.9000    3.1000    0.9000    3.1000    0.9000    3.1000
    2.3000    4.9000    2.3000    4.9000    2.3000    4.9000
    0.9000    3.1000    0.9000    3.1000    0.9000    3.1000
```

函数 diag 可以生成一个对角矩阵，对角线上的元素由一个向量给出. 例如：

```
>> H = diag([2 3 4])
```

将生成矩阵 H：

```
H =
     2     0     0
     0     3     0
     0     0     4
```

函数 diag 的第二个用法是获得给定矩阵的主对角线的元素. 例如：

```
>> P = rand(3,4)

P =
    0.3825    0.9379    0.2935    0.8548
    0.4658    0.8146    0.2502    0.3160
    0.1030    0.0296    0.5830    0.6325
```

则有

```
>> diag(P)

ans =
    0.3825
    0.8146
    0.5830
```

对角矩阵的复杂形式是块对角矩阵，这种类型的矩阵可以用函数 blkdiag 来生成. 矩阵 A1 和 A2 如下所示：

```
>> A1 = [1 2 5;3 4 6;3 4 5];
>> A2 = [1.2 3.5,8;0.6 0.9,56];
```

12

则有

```
>> blkdiag(A1,A2,78)

ans =
  1.0000   2.0000   5.0000        0        0        0        0
  3.0000   4.0000   6.0000        0        0        0        0
  3.0000   4.0000   5.0000        0        0        0        0
       0        0        0   1.2000   3.5000   8.0000        0
       0        0        0   0.6000   0.9000  56.0000        0
       0        0        0        0        0        0  78.0000
```

前面介绍的函数都可以方便地创建复杂矩阵，从而省去了很多繁琐的编程.

1.7 矩阵函数

一些算术操作在标量上可以很简单地执行，但是当遇到大的矩阵时，可能需要大量的计算. 例如求矩阵的幂. 在 MATLAB 中可以简单地写为 A^p，这里 p 是一个标量，A 是一个方阵，可以计算 A 的任意 p 次幂. 对 p 等于 0.5 的情形，更好的方法是使用sqrtm(A)，该函数返回矩阵 A 的主平方根（参见附录 A.13 节）. 类似地，如果 p 等于 −1，最好使用 inv(A). 另一个可以直接使用的特殊运算是指数运算 expm(A)，该函数返回矩阵 A 的矩阵指数，即 e^A. 函数 logm(A)给出了 A 的主对数矩阵（相对于底 e 来说），即如果 B = logm(A)，则 B 是矩阵 A 的（唯一）主对数矩阵，其每个特征值的虚部严格位于 $-\pi$ 和 π 之间.

例如：

```
>> A = [61 45;60 76]

A =
    61    45
    60    76

>> B = sqrtm(A)

B =
    7.0000    3.0000
    4.0000    8.0000
```

13

```
>> B^2

ans =
   61.0000   45.0000
   60.0000   76.0000
```

1.8 用 MATLAB 运算符“\”做矩阵除法

作为说明 MATLAB 强大功能的例子，考虑求解线性方程组．求解 $ax=b$，当 a 和 b 是标量时，x 可以很容易求得，即 $x=b/a$．考虑下面的矩阵方程：

$$\boldsymbol{A}\boldsymbol{x} = \boldsymbol{b} \tag{1-1}$$

其中 $\boldsymbol{A}$ 是方阵，$\boldsymbol{x}$ 和 $\boldsymbol{b}$ 都是列向量．求解 $\boldsymbol{x}$ 是一个较困难的问题，在 MATLAB 中，可以通过执行下面的语句得到：

```
x = A\b
```

这个语句求解了线性方程组 (1-1)，其中用到了 MATLAB 中重要的除法运算符“\”．

对线性方程组进行求解是一个重要的课题，计算的效率及其他方面将在第 2 章中详细讨论．

1.9 逐元素运算

逐元素运算和通常的矩阵运算不同，但有时非常有用．在运算符前面添加句点 (.) 可以实现逐元素计算．如果 X 和 Y 是矩阵（或向量），则 X.^Y 得到一个矩阵，其每个元素为 X 的每个元素的某次幂，指数为对应的矩阵 Y 的元素．类似地，X.*Y 得到 X 和 Y 的对应元素相乘所得的矩阵，Y.\X 得到一个矩阵，其每个元素为 X 的每个元素除以 Y 的对应元素．X./Y 和 Y.\X 结果相同．这几个运算可以执行的前提是所有的矩阵和向量有相同的大小．注意句点 (.) 并不用在矩阵的＋和－运算中，因为矩阵的加减运算本身就是逐元素进行的．下面举几个例子：

```
>> A = [1 2;3 4]

A =
      1      2
      3      4
>> B = [5 6;7 8]

B =
      5      6
      7      8
```

14

首先普通的矩阵乘法如下：

```
>> A*B

ans =
    19    22
    43    50
```

但如果使用点运算符 (.)，则有

```
>> A.*B

ans =
     5    12
    21    32
```

即为逐元素进行相乘．现在考虑下面的语句：

```
>> A.^B

ans =
           1          64
        2187       65536
```

如前所述，得到的矩阵中每个元素是 A 的每个元素的某次幂，其指数为 B 的对应元素.

逐元素计算有很多应用. 例如在画图时（参考 1.13 节）：

```
>> x = -1:0.1:1;
>> y = x.*cos(x);
>> y1 = x.^3.*(x.^2+3*x+sin(x));
```

这里用向量 x 表示多个值，向量 y 和 y1 表示 x 经计算后对应的值. 利用逐元素计算的方式，可以分别用单条语句来计算 y 和 y1 的所有元素. 本质上讲，逐元素计算就是同时对多个标量进行计算的过程.

1.10 标量运算及函数

和其他的计算机语言类似，在 MATLAB 中可以定义并操作标量，但是在命名方式上，矩阵和标量是一样的，也就是说，A 可以表示一个标量，也可以表示一个矩阵，给它赋值的过程决定了它的类型. 例如： 15

```
>> x = 2;
>> y = x^2+3*x-7

y =
     3

>> x = [1 2;3 4]
x =
     1     2
     3     4

>> y = x.^2+3*x-7

y =
    -3     3
    11    21
```

注意在前面的例子中，操作向量时需要在运算符前加上点（.），操作标量则不需要加，不过加了也不会出错.

如果把一个方阵和它本身相乘，即 x^2，那么得到的是通常意义上的矩阵乘法，而不是前面介绍过的逐元素相乘 x.^2. 如下所示：

```
>> y = x^2+3*x-7

y =
     3     9
    17    27
```

MATLAB 中内建了大量的数学函数，它们通过逐元素计算的方式应用在标量、数组或向量上. 可以通过函数名及相关参数来调用这些函数，它们可以返回一个或多个值. 表 1-1 列出了其中一部分函数，包括函数名、功能及使用的例子. 注意所有的函数名都是小写字母.

表 1-1　一些 MATLAB 数学函数

函数名	功能	使用举例
sqrt(x)	x 的平方根	y = sqrt(x+2.5);
abs(x)	x 为实数时，计算 x 的绝对值 x 为复数时，计算 x 的模	d = abs(x) * y;
real(x)	复数 x 的实部	d = real(x) * y;
imag(x)	复数 x 的虚部	d = imag(x) * y;
conj(x)	x 的复共轭	x = conj(y);
sin(x)	x 的正弦，x 的单位为弧度	t = x+sin(x);
asin(x)	x 的反正弦，返回值的单位为弧度	t = x+sin(x);
sind(x)	x 的正弦，x 的单位为角度	t = x+sind(x);
log(x)	x 的以 e 为底的对数值	z = log(1+x);
log10(x)	x 的以 10 为底的对数值	z = log10(1-2 * x);
cosh(x)	x 的双曲余弦	u = cosh(pi * x);
exp(x)	x 的指数函数，即 e^x	p = .7 * exp(x);
gamma(x)	x 的伽玛函数	f = gamma(y);
bessel(n,x)	x 的 n 阶贝塞尔函数	f = bessel(2,y);

这里并未列出全部的 MATLAB 函数，MATLAB 提供了全面的三角函数、反三角
16 函数、双曲函数、反双曲函数以及对数函数. 下面的例子展示了一些函数的用法：

```
>> x = [-4 3];
>> abs(x)

ans =
     4     3

>> x = 3+4i;
>> abs(x)

ans =
     5

>> imag(x)

ans =
     4

>> y = sin(pi/4)

y =
    0.7071
```

17

```
>> x = linspace(0,pi,5)
```

```
x =
         0    0.7854    1.5708    2.3562    3.1416

>> sin(x)

ans =
         0    0.7071    1.0000    0.7071    0.0000

>> x = [0 pi/2;pi 3*pi/2]

x =
         0    1.5708
    3.1416    4.7124

>> y = sin(x)

y =
         0    1.0000
    0.0000   -1.0000
```

MATLAB 提供了一些重要的通用数学运算的函数，这些函数常需要多个输入参数并可能输出多个结果. 例如，`bessel(n,x)` 计算 x 的 n 阶贝塞尔函数；语句 `y = fzero('fun',x0)` 计算函数 `fun` 在 `x0` 附近的根，其中函数 `fun` 由用户定义，待求根的方程由 `fun` 提供，在 3.1 节中有函数 `fzero` 的使用例子；语句 `[Y,I]= sort(X)` 有两个返回值，其中 `Y` 为排序后的矩阵，而矩阵 `I` 中的元素值为排序后矩阵元素在原矩阵中的位置.

除了大量数学函数以外，MATLAB 还提供了一些有用的函数，方便对脚本操作的检查，包含：

- `pause` 暂停脚本的执行，等待用户按下任意一个键. 注意此时光标变成符号 P，表示该脚本处于暂停模式. 在脚本运行中常与 `echo on` 一起使用.
- `echo on` 执行脚本的每一行之前，先在命令窗口打印该行内容. 这在演示时很有用. 语句 `echo off` 可关闭打印.
- `who` 列出当前工作区内的所有变量.
- `whos` 列出当前工作区内的所有变量，以及它们的大小及类别等信息.

MATLAB 也提供了一些和时间相关的函数：

- `clock` 返回当前的日期及时间，格式为＜年 月 日 时 分 秒＞.
- `etime(t2,t1)` 计算 `t1` 和 `t2` 之间流逝的时间. 注意 `t1` 和 `t2` 都是函数 `clock` 的输出. 18
- `tic ... toc` 提供了计算执行一段脚本所需时间的方式. 语句 `tic` 表示计时开始，`toc` 则给出了自上个 `tic` 操作以来流逝的时间.
- `cputime` 返回自 MATLAB 启动以来总的时间，单位为秒.

下面的脚本利用前面介绍的时间函数来估计求解 1000 阶的线性方程组所需的时间：

```
% e3s107.m  Solves a 1000x1000 linear equation system
A = rand(1000); b = rand(1000,1);
T_before = clock;
tic
t0 = cputime;
y = A\b;
timetaken = etime(clock,T_before);
tend = toc;
```

```
t1 = cputime-t0;
disp('etime     tic-toc   cputime')
fprintf('%5.2f %10.2f %10.2f\n\n', timetaken,tend,t1);
```

在某台计算机上运行上面的脚本，可能给出如下的输出结果：

```
etime     tic-toc   cputime
 0.30       0.31       0.30
```

从输出可以看到，三种不同的方法给出的结果是基本一致的．多次运行时可能输出不同，运行时间越短，输出时间的变化幅度越大．

1.11 字符串变量

之前已经知道在 MATLAB 中矩阵和标量的命名没有任何不同，同样，字符串的命名也没有任何特殊之处．例如，A = [1 2; 3 4],A = 17.23，A ='help'都是合法的语句，它们分别把一个数组、标量和文本字符串赋予 A.

在 MATLAB 中，字符和字符串都可以赋给一个变量，只需把字符串放在引号里，再将其赋给一个变量即可．MATLAB 提供了一些特定的字符串操作函数，在本节后列出了一部分．下面的例子说明可用标准的赋值操作来给字符串赋值．

19

```
>> s1 = 'Matlab ', s2 = 'is ', s3 = 'useful'

s1 =
Matlab

s2 =
is

s3 =
useful
```

在 MATLAB 中，字符串是由对应字符 ASCII 码值的向量形式表示的，之所以称为字符串，是由于对它赋值和访问时采用了特殊的方式．例如，字符串'is '实际存储为向量 [105 115 32]．字母 i、s 和空格的 ASCII 码分别为 105、115 和 32．字符串的向量结构在操作字符串时有重要作用，例如，可以用方括号将字符串连接起来：

```
>> sc = [s1 s2 s3]

sc =
Matlab is useful
```

注意其中的空格．访问字符数组中的任意一个字符，可以用：

```
>> sc(2)

ans =
a
```

访问字符串中的一个子串，可以用：

```
>> sc(3:10)

ans =
tlab is
```

可以用字符串向量的转置来垂直输出该字符串：

```
>> sc(1:3)'

ans =
M
a
t
```

可以将子串逆序，并将其赋予另一个字符串变量：

```
>>a = sc(6:-1:1)

a =
baltaM
```

也可以定义字符串数组．例如，利用之前定义过的字符串 sc，可以定义一个字符串数组： 20

```
>> sd = 'Numerical method'
>> s = [sc; sd]

s =
Matlab is useful
Numerical method
```

获取该字符串数组的第 12 列，可以用：

```
>> s(:,12)

ans =
s
e
```

注意这里的字符串长度必须一致，这样才能生成一个 ASCII 码值的长方形数组．在本例中，该数组大小是 2×16．

下面演示如何用 MATLAB 字符串函数来操作字符串．替换字符串的部分内容用 strrep 函数，下面的语句将 sc 中的'useful'替换为'super'：

```
>> strrep(sc,'useful','super')

ans =
Matlab is super
```

确定一个特定字符或字符串是否在另一个字符串中出现，可以使用函数 findstr．例如：

```
>> findstr(sd,'e')

ans =
     4    12
```

这条语句能给出该字符串中字符'e'的位置（在第 4 个和第 12 个字符处）．如果需要确定某个子串的位置，可用如下语句：

```
>> findstr(sd, 'meth')

ans =
    11
```

子串'meth'在字符串 sd 中第 11 个字符处出现（连续 4 个字符）．如果在原字符串中未能找到，将给出如下的输出结果：

```
>> findstr(sd,'E')

ans =
     [ ]
```

21

要将一个字符串转换为对应的 ASCII 码值，可以使用函数 double 或者调用任意的算术运算．对已有字符串 sd 操作，如下所示：

```
>> p = double(sd(1:9))

p =
    78   117   109   101   114   105    99    97   108
```

```
>> q = 1*sd(1:9)

q =
     78   117   109   101   114   105    99    97   108
```

上面的例子中将字符串乘以数值 1，MATLAB 则把该字符串看成是对应的 ASCII 码值向量，然后再和 1 相乘．从 sd(1:9) = 'Numerical'中，可以推出 N 的 ASCII 码值是 78，u 的 ASCII 码值是 117，等.

相应地，可用 char 函数将一个 ASCII 码值的向量转换成字符串．例如：

```
>> char(q)

ans =
Numerical
```

可将上面向量中的 ASCII 码值都加 3，然后再转换为字符串，示例如下：

```
>> char(q+3)

ans =
Qxphulfdo

>> char((q+3)/2)

ans =
(<84:6327

>> double(ans)

ans =
     40    60    56    52    58    54    51    50    55
```

如上所示，char(q)将 ASCII 值的向量转换为字符串，而且正如所见，可对 ASCII 码值
22 做算术运算，然后再转换为字符串．如果经过运算后的 ASCII 码值不是整数，则将小数部分舍掉转换为整数.

要注意，字符串'123'和数字 123 是不一样的，例如，对下面的语句：

```
>> a = 123

a =
   123

>> s1 = '123'

s1 =
123
```

使用 whos 可以查看变量 a 和 s1 的类型：

```
>> whos
  Name       Size                    Bytes  Class
  a          1x1                         8  double array
  s1         1x3                         6  char array

Grand total is 4 elements using 14 bytes
```

一个字符需要 2 个字节来存储，而一个双精度数需要 8 个字节．若需要将字符串转换为对应的数值，可使用函数 str2num 和 str2double，如下所示：

```
>> x=str2num('123.56')

x =
  123.5600
```

某些字符串可用 str2num 转换为复数，但转换时用户一定要小心，请参考如下示例：

```
>> x = str2num('1+2j')

x =
1.0 + 2.0000i
```

但是

```
>> x = str2num('1+2 j')

x =
   3.0000                    0 + 1.0000i
```
23

而函数 str2double 可以忽略上面例子中的空格，从而将其转换为 1 个复数：

```
>> x = str2double('1+2 j')

x =
1.0 + 2.0000i
```

还有很多操作字符串的 MATLAB 函数，详细的信息可以参考 MATLAB 手册. 下面列出了其中一部分函数及其使用示例：

- bin2dec('111001')或者 bin2dec('111 001')返回 57
- dec2bin(57)返回字符串'111001'
- int2str([3.9 6.2])返回字符串'4 6'
- num2str([3.9 6.2])返回字符串'3.9 6.2'
- str2num('3.9 6.2')返回 3.9000 6.2000
- strcat('how ','why ','when')返回字符串'howwhywhen'
- strcmp('whitehouse','whitepaint')返回 0，因为这两个字符串不相同
- strcmp('whitehouse','whitepaint',5)返回 1，因为这两个字符串的前 5 个字符是相同的
- date 返回当前日期，格式为 24-Aug-2011

num2str 在函数 disp 和 title 中常会用到，可参考 1.12 和 1.13 节.

1.12 MATLAB 中的输入/输出

赋值语句不加分号时，MATLAB 将输出变量名和变量值. 不过，这会造成输出结果不整齐、脚本可读性不好. 更好的方法是使用 disp 函数. 函数 disp 可以在屏幕上输出文本及变量的值. 例如，disp(A)将输出矩阵 A 的内容. 文本输出时需要用单引号，如下所示：

```
>> disp('This will display this test')
This will display this test
```

字符串的组合可用方括号 [ ] 来输出，如果需要在中间输出数值，可先用 num2str 函数将数值转换为字符串. 例如：

```
>> x = 2.678;
```
24

```
>> disp(['Value of iterate is ', num2str(x), ' at this stage'])
```

将输出：

```
Value of iterate is 2.678 at this stage
```

使用 fprintf 函数可以向屏幕或者文件进行格式化输出，而且更加灵活．格式如下：

```
fprintf('filename','format_string',list);
```

这里 list 是一系列变量名，以逗号分隔．文件名参数'filename'是可选的，如果没有提供，则默认向屏幕输出．格式化字符串'format_string'用于设置输出格式，格式化字符串的常见基本元素如下所示：

- % P.Qe，指数表示方式
- % P.Qf，定点表示方式
- % P.Qg，自动选择% P.Qe 或者% P.Qf，取输出最短的那个
- \n，开始新的一行

上面的 P 和 Q 都是整数，注意 P.Q 必须以% 开始，以字母 e、f 或 g 结束．整数 P 表示数值的输出宽度，整数 Q 表示小数点后的数字宽度．例如，% 8.4f 输出数值的宽度为 8，小数点后有 4 位数字，而% 10.3f 输出数值的宽度为 10，小数点后有 3 位数字．注意，小数点也占一个数字的宽度．例如：

```
>> x = 1007.461; y = 2.1278; k = 17;
>> fprintf('\n x = %8.2f y = %8.6f k = %2.0f \n',x,y,k)
```

将输出

```
x =  1007.46 y = 2.127800 k = 17
```

而语句

```
>> p = sprintf('\n x = %8.2f y = %8.6f k = %2.0f \n',x,y,k)
```

将输出

```
p =

 x =  1007.46 y = 2.127800 k = 17
```

注意，这里的 p 是一个字符串向量，如果需要可进行进一步的操作．

需要什么样式的输出，取决于特定的使用环境．如果需要给其他人看，是不是应把输
25 出结果组织清晰？如果只是用户自己使用，是不是简单的输出就可以？输出是要存档以备将来使用，还是很快就丢弃？不同情况的需求也不同．本节已经给出了简单和复杂输出的几个例子．

下面考察如何通过键盘输入文本及数据．使用 input 函数可以交互地获取输入数据．一个实例如下：

```
>> variable = input('Enter data: ');
Enter data: 67.3
```

这里 input 函数先打印一个文本作为提示，然后等待用户从键盘输入一个数值，本例中为 67.3，按下回车键后，该数值被赋予 variable 变量．标量或者数组都可以通过这种方式输入．函数 input 也允许输入字符串：

```
>> variable = input('Enter text: ','s');
Enter text: Male
```

该语句将把字符串'Male'赋予变量 variable.

对于大量数据，比如之前的 MATLAB 会话存储的数据，可以使用 load 函数从硬盘上加载：

```
load filename
```

文件名后缀通常为.mat 或.dat．MATLAB 软件包提供了太阳黑子的数据文件，把它加

载到内存中可以用以下命令：

```
>> load sunspot.dat
```

在下面的例子中，首先将变量 x、y 和 z 的值存储到文件 test001 中，清空工作区，然后从文件中重新把 x、y 和 z 的值加载到工作区. 语句如下：

```
>> x = 1:5; y = sin(x); z = cos(x);
>> whos
  Name       Size        Bytes  Class
  x          1x5            40  double array
  y          1x5            40  double array
  z          1x5            40  double array
>> save test001
>> clear all, whos      Nothing listed
>> load test001
>> whos
  Name       Size        Bytes  Class
  x          1x5            40  double array
  y          1x5            40  double array
  z          1x5            40  double array
>> x = 1:5; y = sin(x); z = cos(x);
```
26

如果只存储 x 和 y 到文件 test002，接着清空工作区，重新加载 x 和 y，则用如下语句：

```
>> save test002 x y
>> clear all,  whos  Nothing listed
>> load test002 x y, whos
  Name       Size            Bytes  Class
  x          1x5                40  double array
  y          1x5                40  double array
```

注意语句 load test002 在这里和 load test002 x y 的作用是一样的. 最后，清空工作区，只把 x 加载到工作区里：

```
>> clear all, whos   Nothing listed
>> load test002 x, whos
  Name       Size            Bytes  Class
  x          1x5                40  double array
```

以逗号分隔的数据文件（Comma Separated Values，CSV）通常用于在不同软件应用之间交换大量表格数据. 在 CSV 文件中，数据以文本形式存储，并且以逗号分隔数据项. 这种文件可用普通的电子表格应用程序（例如，微软的 Excel）来方便地编辑. 在其他地方产生的数据，且是以 CSV 文件存储的，在 MATLAB 中可以使用 csvread 来导入. 函数 csvwrite 可以用来导出 CSV 文件. 在下面的例子中，首先存储向量 p，清空工作区，然后重新加载向量 p，但是将其重命名为 g：

```
>> p = 1:6;
>> whos
  Name       Size            Bytes  Class
  p          1x6                48  double array

>> csvwrite('test003',p)
>> clear
>> g = csvread('test003')
g =
     1     2     3     4     5
```

1.13 MATLAB 中的图形操作

MATLAB 提供了大量有关图形操作的工具，用户可以在脚本中调用，或者在命令模
27 式下直接执行. 首先来看 plot 函数，该函数有多种形式，例如：

- `plot(x,y)`绘制向量 y 关于向量 x 的图. 如果 x 和 y 都是矩阵，则先画 y 的第一列关于 x 的第一列的图，对 x 和 y 的其余每一个对应列，重复同样的过程.
- `plot(x1,y1,'type1',x2,y2,'type2')`用 type1 定义的线型或点型绘制向量 y1 关于向量 x1 的图，用 type2 定义的线型或点型绘制向量 y2 关于向量 x2 的图.

线型或点型可在表 1-2 中选择，还可以在其之前加一个字符指明颜色.

表 1-2 画图时用到的部分符号及字符

线型	符号	点型	符号	颜色	字符
实线	—	点	.	黄	y
虚线	——	加号	+	红	r
点线	:	星号	*	绿	g
点划线	—.	圆圈	○	蓝	b
		叉	×	黑	k

将 plot 替换为 semilogx、semilogy 或 loglog 则可以画半对数图或对数-对数图，plot 函数还有很多其他的变种. 使用 xlabel、ylabel、title、grid 和 text 等函数可以给一个图添加坐标轴、标签、标题及其他特征，这些函数的形式如下：

- `title('title')`在图的上部显示引号中的内容，作为图的标题.
- `xlabel('x_axis_name')`将引号中的内容作为 x 轴的标签显示在图上.
- `ylabel('y_axis_name')`将引号中的内容作为 y 轴的标签显示在图上.
- `grid` 在图上显示一个叠加的网格.
- `text(x,y,'text-at-x,y')`在图形窗口的 (x, y) 位置处显示引号中的文本内容，这里 x 和 y 的单位与当前图中坐标轴的单位一致. 当 x 和 y 都是向量时，将在多个点处（由 x 和 y 指定）显示文本.
- `gtext('text')`可以用鼠标来定位文本放置的位置，然后按下鼠标键即可.
- `ginput` 可以从一个图形窗口获取信息.

函数 ginput 有两种主要形式，一种是

```
[x,y] = ginput
```

通过先把光标的十字交叉点放在需要的位置然后按下鼠标键的方式取任意多个点，把点的坐标信息存储在 x 和 y 向量中，按下回车键
28 结束取点. 如果只需要取 n 个点，则可用

```
[x,y] = ginput(n)
```

另外，函数 axis 可用来设置图坐标轴的上下限，形式为 axis(p)，这里 p 为 4 个元素的行向量，分别指定 x 轴和 y 轴的下限和上限. 值得注意的是，axis 和 xlabel、ylabel、title、grid、text、gtext 等一样都必须放在对应的 plot 语句后面.

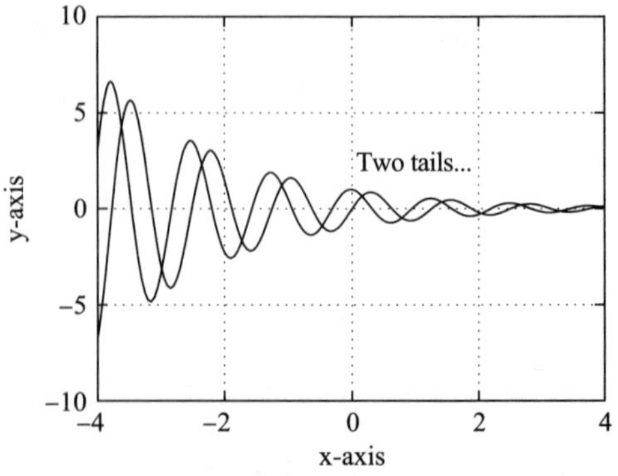

图 1-1 使用 plot(x,y)和 hold 语句可以叠加两个图

下面脚本的输出如图 1-1 所示，其中 hold

语句可用于叠加两个图.

```
% e3s101.m
x = -4:0.05:4;
y = exp(-0.5*x).*sin(5*x);
figure(1), plot(x,y)
xlabel('x-axis'), ylabel('y-axis')
hold on
y = exp(-0.5*x).*cos(5*x);
plot(x,y), grid
gtext('Two tails...')
hold off
```

脚本 e3s101.m 展示了在 MATLAB 中只需要几行语句就可以生成一个图.

函数 fplot 可以在某个指定区域内画出函数的图，函数需要预先定义. fplot 和
plot 的重要区别是，fplot 可以在指定区域内自适应地选择要画的点（根据函数在该点 29
的变化率），当函数变化剧烈时，将选取更多的点. 下面的 MATLAB 脚本说明了这一点.

```
% e3s102.m
y = @(x) sin(x.^3);
x = 2:.04:4;
figure(1)
plot(x,y(x),'o-')
xlabel('x'), ylabel('y')
figure(2)
fplot(y,[2 4])
xlabel('x'), ylabel('y')
```

这里 figure(1) 和 figure(2) 指示在不同的窗口画图. 匿名函数@(x) sin(x.^3) 的解
释可在 1.17 节中找到. 30

运行脚本将生成图 1-2 和图 1-3，在 plot 的例子中故意选取了不足量的点，所以图 1-2 的质量不是很高，而函数 fplot 产生的图更加光滑、准确. 注意 fplot 只能画函数或函数族关于自变量的图，不能画参数图.

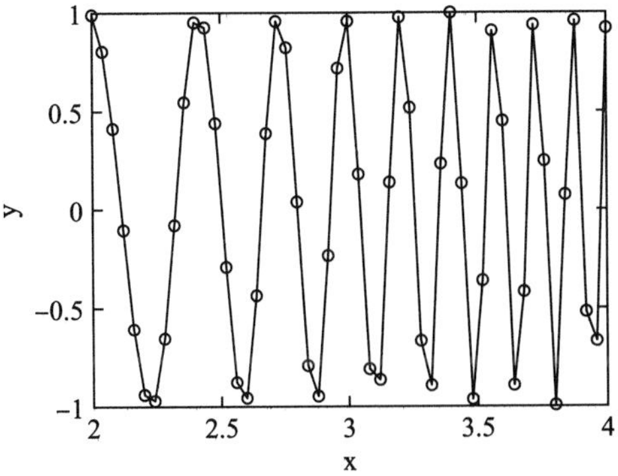

图 1-2 用 51 个等距间隔的点画 $y=\sin(x^3)$ 的图

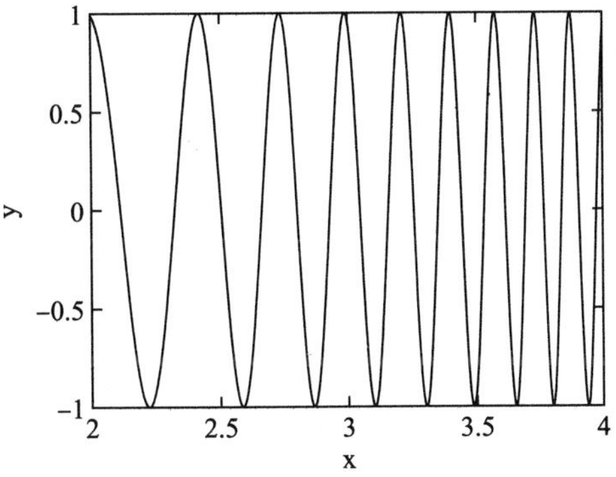

图 1-3 用函数 fplot 自适应选点画 $y=\sin(x^3)$ 的图

函数 ezplot 用法和 fplot 相似，都只需要指定函数即可，但 ezplot 的缺点是它的步长是固定的. 然而，ezplot 可以画参数图和三维图. 例如：

```
>> ezplot(@(t) (cos(3*t)), @(t) (sin(1.6*t)), [0 50])
```

是一个参数图，只是有点粗糙.

以上可以看到用 fplot 画复杂函数的方便之处，在 MATLAB 中还有一些函数，如

ylim 和 xlim，也能在画复杂或未知函数时有所帮助. 函数 ylim 可限制画图时 y 轴的范围，xlim 可限制 x 轴的范围. 下面的例子展示了它们的应用.

图 1-4（未使用 xlim 和 ylim）不够理想，除去在点 $x=-2.5$，$x=1$ 和 $x=3.5$ 处，该图给出的函数信息太少.

```
>> x = -4:0.0011:4;
>> y =1./(((x+2.5).^2).*((x-3.5).^2))+1./((x-1).^2);
>> plot(x,y)
>> ylim([0,10])
```

图 1-5 中使用 ylim([0,10])限制了 y 轴的显示范围，最大值为 10，通过这个图就能很容易理解函数的性态.

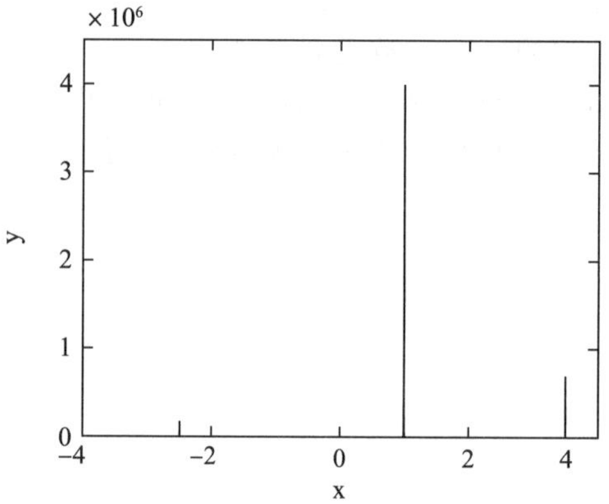

图 1-4　在−4 到 4 的范围内画出函数图像，其最大值为 4×10^6

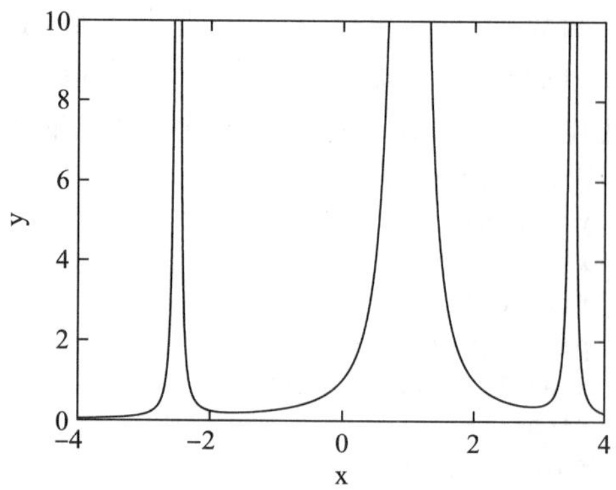

图 1-5　绘制与图 1-4 相同的函数，只是限制了 y 轴的范围

31 在 MATLAB 中有很多特性可用于辅助显示及操作图形，下面介绍一些. 函数 subplot 可在一个图形窗口中画多张图，形式为 subplot(p,q,r)，表示将图形窗口分成 $p\times q$ 个方格，要画的图形位于第 r 个方格（沿着行方向连续编号）. subplot 的使用可参见下面的脚本，它在一个图形窗口中画了 6 张不同的图，每张图位于 6 个方格之一，如图 1-6所示.

```
% e3s103.m
x = 0.1:.1:5;
subplot(2,3,1), plot(x,x)
title('plot of x'), xlabel('x'), ylabel('y')
subplot(2,3,2), plot(x,x.^2)
title('plot of x^2'), xlabel('x'), ylabel('y')
subplot(2,3,3), plot(x,x.^3)
title('plot of x^3'), xlabel('x'), ylabel('y')
subplot(2,3,4), plot(x,cos(x))
title('plot of cos(x)'), xlabel('x'), ylabel('y')
subplot(2,3,5), plot(x,cos(2*x))
title('plot of cos(2x)'), xlabel('x'), ylabel('y')
subplot(2,3,6), plot(x,cos(3*x))
title('plot of cos(3x)'), xlabel('x'), ylabel('y')
```

使用 hold 函数可将多个图形画在同一个图形窗口，hold on 打开该功能，hold off 关闭该功能. 清除当前图形窗口可用 clf 函数.

MATLAB 提供了很多其他的画图函数和类型. 下面介绍两个画图函数，polar 和 compass. 考虑如何画 $x^5-1=0$ 的根. 它的根可用函数 roots 得到，细节可参见 3.11 节. 假设已经得到这个方程的五个根，可以用 polar 和 compass 来显示这五个根. 使用 polar

函数需要提供根的模长及相位角，而使用 compass 函数需要提供根的实部和虚部. 32

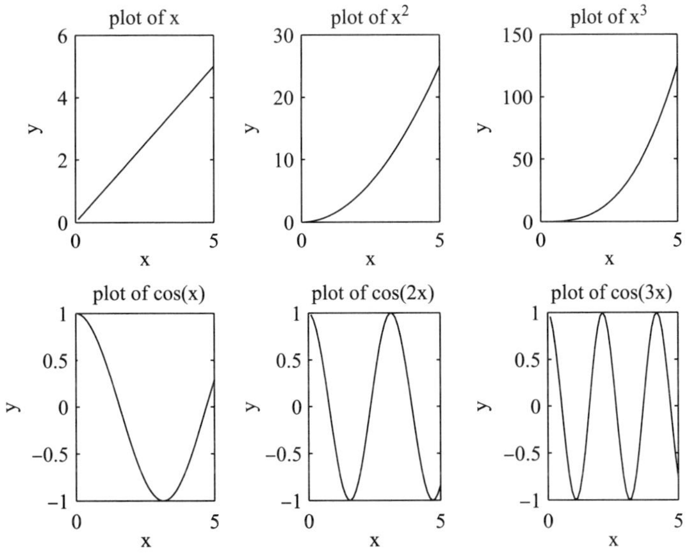

图 1-6 使用函数 subplot 的例子

```
>> p=roots([1 0 0 0 0 1])

p =
  -1.0000
  -0.3090 + 0.9511i
  -0.3090 - 0.9511i
   0.8090 + 0.5878i
   0.8090 - 0.5878i

>> pm = abs(p.')

pm =
    1.0000    1.0000    1.0000    1.0000    1.0000

>> pa = angle(p.')

pa =
    3.1416    1.8850   -1.8850    0.6283   -0.6283

>> subplot(1,2,1), polar(pa,pm,'ok')
>> subplot(1,2,2), compass(real(p),imag(p),'k')
```

画出的图形如图 1-7 所示. 33

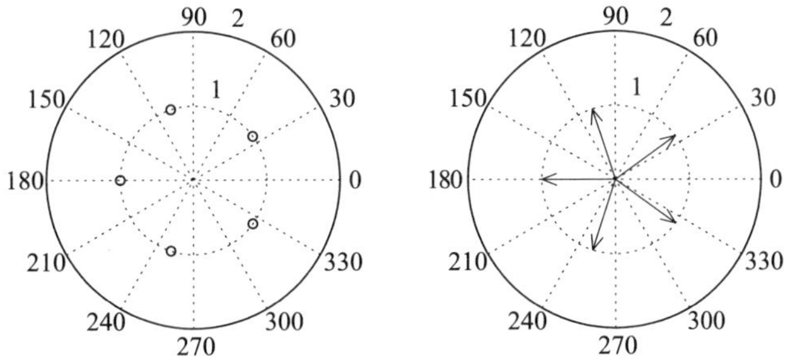

图 1-7 使用 polar 和 compass 画方程 $x^5-1=0$ 的根

1.14 三维绘图

画出一个函数或者数据集的三维图形，常常有助于深刻理解该函数或数据集. MATLAB 提供了大量强大的功能，可以画多种三维图形. 这里仅简要介绍其中一小部分，如 meshgrid、mesh、surfl、contour 和 contour3. 需要注意，如果图形很复杂，绘图可能需要不少时间，绘图时间取决于函数本身的代数复杂性、需要画出的细节及使用的计算机性能.

通常可通过画三维图来显示函数的一些特性，比如极大值或极小值所在的区域. 画出函数的曲面可以获知函数的这些特性，但有时可能比较困难，需要在绘图之前对函数进行仔细地分析. 另外，即便感兴趣的区域已经定位好且绘出了图形，函数的特性也有可能被隐藏起来，这时选择一个不同的视角就很重要. 函数如果存在不连续性，对画图也有影响.

对函数形如 $z=f(x, y)$，可用 MATLAB 函数 meshgrid 在 x-y 平面上生成一个完全点集，以备三维绘图时使用. 接下来对这些点计算其 z 值，最后调用函数 mesh、surf、surfl 或 surfc 进行绘图. 例如，要画函数

$$z=(-20x^2+x)/2+(-15y^2+5y)/2 \quad 其中\ x=-4:0.2:4, \quad y=-4:0.2:4$$

可首先在 x-y 平面上确定点集，进而通过该函数计算这些点对应的 z 值，最后用 surfl
34 绘出三维图形. 下面的脚本实现了这个过程. 请注意其中函数 figure 的作用，它把要画的图定位到另一个图形窗口中，从而避免新图覆盖旧图.

```
% e3s105.m
[x,y] = meshgrid(-4.0:0.2:4.0,-4.0:0.2:4.0);
z = 0.5*(-20*x.^2+x)+0.5*(-15*y.^2+5*y);
figure(1)
surfl(x,y,z); axis([-4 4 -4 4 -400 0])
xlabel('x-axis'), ylabel('y-axis'), zlabel('z-axis')
figure(2)
contour3(x,y,z,15); axis([-4 4 -4 4 -400 0])
xlabel('x-axis'), ylabel('y-axis'), zlabel('z-axis')
figure(3)
contourf(x,y,z,10)
xlabel('x-axis'), ylabel('y-axis')
```

运行这个脚本可以生成图 1-8 至图 1-10，第一张图是用 surfl 生成的，它画出了该函数的曲面；第二张图是用 contour3 生成的，它画出了该曲面的三维等高线图；第三张图是用 contourf 生成的，它画的是二维填充等高线图.

函数 view 在画曲面时非常有用，使用该函数可从不同位置观察该曲面或网格. 函数使用形式为 view(az,el)，其中 az 是方位角，el 是仰角. 方位角可解释为观察点绕 z 轴的旋转角度，仰角可解释为观察点绕 x-y 平面的旋转角度. 仰角为正值表示观察点在对象的上面，仰角为负值表示观察点在对象的下面；方位角为正值表示观察点绕 z 轴逆时针旋转，方位角为负值表示观察点绕 z 轴顺时针旋转. 如果没有使用 view 函数，则缺省的方位角是 −37.5 度，仰角是 30 度.

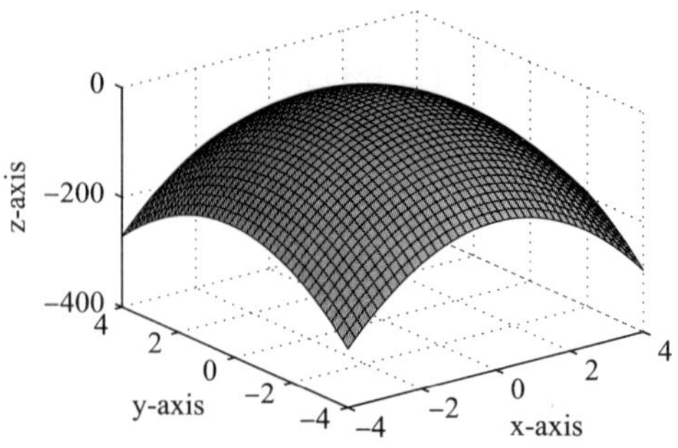

图 1-8 缺省观察角度下的三维曲面绘图

MATLAB 还提供了很多三维绘图的功能函数，这些超出了本书的范围，请参考 MATLAB 的手册获取详细信息.

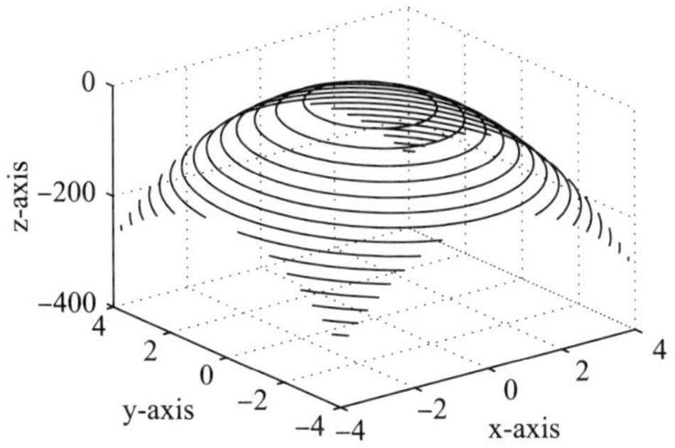

图 1-9 三维等高线绘图

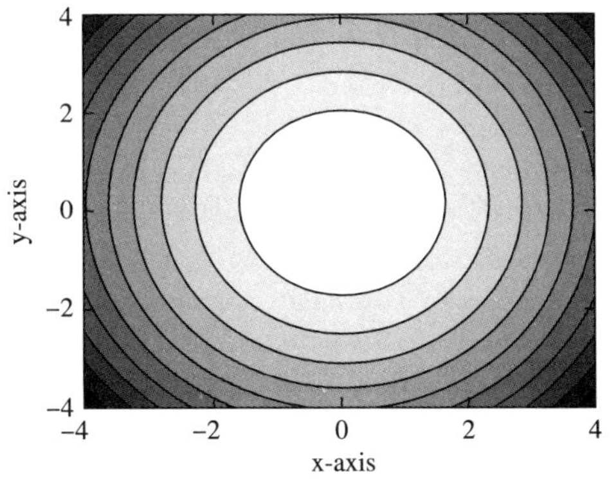

图 1-10 填充等高线绘图

1.15 操作图形——Handle Graphics

句柄图形（Handle Graphics）允许用户对特定的绘图选择字体、线性、符号型及大小、坐标轴形式以及很多其他特性．虽然它增加了 MATLAB 的复杂性，但也带来了巨大的便利．本节仅简要介绍其中几个主要特性．有两个重要函数 `get` 和 `set`，`get` 函数可获得某个特定绘图函数如 `plot`、`title`、`xlabel`、`ylabel` 等的详细信息，而 `set` 函数允许修改特定绘图元素如 `xlabel` 或 `plot` 等的标准设定．另外，`gca` 表示当前绘图的坐 35
标轴句柄，和 `get` 一起使用可获得当前绘图的坐标轴信息，和 `set` 一起使用可用于操作当前图形的坐标轴． 36

为了说明一个简单绘图语句的细节，考虑如下语句，其中句柄 `h` 和 `h1` 分别由 `plot` 和 `title` 函数引进：

```
>> x = -4:.1:4;
>> y = cos(x);
>> h = plot(x,y);
>> h1 = title('cos graph')
```

使用 `get` 函数及相应的句柄，可以获得函数 `plot` 和 `title` 的详细信息，如下所示．注意这里只列出了 `get` 函数输出的部分属性．

```
>> get(h)
                 Color: [0 0 1]
             EraseMode: 'normal'
             LineStyle: '-'
             LineWidth: 0.5000
                Marker: 'none'
            MarkerSize: 6
       MarkerEdgeColor: 'auto'
       ..........................[etc]
```

对 `title` 函数，同样有

```
>> get(h1)
FontName = Helvetica
FontSize = [10]
FontUnits = points
  HorizontalAlignment = center
LineStyle = -
LineWidth = [0.5]
```

```
Margin = [2]
Position = [-0.00921659 1.03801 1.00011]
Rotation = [0]
String = cos graph
..........................[etc]
```

注意输出的 plot 和 title 属性的不同之处. 下面的例子展示了如何使用 Handle Graphics:

```
% e3s121.m
% Example for Handle Graphics
x = -5:0.1:5;
subplot(1,3,1)
37 e1 = plot(x,sin(x)); title('sin x')
subplot(1,3,2)
e2 = plot(x,sin(2*round(x))); title('sin round x')
subplot(1,3,3)
e3 = plot(x,sin(sin(5*x))); title('sin sin 5x')
```

运行脚本得到图 1-11.

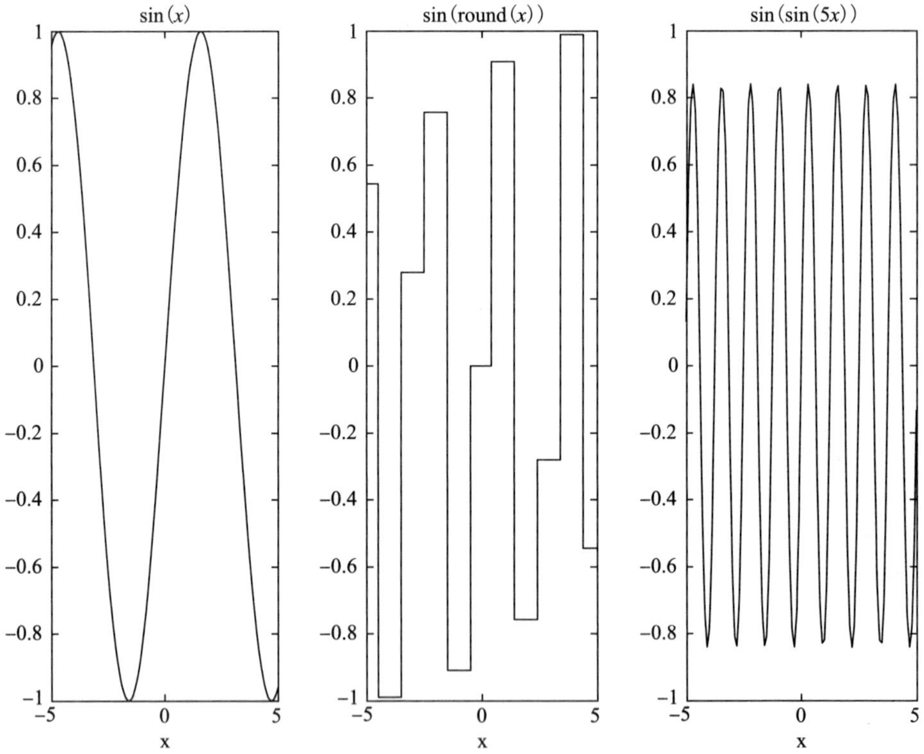

图 1-11 绘图演示 Handle Graphics 的例子

下面使用一系列 set 语句修改前面的脚本:

```
% e3s122.m
% Example for Handle Graphics
x = -5:0.1:5;
s1 = subplot(1,3,1);
e1 = plot(x,sin(x)); t1 = title('sin(x)');
s2 = subplot(1,3,2);
e2 = plot(x,sin(2*round(x))); t2 = title('sin(round(x))');
s3 = subplot(1,3,3);
```

```
e3 = plot(x,sin(sin(5*x))); t3 = title('sin(sin(5x))');
% change dimensions of first subplot
set(s1,'Position',[0.1 0.1 0.2 0.5]);
%change thickness of line of first graph
set(e1,'LineWidth',6)
set(s1,'XTick',[-5 -2  0 2  5])
%Change all titles to italics
set(t1,'FontAngle','italic'), set(t1,'FontWeight','bold')
set(t1,'FontSize',16)
set(t2,'FontAngle','italic')
set(t3,'FontAngle','italic')
%change dimensions of last subplot
set(s3,'Position',[0.7 0.1 0.2 0.5]);
```
38

Position 语句的参数形如

[shift from left, shift from bottom, width, height].

这里把绘制区域看做是单位正方形，所以

set(s3,'Position',[0.7 0.1 0.2 0.5]);

表示图形位于从左边开始 0.7、从底部开始 0.1 的位置，图形宽度为 0.2、高度为 0.5. 有时候需要尝试多次才能获得想要的效果. 执行这个脚本将生成图 1-12. 注意其中每个子图的大小、第一个子图中线的宽度、黑体的标题、x 轴的标号，以及所有子图的标题都是斜体的；可类似修改其他属性.

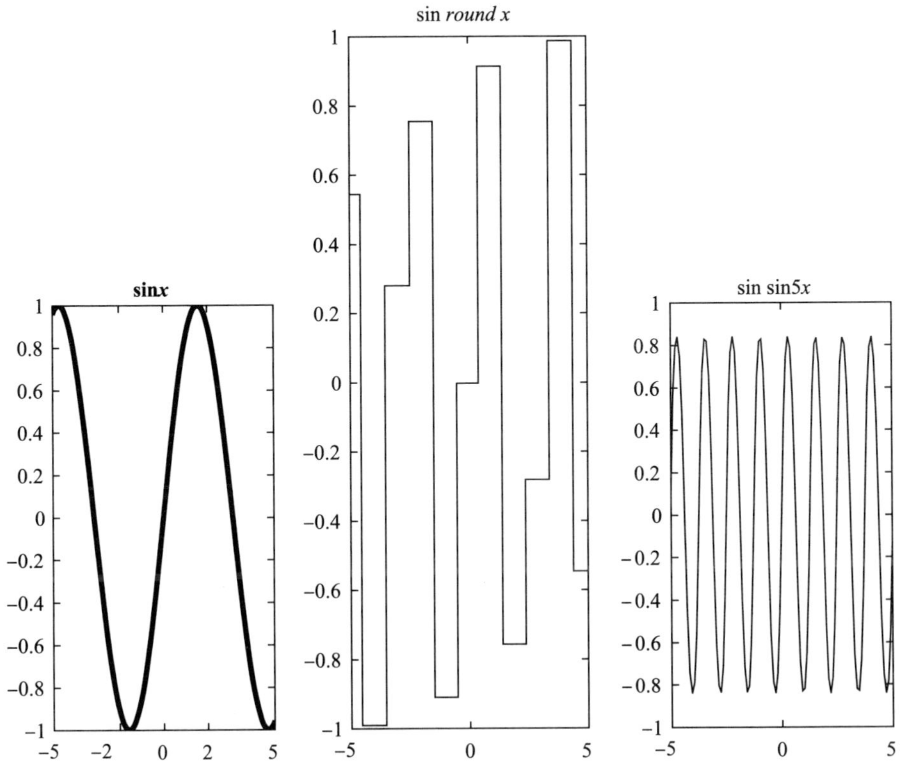

图 1-12　更多 Handle Graphics 的特性，图 1-11 的修改版

图 1-13 的例子展示了如何操作坐标轴的各种属性，使用 gca 和 get 可以获得当前坐标轴的属性，使用 gca 和 set 可以修改当前坐标轴的属性.

```
>> x = -1:0.1:2; h = plot(x,cos(2*x));
```

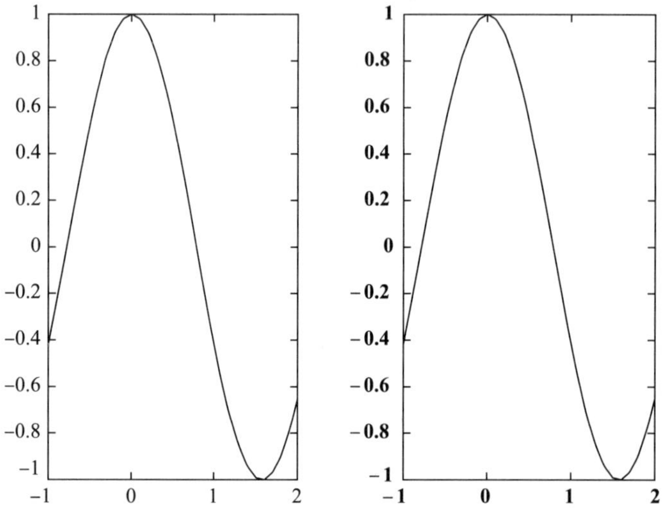

图 1-13 函数 cos(2x) 的图. 右边子图利用了 Handle Graphics 修改了坐标轴的样式

这条语句生成了图 1-13 中的左边子图.

```
>> get(gca,'FontWeight')

ans =
normal

>> set(gca,'FontWeight','bold')
>> set(gca,'FontSize',16)
>> set(gca,'XTick',[-1 0 1 2])
```

这些语句生成了图 1-13 中的右边子图. 注意其中的不同，如更大的黑体字，及更少的 x 轴标号.

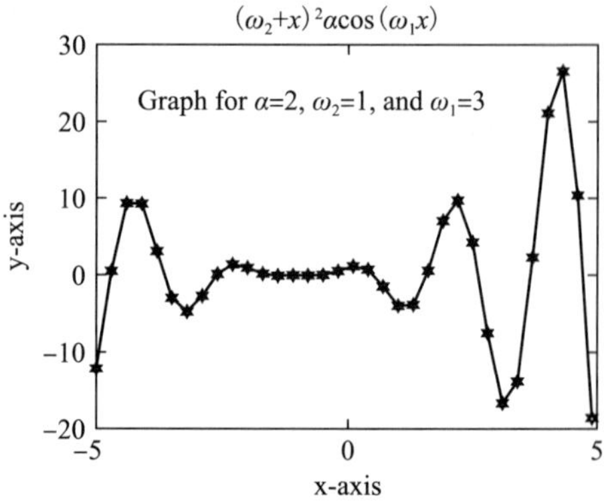

图 1-14 函数$(\omega_2+x)^2\cos(\omega_1 x)$ 的图

39~40 图 1-14 后的脚本展示了修改字体及其他特性的另外一种方法.

```
% e3s104.m
% Example of the use of special graphics parameters in MATLAB
% illustrates the use of superscripts, subscripts,
% fontsize and special characters
x = -5:.3:5;
plot(x,(1+x).^2.*cos(3*x),...
'linewidth',1,'marker','hexagram','markersize',12)
title('(\omega_2+x)^2\alpha cos(\omega_1x)','fontsize',14)
xlabel('x-axis'), ylabel('y-axis','rotation',0)
gtext('graph for \alpha = 2,\omega_2 = 1, and \omega_1 = 3')
```

执行这个脚本将生成图 1-14.

接下来解释一下上面脚本中用到的特性. 在脚本中使用了希腊字母，它们都使用反斜杠字符“\”引入（反斜杠字符还能引入很多其他符号). 脚本中的希腊字母分别为

- alpha 表示 α
- beta 表示 β
- gamma 表示 γ

任何希腊字母都可以用反斜杠加上该字母对应的标准英文名来表示. 图的标题和坐标轴标签可能包含上标或者下标，下标可由字符“_”引入，上标可由字符“^”引入. 字体大小可在 xlabel、ylabel 或 title 语句中加入额外的参数'fontsize'来指定，后跟实际的字体大小，以逗号分隔. 例如，

```
title('(\omega_2+x)^2\alpha*cos(\omega_1*x)','fontsize',14)
```

将以 14 号字给出

$$(\omega_2 + x)^2\alpha * \cos(\omega_1 * x)$$ 41

在 plot 函数中，可应用额外的表示来表示图上的点，这通过参数'marker'后跟标记的名字来实现. 例如，

```
'marker','hexagram'
```

将用六角星形来标记点. 标记的大小通过参数'markersize'后跟数字来指定：

```
'markersize',12
```

线的宽度可通过参数'linewidth'来调整，例如，

```
'linewidth',1
```

指定线宽度为 1. 最后，任意标签的定向可通过参数'rotation'来调整，例如，

```
'rotation',0
```

表示该标签与 y 轴平行，而非垂直于 y 轴，该参数的值给出了旋转的角度.

举个更复杂的例子，和偏微分方程有关，如下 gtext 语句所示：

```
gtext('Solution of \partial^2V/\partialx^2+\partial^2V/\partialy^2 = 0')
```

这条语句将如下文本

$$\texttt{Solution of } \partial^2 V/\partial x^2 + \partial^2 V/\partial y^2 = 0$$

放在当前绘图窗口的某个位置，该位置可利用光标十字形交点并按下鼠标键选定.

另外，具体特性可包含在反斜杠字符“\”后跟字体名参数之后，允许指定任意可用字体. 例如，\bf 表示使用黑体字，\it 表示使用斜体字.

在同一篇文章中，将所有图片按一致的方式和大小放置是非常重要的，这将方便阅读. 如果直接使用本书中的绘图脚本，则可以生成合适的图形，但不一定能提供需要的样式，比如图 1-11 的例子. 为保证 MATLAB 脚本生成的图片大小和位置基本一致，并且字体可读性好，已在所有绘图脚本中加入了如下语句（不包含生成图 1-11、1-12 和 1-13 的脚本）.

```
set(0,'defaultaxesfontsize',16)
set(0,'defaultaxesfontname','Times New Roman')
set(0,'defaulttextfontsize',12)
set(0,'defaulttextfontname','Times New Roman')
axes('position',[0.30 0.30 0.50 0.50])
```
42

这些语句都是 Handle Graphics 的应用例子. 前两条语句设置坐标轴使用 16 号 Times New Roman 字体，第三、四条语句设置绘图中文本使用 12 号 Times New Roman 字体，第五条语句控制绘图窗口内图形大小. 最后，可在每个绘图脚本后添加语句 print -deps Fig101.eps，这条语句可将绘图结果保存为 eps（extended postscript）格式文件，以备使用.

本书中的 MATLAB 图形都采用了上面的方式来创建及放置. 由于这些语句在每个脚本中都一样，所以并未列出.

1.16 MATLAB 脚本

前面几节已经创建了一些简单的 MATLAB 脚本，使用脚本可以按顺序执行一系列命令. 当然，其他程序设计语言的很多特性，在 MATLAB 中也能找到，也能创建多样化的

脚本．在本节中将讨论其中重要的一些特性．需要注意的是，MATLAB 中脚本是在“编辑”窗口中使用恰当的文本编辑器来完成的，而不是在“命令”窗口完成．在命令窗口中，只允许一次执行一条语句或一行语句（几条语句在同一行）．

在 MATLAB 中，不需要对变量类型进行声明，但是为清晰起见，关键变量的角色和类别可以用注释的方式指明．符号“%”后面的文本被认为是注释．另外，为方便用户使用，MATLAB 也预定义了一些特殊变量（注意，它们可以根据需要被重新定义），例如：

`pi`	等于 π
`inf`	除以 0 的结果
`eps`	设置为特定的机器精度
`realmax`	最大的正浮点数
`realmin`	最小的正浮点数
`NaN`	“Not-a-Number”；运算导致的未定义的数值结果，比如 0 除以 0
`i,j`	均为 $\sqrt{-1}$

MATLAB 中的赋值语句形式如下：

```
variable = <expression>;
```

该语句执行时，先计算右边表达式的值，再赋给左边的变量．如果去掉语句最后的分号，那么变量名及赋给它的值将显示在屏幕上．另外，若表达式没有显式地赋给一个变量，则
43 将计算结果赋给 ans，并显示在屏幕上．

前面几节中提到，MATLAB 中的变量通常假定为某种类型的矩阵；变量名以字母打头，后跟任意组合的数字和字母；最大允许 32 个字符．采用有意义的变量名是一个好习惯．变量名不能包含空格或者连字符．但是，下划线字符可用于替换空格，例如，test_run 是允许的，但 test run 和 test-run 都是不合法的．不要使用 MATLAB 自身提供的命令、函数作为变量名，甚至不要使用 MATLAB 这个单词作为变量名！虽然 MATLAB 并没有禁止这么做，但是这样容易出问题，而且也无法做到一致．在 MATLAB 中，表达式由变量、常数、运算符、函数等组成，括号可以改变或澄清运算的顺序．简单运算符按优先级从高往低依次为“^”“*”“/”“+”“-”，各自代表的含义为

^	乘方
*	乘
/	除
+	加
-	减

这些运算符前面已有介绍．

通常情况下，MATLAB 脚本中的命令都是按顺序执行的．如下面例子所示．

```
% e3s106.m
% Matrix calculations for two matrices A and B
A = [1 2 3;4 5 6;7 8 9];
B = [5 -6 -9;1 1 0;24 1 0];
% Addition. Result assigned to C
C = A+B; disp(C)
% Multiplication. Result assigned to D
D = A*B; disp(D)
% Division. Result assigned to E
E = A\B; disp(E)
```

使用 for 循环可以重复执行一条或多条语句. 形式如下：

```
for <loop_variable> = <loop_expression>
    <statements>
end
```

其中<loop_variable> 为合适的变量名，<loop_expression> 通常形如 n:m 或 n:i:m，
其中 n、i 和 m 分别为<loop_variable> 的初值、增量（步长）、终值，它们可以是常量、 44
变量或表达式，正、负值均可，但要符合逻辑. 当需要循环预定次数时常用该结构.

例子

```
for i = 1:n
    for j = 1:m
        C(i,j) = A(i,j)+cos((i+j)*pi/(n+m))*B(i,j);
    end
end

for k = n+2:-1:n/2
    a(k) = sin(pi*k);
    b(k) = cos(pi*k);
end

p = 1;
for a = [2 13 5 11 7 3]
    p = p*a;
end
p

p = 1;
prime_numbs = [2 13 5 11 7 3];
for a = prime_numbs
    p = p*a;
end
p
```

第一个例子展示了嵌套的 for 循环；第二个例子展示了初值和终值为表达式、步长为负值的情形；第三个例子说明循环的步长可以不一致；第四个例子和第三个例子结果相同，说明<loop_expression> 可以是任意前面定义的向量.

在 for 循环中给向量赋值，需要注意的是生成的向量是行向量. 例如，

```
for i = 1:4
    d(i) = i^3;
end
```

生成一个行向量 d = 1 8 27 64. 45

当一个特定条件满足时循环才能继续，且条件满足与否依赖循环内部的值，可以使用 while 语句. 形式如下：

```
while <while_expression>
    <statements>
end
```

<while_expression> 是一个关系表达式，形如 e1 o e2，这里 e1 和 e2 为通常的算术表达式，而 o 为关系运算符，定义如下：

==	等于
<=	小于等于

>=	大于等于
~=	不等于
<	小于
>	大于

关系表达式可通过下列逻辑运算符进行组合：

&	与
!	或
~	非
&&	标量与（如果第一个条件为假，则不计算第二个条件）
||	标量或（如果第一个条件为真，则不计算第二个条件）

注意假对应零，而真对应非零．关系运算符的优先级比逻辑运算符要高．

while 循环的例子

```
dif = 1;
x2 = 1;
while dif>0.0005
    x1 = x2-cos(x2)/(1+x2);
    dif = abs(x2-x1);
    x2 = x1;
end

x = [1 2 3];
y = [4 5 8];
while sum(x) ~= max(y)
    x = x.^2;
    y = y+x;
end
```

46

值得一提的是 break 允许终止执行 while 或 for 循环（即可从循环中退出），并且 break 不能在 while 或 for 循环之外使用，这种情况下必须使用 return 语句．

所有编程语言的一个至关重要的特性就是必须支持在程序中改变指令的执行顺序，在 MATLAB 中可用 if 语句，一般形式如下：

```
if < if_expression1>
    <statements>
elseif < if_expression2>
    <statements>
elseif < if_expression3>
    <statements>
...
...
else
    <statements>
end
```

这里<if_expression1> 等均为关系表达式，形如 e1 o e2，e1 和 e2 为通常的算术表达式，o 是关系运算符，如前所述．同样，关系表达式可通过逻辑运算符进行组合．

例子

```
for k = 1:n
    for p = 1:m
        if k == p
```

```
            z(k,p) = 1;
            total = total+z(k,p);
        elseif k<p
            z(k,p) = -1;
            total = total+z(k,p);
        else
            z(k,p) = 0;
        end
    end
end

if (x~=0) & (x<y)
   b = sqrt(y-x)/x;
   disp(b)
end
```

MATLAB 中 switch 语句提供了 if 结构的类似功能，在有多个选项需要考虑时非 47
常有用. 形式如下：

```
switch<condition>
  case
    statements
  case ref2
    statements
  case ref3
    statements
  otherwise
    statements
end
```

下面的代码片段允许用户根据 n 的值进行特定绘图，在下述脚本中，通过设置 n=2 选择了第二个绘图.

```
 x = 1:.01:10; n = 2
switch n
    case 1
        plot(x,log(x));
    case 2
        plot(x,x.*log(x));
    case 3
        plot(x,x./(1+log(x)));
    otherwise
        disp('That was an invalid selection.')
end
```

下面的代码片段是 switch 的另一个例子，可将天文学距离 x 转换为公里数，这里 x 以 AU（天文单位）、LY（光年）或 pc（秒差距）为单位给出，相应地，代码中将字符串变量 units 设置为 AU、LY 或 pc.

```
x = 2;
units = 'LY'
switch units
    case {'AU' 'Astronomical  Units'}
        km = 149597871*x
    case  {'LY','lightyear'}
        km = 149597871*63241*x
```

```
    case  {'pc' 'parsec'}
        km = 149597871*63241*3.26156*x
    otherwise
        disp('That was an invalid selection.')
```

48

```
end
```

如果 MATLAB 脚本中一条语句需要跨行时，可在行尾使用三点省略符（…）来连接两行.

函数 `menu` 可以创建一个带按钮的菜单窗口，允许用户进行选择. 例如：

```
frequency = 123;
units = menu('Select units for output data', 'rad/s','Hz', 'rev/min')
switch units
    case 1
        disp(frequency)
    case 2
        disp(frequency/(2*pi))
    case 3
        disp(frequency*60/(2*pi))
end
```

创建了有三个按钮的一个小窗口（称为 MENU），三个按钮分别标记为`'rad/s'`、`'Hz'`和`'rev/min'`，鼠标点击特定的按钮可将一个频率转换为选定的单位.

1.17 MATLAB 中的用户自定义函数

MATLAB 允许用户自定义函数，但须遵循特定的形式. 第一种形式称为 m-file 函数（m 文件函数），形式如下：

```
function <output_params> = func_name(<input_params>)
<func body>
```

这里输入参数<input_params>是变量名的集合，变量之间由逗号分隔，输出参数<output_params>可以是一个变量，也可以是变量列表，变量之间由逗号或空格分隔，变量列表要放在方括号中间. 函数体<func body>包含用户定义函数的所有语句，这些语句将使用输入参数的值，并且必须包含为输出参数赋值的语句. 函数定义后，必须存储为与函数名 `func_name` 同名的 m 文件，然后就可以使用这个函数了. 一个好的编程习惯是在函数头后面加上一些注释，说明该函数的功能. 当在命令窗口中输入 `help` 加上函数名时，将读取这些注释.

以给定的参数执行一个函数的语句是：

```
<specific_out_params> = <func_name>(<assigned_input_params>)
```

这里<assigned_input_params>是一个参数，或是逗号分隔的参数列表，且必须和函
49 数定义中的<input_params>相匹配.

下面是两个命名函数的例子.

例 1-1 一个锯齿波的傅里叶级数是

$$y(t)=\frac{1}{2}-\sum_{n=1}^{\infty}\sin\left(\frac{2\pi nt}{T}\right)$$

这里 T 是波形的周期. 可编写函数来计算给定 t 和 T 时表达式的值. 计算显然无法加到无穷项，可采用加到 m 项的方法，其中 m 足够大. 定义函数 `sawblade` 如下，该函数包含三个输入参数和一个输出参数.

```
function y = sawblade(t,T,n_trms)
% Evaluates, at instant t, the Fourier approximation of a sawtooth wave of
% period T using the first n_trms terms in the infinte series.
y = 1/2;
for n = 1:n_trms
    y = y - (1/(n*pi))*sin(2*n*pi*t/T);
end
```

现在就能使用函数 sawblade 了．例如，如果想画周期 T 为 2、定义域从 0 到 4 的波形，可用如下代码（假设取级数中的前 50 项）：

```
c = 1;
for t = 0:0.01:4, y(c) = sawblade(t,2,50); c = c+1; end
plot([0:0.01:4],y)
```

还可以如下调用该函数

```
y = sawblade(0.2*period,period,terms)
```

这里 period 和 terms 已赋值．也可以这样调用

```
y = sawblade(2,5.7,60)
```

或者，使用函数 feval：

```
y = feval('sawblade',2,5.7,60)
```

在本书中，feval 的一个重要的广泛应用就是用于定义那些有函数作为其参数的函数，使用feval可在调用函数体内部执行 m 文件函数． ◀ 50

例 1-2 下面的例子与在函数内生成一个矩阵有关．在结构静力学和（或）动力学分析中常常应用有限元方法，该方法的本质是用矩阵表示结构小单元的刚性和惯性．这些小单元的矩阵再经过组装形成整个结构的刚性矩阵和惯性矩阵．已知作用在该结构上的力，能得到该结构的静力学或动力学响应．可取单元为均匀圆轴，若施加一定扭矩，惯性矩阵和刚性矩阵分别与角加速度和偏移量有关，如下给出：

$$\boldsymbol{K}=\frac{GJ}{L}\begin{bmatrix}1 & -1\\ -1 & 1\end{bmatrix}\quad \boldsymbol{M}=\frac{\rho JL}{6}\begin{bmatrix}2 & 1\\ 1 & 2\end{bmatrix}$$

其中 L 为圆轴长度，G 和 ρ 是材料性质，d 是圆轴直径．如果想用 MATLAB 创建一个有限元软件包，包含此类扭转单元，则必须能生成这些矩阵．下面的函数可由圆轴性质生成这些矩阵：

```
function [K,M] = tors_el(L,d,rho,G)
J = pi*d^4/32;
K = (G*J/L)*[1 -1;-1 1];
M = (rho*J*L/6)*[2 1;1 2];
```

注意该函数有四个输入参数，并输出两个矩阵． ◀

函数可以嵌入在其他函数中，但仅在被嵌入函数只被主函数使用时有用，可参看 3.11.1 节给出的例子．在那里 solveq 函数不是一个通用的有用函数，仅仅是函数 bairstow 需要用到它，所以把它嵌入在 bairstow 中．这样做的好处是 bairstow 是一个整体，不需要 solveq 的存储即可用；不利之处是不能独立使用 solveq，因为没有单独存储 solveq．

在 MATLAB 中，第二种用户自定义函数的形式是匿名函数，这种方式也更加简单．此时函数并不存储为 m 文件，而是直接通过命令窗口或者脚本输入到工作区中．例如，假如要定义函数

$$\left(\frac{x}{2.4}\right)^3-\frac{2x}{2.4}+\cos\left(\frac{\pi x}{2.4}\right)$$ 51

可使用如下的 MATLAB 语句：

```
>> f = @(x) (x/2.4).^3-2*x/2.4+cos(pi*x/2.4);
```

使用该函数的例子如 f([1 2])，此时将计算该函数在 $x=1$ 和 $x=2$ 处的值. 另一个使用方式，将该函数作为另一个函数的输入参数. 例如：

```
>> solution = fzero(f,2.9)
solution =
    3.4825
```

将计算函数 f 靠近 2.9 处的零根. 还有一种使用方式如下：

```
x = 0:0.1:5; plot(x,f(x))
```

这里必须使用 f(x)，因为 plot 函数需要的是定义域上 x 对应的所有函数值. 匿名函数也可以如下使用：

```
>> solution = fzero(@(x) (x/2.4).^3-2*x/2.4+cos(pi*x/2.4), 2.9)
```

和前面不同的是，这里直接使用匿名函数的定义，而没有先赋值给一个函数句柄再使用该句柄.

如果 m 文件函数有一个匿名函数作为输入参数，则该匿名函数可以直接计算，不需要使用 MATLAB 函数 feval. 但是，如果输入参数中的函数有多行定义，则必须使用 m 文件函数的形式，此时也必须使用 feval. 本书中为了灵活性定义 m 文件函数时使用 feval，这样用户输入函数参数时既可以通过 m 文件函数的形式，也可以使用匿名函数.

举一个例子来说明. 定义 m 文件函数 sp_cubic 和 minandmax 如下：

```
function y = sp_cubic(x)
y = x.^3-2*x.^2-6;

function [minimum maximum] = minandmax(f,v)
% v is a vector with the start, increment and end value
y = feval(f,v); minimum = min(y); maximum = max(y);
```

如上定义意味着 f 既可以是匿名函数，也可以是 m 文件函数. 所以，使用前面匿名函数 f 的定义，可有

```
>> [lo hi] = minandmax(f,[-5:0.1:5]);
>> fprintf('lo = %8.4f hi = %8.4f\n',lo,hi)
```

52

```
lo = -181.0000 hi =  69.0000
```

或者，另一种使用形式如下：

```
>> [lo hi] = minandmax('sp_cubic',[-5:0.1:5]);
>> fprintf('lo = %8.4f hi = %8.4f\n',lo,hi)

lo = -181.0000 hi =  69.0000
```

给出了同样的结果. 但是，若前面定义 m 文件函数 minandmax 时不使用 feval，而是如下定义：

```
function [minimum maximum] = minandmax(f,v)
% v is a vector with the start, increment and end value
y = f(v); minimum = min(y); maximum = max(y);
```

则当 f 是匿名函数时，可得到相同的结果，但当 f 是 m 文件函数 sp_cubic，则出现如下错误：

```
>> [lo hi] = minandmax('sp_cubic',[-5:0.1:5]);
>> fprintf('lo = %8.4f hi = %8.4f\n',lo,hi)
??? Subscript indices must either be real positive integers or logicals.

Error in ==> minandmax at 4
y = f(v);
```

还有一个用户自定义函数的方式，即内联函数. 不过由于有匿名函数，内联函数用的很少，不再讨论.

1.18 MATLAB 中的数据结构

前面介绍了数值和非数值数据的使用，本节将介绍元胞数组（cell array）结构，可用于创建更复杂的数据结构. 元胞数组通过花括号 { } 来标示. 例如，

```
>> A = cell(4,1);
>> A = {'maths'; 'physics'; 'history'; 'IT'}

A =
    'maths'
    'physics'
    'history'
    'IT'
```
53

引用具体元素：

```
>> p = A(2)

p =
    'physics'

>> A(3:4)

ans =
    'history'
    'IT'
```

访问元胞内容，要使用花括号：

```
>> cont = A{3}

cont =
history
```

这里的 history 没有引号，所以可以引用其具体字符，如下所示：

```
>> cont(4)

ans =
t
```

元胞数组的数据可以是数值，也可以是字符串，生成元胞数组的方式都是通过 cell 函数. 例如，生成一个 2 行 2 列的元胞数组：

```
>> F = cell(2,2)

F =
     [ ]      [ ]
     [ ]      [ ]
```

为其赋予标量、数组或字符串：

```
>> F{1,1} = 2;
>> F{1,2} = 'test';
>> F{2,1} = ones(3);
>> F

F =
    [           2]    'test'
    [3x3 double]         [ ]
```
54

生成 F 的另一种方式是：

```
>> F = {[2] 'test'; [ones(3)] [ ]}
```

在前面输出时并不能看到 F{2,1}的具体内容，若要看到具体内容，可用 celldisp 函数：

```
>> celldisp(F)

F{1,1} =
     2

F{2,1} =
     1     1     1
     1     1     1
     1     1     1

F{1,2} =
test

F{2,2} =
     [ ]
```

由上可以看到，使用元胞数组可以将不同大小、类型的数据组合在一起，并可通过下标来访问其元素.

我们关注的最后一种数据结构是结构体，在 MATLAB 中用 struct 实现. 结构体和元胞数组类似，但其每个元素要通过名字来引用. 结构体可以组合不同类型的多个数据域，每个数据域有个名字，如'name'或'phone number'，每个数据域的值如'George Brown'或'12719'. 为清楚起见，考虑下面的例子，结构体 StudentRecords 包含三个数据域：NameField、FeesField 和 SubjectField.

注意，这里首先将四个学生的信息当作具体的值存储在三个元胞数组中：names、fees 和 subjects.

```
>> names = {'A Best', 'D Good', 'S Green', 'J Jones'}

names =
    'A Best'    'D Good'    'S Green'    'J Jones'

>> fees = {333 450 200 800}

fees =
```

55

```
    [333]    [450]    [200]    [800]
>> subjects = {'cs','cs','maths','eng'}

subjects =
    'cs'    'cs'    'maths'    'eng'

>> StudentRecords = struct('NameField',names,'FeesField',fees,...
                          'SubjectField',subjects)

StudentRecords =
1x4 struct array with fields:
    NameField
    FeesField
    SubjectField
```

设置好结构体之后，可以通过下标来引用其具体记录：

```
>> StudentRecords(1)

ans =
       NameField: 'A Best'
       FeesField: 333
    SubjectField: 'cs'
```

进一步，可查看每个记录的数据域的内容：

```
>> StudentRecords(1).NameField

ans =
A Best

>> StudentRecords(2).SubjectField

ans =
cs
```

可以如下改变或更新记录的数据域：

```
>> StudentRecords(3).FeeField = 1000;
```

再来查看一下该学生 FeesField 的内容：

```
>> StudentRecords(3).FeeField

ans =
        1000
```

56

MATLAB 也提供了一些函数可以将一种数据结构转换成另外一种，下面列出一部分：

```
cell2struct
struct2cell
num2cell
str2num
num2str
int2str
double
single
```

大部分都可以通过名字猜出其功能. 例如，num2str 可将双精度数转换成相应的字符串；函数 double 将给定数据转换成双精度数，在第 9 章有这个函数的使用例子.

元胞数组和结构体在开发数值算法时并非必不可少，但可提高算法的易用度. 在第 9 章有结构体的使用例子.

1.19 编辑 MATLAB 脚本

为方便开发脚本，MATLAB 提供了全面的调试工具，可通过 help debug 命令查看.

在 MATLAB 编辑器中输入脚本时，用户需要注意在文本窗口右上的彩色小方框. 这个小方框是红色表示该脚本包含一个或更多的致命语法错误；小方框是橙色表示该脚本有非致命的问题；小方框是绿色表示没有语法错误. 每个错误或警告都由小方框下面的适当颜色的虚线标示. 当光标位于这些虚线上时，将显示对应行语句中错误或警告的描述.

错误可以用 checkcode 找到. 函数 mlint 也可以用于查找错误，但它已经过时，现已被 checkcode 替代. 下面的脚本包含一些错误，用 checkcode 可以找到：

```
% e3s125.m A script full of errors!!!
A = [1 2 3; 4 5 6
B = [2 3; 7 6 5]
c(1) = 1; c(1) = 2;
for k = 3:9
    c(k) = c(k-1)+c(k-2)
    if k = 3
        displ('k = 3, working well)
end
```

57 c

尝试运行该脚本将输出如下：

```
>> e3s125
Error: File: e3s125.m Line: 3 Column: 3
The expression to the left of the equals sign is not a valid target
                                                   for an assignment.
```

应用 checkcode 检查脚本 e3s125，则有：

```
>> checkcode e3s125
L 3 (C 3): Invalid syntax at '='. Possibly, a ), }, or ] is missing.
L 3 (C 16): Parse error at ']': usage might be invalid MATLAB syntax.
L 5 (C 1-3): Invalid use of a reserved word.
L 7 (C 5-6): IF might not be aligned with its matching END (line 9).
L 7 (C 10): Parse error at '=': usage might be invalid MATLAB syntax.
L 8 (C 15-35): A quoted string is unterminated.
L 11 (C 0): Program might end prematurely (or an earlier error
                                         confused Code Analyzer).
```

注意其中行号（L）、字符位置（C）和错误类型是如何给出的，有了这些，就很容易定位错误. 当然，在这个阶段有些错误并不能检测出来. 例如，下面的脚本修复了前面脚本的部分错误：

```
% e3s125c.m A script less full of errors!!!
A = [1 2 3; 4 5 6];
B = [2 3; 7 6];
c(1) = 1; c(1) = 2;
for k = 3:9
    c(k) = c(k-1)+c(k-2)
    if k == 3
        disp('k = 3, working well')
    end
end
c
```

运行该脚本，则输出：

```
>> e3s125c
Attempted to access c(2); index out of bounds because numel(c)=1.

Error in e3s125c (line 6)
```

58 c(k) = c(k-1)+c(k-2)

```
>> checkcode e3s125c
L 6 (C 5): The variable 'c' appears to change size on every loop
          iteration (within a script). Consider preallocating for speed.
L 6 (C 10): Terminate statement with semicolon to suppress output
                                                   (within a script).
L 11 (C 1): Terminate statement with semicolon to suppress output
                                                   (within a script).
```

此时只有修复了第 6 行的其他错误，该脚本才能正常运行.

另外，MATLAB 的文本编辑器菜单中也提供了“调试（Debug)”选项.

1.20 MATLAB 中的陷阱

本节将列出使用 MATLAB 时的五个关键点，如果能加以注意，可使用户规避一些困难. 当然，这个列表并不能涵盖所有问题.

- 在命名文件或函数时要小心. 文件或函数的命名跟变量命名一致，即，必须由字母开始，后跟字母或数字的组合，并且不能与已知函数名一样.
- 不要使用 MATLAB 的函数名或命令来命名变量. 例如，将一个数赋予一个名为 sin 的变量是一个非常不好的习惯，这样真正的正弦函数就不能使用了. 如下所示：

```
>> sin = 4

sin =
     4

>> 3*sin

ans =
    12

>> sin(1)

ans =
     4

>> sin(2)
??? Index exceeds matrix dimensions.

>> sin(1.1)
??? Subscript indices must either be real positive integers or logicals.
```
59

- 确保矩阵大小的匹配. 通常，好的习惯是将矩阵初始化为一个适当大小的全零矩阵，这也有助于提高执行效率. 例如，考察下面的简单脚本：

```
for i = 1:2
    b(i) = i*i;
end
A = [4 5; 6 7];
A*b'
```

  上面的脚本在 `for` 循环中给 `b` 赋予两个元素，并定义 `A` 为 2×2 的矩阵，所以按预想此脚本应该可以执行. 但是，如果 `b` 在同一个会话中已被设置为其他大小的矩阵，该脚本就不能正确运行. 为确保正确运行，可先将 `b` 初始化为空矩阵 `b = [ ]`，或初始化 `b` 为两个元素的列向量 `b = zeros(2,1)`，或使用 `clear` 语句清除系统中的所有变量.
- 点乘的注意事项. 例如，当创建用户自定义函数且输入参数可为向量时，必须使用点乘. 同时，要注意到 `2.^x` 和 `2. ^x` 不同，中间的空格是非常关键的. 前者是点幂，而后者是 2.0 的 `x` 的次幂. 当使用复数时空格的使用也必须小心. 例如，`A = [1 2-4i]`赋予了两个元素 1 和复数 $2-4i$；而 `B = [1 2 -4i]`赋予了三个元素 1、2 和纯虚数 $-4i$.

- 在脚本的最开始，最好先清除变量或设置为空矩阵（例如，A = [ ]）. 这可避免矩阵操作的不匹配.

1.21 MATLAB 中的快速计算

使用向量运算通常比使用循环来重复计算要快得多. 考虑下面的简单例子：

例 1-3 该脚本使用 for 循环填充向量 *b*.

```
% e3s108.m
% Fill b with square roots of 1 to 100000 using a for loop
tic;
for i = 1:100000
    b(i) = sqrt(i);
```
60
```
end
t = toc;
disp(['Time taken for loop method is ', num2str(t)]);
```
◀

例 1-4 该脚本使用向量运算填充 *b*.

```
% e3s109.m
% Fill b with square roots of 1 to 100000 using a vector
tic
a = 1:100000; b = sqrt(a);
t = toc;
disp(['Time taken for vector method is ',num2str(t)]);
```
◀

如果读者运行上面的两个脚本，比较一下运行时间，可知向量方法比循环要快得多. 在作者自己的某个测试中，时间比可为 400 比 1. 因此有必要仔细考虑 MATLAB 中算法的实现，特别是向量和数组的相关内容.

习题

1.1 (a) 启动 MATLAB. 在命令窗口中输入 x = -1:0.1:1，键入并回车执行下面的每条语句：

```
sqrt(x)              cos(x)
sin(x)               2./x
x.\ 3                plot(x, sin(x.^3))
plot(x, cos(x.^4))
```

仔细查看每条语句的结果.

(b) 执行下面的语句，并解释结果：

```
x = [2 3 4 5]
y = -1:1:2
x.^y
x.*y
x./y
```

1.2 (a) 在命令窗口中设置矩阵 A = [1 5 8;84 81 7;12 34 71]，并查看 A(1,1)、A(2,1)、A(1,2)、
61 A(3,3)、A(1:2,:)、A(:,1)、A(3,:)和 A(:,2:3)的内容.

(b) 下列 MATLAB 语句的输出结果是什么？

```
x = 1:1:10
z = rand(10)
y = [z;x]
c = rand(4)
e = [c eye(size(c)); eye(size(c)) ones(size(c))]
d = sqrt(c)
t1 = d*d
t2 = d.*d
```

1.3 建立一个 4×4 的矩阵. 假设函数 sum(x)将向量 x 的所有元素进行求和，使用函数 sum 计算该矩阵的第一行和第二列的和.

1.4 在命令窗口中，使用 MATLAB 函数 inv 和运算符“\”、“/”求解下面的方程组：

$$2x+y+5z=5$$
$$2x+2y+3z=7$$
$$x+3y+3z=6$$

用矩阵乘法来验证解的正确性.

1.5 编写一个简单脚本，输入两个方阵 $\boldsymbol{A}$ 和 $\boldsymbol{B}$，对其相加、相减及相乘. 脚本要有注释，并使用 disp 输出适当的标题.

1.6 编写一个 MATLAB 脚本，建立一个 4×4 的随机矩阵 A 和一个四个元素的列向量 b. 计算 x = A\b 并输出结果. 计算 A * x 并和 b 进行对比.

1.7 编写一个简单脚本，在同一张图中画出函数 $y_1=x^2\cos x$ 和 $y_2=x^2\sin x$. 注意脚本要有注释，取 $x=-2$:0.1:2.

1.8 编写一个 MATLAB 脚本，用相同的坐标轴绘出函数 $y=\cos x$ 和 $y=\cos(x^3)$，取 $x=-4$:0.02:4，使用 MATLAB 函数 xlabel、ylabel 和 title 使图形更易读.

1.9 画出函数 $y=\exp(-x^2)\cos(20x)$，取 $x=-2$:0.1:2，要求标出所有的坐标轴和标题. 比较 fplot 62
和 plot 的绘图结果.

1.10 编写一个 MATLAB 脚本，在同一张图中画出函数 $y=3\sin(\pi x)$ 和 $y=\exp(-0.2x)$，取 $x=0$:0.02:4. 要求标出所有的坐标轴. 并用 gtext 标出图中的交点.

1.11 使用函数 meshgrid 和 mesh，画出下面函数的三维图形：

$$z=2xy/(x^2+y^2)\quad 其中\ x=1:0.1:3,y=1:0.1:3$$

用函数 surf、surfl 和 contour 重绘图形.

1.12 用迭代法求解方程 $x^2-x-1=0$ 的迭代式如下：

$$x_{r+1}=1+(1/x_r)\quad 其中\ r=0,1,2\cdots$$

给定 $x_0=2$，编写 MATLAB 脚本求解该方程，精度要求是 $|x_{r+1}-x_r|<0.0005$. 并检查答案的正确性.

1.13 给定 4×5 的矩阵 $\boldsymbol{A}$，编写脚本计算每列的和，分别使用下面两种方式：

(a) 利用 for … end 语法.

(b) 利用函数 sum.

1.14 给定 n 个元素的向量 $\boldsymbol{x}$，编写 MATLAB 脚本，计算乘积

$$p_k=x_1x_2\cdots x_{k-1}x_{k+1}\cdots x_n$$

其中 $k=1,2,\cdots,n$. 即，p_k 包含除第 k 项之外的所有元素乘积. 用特定的 x 和 n 的值运行脚本.

1.15 $\log_e(1+x)$ 的级数展开如下：

$$\log_e(1+x)=x-x^2/2+x^3/3-\cdots+(-1)^{k+1}x^k/k+\cdots$$

编写 MATLAB 脚本，输入 x，对级数进行求和（只要当前项是大于或等于给定的值 tol）. 分别使用 $x=0.5$ 和 0.82 及 $tol=0.005$ 和 0.0005 进行测试. 将输出结果与 MATLAB 函数 log 进行对比. 要求脚本输出 x 和 tol 的值，以及 $\log_e(1+x)$ 的值. 利用 input 和 disp 函数使输入和输出更加清晰.

1.16 编写一个 MATLAB 脚本，生成一个矩阵，其主对角线元素值全为 d，次对角线元素值全为 c，其他全为 0. 要求脚本允许用户输入 c 和 d 的值，并支持任意的矩阵大小 n，脚本的输入和输出应有合适的标题，清晰明了.

1.17 编写 MATLAB 函数，求解一元二次方程：

$$ax^2+bx+c=0$$

该函数提示用户输入 a，b，c，并输出两个根. 注意有下列三种情形： 63

(a) 没有实根.

(b) 有不等实根.

(c) 有相等实根.

1.18 修改习题1.17中的函数，使之能处理 $a=0$ 的情形，即该方程不是二次的. 此时，增加一个输出参数，当为二次方程时该参数为1，否则为0.

1.19 编写MATLAB函数，定义 $f(x)=x^2-\cos(x)-x$，并在 x 取值为0到2的范围内绘出该函数的图形. 通过图形找到零根的初始估计值，并用函数 fzero 找到零根，要求误差为0.0005.

1.20 编写一个脚本，生成如下的数列：

$$x_{r+1}=\begin{cases}x_r/2 & \text{如果 } x_r \text{ 是偶数}\\ 3x_r+1 & \text{如果 } x_r \text{ 是奇数}\end{cases}\qquad \text{其中 } r=0,1,2,\cdots$$

这里 x_0 是任意的正整数. 当 $x_r=1$ 时数列终止. 任给 x_0，请验证经过足够多步后，数列总会终止. 画出 x_r 相对于 r 的图形，这很有趣.

1.21 编写MATLAB脚本，画出 $x=-4:0.1:4$ 和 $y=-4:0.1:4$ 范围内 $z=f(x,\ y)$ 的图形，其中

$$z=f(x,y)=(1-x^2)\mathrm{e}^{-p}-p\mathrm{e}^{-p}-\mathrm{e}^{-(x+1)^2-y^2}$$

这里 $p=x^2+y^2$. 要求脚本提供 mesh、contour 和 surf 三种绘图，并用 subplot 函数自下而上布置三个绘图.

1.22 下面三个函数均为参数形式：

$$x=a(t-\sin(t))\quad \text{和}\quad y=a(1-\cos(t))$$

$$x=2at\quad \text{和}\quad y=2a/(1+t^2)$$

$$x=a\cos(t)-b\cos(at/b)\quad \text{和}\quad y=a\sin(t)-b\sin(at/b)$$

编写一个MATLAB脚本，使用 subplot 函数自下而上地画出上面3个函数的图形，取 $a=2$，$b=3$. 参数 t 取为 $-10:0.1:10$.

1.23 黎曼 ζ 函数可用下面的无穷级数和来定义：

$$\zeta(s)=1+\frac{1}{2^s}+\frac{1}{3^s}+\frac{1}{4^s}+\cdots+\frac{1}{n^s}\cdots$$

编写一个MATLAB脚本 zetainf(s,acc)，对该级数求和（直到某项小于 acc 为止），其中 s 是整数.

64

1.24 编写一个MATLAB函数，对下面的级数前 n 项求和：

$$s=1+2^2/2!+3^2/3!+\cdots+n^2/n!$$

函数形式为 sumfac(n)，这里 n 是项数. 可用MATLAB函数 factorial 来计算阶乘项. 写出计算前5项和前10项和的MATLAB语句.

注意到第 $k+1$ 项 T_{k+1} 可由 $T_k\times(k+1)/k$ 给出，利用这一点重写脚本，避免使用函数factorial.

1.25 给定矩阵 D = [1 -1; 3 2]，执行下面的语句，计算 A、B、C 和 E 的值：

(a) A = D * (D * inv(D))

(b) B = D.* D

(c) C = [D,ones(2);eye(2),zeros(2)]

(d) E = D' * ones(2) * eye(2)

1.26 如下定义的矩阵被称为狄拉克（Dirac）矩阵：

$$\boldsymbol{P}_1=\begin{bmatrix}\mathbf{0} & \boldsymbol{I}_2\\ \boldsymbol{I}_2 & \mathbf{0}\end{bmatrix},\boldsymbol{P}_2=\begin{bmatrix}\mathbf{0} & -\mathrm{i}\,\boldsymbol{I}_2\\ \mathrm{i}\,\boldsymbol{I}_2 & \mathbf{0}\end{bmatrix},\boldsymbol{P}_3=\begin{bmatrix}\boldsymbol{I}_2 & \mathbf{0}\\ \mathbf{0} & -\boldsymbol{I}_2\end{bmatrix}$$

这里 $\mathbf{0}$ 代表 2×2 的零矩阵，$\boldsymbol{I}_2$ 表示 2×2 的单位矩阵，i 为 $\sqrt{-1}$. 定义相关矩阵

$$\boldsymbol{Q}_k=\begin{bmatrix}\mathbf{0} & \boldsymbol{P}_k\\ -\boldsymbol{P}_k & 0\end{bmatrix}\quad k=1,2,3$$

编写MATLAB语句，生成矩阵 $\boldsymbol{P}_1$，$\boldsymbol{P}_2$，$\boldsymbol{P}_3$，$\boldsymbol{Q}_k$（$k=1,\ 2,\ 3$），注意 $\boldsymbol{Q}_k$ 中的 $\mathbf{0}$ 表示 4×4 的全零矩阵.

1.27 画出函数

$$y=\frac{1}{((x+2.5)^2)((x-3.5)^2)}$$

在 $x=-4:0.001:4$ 上的图形．使用 MATLAB 函数 xlim 和 ylim 更清楚地展示该函数的本质，使用方式为 ylim([0,20]) 和 xlim([- 3,- 2]).

1.28 对下列函数编写用户自定义函数：

(a) $y=x^2\cos(1+x^2)$

(b) $y=\dfrac{1+e^x}{\cos(x)+\sin(x)}$

(c) $z=\cos(x^2+y^2)$ 65

用匿名函数重写上面的函数，并通过绘图展示如何使用匿名函数，这里使用 subplot 绘出函数 (a) 和 (b) 在 $x=0$ 到 2 范围内的图形.

1.29 考虑下面的 MATLAB 脚本，其中有一些错误．使用 MATLAB 函数 checkcode 找出这些错误.

```
function sol = solvepoly(x0, acc)
%poly solver
d = 1+acc;
whil abs(d)>acc
    x1 = (2*x0^2-1))/x0^2;
    d = x1-x0;
    x0 = x1/x2
end
sol = x0;
```

1.30 对称双曲斐波那契 (Fibonacci) 正弦和余弦函数分别定义为：

$$\text{sFs}(x)=\frac{\gamma^x-\gamma^{-x}}{\sqrt{5}} \text{ 和 } \text{cFs}(x)=\frac{\gamma^x+\gamma^{-x}}{\sqrt{5}}$$

其中 $\gamma=(1+\sqrt{5})/2$．同样，复准正弦斐波那契函数定义如下：

$$\text{cqsF}(x,n)=\frac{\gamma^x-\cos(n\pi x)\gamma^{-x}}{\sqrt{5}}+\mathrm{i}\,\frac{\sin(n\pi x)\gamma^{-x}}{\sqrt{5}}$$

其中 γ 定义相同.

编写一个 MATLAB 脚本，先用匿名函数定义以上三个函数，再通过下面的操作使用三个匿名函数：

(a) 在一张图中，绘出函数 sFs(x) 和 cFs(x) 的图形，x 取值为 -5 到 5.

(b) 在三维空间中绘出函数 cqsF(x, 5) 的实部和虚部．在 y 方向画出该函数的实部，在 z 方向画出该函数的虚部．参数 x 取值为 -5 到 5，画出该函数．绘图时使用 MATLAB 函数 plot3.

Stakhov 和 Rozin(2005，2007) 给出了关于这些函数的更多信息. 66

线性方程组和特征系统

对物理系统进行数学建模时，常通过线性方程组或特征系统来描述．本章将介绍如何求解线性方程组和特征系统．线性方程组可用矩阵和向量表示，附录 A 中介绍了有关向量和矩阵的重要性质．

MATLAB 是研究线性代数的理想环境，如线性方程组问题和特征值问题，这是由于 MATLAB 中的函数和运算符能直接操作向量和矩阵．MATLAB 中为操作矩阵而提供的函数和运算符异常丰富．MATLAB 最初就是一些线性代数运算和函数的集合，基于 LINPACK（Dongarra 等，1979）和 EISPACK（Smith 等，1976；Garbow 等，1977）的例程，这些例程分别用于解决线性方程组和特征值问题．在 2000 年，MATLAB 开始使用更先进的线性代数子程序库 LAPACK 替代 LINPACK 和 EISPACK．

2.1 引言

首先讨论线性方程组问题．特征系统的讨论留待 2.15 节．在某些物理问题的建模中可能会用到线性方程组，比如在一个简单电路中计算电流大小的问题．可用多种方法建立所需的方程组，这里采用的是回路电流法，同时利用欧姆定律和基尔霍夫电压定律．回路电流假设为电路中绕每个回路流动的电流．如图 2-1 给出的电路中，回路电流 I_1 绕闭合回路 $abcd$．注意 I_1-I_2 即为从 b 到 c 的电流．根据欧姆定律，理想电阻两端的电压与通过该电阻的电流成正比．例如，b 和 c 之间的电压可写为

$$V_{bc}=R_2(I_1-I_2)$$

其中 R_2 为从 b 到 c 的电阻值．由基尔霍夫定律可知，沿任一回路上的电压代数和为零，应用于图 2-1 中的回路 $abcd$，即有

$$V_{ab}+V_{bc}+V_{cd}=V$$

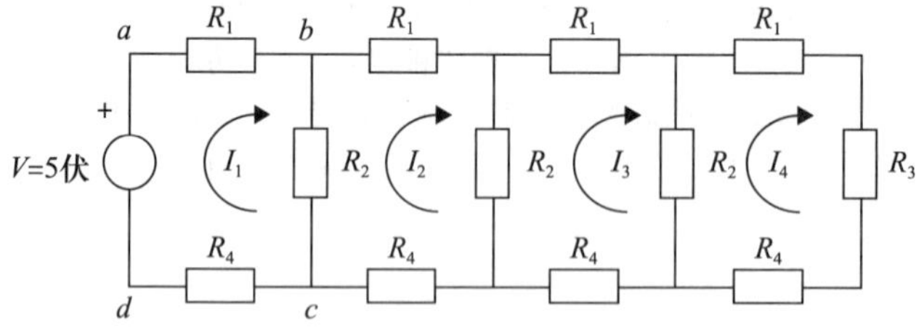

图 2-1 电路

用电流和电阻的乘积替换电压，得到

$$R_1I_1+R_2(I_1-I_2)+R_4I_1=V$$

对每条回路均类似处理，得到如下的四个方程：

$$\begin{aligned}(R_1+R_2+R_4)I_1-R_2I_2&=V\\(R_1+2R_2+R_4)I_2-R_2I_1-R_2I_3&=0\\(R_1+2R_2+R_4)I_3-R_2I_2-R_2I_4&=0\\(R_1+R_2+R_3+R_4)I_4-R_2I_3&=0\end{aligned}\tag{2-1}$$

令 $R_1=R_4=1$ 欧姆，$R_2=2$ 欧姆，$R_3=4$ 欧姆，$V=5$ 伏，上式可化为

$$\begin{aligned} 4I_1-2I_2&=5\\ -2I_1+6I_2-2I_3&=0\\ -2I_2+6I_3-2I_4&=0\\ -2I_3+8I_4&=0 \end{aligned}$$

这是四个变量 I_1，$\cdots I_4$ 的线性方程组，用矩阵记号可写为

$$\begin{bmatrix} 4 & -2 & 0 & 0\\ -2 & 6 & -2 & 0\\ 0 & -2 & 6 & -2\\ 0 & 0 & -2 & 8 \end{bmatrix}\begin{bmatrix} I_1\\ I_2\\ I_3\\ I_4 \end{bmatrix}=\begin{bmatrix} 5\\ 0\\ 0\\ 0 \end{bmatrix} \tag{2-2}$$

形式为 $\boldsymbol{Ax}=\boldsymbol{b}$，其中 $\boldsymbol{A}$ 为已知系数的方阵，在这个例子中 $\boldsymbol{A}$ 和电路中的各个电阻有关. $\boldsymbol{b}$ 为已知的向量，这个例子中表示每个回路的电压. 向量 $\boldsymbol{x}$ 表示待求的未知电流. 尽管这个方程组可直接手算求解，但整个过程还是相当耗费时间，并且容易出错. 使用 MATLAB 来计算则简单得多，只需如下输入矩阵 A 和向量 b，使用命令 A\b 即可： 68

```
>> A = [4 -2 0 0;-2 6 -2 0;0 -2 6 -2;0 0 -2 8];
>> b = [5 0 0 0].';
>> A\b

ans =
    1.5426
    0.5851
    0.2128
    0.0532
```

2.3 节将深入探究上面这几行看似简单的运算语句.

在很多电路中，图 2-1 中的理想电阻可以更准确地用电路阻抗来表示. 当电路中接入一个谐波交流电源时，电气工程师使用复数来表示阻抗. 这是由于考虑了电容或电感的作用. 为说明这一点，在图 2-1 中使用 5 伏交流电替代 5 伏直流电，并将理想电阻 R_1，$\cdots$，R_4 替换为阻抗 Z_1，$\cdots$，Z_4. 这样方程组（2-1）变为：

$$\begin{aligned} (Z_1+Z_2+Z_4)I_1-Z_2I_2&=V\\ (Z_1+2Z_2+Z_4)I_2-Z_2I_1-Z_2I_3&=0\\ (Z_1+2Z_2+Z_4)I_3-Z_2I_2-Z_2I_4&=0\\ (Z_1+Z_2+Z_3+Z_4)I_4-Z_2I_3&=0 \end{aligned} \tag{2-3}$$

在 5 伏交流电的振荡频率下，假设 $Z_1=Z_4=(1+0.5\mathrm{j})$，$Z_2=(2+0.5\mathrm{j})$，$Z_3=(4+1\mathrm{j})$，其中 $\mathrm{j}=\sqrt{-1}$，电气工程师倾向于使用 j 而不是 i 来表示 $\sqrt{-1}$，这是为了避免和电路中电流的符号 I 或 i 混淆. 此时，方程组（2-3）可写为：

$$\begin{aligned} (4+1.5\mathrm{j})I_1-(2+0.5\mathrm{j})I_2&=5\\ -(2+0.5\mathrm{j})I_1+(6+2.0\mathrm{j})I_2-(2+0.5\mathrm{j})I_3&=0\\ -(2+0.5\mathrm{j})I_2+(6+2.0\mathrm{j})I_3-(2+0.5\mathrm{j})I_4&=0\\ -(2+0.5\mathrm{j})I_3+(8+2.5\mathrm{j})I_4&=0 \end{aligned}$$

用矩阵形式将上面的线性方程组记为：

$$\begin{bmatrix} (4+1.5\mathrm{j}) & -(2+1.5\mathrm{j}) & 0 & 0\\ -(2+0.5\mathrm{j}) & (6+2.0\mathrm{j}) & -(2+0.5\mathrm{j}) & 0\\ 0 & -(2+0.5\mathrm{j}) & (6+2.0\mathrm{j}) & -(2+0.5\mathrm{j})\\ 0 & 0 & -(2+0.5\mathrm{j}) & (8+2.5\mathrm{j}) \end{bmatrix}\begin{bmatrix} I_1\\ I_2\\ I_3\\ I_4 \end{bmatrix}=\begin{bmatrix} 5\\ 0\\ 0\\ 0 \end{bmatrix} \tag{2-4}$$

69

注意其中的系数矩阵是复的，不过这对 MATLAB 来说不存在任何困难，A\b 可直接用于计算实数和复数两种情形. 命令如下：

```
>> p = 4+1.5i; q = -2-0.5i;
>> r = 6+2i; s = 8+2.5i;
>> A = [p q 0 0;q r q 0;0 q r q;0 0 q s];
>> b = [5 0 0 0].';
>> A\b

ans =
   1.3008 - 0.5560i
   0.4560 - 0.2504i
   0.1530 - 0.1026i
   0.0361 - 0.0274i
```

严格来说，如果没有清空内存或给向量 b 重新赋值或退出 MATLAB，这里并不需要重新输入向量 b. 从执行的结果中可以看出电流也是复的，这表示提供的谐波电压和电流之间有相位差.

接下来将仔细研究线性方程组.

2.2 线性方程组

一般的，线性方程组用矩阵形式可写为：

$$\boldsymbol{Ax} = \boldsymbol{b} \tag{2-5}$$

这里 $\boldsymbol{A}$ 为已知的系数矩阵，$\boldsymbol{b}$ 为已知的 n 个元素的向量，$\boldsymbol{x}$ 为 n 个未知数的向量. 在 2.1 节中已经见到过这样的例子，矩阵方程（2-2）即为线性方程组（2-1）矩阵等价形式.

当 $\boldsymbol{b}=\boldsymbol{0}$ 时方程组（2-5）称为齐次的，$\boldsymbol{b}\neq\boldsymbol{0}$ 则称为非齐次的. 在求解线性方程组问题时，需要先知道其是否有解以及解存在时是否唯一. 非齐次线性方程组有一个或无穷多个解，称为是相容，无解时称为不相容. 图 2-2 对三个变量 x_1，x_2，x_3，三个方程的线性方程组阐释了相容的意义. 每个方程表示 x_1，x_2，x_3 空间的一个平面. 在图 2-2a 中，三个平面交集为一个点，该点坐标即为这个线性方程组的唯一解. 在图 2-2b 中，三个平面的交集为一条线，线上的每个点表示一个解，所以解不唯一，而是有无穷多个解满足该方程组. 在图 2-2c 中，有两个平面是互相平行的，不可能相交. 在图 2-2d 中，任意两个平面
70 的交线互相平行，没有公共交点. 在后两种情形中，方程组都无解，三个方程表示的平面是不相容的.

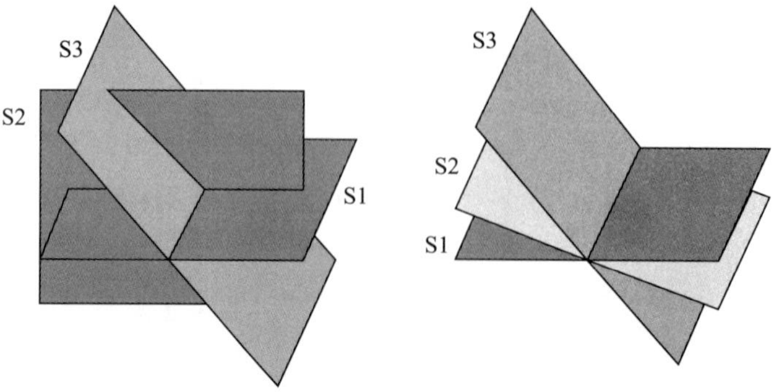

a）三个平面交于一点　　b）三个平面交于一条线

图 2-2　三个未知量的三个方程表示的相交平面

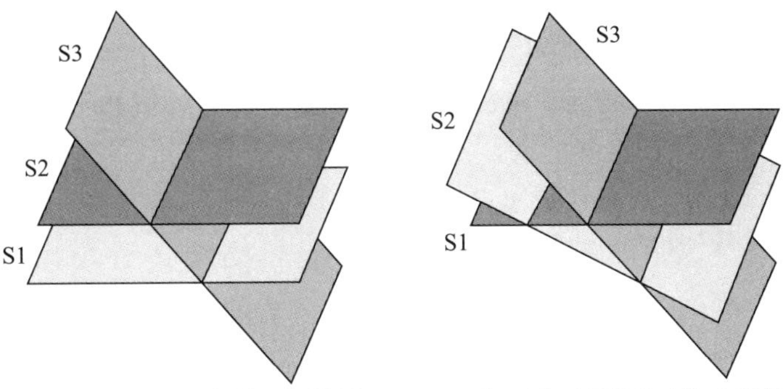

c）其中两个平面平行，不相交　　d）三个平面交于三条（平行）线

图 2-2 （续）

为求得非齐次方程组（2-5）的解，可在（2-5）的两边同乘以 $\boldsymbol{A}$ 的逆矩阵（记为 $\boldsymbol{A}^{-1}$）：

$$\boldsymbol{A}^{-1}\boldsymbol{A}\boldsymbol{x}=\boldsymbol{A}^{-1}\boldsymbol{b} \tag{2-6}$$

这里 $\boldsymbol{A}^{-1}$ 由下式定义：

$$\boldsymbol{A}^{-1}\boldsymbol{A}=\boldsymbol{A}\boldsymbol{A}^{-1}=\boldsymbol{I} \tag{2-7}$$

其中 $\boldsymbol{I}$ 为单位矩阵. 由此，得到：

$$\boldsymbol{x}=\boldsymbol{A}^{-1}\boldsymbol{b} \tag{2-8}$$ 71

求矩阵 $\boldsymbol{A}$ 的逆的标准代数公式为

$$\boldsymbol{A}^{-1}=\mathrm{adj}(\boldsymbol{A})/|\boldsymbol{A}| \tag{2-9}$$

这里 $|\boldsymbol{A}|$ 是 $\boldsymbol{A}$ 的行列式，$\mathrm{adj}(\boldsymbol{A})$ 为 $\boldsymbol{A}$ 的伴随矩阵. 行列式和伴随矩阵的定义在附录 A 中可以找到. 从代数公式（2-8）和（2-9）可以求得 $\boldsymbol{x}$，不过这不是一个有效的方法，因为利用（2-9）求 $\boldsymbol{A}^{-1}$ 的效率非常低，需要 $(n+1)!$ 次乘法运算（n 为方程的个数）. 但(2-9)式在理论上很重要. 当 $|\boldsymbol{A}|=0$ 时，$\boldsymbol{A}$ 的逆矩阵不存在，这时称矩阵 $\boldsymbol{A}$ 为奇异的，此时方程组的解不唯一（无解或有无穷多解）. 当 $|\boldsymbol{A}|$ 不为 0 时，该非齐次方程组是相容的，有唯一解. 这是描述方程组相容的一种方法. 在 2.6 节和 2.7 节中可以看出，不求 $\boldsymbol{A}$ 的逆也能求解方程组（2-5）.

矩阵的秩是线性代数中的重要概念. 矩阵的秩为矩阵线性无关的行或列的数目. 线性无关的概念如下. 矩阵的所有行（或列）可以看作是向量的集合. 如果集合中任一向量都不能用其他向量的线性组合表示出来，则称该集合是线性无关的. 线性组合是指向量的标量乘再求和. 举例如下，矩阵

$$\begin{bmatrix}1 & 2 & 3\\-2 & 1 & 4\\-1 & 3 & 4\end{bmatrix} \text{或} \begin{bmatrix}[1 & 2 & 3]\\ [-2 & 1 & 4]\\ [-1 & 3 & 7]\end{bmatrix} \text{或} \begin{bmatrix}\begin{bmatrix}1\\2\\3\end{bmatrix} & \begin{bmatrix}-2\\1\\4\end{bmatrix} & \begin{bmatrix}-1\\3\\7\end{bmatrix}\end{bmatrix}$$

行和列是线性相关的，因为 第 3 行－第 1 行－第 2 行＝0，第 3 列－2×(第 2 列)＋第 1 列＝0. 只有 1 个方程关联该矩阵的行（或列），所以该矩阵有 2 个线性无关的行（或列），即秩为 2. 考虑矩阵

$$\begin{bmatrix}1 & 2 & 3\\2 & 4 & 6\\3 & 6 & 9\end{bmatrix}$$

有第 2 行＝2×(第 1 行)，第 3 行＝3×(第 1 行)，即有 2 个方程关联该矩阵的行，所以只有一行是线性无关的，进而矩阵的秩为 1. 注意矩阵线性无关的行的数目和线性无关

的列的数目是相等的，即行秩和列秩相等．一般的矩阵可能不是方阵，记 $m\times n$ 矩阵 $\boldsymbol{A}$ 的秩为 rank($\boldsymbol{A}$)．若 rank($\boldsymbol{A}$)=min(m，n)，称矩阵 $\boldsymbol{A}$ 为满秩的；否则 rank($\boldsymbol{A}$)<min(m，
72 n)，称 $\boldsymbol{A}$ 不满秩．MATLAB 提供了函数 `rank`，可用于求方阵或非方阵的秩．在实践中，MATLAB 通过奇异值来计算矩阵的秩，参看 2.10 节．

例如，考虑如下的 MATLAB 语句：

```
>> D = [1 2 3;3 4 7;4 -3 1;-2 5 3;1 -7 6]

D =
     1     2     3
     3     4     7
     4    -3     1
    -2     5     3
     1    -7     6

>> rank(D)

ans =
     3
```

因为 D 的秩等于其列的数目，则 D 是满秩的．

将矩阵化成对应的约化行阶梯型（RREF）是线性代数中的常用操作．附录 A 中有约化行阶梯型的定义．MATLAB 中提供了函数 `rref` 计算矩阵的约化行阶梯型，例如：

```
>> rref(D)

ans =
     1     0     0
     0     1     0
     0     0     1
     0     0     0
     0     0     0
```

矩阵化成约化行阶梯型后，非零行的数目等于矩阵的秩．在这个例子中可以看到，其约化行阶梯型有 3 行包含非零元素，进一步验证了该矩阵的秩是 3．约化行阶梯型还可以用来确定线性方程组是否有唯一解．

前面讨论了与线性方程组及其解相关的一些重要概念，下面总结一下这些概念间的等价性．记 $\boldsymbol{A}$ 为 $n\times n$ 的矩阵，若 $\boldsymbol{Ax}=\boldsymbol{b}$ 是相容的，并且有唯一解，则下面的说法都是正确的：

$\boldsymbol{Ax}=\boldsymbol{0}$ 有唯一的平凡解 $\boldsymbol{x}=\boldsymbol{0}$；

$\boldsymbol{A}$ 非奇异，且 det($\boldsymbol{A}$)≠0；

73 $\boldsymbol{A}$ 的约化行阶梯型是单位矩阵；

$\boldsymbol{A}$ 有 n 个线性无关的行和列；

$\boldsymbol{A}$ 是满秩的，即 rank($\boldsymbol{A}$)=n.

反过来，若 $\boldsymbol{Ax}=\boldsymbol{b}$ 不相容，或相容但解不唯一，则下面的说法是正确的：

$\boldsymbol{Ax}=\boldsymbol{0}$ 解不唯一；

$\boldsymbol{A}$ 奇异，且 det($\boldsymbol{A}$)=0；

$\boldsymbol{A}$ 的约化行阶梯型至少包含一个零行；

$\boldsymbol{A}$ 有线性相关的行和列；

A 不满秩，即 $\text{rank}(\mathbf{A})<n$.

以上讨论了未知数个数和方程个数相等的情形，接下来考虑方程个数多于或少于未知数个数的情形.

如果方程个数小于未知数个数，则称该方程组为欠定的. 这样的线性方程组没有唯一解，即相容且有无穷多个解或不相容无解. 图 2-3 说明了这一点. 图中三维空间中的 2 个平面分别表示关于 3 个变量的 2 个方程，这 2 个平面的交或为一直线，对应相容且有无穷多个解的情形，或为空集，对应方程组不相容的情形.

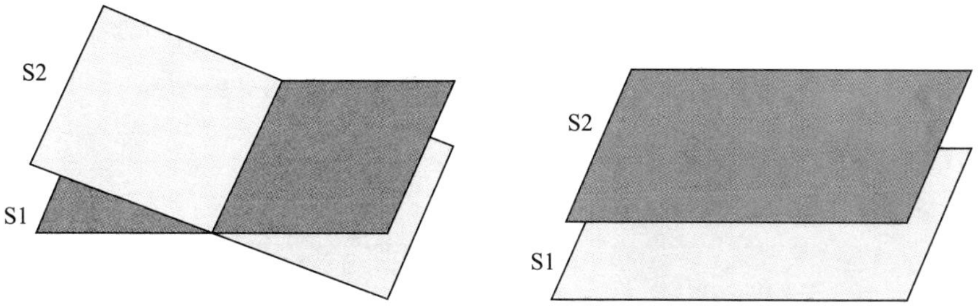

a）两个平面交为一直线　　b）两个平面不相交

图 2-3　表示欠定方程组的平面

考虑下面的方程组：

$$\begin{bmatrix} 1 & 2 & 3 & 4 \\ -4 & 2 & -3 & 7 \end{bmatrix}\begin{bmatrix} x_1 \\ x_2 \\ x_3 \\ x_4 \end{bmatrix}=\begin{bmatrix} 1 \\ 3 \end{bmatrix}$$

74

该欠定方程组可重写为：

$$\begin{bmatrix} 1 & 2 \\ -4 & 2 \end{bmatrix}\begin{bmatrix} x_1 \\ x_2 \end{bmatrix}+\begin{bmatrix} 3 & 4 \\ -3 & 7 \end{bmatrix}\begin{bmatrix} x_3 \\ x_4 \end{bmatrix}=\begin{bmatrix} 1 \\ 3 \end{bmatrix}$$

或

$$\begin{bmatrix} 1 & 2 \\ -4 & 2 \end{bmatrix}\begin{bmatrix} x_1 \\ x_2 \end{bmatrix}=\begin{bmatrix} 1 \\ 3 \end{bmatrix}-\begin{bmatrix} 3 & 4 \\ -3 & 7 \end{bmatrix}\begin{bmatrix} x_3 \\ x_4 \end{bmatrix}$$

这样可把原方程组化为 2 个未知数、2 个方程的方程组，只需提供 x_3 和 x_4 的值即可. 因此，方程组有无穷多解（解随 x_3 和 x_4 的取值而定).

若方程个数多于未知数个数，则该方程组称为超定的. 图 2-4 画出了三维空间的 4 个平面，分别表示关于 3 个未知数的 4 个方程. 图 2-4a 中，4 个平面交于一点，该方程组是相容的，并且有唯一解. 图 2-4b 中，4 个平面交于一直线，该方程组是相容的，且有无穷多个解. 图 2-4d 中，4 个平面交集为空，该方程组不相容，即无解. 图 2-4c 中，4 个平面不相交，该方程组不相容. 但是，其中任意 3 个平面（例如，(S1，S2，S3)，(S1，S2，S4)，(S1，S3，S4)，(S2，S3，S4)）的交集为 1 个点，且这些点很接近，可以求出这些交点的中点（平均值点）来作为方程组的近似解. 由于方程组的系数通常是从实验中得到的，所以经常会出现很接近相容的情形. 如果系数是精确给出的，则很可能方程是相容的，且有唯一解. 相较于认为方程组不相容，其实更希望知道近似满足该方程组的最优解. 2.11 节和 2.12 节中，将更详细地考虑超定和欠定方程组的问题.

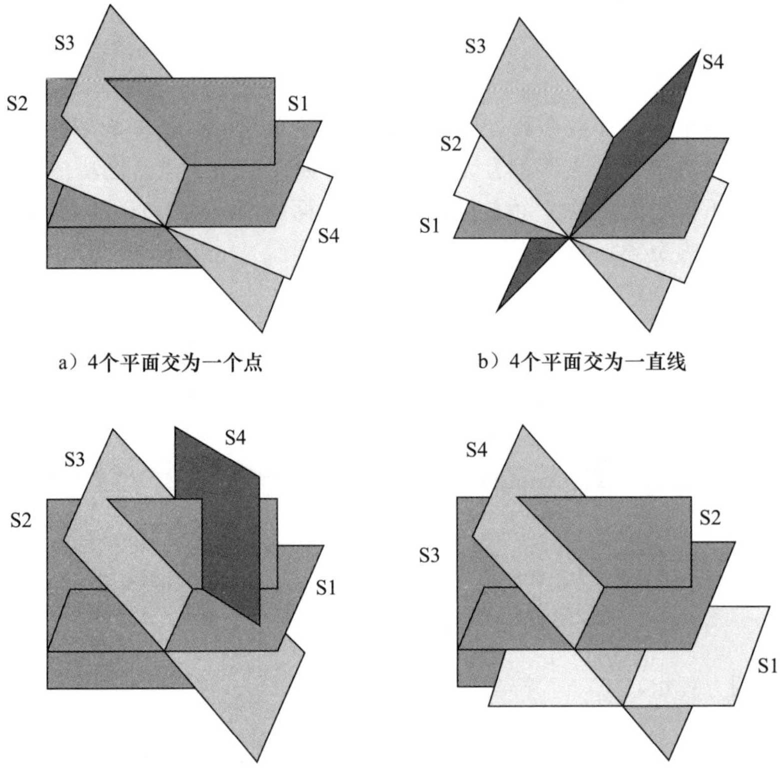

a）4个平面交为一个点　　b）4个平面交为一直线

c）4个平面不交于一个点，其中(S1,S2,S3)和(S1,S2,S4)的交点图中看不到　　d）4个平面表示的方程组不相容

图 2-4　表示超定方程组的平面

2.3　求解 $\boldsymbol{Ax}=\boldsymbol{b}$ 的运算符“\”和“/”

本节将介绍 MATLAB 的运算符“\”. 后面的章节将详细讨论该运算符背后的算法. “\”运算符功能非常强大，它提供了统一的方式来求解各种类型的线性方程组问题. 运算符“\”和“/”一样，相当于矩阵的“除法”运算. 求解 $\boldsymbol{Ax}=\boldsymbol{b}$，可以用 `x= A\b` 或 `x'= b'/A'`，后者中的 $\boldsymbol{x}$ 表示行向量而不是列向量. 运算符“\”和“/”在求解 $\boldsymbol{Ax}=\boldsymbol{b}$ 时会根据 $\boldsymbol{A}$ 的形式选择合适的算法. 总结如下：

75 • 如果 $\boldsymbol{A}$ 是三对角矩阵，用向后或向前替换可求解该方程组，具体描述在 2.6 节.
• 否则，如果 $\boldsymbol{A}$ 是正定、对称或埃尔米特（Hermitian）对称的方阵，使用楚列斯基（Cholesky）分解（参见 2.8 节）求解. 当 $\boldsymbol{A}$ 是稀疏矩阵时，先进行对称最小度预序（参见 2.14 节）再进行楚列斯基分解.
• 否则，如果 $\boldsymbol{A}$ 是方阵，使用通用的 LU 分解算法（参见 2.7 节）. 当 $\boldsymbol{A}$ 是稀疏矩阵时，先进行非对称最小度预序（参见 2.14 节）.
• 否则，如果 $\boldsymbol{A}$ 是满秩的非方阵，使用 QR 分解（参见 2.9 节）.
• 否则，如果 $\boldsymbol{A}$ 是稀疏非方阵，先对其进行扩充，再进行最小度预序及稀疏高斯消元法（参见 2.14 节）.

MATLAB 的“\”运算符还可用于求解 $\boldsymbol{AX}=\boldsymbol{B}$，其中 $\boldsymbol{B}$ 和未知量 $\boldsymbol{X}$ 都是 $m\times n$ 矩阵.
76 这可以用来求 $\boldsymbol{A}$ 的逆矩阵. 令 $\boldsymbol{B}$ 为单位矩阵 $\boldsymbol{I}$，有

$$AX = I$$

则 X 即为 A 的逆矩阵（因 $AA^{-1}=I$）. 所以在 MATLAB 中，可用 `A\eye(size(A))` 求矩阵 A 的逆. 不过，MATLAB 提供了函数 `inv(A)` 来求 A 的逆矩阵. 需要强调的是，只在非常必要时才计算矩阵的逆. 如果要求解线性方程组，更有效的做法是使用运算符“\”和“/”.

接下来给出一些使用运算符“\”的例子. 首先来看方程组的系数矩阵是三对角矩阵的情形. 这个例子中统计了两种情形的运行时间，第一种情形是方程组系数矩阵是满的（非三对角），第二种是将第一种情形的系数矩阵的一些元素置为 0，使其变成三对角矩阵. 脚本如下：

```
% e3s201.m
disp('   n    full-time  full-time/n^3   tri-time  tri-time/n^2');
A = [ ]; b = [ ];
for n = 2000:500:6000
    A = 100*rand(n); b = [1:n].';
    tic, x = A\b; t1 = toc;
    t1n = 5e9*t1/n^3;
    for i = 1:n
        for j = i+1:n
            A(i,j) = 0;
        end
    end
    tic, x = A\b; t2 = toc;
    t2n = 1e9*t2/n^2;
    fprintf('%6.0f %9.4f %12.4f %12.4f %11.4f\n',n,t1,t1n,t2,t2n)
end
```

上述脚本随机生成 $n\times n$ 的矩阵，执行结果如下：

n	full-time	full-time/n^3	tri-time	tri-time/n^2
2000	1.7552	1.0970	0.0101	2.5203
2500	3.3604	1.0753	0.0151	2.4151
3000	5.4936	1.0173	0.0209	2.3275
3500	8.5735	0.9998	0.0282	2.3001
4000	12.6882	0.9913	0.0358	2.2393
4500	17.5680	0.9639	0.0453	2.2392
5000	24.8408	0.9936	0.0718	2.8703

表格的第 1 列为方阵的大小 n. 第 2 列和第 3 列是满矩阵进行“\”运算所需的时间，这里 77
的时间是除以 n^3 并乘以缩放因子 5×10^9 后的结果. 第 4 列和第 5 列是三对角矩阵进行“\”运算所需的时间，而这里的时间是除以 n^2 并乘以缩放因子 1×10^9 后的结果. 从这些有趣的结果可以看出，对满矩阵执行“\”运算所需时间和 n^3 近似成正比，而对三对角矩阵执行“\”运算所需时间和 n^2 近似成正比，这正是简单向后替换法的预期时间. 同时，也能看出用“\”运算符求解三对角线性方程组所需的时间要大为减少.

接下来讨论用运算符“\”求解正定对称方程组. 这种情形较前面的更为复杂，下面的脚本即为测试代码，它比较了“\”运算符在求解正定方程组和非正定方程组所需的时间. `M` 为任意的矩阵，令 `A= M * M'`，则 `A` 是一个正定矩阵. 在本例中 `M` 是随机生成的. 用这个方法可以生成正定矩阵. 将正定矩阵加上一个随机的矩阵，可以得到一个非正定矩阵. 比较求解两类方程组所需的时间，脚本如下：

```
% e3s202.m
disp(' n      time-pos    time-pos/n^3  time-npos    time-b/n^3');
for n = 100:100:1000
    A = [ ]; M = 100*randn(n,n);
    A = M*M'; b = [1:n].';
    tic, x = A\b; t1 = toc*1000;
    t1d = t1/n^3;
    A = A+rand(size(A));
    tic, x = A\b; t2 = toc*1000;
    t2d = t2/n^3;
    fprintf('%4.0f %10.4f %14.4e %11.4f %13.4e\n',n,t1,t1d,t2,t2d)
end
```

上述脚本的执行结果如下：

```
  n       time-pos   time-pos/n^3  time-npos   time-b/n^3
 100       0.9881    9.8811e-007      1.2085  1.2085e-006
 200       3.5946    4.4932e-007      3.0903  3.8629e-007
 300       5.0646    1.8758e-007      9.7878  3.6251e-007
 400      10.3890    1.6233e-007     20.4892  3.2014e-007
 500      18.0235    1.4419e-007     36.5653  2.9252e-007
 600      18.1892    8.4209e-008     37.7766  1.7489e-007
 700      26.5483    7.7400e-008     58.3854  1.7022e-007
 800      39.6402    7.7422e-008     79.4285  1.5513e-007
 900      58.5519    8.0318e-008    110.5409  1.5163e-007
1000      67.9078    6.7908e-008    130.2029  1.3020e-007
```

78

第 1 列为方阵的大小 n. 第 2 列对应求解正定矩阵所需的时间，第 4 列对应求解非正定矩阵所需的时间，这里的时间都是乘以 1000 以后的结果. 结果显示，求解正定线性方程组要略快于求解非正定线性方程组. 这是因为运算符“\”会检查矩阵是否正定，如果是，将使用更有效的楚列斯基分解方法. 第 3 列和第 5 列给出了除以矩阵大小的立方后的时间，可以看出所需执行时间和 n^3 近似成正比.

接下来的测试将运算符“\”用于非常病态的希尔伯特矩阵. 测试输出了求解所需的时间以及解的精度，精度用残差的欧几里得范数表示，即 norm($\boldsymbol{Ax}-\boldsymbol{b}$). 该范数的定义在附录 A 的 A.10 节可以找到. 另外，脚本还比较了使用“\”运算符和使用逆矩阵（即$\boldsymbol{x}=\boldsymbol{A}^{-1}\boldsymbol{b}$）的不同. 脚本如下：

```
% e3s203.m
disp(' n  time-slash acc-slash   time-inv   acc-inv   condition');
for n = 4:2:20
    A = hilb(n); b = [1:n].';
    tic, x = A\b; t1 = toc; t1 = t1*10000;
    nm1 = norm(b-A*x);
    tic, x = inv(A)*b; t2 = toc; t2 = t2*10000;
    nm2 = norm(b-A*x);
    c = cond(A);
    fprintf('%2.0f %10.4f %10.2e %8.4f %11.2e %11.2e \n',n,t1,nm1,t2,nm2,c)
end
```

脚本的执行结果如下：

```
n  time-slash acc-slash   time-inv   acc-inv    condition
4      1.6427  1.39e-013   0.8549   9.85e-014   1.55e+004
6      0.9415  5.22e-012   0.7710   2.02e-009   1.50e+007
8      1.1454  5.35e-010   0.8465   3.19e-006   1.53e+010
```

```
10      1.2627  3.53e-008  1.5477  2.47e-004  1.60e+013
12      1.9332  1.40e-006  1.5589  9.39e-001  1.74e+016
14      2.1958  3.36e-005  1.5924  3.39e+002  5.13e+017
16      2.3187  5.76e-006  1.6650  1.02e+002  4.52e+017
18      2.4836  5.25e-005  2.0589  2.31e+002  1.57e+018
20      2.4417  1.11e-005  2.0869  3.72e+002  2.57e+018
```

这里的输出删掉了有些矩阵（`n> = 10`）的病态性警告．第 1 列是矩阵大小．第 2 列和第 3 列是利用“\”运算所需的求解时间及解的精度，这里时间乘以了 10000．第 4 列和第 5 列给出了利用 `inv` 函数求解的相同信息．第 6 列给出了系数矩阵的条件数．当条件数很大 79
时，矩阵接近奇异，此时方程组异常病态．对于这种情况 2.4 节有详细描述．

上述结果显示，在求解线性方程组问题时，应使用“\”运算符而不是 `inv` 函数，使用“\”运算符能获得更好的精度．不过，需要指出的是，矩阵越病态，解的精度越低．

MATLAB 的运算符“\”还可用于求解欠定和超定方程组，此时会选择使用最小二乘法来近似求解，详细的讨论可在 2.12 节找到．

2.4 解的精度与病态性

本节考察影响 $\boldsymbol{Ax}=\boldsymbol{b}$ 求解精度的因素以及怎样检测不准确度．附录 B.3 节对方程组解的精度有更详细的讨论．首先看下面的例子．

例 2-1 考察下面的 MATLAB 语句：

```
>> A = [3.021 2.714 6.913;1.031 -4.273 1.121;5.084 -5.832 9.155]

A =
    3.0210    2.7140    6.9130
    1.0310   -4.2730    1.1210
    5.0840   -5.8320    9.1550

>> b = [12.648 -2.121 8.407].'

b =
   12.6480
   -2.1210
    8.4070

>> A\b

ans =
    1.0000
    1.0000
    1.0000
```

将结果代入到原方程组可以验证正确性． ◀ 80

例 2-2 将例 2-1 中的元素 `A(2,2)`从－4.2730 替换为－4.2750：

```
>> A(2,2) = -4.2750

A =
    3.0210    2.7140    6.9130
    1.0310   -4.2750    1.1210
    5.0840   -5.8320    9.1550

>> A\b
```

```
ans =
   -1.7403
    0.6851
    2.3212
```

可以看出，这里的解和例 2.1 的解区别很大，而方程组只有一个系数 A(2,2)不同，且变化幅度不到 0.1%. ◀

上面的两个例子说明解可以有巨大变化（即便方程组系数变化很小），这是因为系数矩阵 $\boldsymbol{A}$ 是病态的. 病态性可以用表示方程组的 3 个平面（如图 2-2 所示）来图形化地解释. 病态的方程组至少有两个平面几乎是平行的，系数的微小变化可导致平面倾斜度发生改变，两个平面的交点就会发生较大变化.

线性方程组的系数矩阵 $\boldsymbol{A}$ 的微小改变，引起解发生较大改变，则该方程组被称为病态的. 相反地，线性方程组的系数矩阵 $\boldsymbol{A}$ 的微小改变，只会引起解发生微小改变，则该方程组被称为良态的. 显然，需要一个量（称为条件数）来度量方程组是病态还是良态. 由于无解的方程组——可能很病态——系数矩阵行列式为 0，这引导我们用 $\boldsymbol{A}$ 的行列式来度量病态性. 但是，如果 $\boldsymbol{Ax}=\boldsymbol{b}$，当 $\boldsymbol{A}$ 是 $n\times n$ 对角矩阵且主对角线上每个元素均为 s 时，不管 s 值为多少，$\boldsymbol{A}$ 都是非常良态的. 而 $\boldsymbol{A}$ 的行列式此时为 s^n，随 s 的大小改变，条件数却是常数，所以 $\boldsymbol{A}$ 的行列式并不是一个好的病态性度量.

MATLAB 提供了两个函数 cond 和 rcond 来估计矩阵的条件数. 函数 cond 基于奇
81 异值分解算法，是一个很复杂的函数，详细说明在 2.10 节. 当矩阵是完美良态时，cond 给出的结果为 1；当矩阵是病态时，cond 输出一个较大的数. 函数 rcond 较 cond 稍微不准确，但 rcond 运算速度更快，它的输出为 0 到 1 之间的数，数值越小，矩阵越病态. rcond 输出结果的倒数通常和 cond 的输出同数量级. 下面举两个例子加以说明.

例 2-3 完美良态方程组的例子：

```
>> A = diag([20 20 20])
A =
    20     0     0
     0    20     0
     0     0    20

>> [det(A) rcond(A) cond(A)]

ans =
        8000           1           1
```
◀

例 2-4 非常病态方程组的例子：

```
>> A = [1 2 3;4 5 6;7 8 9.000001];
>> format short e
>> [det(A) rcond(A) 1/rcond(A) cond(A)]

ans =
 -3.0000e-006  6.9444e-009  1.4400e+008  1.0109e+008
```
◀

注意到 rcond 输出结果的倒数很接近 cond 的输出. 下面的脚本使用 cond 和 rcond 函数来考察希尔伯特矩阵（定义见习题 2.1）的条件数：

```
% e3s204.m Hilbert matrix test.
disp('    n          cond             rcond       log10(cond)')
for n = 4:2:20
    A = hilb(n);
    fprintf('%5.0f %16.4e',n,cond(A));
82  fprintf('%16.4e %10.2f\n',rcond(A),log10(cond(A)));
end
```

脚本执行结果如下：

```
    n          cond            rcond       log10(cond)
    4       1.5514e+004     3.5242e-005      4.19
    6       1.4951e+007     3.4399e-008      7.17
    8       1.5258e+010     2.9522e-011     10.18
   10       1.6025e+013     2.8286e-014     13.20
   12       1.7352e+016     2.6328e-017     16.24
   14       5.1317e+017     1.7082e-019     17.71
   16       4.5175e+017     4.6391e-019     17.65
   18       1.5745e+018     5.8371e-020     18.20
   20       2.5710e+018     1.9953e-019     18.41
```

可以看出，即便矩阵大小 n 的值很小，希尔伯特矩阵都是非常病态的．最后一列给出了对应希尔伯特矩阵的条件数取$\log_{10}$后的结果．这可以经验地估计在求解线性方程组或矩阵求逆时可能会损失的有效数字位数．

前面的例子中，使用了 MATLAB 函数 `hilb(n)`来生成 n 阶希尔伯特矩阵．其他一些结构或性质很有趣的重要矩阵，比如阿达马（Hadamard）矩阵和威尔金森（Wilkinson）矩阵，分别可使用 MATLAB 函数 `hadamard(n)`和 `wilkinson(n)`来生成，这里 n 是所要矩阵的大小．进一步，还可以使用 `gallery` 函数来生成其他很有趣的矩阵．一般地，可以选择生成矩阵的大小以及一些参数．使用例子如下：

```
gallery('hanowa',6,4)
gallery('cauchy',6)
gallery('forsythe',6,8)
```

下一节开始详细讨论运算符“\”所采用的其中一个算法．

2.5 初等行变换

考察在线性方程组上可以进行的有用操作．线性方程组的形式如下：

$$
\begin{aligned}
a_{11}x_1 + a_{12}x_2 + \cdots + a_{1n}x_n &= b_1 \\
a_{21}x_2 + a_{22}x_2 + \cdots + a_{2n}x_n &= b_2 \\
&\cdots \\
a_{n1}x_n + a_{n2}x_2 + \cdots + a_{nn}x_n &= b_n
\end{aligned}
$$ 83

或用矩阵形式表示为：

$$\mathbf{Ax} = \boldsymbol{b}$$

其中

$$
\boldsymbol{A} = \begin{bmatrix} a_{11} & a_{12}\cdots & a_{1n} \\ a_{21} & a_{22}\cdots & a_{2n} \\ \vdots & \vdots & \vdots \\ a_{n1} & a_{n2}\cdots & a_{nn} \end{bmatrix} \quad \boldsymbol{b} = \begin{bmatrix} b_1 \\ b_2 \\ \vdots \\ b_n \end{bmatrix} \quad \boldsymbol{x} = \begin{bmatrix} x_1 \\ x_2 \\ \vdots \\ x_n \end{bmatrix}
$$

$\boldsymbol{A}$ 称为系数矩阵．对方程进行的操作必须同时应用于方程左右两端，由此，为方便计，可将系数矩阵 $\boldsymbol{A}$ 和右端向量 $\boldsymbol{b}$ 合并在一起：

$$
[\boldsymbol{A}\ \boldsymbol{b}] = \begin{bmatrix} a_{11} & a_{12}\cdots & a_{1n} & b_1 \\ a_{21} & a_{22}\cdots & a_{2n} & b_2 \\ \vdots & \vdots & \vdots & \vdots \\ a_{n1} & a_{n2}\cdots & a_{nn} & b_n \end{bmatrix}
$$

新的矩阵被称为增广矩阵，记为［$\boldsymbol{A}\ \boldsymbol{b}$］．这种记法和 MATLAB 中合并 $\boldsymbol{A}$ 和 $\boldsymbol{b}$ 的形式相同．注意这里的 $\boldsymbol{A}$ 是 $n\times n$ 的矩阵，所以增广矩阵是 $n\times(n+1)$ 的矩阵．增广矩阵的每一

行包含一个方程的所有系数，对方程进行的操作要作用在对应行的每一个元素上．下面描述了 3 种初等行变换，它们不改变方程组的解．这 3 种初等行变换为：

1. 交换两行（方程）的位置.
2. 将一行（方程）乘以一个非零数.
3. 一行的某个倍数加到另一行.

在线性代数中，使用基本行变换可求解很多重要问题，接下来将讨论它们的应用.

2.6 用高斯消元法求解 $\boldsymbol{Ax}=\boldsymbol{b}$

高斯消元法是求解线性方程组的有效方法，尤其是求解非对称系数矩阵且矩阵元素很少为 0 的情形．高斯消元法使用 2.5 节描述的 3 种初等行变换来实现．本质上，先形成方
84 程组的增广矩阵，然后将增广矩阵的系数矩阵部分化成上三角型．为描述如何使用 3 种初等行变换，考虑使用高斯消元法求解如下的方程组：

$$\begin{bmatrix} 3 & 6 & 9 \\ 2 & (4+p) & 2 \\ -3 & -4 & -11 \end{bmatrix} \begin{bmatrix} x_1 \\ x_2 \\ x_3 \end{bmatrix} = \begin{bmatrix} 3 \\ 4 \\ -5 \end{bmatrix} \tag{2-10}$$

其中 p 是已知数．表 2-1 描述了操作步骤．第 1 步对应增广矩阵．在第 1 步，选取第 1 行、第 1 列的元素（表中用方框表示）作为主元．为将第 2、3 行的第 1 列元素化为 0，只需将第 1 行除以主元再分别乘以适当倍数加或减到第 2、3 行．表中第 2 步为执行完后的结果．接下来选择下一个主元，即新的第 2 行、第 2 列的元素 p．如果 p 很大，不会有什么问题，但当 p 很小时，由于需要将第 2 行除以一个非常小的数 p，这会引入数值误差．当 p 为 0 时，因为 0 不能作除数，该过程将无法继续.

表 2-1 使用高斯消元法将增广矩阵化为上三角型

A1	[3]	6	9	3	第 1 步：初始矩阵
A2	2	(4+p)	2	4	
A3	−3	−4	−11	−5	
A1	3	6	9	3	第 2 步：将第 2、3 行的第 1 列化为 0
B2=A2−2(A1)/3	0	p	−4	2	
B3=A3+3(A1)/3	0	2	−2	−2	
A1	3	6	9	3	第 3 步：交换第 2 行和第 3 行
B3	0	[2]	−2	−2	
B2	0	p	−4	2	
A1	3	6	9	3	第 4 步：将第 3 行的第 2 列化为 0
B3	0	2	−2	−2	
C3=B2−p(B3)/2	0	0	[(−4+p)]	(2+p)	

这个问题和病态性无关，事实上当 p 为 0 时，该方程组是非常良态的．如何绕过这个问题？通常的做法是选取主元所在列中在主元之下的最大元素所在的行，将此行与当前行交换．这样就可以找到一个新的、更大的主元．这个过程称为*部分选主元法*．若 $p<2$，如表中所示，交换第 2 行和第 3 行，选 2 为主元．接下来从第 3 行中减掉第 2 行除以主元
85 再乘以适当倍数后的结果，可将第 3 行、第 2 列的元素化为 0．这样在第 4 步中，初始的系数矩阵化成了上三角矩阵．若 $p=0$，则有

$$3x_1+6x_2+9x_3=3 \tag{2-11}$$

$$2x_2 - 2x_3 = -2 \tag{2-12}$$

$$-4x_3 = 2 \tag{2-13}$$

现在可以使用向后替换法求得 x_1，x_2，x_3. 从下往上求解，由公式（2-13）得，$x_3 = -0.5$. 此时 x_3 已知，再由公式（2-12）得，$x_2 = -1.5$. 现在 x_2 和 x_3 已知，最后由公式（2-11)得，$x_1 = 5.5$.

在表 2-1 中的第 3 步，若将此时主对角线上的元素相乘，则可以得到系数矩阵的行列式. 如果使用了 m 次行的交换，则还需要乘以$(-1)^m$. 例如，在上述的例子中，当 $p=0$ 时，使用了一次行的交换，所以 $m=1$，系数矩阵的行列式为 $3\times2\times(-4)\times(-1)^1=24$.

另一个和高斯消元法密切相关的求解线性方程组问题的方法是高斯-若尔当（Gauss-Jordan）消元法. 该方法用和高斯消元法相同的初等行变换，区别在于在消元的过程中，将主对角线之上和之下的元素都化为 0. 这样就不需要使用向后替换法. 例如，求解方程组（2-10)，当 $p=0$ 时，增广矩阵被化为：

$$\begin{bmatrix} 3 & 0 & 0 & 16.5 \\ 0 & 2 & 0 & -3.0 \\ 0 & 0 & -4 & 2.0 \end{bmatrix}$$

可求得 $x_1 = 16.5/3 = 5.5$，$x_2 = -3/2 = -1.5$ 和 $x_3 = 2/-4 = -0.5$.

在量级上，高斯消元法需要 $n^3/3$ 次乘法运算，向后替换法需要 n^2 次乘法运算. 高斯-若尔当消元法需要 $n^3/2$ 次乘法运算. 所以对于大型的线性方程组（比如 $n>10$)，高斯-若尔当消元法要比高斯消元法多大约 50%的操作.

2.7 LU 分解

LU 分解和高斯消元法很类似，它们进行的初等行变换也一样. 矩阵 $\boldsymbol{A}$ 可以分解为两个矩阵的乘积：

$$\boldsymbol{A} = \boldsymbol{LU} \tag{2-14}$$ 86

其中 $\boldsymbol{L}$ 是一个下三角矩阵且主对角线上都是 1，$\boldsymbol{U}$ 是上三角矩阵. 矩阵 $\boldsymbol{A}$ 可以是实或复的. 和高斯消元法相比，若求解的线性方程组 $\boldsymbol{Ax}=\boldsymbol{b}$ 不止有一个右端项或者右端项未知时，LU 分解更有优势. 这是因为因子 $\boldsymbol{L}$ 和 $\boldsymbol{U}$ 是显式求得的，可被用在任意右端项的方程组求解，而不需要重新计算 $\boldsymbol{L}$ 和 $\boldsymbol{U}$. 而高斯消元法并不计算 $\boldsymbol{L}$，而是计算$\boldsymbol{L}^{-1}\boldsymbol{b}$，所以在求解时，必须已知右端项.

利用 LU 分解求解线性方程组问题的主要步骤如下. 由于 $\boldsymbol{A}=\boldsymbol{LU}$，则 $\boldsymbol{Ax}=\boldsymbol{B}$ 即为

$$\boldsymbol{LUx} = \boldsymbol{b}$$

其中 $\boldsymbol{b}$ 可能不止有一列. 令 $\boldsymbol{y}=\boldsymbol{Ux}$，则

$$\boldsymbol{Ly} = \boldsymbol{b}$$

因为 $\boldsymbol{L}$ 是下三角矩阵，上述方程组可用向前替换法快速求解. 解方程组

$$\boldsymbol{Ux} = \boldsymbol{y}$$

可求得 $\boldsymbol{x}$. 因为 $\boldsymbol{U}$ 是上三角矩阵，该方程组可用向后替换法快速求解.

接下来以方程组（2-10）且 $p=1$ 为例，阐述 LU 分解过程. 由于不用构造增广矩阵，所以不需考虑右端项 $\boldsymbol{b}$. 分解过程和高斯消元法一样（见表 2-1)，区别在于 LU 分解需要保存第 i 步的初等行变换到$\boldsymbol{T}^{(i)}$，并将操作的结果写入到矩阵$\boldsymbol{U}^{(i)}$，而高斯消元法是覆盖矩阵 $\boldsymbol{A}$.

矩阵如下：

$$\boldsymbol{A}=\begin{bmatrix}3 & 6 & 9\\ 2 & 5 & 2\\ -3 & -4 & 11\end{bmatrix}$$

同表 2-1 的操作一样，使用如下的初等行变换创建矩阵 $\boldsymbol{U}^{(1)}$，使其第 1 列主对角线下的元素为 0：

$$\boldsymbol{U}^{(1)}\text{ 的第 2 行}=\boldsymbol{A}\text{ 的第 2 行}-2(\boldsymbol{A}\text{ 的第 1 行})/3 \tag{2-15}$$

和

87 $$\boldsymbol{U}^{(1)}\text{ 的第 3 行}=\boldsymbol{A}\text{ 的第 3 行}+3(\boldsymbol{A}\text{ 的第 1 行})/3 \tag{2-16}$$

则 $\boldsymbol{A}$ 可以表示为两个矩阵的乘积 $\boldsymbol{T}^{(1)}\boldsymbol{U}^{(1)}$：

$$\begin{bmatrix}3 & 6 & 9\\ 2 & 5 & 2\\ -2 & -4 & -11\end{bmatrix}=\begin{bmatrix}1 & 0 & 0\\ 2/3 & 1 & 0\\ -1 & 0 & 1\end{bmatrix}\begin{bmatrix}3 & 6 & 9\\ 0 & 1 & -4\\ 0 & 2 & -2\end{bmatrix}$$

注意 $\boldsymbol{A}$ 的第 1 行和 $\boldsymbol{U}^{(1)}$ 的第 1 行一样. 所以 $\boldsymbol{T}^{(1)}$ 的第 1 行的第 1 列元素为 1，其他为 0. $\boldsymbol{T}^{(1)}$ 的其他元素由公式（2-15）和（2-16）确定. 例如，$\boldsymbol{T}^{(1)}$ 的第 2 行可由公式（2-15）确定，可将公式（2-15）改写为：

$$\boldsymbol{A}\text{ 的第 2 行}=\boldsymbol{U}^{(1)}\text{ 的第 2 行}+2(\boldsymbol{A}\text{ 的第 1 行})/3 \tag{2-17}$$

因为 $\boldsymbol{A}$ 的第 1 行和 $\boldsymbol{U}^{(1)}$ 的第 1 行一样，上式又可以写为：

$$\boldsymbol{A}\text{ 的第 2 行}=2(\boldsymbol{U}^{(1)}\text{ 的第 1 行})/3+\boldsymbol{U}^{(1)}\text{ 的第 2 行} \tag{2-18}$$

由上可得 $\boldsymbol{T}^{(1)}$ 的第 2 行是 [2/3 1 0].

分解过程的第 2 步，为将 $\boldsymbol{U}^{(1)}$ 的第 2 列的最大元移动到主对角线位置，必须交换第 2 行和第 3 行. $\boldsymbol{U}^{(1)}$ 可写为两矩阵的乘积 $\boldsymbol{T}^{(2)}\boldsymbol{U}^{(2)}$：

$$\begin{bmatrix}3 & 6 & 9\\ 0 & 1 & -4\\ 0 & 2 & -2\end{bmatrix}=\begin{bmatrix}1 & 0 & 0\\ 0 & 0 & 1\\ 0 & 1 & 0\end{bmatrix}\begin{bmatrix}3 & 6 & 9\\ 0 & 2 & -2\\ 0 & 1 & -4\end{bmatrix}$$

最后，再使用如下的初等行变换可得到上三角矩阵：

$$\boldsymbol{U}\text{ 的第 3 行}=\boldsymbol{U}^{(2)}\text{ 的第 3 行}-(\boldsymbol{U}^{(2)}\text{ 的第 2 行})/2$$

所以，$\boldsymbol{U}^{(2)}$ 可写为如下乘积 $\boldsymbol{T}^{(3)}\boldsymbol{U}$：

$$\begin{bmatrix}3 & 6 & 9\\ 0 & 2 & -2\\ 0 & 1 & -4\end{bmatrix}=\begin{bmatrix}1 & 0 & 0\\ 0 & 1 & 0\\ 0 & 1/2 & 1\end{bmatrix}\begin{bmatrix}3 & 6 & 9\\ 0 & 2 & -2\\ 0 & 0 & -3\end{bmatrix}$$

进而，有 $\boldsymbol{A}=\boldsymbol{T}^{(1)}\boldsymbol{T}^{(2)}\boldsymbol{T}^{(3)}\boldsymbol{U}$，可得 $\boldsymbol{L}=\boldsymbol{T}^{(1)}\boldsymbol{T}^{(2)}\boldsymbol{T}^{(3)}$：

$$\begin{bmatrix}1 & 0 & 0\\ 2/3 & 1 & 0\\ -1 & 0 & 1\end{bmatrix}\begin{bmatrix}1 & 0 & 0\\ 0 & 0 & 1\\ 0 & 1 & 0\end{bmatrix}\begin{bmatrix}1 & 0 & 0\\ 0 & 1 & 0\\ 0 & 1/2 & 1\end{bmatrix}=\begin{bmatrix}1 & 0 & 0\\ 2/3 & 1/2 & 1\\ -1 & 1 & 0\end{bmatrix}$$

注意因为有行的交换，$\boldsymbol{L}$ 不一定是下三角矩阵，但可通过交换行变为下三角矩阵.

MATLAB 中函数 `lu` 可用来计算 LU 分解，`lu` 的输出矩阵 $\boldsymbol{L}$ 不一定是严格下三角的.
88 如果需要，可生成一个置换矩阵 $\boldsymbol{P}$，使得 $\boldsymbol{LU}=\boldsymbol{PA}$，此时可要求 $\boldsymbol{L}$ 为下三角矩阵.

下面使用 `lu` 函数求解前面的例子：

```
>> A = [3 6 9;2 5 2;-3 -4 -11]

A =
     3     6     9
     2     5     2
    -3    -4   -11
```

为得到矩阵 $\boldsymbol{L}$ 和 $\boldsymbol{U}$，必须如下同时给两个参数赋值：

```
>> [L1 U] = lu(A)

L1 =
    1.0000         0         0
    0.6667    0.5000    1.0000
   -1.0000    1.0000         0

U =
     3     6     9
     0     2    -2
     0     0    -3
```

注意到 L1 不是下三角矩阵，不过容易看出交换第 2 行和第 3 行即可得到下三角矩阵. 为求得真正的下三角矩阵，必须如下给 3 个参数赋值：

```
>> [L U P] = lu(A)

L =
    1.0000         0         0
   -1.0000    1.0000         0
    0.6667    0.5000    1.0000

U =
     3     6     9
     0     2    -2
     0     0    -3

P =
     1     0     0
     0     0     1
     0     1     0
```

89

在上面的输出中，P 为置换矩阵，满足 L * U= P * A 或 P' * L * U= A，即 P' * L 和 L1 相等.

MATLAB 的运算符“\”使用 LU 分解求解 $\boldsymbol{Ax}=\boldsymbol{b}$. 作为有多个右端项的线性方程组 $\boldsymbol{Ax}=\boldsymbol{B}$ 的例子，其中：

$$\boldsymbol{A}=\begin{bmatrix}3 & 4 & -5\\ 6 & -3 & 4\\ 8 & 9 & -2\end{bmatrix} \quad 且 \quad \boldsymbol{B}=\begin{bmatrix}1 & 3\\ 9 & 5\\ 9 & 4\end{bmatrix}$$

进行 LU 分解使得 $\boldsymbol{LU}=\boldsymbol{A}$ 得到：

$$\boldsymbol{L}=\begin{bmatrix}0.375 & -0.064 & 1\\ 0.750 & 1 & 0\\ 1 & 0 & 0\end{bmatrix} \quad 且 \quad \boldsymbol{U}=\begin{bmatrix}8 & 9 & -2\\ 0 & -9.75 & 5.5\\ 0 & 0 & -3.897\end{bmatrix}$$

先求 $\boldsymbol{LY}=\boldsymbol{B}$：

$$\begin{bmatrix}0.375 & -0.064 & 1\\ 0.750 & 1 & 0\\ 1 & 0 & 0\end{bmatrix}\begin{bmatrix}y_{11} & y_{12}\\ y_{21} & y_{22}\\ y_{31} & y_{32}\end{bmatrix}=\begin{bmatrix}1 & 3\\ 9 & 5\\ 9 & 4\end{bmatrix}$$

注意到上式其实是两个方程组，分开写即为：

$$\boldsymbol{L}\begin{bmatrix}y_{11}\\y_{21}\\y_{31}\end{bmatrix}=\begin{bmatrix}1\\9\\9\end{bmatrix}\quad 且 \quad \boldsymbol{L}\begin{bmatrix}y_{12}\\y_{22}\\y_{2}\end{bmatrix}=\begin{bmatrix}3\\5\\4\end{bmatrix}$$

在这个例子里，由于有行的交换，所以 $\boldsymbol{L}$ 不是严格下三角的．但是，依然可用向前替换法求解对应方程组．例如 $1y_{11}=b_{31}=9$，可得 $y_{11}=9$；再由 $0.75y_{11}+1y_{21}=b_{21}=9$，可得 $y_{21}=2.25$；等等．最终可求得 $\boldsymbol{Y}$ 矩阵为

$$\boldsymbol{Y}=\begin{bmatrix}9.000 & 4.000\\2.250 & 2.000\\-2.231 & 1.628\end{bmatrix}$$

最后，利用向后替换法求解 $\boldsymbol{UX}=\boldsymbol{Y}$ 可得

$$\boldsymbol{X}=\begin{bmatrix}1.165 & 0.891\\0.092 & -0.441\\0.572 & -0.418\end{bmatrix}$$

90 函数 det 也可利用 LU 分解计算矩阵的行列式．由于 $\boldsymbol{A}=\boldsymbol{LU}$，则 $|\boldsymbol{A}|=|\boldsymbol{L}||\boldsymbol{U}|$．由于 $\boldsymbol{L}$ 的主对角线上的元素都是 1，所以 $|\boldsymbol{L}|=1$．由于 $\boldsymbol{U}$ 为上三角矩阵，其行列式为主对角线上元素的乘积．若再考虑到可能存在行的交换，可知 $\boldsymbol{U}$ 的对角元素乘积再取正号或负号即为 $\boldsymbol{A}$ 的行列式．

2.8 楚列斯基分解

楚列斯基（Cholesky）分解只可用于正定对称矩阵或正定埃尔米特（Hermitian）矩阵，也是一种三角型矩阵分解．对称或埃尔米特矩阵 $\boldsymbol{A}$ 若满足对任意非零的向量 $\boldsymbol{x}$，都有 $\boldsymbol{x}^{\mathrm{T}}\boldsymbol{A}\boldsymbol{x}>0$，则称 $\boldsymbol{A}$ 为正定的．正定矩阵的另一个很有用的定义是所有特征值都大于 0．本章 2.15 节讨论了特征值问题．若 $\boldsymbol{A}$ 是对称或埃尔米特矩阵，可有

$$\boldsymbol{A}=\boldsymbol{P}^{\mathrm{T}}\boldsymbol{P}(\text{或 }\boldsymbol{A}=\boldsymbol{P}^{\mathrm{H}}\boldsymbol{P},\text{当 }\boldsymbol{A}\text{ 是埃尔米特矩阵}) \tag{2-19}$$

这里 $\boldsymbol{P}$ 是上三角矩阵．可逐行令公式（2-19）的两端相等，求得矩阵 $\boldsymbol{P}$，即依序求出 p_{11}，p_{12}，p_{13}，…，p_{22}，p_{23}，…，p_{nn}．求 $\boldsymbol{P}$ 主对角线上的系数需要开平方运算，例如：

$$p_{22}=\sqrt{a_{22}-p_{12}^{2}}$$

正定矩阵的性质使得上面根号下的表达式大于 0，从而开方后为实数．更进一步，用消元法时无需进行行交换，这是因为最大元总是出现在主对角线上．前面描述的楚列斯基分解过程的计算量约是 LU 分解计算量的一半．在 MATLAB 中，可使用函数 chol 实现正定对称矩阵的楚列斯基分解．例如，考虑如下正定埃尔米特矩阵的楚列斯基分解：

```
>> A = [2 -i 0;i 2 0;0 0 3]

A =
   2.0000                 0 - 1.0000i          0
        0 + 1.0000i  2.0000                    0
        0                 0               3.0000

>> P = chol(A)

P =
   1.4142                 0 - 0.7071i          0
        0            1.2247                    0
91      0                 0               1.7321
```

运算符“\”求解 $\boldsymbol{Ax}=\boldsymbol{b}$ 时，若 $\boldsymbol{A}$ 是正定对称（或埃尔米特）矩阵，则用下面的方法实现. 先将 $\boldsymbol{A}$ 分解为 $\boldsymbol{P}^{\mathrm{T}}\boldsymbol{P}$，令 $\boldsymbol{y}=\boldsymbol{Px}$，则 $\boldsymbol{P}^{\mathrm{T}}\boldsymbol{y}=\boldsymbol{b}$. 因为 $\boldsymbol{P}^{\mathrm{T}}$ 是下三角矩阵，可利用向前替换法求解 $\boldsymbol{y}$. 求得 $\boldsymbol{y}$ 后，由于 $\boldsymbol{P}$ 是上三角矩阵，可用向后替换法求得 $\boldsymbol{x}$. 以下例描述求解过程：

$$\boldsymbol{A}=\begin{bmatrix}2 & 3 & 4\\ 3 & 6 & 7\\ 4 & 7 & 10\end{bmatrix} \quad 且 \quad \boldsymbol{b}=\begin{bmatrix}2\\ 4\\ 8\end{bmatrix}$$

矩阵 $\boldsymbol{A}$ 的楚列斯基分解因子为

$$\boldsymbol{P}=\begin{bmatrix}1.414 & 2.121 & 2.828\\ 0 & 1.225 & 0.817\\ 0 & 0 & 1.155\end{bmatrix}$$

因为 $\boldsymbol{P}^{\mathrm{T}}\boldsymbol{y}=\boldsymbol{b}$，用向前替换法求解 $\boldsymbol{y}$ 可得

$$\boldsymbol{y}=\begin{bmatrix}1.414\\ 0.817\\ 2.887\end{bmatrix}$$

最后，再利用向后替换法求解 $\boldsymbol{x}$ 可得

$$\boldsymbol{x}=\begin{bmatrix}-2.5\\ -1.0\\ 2.5\end{bmatrix}$$

现在对比一下运算符“\”和 chol 在求解方程组时的性能，显然在正定矩阵的情形下两者应该很接近. 在下面的脚本中，用一个矩阵乘以该矩阵的转置来生成对称正定矩阵：

```
% e3s205.m
disp('  n        time-backslash  time-chol');
for n = 300:100:1300
    A = [ ]; M = 100*randn(n,n);
    A = M*M'; b = [1:n].';
    tic, x = A\b; t1 = toc;
    tic, R = chol(A);
    v = R.'\b; x = R\b;
    t2 = toc;
    fprintf('%4.0f %14.4f %13.4f \n',n,t1,t2)
end
```
92

脚本输出如下：

```
  n       time-backslash  time-chol
 300          0.0053        0.0073
 400          0.0105        0.0115
 500          0.0182        0.0216
 600          0.0176        0.0197
 700          0.0263        0.0281
 800          0.0368        0.0385
 900          0.0510        0.0519
1000          0.0666        0.0668
1100          0.0862        0.0869
1200          0.1113        0.1065
1300          0.1449        0.1438
```

函数 chol 和运算符“\”性能的相似性从上表很容易看出. 表中第 1 列为矩阵大小，第 2

列为运算符“\”求解方程组所需的时间，第 3 列为使用楚列斯基分解求解相同问题所需的时间.

楚列斯基分解也可以用于对称非正定矩阵，但分解过程的数值稳定性不如对称正定情形. 进一步，$\boldsymbol{P}$ 的某一行或多行可能为纯虚数. 例如：

$$\text{当 } \boldsymbol{A}=\begin{bmatrix}1 & 2 & 3\\ 2 & -5 & 9\\ 3 & 9 & 4\end{bmatrix} \text{ 则 } \boldsymbol{P}=\begin{bmatrix}1 & 2 & 3\\ 0 & 3\mathrm{i} & -\mathrm{i}\\ 0 & 0 & 2\mathrm{i}\end{bmatrix}$$

这种情形在 MATLAB 中并未实现.

2.9 QR 分解

前面看到可用行的初等变换将方阵分解为下三角矩阵和上三角矩阵的乘积. 当 $\boldsymbol{A}$ 是实正交矩阵或复的酉矩阵时，$\boldsymbol{A}$ 可以分解为上三角矩阵和正交矩阵的乘积，称之为 QR 分解，即

$$\boldsymbol{A}=\boldsymbol{QR}$$

这里 $\boldsymbol{R}$ 是上三角矩阵，$\boldsymbol{Q}$ 是正交矩阵或酉矩阵. 若 $\boldsymbol{Q}$ 正交，则 $\boldsymbol{Q}^{-1}=\boldsymbol{Q}^{\mathrm{T}}$；若 $\boldsymbol{Q}$ 为酉矩阵，则 $\boldsymbol{Q}^{-1}=\boldsymbol{Q}^{\mathrm{H}}$；这些都是很有用的性质.

实现 QR 分解的方法有很多，这里使用的是豪斯霍尔德（Householder）方法. 对实
93 矩阵的分解，先定义矩阵 $\boldsymbol{P}$：

$$\boldsymbol{P}=\boldsymbol{I}-2\boldsymbol{w}\boldsymbol{w}^{\mathrm{T}} \tag{2-20}$$

$\boldsymbol{P}$ 为对称矩阵；若假设 $\boldsymbol{w}^{\mathrm{T}}\boldsymbol{w}=1$，则 $\boldsymbol{P}$ 是正交矩阵. $\boldsymbol{P}$ 的正交性可展开乘积 $\boldsymbol{P}^{\mathrm{T}}\boldsymbol{P}=\boldsymbol{PP}$ 验证：

$$\boldsymbol{PP}=(\boldsymbol{I}-2\boldsymbol{w}\boldsymbol{w}^{\mathrm{T}})(\boldsymbol{I}-2\boldsymbol{w}\boldsymbol{w}^{\mathrm{T}})=\boldsymbol{I}-4\boldsymbol{w}\boldsymbol{w}^{\mathrm{T}}+4\boldsymbol{w}\boldsymbol{w}^{\mathrm{T}}(\boldsymbol{w}\boldsymbol{w}^{\mathrm{T}})=\boldsymbol{I}$$

将 $\boldsymbol{A}$ 分解为矩阵乘积 $\boldsymbol{QR}$，步骤如下. 首先根据 $\boldsymbol{A}$ 的第 1 列的元素值构造向量 $\boldsymbol{w}_1$ 如下：

$$\boldsymbol{w}_1^{\mathrm{T}}=\mu_1[(a_{11}-s_1)a_{21}a_{31}\cdots a_{n1}]$$

其中

$$\mu_1=\frac{1}{\sqrt{2s_1(s_1-a_{11})}} \quad \text{且} \quad s_1=\pm\Big(\sum_{j=1}^{n}a_{j1}^2\Big)^{1/2}$$

将 μ_1 和 s_1 代入到 $\boldsymbol{w}_1$ 中，很容易验证 $\boldsymbol{P}$ 满足正交性的充分条件 $\boldsymbol{w}^{\mathrm{T}}\boldsymbol{w}=1$ 成立. 将 $\boldsymbol{w}_1$ 代入到公式（2-20）得到一个正交矩阵 $\boldsymbol{P}^{(1)}$.

记乘积矩阵 $\boldsymbol{P}^{(1)}\boldsymbol{A}$ 为 $\boldsymbol{A}^{(1)}$. 容易验证 $\boldsymbol{A}^{(1)}$ 的第 1 列的主对角线元素为 s_1，第 1 列的其他元素均为 0，即

$$\boldsymbol{A}^{(1)}=\boldsymbol{P}^{(1)}\boldsymbol{A}=\begin{bmatrix}s_1 & + & \cdots & +\\ 0 & + & \cdots & +\\ \vdots & \vdots & & \vdots\\ 0 & + & \cdots & +\\ 0 & + & \cdots & +\end{bmatrix}$$

在矩阵 $\boldsymbol{A}^{(1)}$ 中，+号表示非零元.

继续前面的正交化过程. 根据 $\boldsymbol{A}^{(1)}$ 的第 1 列的元素值构造向量 $\boldsymbol{w}_2$ 如下：

$$\boldsymbol{w}_2^{\mathrm{T}}=\mu_2[0(a_{22}^{(1)}-s_2)a_{32}^{(1)}a_{42}^{(1)}\cdots a_{n2}^{(1)}]$$

其中 a_{ij} 为 $\boldsymbol{A}$ 的元素，以及

94 $$\mu_2=\frac{1}{\sqrt{2s_2(s_2-a_{22}^{(1)})}} \quad \text{且} \quad s_2=\pm\Big(\sum_{j=2}^{n}(a_{j2}^{(1)})^2\Big)^{1/2}$$

现在可通过下式构造正交矩阵 $\boldsymbol{P}^{(2)}$：

$$\boldsymbol{P}^{(2)} = \boldsymbol{I} - 2\boldsymbol{w}_2\boldsymbol{w}_2^{\mathrm{T}}$$

记乘积矩阵 $\boldsymbol{P}^{(2)}\boldsymbol{A}^{(1)}$ 为 $\boldsymbol{A}^{(2)}$，即：

$$\boldsymbol{A}^{(2)} = \boldsymbol{P}^{(2)}\boldsymbol{A}^{(1)} = \boldsymbol{P}^{(2)}\boldsymbol{P}^{(1)}\boldsymbol{A} = \begin{bmatrix} s_1 & + & \cdots & + \\ 0 & s_2 & \cdots & + \\ \vdots & \vdots & \cdots & \vdots \\ 0 & 0 & \cdots & + \\ 0 & 0 & \cdots & + \end{bmatrix}$$

注意 $\boldsymbol{A}^{(2)}$ 的前两列主对角线以下的元素均为 0. 继续这个过程 $n-1$ 次，最终得到一个上三角矩阵 $\boldsymbol{R}$，可写为

$$\boldsymbol{R} = \boldsymbol{P}^{(n-1)}\cdots\boldsymbol{P}^{(2)}\boldsymbol{P}^{(1)}\boldsymbol{A} \tag{2-21}$$

上式中由于 $\boldsymbol{P}^{(i)}$ 均为正交矩阵，所以乘积 $\boldsymbol{P}^{(n-1)}\cdots\boldsymbol{P}^{(2)}\boldsymbol{P}^{(1)}$ 也是正交的.

还需要确定满足 $\boldsymbol{A}=\boldsymbol{QR}$ 的正交矩阵 $\boldsymbol{Q}$. $\boldsymbol{R}$ 可写为 $\boldsymbol{R}=\boldsymbol{Q}^{-1}\boldsymbol{A}$ 或 $\boldsymbol{R}=\boldsymbol{Q}^{\mathrm{T}}\boldsymbol{A}$. 所以根据公式 (2-21) 可知

$$\boldsymbol{Q}^{\mathrm{T}} = \boldsymbol{P}^{(n-1)}\cdots\boldsymbol{P}^{(2)}\boldsymbol{P}^{(1)}$$

若不考虑 $\boldsymbol{Q}$ 每一列和 $\boldsymbol{R}$ 每一行的正负号，QR 分解是唯一的. 正负号取决于开方时 s_1，s_2 等取正还是取负的平方根. 矩阵的 QR 分解共需要 $2n^3/3$ 次乘法运算及 n 次开平方运算. 以下面的矩阵为例描述一下 QR 分解的过程：

$$\boldsymbol{A} = \begin{bmatrix} 4 & -2 & 7 \\ 6 & 2 & -3 \\ 3 & 4 & 4 \end{bmatrix}$$

有

$$s_1 = \sqrt{(4^2+6^2+3^2)} = 7.8102$$

$$\mu_1 = 1/\sqrt{[2\times 7.8102\times(7.8102-4)]} = 0.1296$$

$$\boldsymbol{w}_1^{\mathrm{T}} = 0.1296[(4-7.8102) \quad 6 \quad 3] = [-0.4939 \quad 0.7777 \quad 0.3889]$$ 95

用公式 (2-20) 构造 $\boldsymbol{P}^{(1)}$，并计算 $\boldsymbol{A}^{(1)}$ 如下：

$$\boldsymbol{P}^{(1)} = \begin{bmatrix} 0.5121 & 0.7682 & 0.3841 \\ 0.7682 & -0.2097 & -0.6049 \\ 0.3841 & -0.6049 & 0.6976 \end{bmatrix}$$

$$\boldsymbol{A}^{(1)} = \boldsymbol{P}^{(1)}\boldsymbol{A} = \begin{bmatrix} 7.8102 & 2.0483 & 2.8168 \\ 0 & -4.3753 & 3.5873 \\ 0 & 0.8123 & 7.2936 \end{bmatrix}$$

注意 $\boldsymbol{A}^{(1)}$ 的主对角线以下的元素已经都化为 0. 接下来：

$$s_2 = \sqrt{\{(-4.3753)^2+0.8123^2)} = 4.4501$$

$$\mu_2 = 1/\sqrt{\{2\times 4.4501\times(4.4501+4.3753)\}} = 0.1128$$

$$\boldsymbol{w}_2^{\mathrm{T}} = 0.1128[0 \quad (-4.3753-4.4501) \quad 0.8123] = [0 \quad -0.9958 \quad 0.0917]$$

$$\boldsymbol{P}^{(2)} = \begin{bmatrix} 1 & 0 & 0 \\ 0 & -0.9832 & 0.1825 \\ 0 & 0.1825 & 0.9832 \end{bmatrix}$$

$$\boldsymbol{R} = \boldsymbol{A}^{(2)} = \boldsymbol{P}^{(2)}\boldsymbol{A}^{(1)} = \begin{bmatrix} 7.8102 & 2.0486 & 2.8168 \\ 0 & 4.4501 & -2.1956 \\ 0 & 0 & 7.8259 \end{bmatrix}$$

此时 $\boldsymbol{A}^{(2)}$ 的前两列主对角线以下的元素已经都化为 0. 上三角矩阵 $\boldsymbol{R}$ 已经得到. 最后再求得正交矩阵 $\boldsymbol{Q}$:

$$\boldsymbol{Q}=(\boldsymbol{P}^{(2)}\boldsymbol{P}^{(1)})^{\mathrm{T}}=\begin{bmatrix}0.5121 & -0.6852 & 0.5179\\ 0.7682 & 0.0958 & -0.6330\\ 0.3841 & 0.7220 & 0.5754\end{bmatrix}$$

对读者来说，不需要一步步执行前面的操作，因为 MATLAB 提供的函数 qr 可以实现 QR 分解. 例如：

```
>> A = [4 -2 7;6 2 -3;3 4 4]

A =
     4    -2     7
     6     2    -3
96   3     4     4
>> [Q R] = qr(A)

Q =
   -0.5121    0.6852    0.5179
   -0.7682   -0.0958   -0.6330
   -0.3841   -0.7220    0.5754

R =
   -7.8102   -2.0486   -2.8168
         0   -4.4501    2.1956
         0         0    7.8259
```

QR 分解的优势之一是可用于非方阵，可将 $m\times n$ 矩阵分解为 $m\times m$ 正交矩阵和 $m\times n$ 上三角矩阵的乘积. 需要注意的是，当 $m>n$ 时，分解不唯一.

2.10 奇异值分解

$m\times n$ 矩阵 $\boldsymbol{A}$ 的奇异值分解（SVD）定义如下：

$$\boldsymbol{A}=\boldsymbol{USV}^{\mathrm{T}}\text{（或当 }\boldsymbol{A}\text{ 是复矩阵时，}\boldsymbol{A}=\boldsymbol{USV}^{\mathrm{H}}\text{）}$$

其中 $\boldsymbol{U}$ 是 $m\times m$ 的正交矩阵，$\boldsymbol{V}$ 是 $n\times n$ 的正交矩阵. 当 $\boldsymbol{A}$ 是复矩阵时，$\boldsymbol{U}$ 和 $\boldsymbol{V}$ 都是酉矩阵. 不管哪种情形，$\boldsymbol{S}$ 都是 $m\times n$ 的实对角矩阵，主对角线上的元素称为 $\boldsymbol{A}$ 的奇异值. 通常将奇异值按照从大到小的顺序排列 $s_1\geqslant s_2\geqslant\cdots\geqslant s_n$，即

$$\boldsymbol{S}=\begin{bmatrix}s_1 & 0 & \cdots & 0\\ 0 & s_2 & \cdots & 0\\ \vdots & \vdots & & \vdots\\ 0 & 0 & \cdots & s_n\\ 0 & 0 & \cdots & 0\\ \vdots & \vdots & & \vdots\\ 0 & 0 & \cdots & 0\end{bmatrix}$$

实际上，矩阵 $\boldsymbol{A}$ 的奇异值即为矩阵 $\boldsymbol{A}^{\mathrm{T}}\boldsymbol{A}$ 的特征值的非负平方根. 因为 $\boldsymbol{A}^{\mathrm{T}}\boldsymbol{A}$ 是对称矩阵或 Hermitian 矩阵，其特征值是非负实数，所以奇异值也为非负实数. Golub 和 Van Loan (1989) 给出了计算矩阵奇异值分解的算法.

奇异值分解有很多应用. 2.2 节中介绍了矩阵的约化行阶梯型，并解释了如何使用

MATLAB 函数 rref 求矩阵的秩. 实际上，矩阵的秩可以很容易地从奇异值分解中得到，即秩等于非零奇异值的数目. 对于秩为 3 的 5×5 矩阵来说，s_4 和 s_5 都是 0. 在实践中，MATLAB 并不是计算非零奇异值的数目，而是计算比某个容许误差大的奇异值的数目. 在求秩时不计入特别小的奇异值通常是更合理的做法. 97

下面通过例子来说明如何用奇异值分解来观察矩阵性质. 我们使用 MATLAB 函数 svd 计算矩阵的奇异值分解，并与函数 rref 的结果进行对比. 例子中用到了范德蒙德矩阵，该矩阵可用 MATLAB 函数 vander 生成. 我们知道范德蒙德矩阵可以是很病态的，通过奇异值分解可以看到病态性的本质. 特别地，奇异值为 0 或者很小的数表示矩阵可能不满秩，下面例子中矩阵的奇异值就是这种情况. 另外，奇异值分解还可以计算矩阵的条件数. 实际上，MATLAB 函数 cond 就是使用奇异值分解来计算矩阵的条件数的，给出的结果即为最大奇异值除以最小奇异值. 同时，第一奇异值即为矩阵的欧几里得范数. 下面的例子比较了奇异值分解和矩阵的约化行阶梯型，可以看出，MATLAB 函数 rref 和 rank 都求得例子中的范德蒙德矩阵的秩为 5，并不提供其他信息，也没有警告该矩阵是病态的.

```
>> c = [1 1.01 1.02 1.03 1.04];
>> V = vander(c)

V =
    1.0000    1.0000    1.0000    1.0000    1.0000
    1.0406    1.0303    1.0201    1.0100    1.0000
    1.0824    1.0612    1.0404    1.0200    1.0000
    1.1255    1.0927    1.0609    1.0300    1.0000
    1.1699    1.1249    1.0816    1.0400    1.0000

>> format long
>> s = svd(V)

s =
   5.210367051037899
   0.101918335876689
   0.000699698839445
   0.000002352380295
   0.000000003294983
>> norm(V)

ans =
   5.210367051037899

>> cond(V)

ans =
     1.581303246763933e+009

>> s(1)/s(5)

ans =
     1.581303246763933e+009
```

98

```
>> rank(V)

ans =
     5

>> rref(V)

ans =
     1     0     0     0     0
     0     1     0     0     0
     0     0     1     0     0
     0     0     0     1     0
     0     0     0     0     1
```

接下来的例子跟上面的非常类似，区别只是生成的范德蒙德矩阵是不满秩的. 最小的奇异值虽然不为 0，但和 0 的误差在机器精度范围内. 此时 `rank` 输出的结果是 4.

99

```
>> c = [1 1.01 1.02 1.03 1.03];
>> V = vander(c)

V =
    1.0000    1.0000    1.0000    1.0000    1.0000
    1.0406    1.0303    1.0201    1.0100    1.0000
    1.0824    1.0612    1.0404    1.0200    1.0000
    1.1255    1.0927    1.0609    1.0300    1.0000
    1.1255    1.0927    1.0609    1.0300    1.0000
>> format long e
>> s = svd(V)

s =
    5.187797954424026e+000
    8.336322098941414e-002
    3.997349250042135e-004
    8.462129966456217e-007
                         0

>> format short
>> rank(V)

ans =
     4

>> rref(V)

ans =
    1.0000         0         0         0   -0.9424
         0    1.0000         0         0    3.8262
         0         0    1.0000         0   -5.8251
         0         0         0    1.0000    3.9414
         0         0         0         0         0

>> cond(V)

ans =
   Inf
```

函数 rank 允许用户自定义容许误差值，但要小心使用，因为 rank 计算矩阵的秩时只计入比容许误差大的奇异值. 若容许误差非常小（例如小于机器精度），rank 计算的结果可能是错的.

2.11 伪逆

本节讨论矩阵的伪逆，在 2.12 节将应用伪逆来求解超定或欠定方程组.

若 $\mathbf{A}$ 是 $m\times n$ 矩阵，非方阵，则方程组

$$\mathbf{A}\boldsymbol{x}=\boldsymbol{b} \tag{2-22}$$ 100

不能通过求矩阵 $\mathbf{A}$ 的逆的方法求解. 若方程组方程个数多于未知数个数（即 $m>n$），在方程组（2-22）两端同时乘以 $\mathbf{A}^{\mathrm{T}}$，可将系数矩阵变成方阵：

$$\mathbf{A}^{\mathrm{T}}\mathbf{A}\boldsymbol{n}=\mathbf{A}^{\mathrm{T}}\boldsymbol{b}$$

乘积 $\mathbf{A}^{\mathrm{T}}\mathbf{A}$ 是方阵，若 $\mathbf{A}^{\mathrm{T}}\mathbf{A}$ 又是非奇异矩阵，则可通过求逆的方法求解方程组（2-22）：

$$\boldsymbol{x}=(\mathbf{A}^{\mathrm{T}}\mathbf{A})^{-1}\mathbf{A}^{\mathrm{T}}\boldsymbol{b} \tag{2-23}$$

记

$$\mathbf{A}^{+}=(\mathbf{A}^{\mathrm{T}}\mathbf{A})^{-1}\mathbf{A}^{\mathrm{T}} \tag{2.24}$$

矩阵 $\mathbf{A}^{+}$ 被称为 $\mathbf{A}$ 的穆尔-彭罗斯（Moore-Penrose）伪逆，或简称为伪逆. 从而方程组（2-22）的解可表示为

$$\boldsymbol{x}=(\mathbf{A}^{+})\boldsymbol{b} \tag{2-25}$$

伪逆 $\mathbf{A}^{+}$ 的定义要求 $\mathbf{A}$ 是满秩的. 若 $\mathbf{A}$ 满秩且 $m>n$，则 $\mathrm{rank}(\mathbf{A})=n$. 有 $\mathrm{rank}(\mathbf{A}^{\mathrm{T}}\mathbf{A})=\mathrm{rank}(\mathbf{A})=n$，$\mathbf{A}^{\mathrm{T}}\mathbf{A}$ 为 $n\times n$ 的矩阵，所以 $\mathbf{A}^{\mathrm{T}}\mathbf{A}$ 也是满秩的，且 $\mathbf{A}^{+}$ 是唯一的 $m\times n$ 矩阵. 若 $\mathbf{A}$ 不满秩，则 $\mathbf{A}^{\mathrm{T}}\mathbf{A}$ 也不满秩，不能求逆.

若 $\mathbf{A}$ 是方阵且非奇异，则 $\mathbf{A}^{+}=\mathbf{A}^{-1}$. 若 $\mathbf{A}$ 是复矩阵，则

$$\mathbf{A}^{+}=(\mathbf{A}^{\mathrm{H}}\mathbf{A})^{-1}\mathbf{A}^{\mathrm{H}} \tag{2-26}$$

其中 $\mathbf{A}^{\mathrm{H}}$ 表示 $\mathbf{A}$ 的共轭转置矩阵（定义见附录 A.6）. 乘积矩阵 $\mathbf{A}^{\mathrm{T}}\mathbf{A}$ 的条件数为 $\mathbf{A}$ 的条件数的平方，这在计算 $\mathbf{A}^{+}$ 时有一定意义.

伪逆有如下性质：

1. $\mathbf{A}(\mathbf{A}^{+})\mathbf{A}=\mathbf{A}$
2. $(\mathbf{A}^{+})\mathbf{A}(\mathbf{A}^{+})=\mathbf{A}^{+}$
3. $\mathbf{A}^{+}\mathbf{A}$ 和 $\mathbf{A}\mathbf{A}^{+}$ 都是对称矩阵.

还需考虑方程组（2-22）中 $\mathbf{A}$ 是 $m\times n$ 矩阵且 $m<n$ 的情形，即方程组个数小于未知数. 若 $\mathbf{A}$ 是满秩的，则 $\mathrm{rank}(\mathbf{A})=m$. 有 $\mathrm{rank}(\mathbf{A}^{\mathrm{T}}\mathbf{A})=\mathrm{rank}(A)$，则 $\mathrm{rank}(\mathbf{A}^{\mathrm{T}}\mathbf{A})=m$. 由于 $\mathbf{A}^{\mathrm{T}}\mathbf{A}$ 为 $n\times n$ 的矩阵，所以 $\mathbf{A}^{\mathrm{T}}\mathbf{A}$ 不满秩，不能求逆（即使 A 满秩）. 通过改写方程组(2-22)可避免这个问题：

$$\mathbf{A}\boldsymbol{x}=(\mathbf{A}\mathbf{A}^{\mathrm{T}})(\mathbf{A}\mathbf{A}^{\mathrm{T}})^{-1}\boldsymbol{b}$$ 101

于是

$$\boldsymbol{x}=\mathbf{A}^{\mathrm{T}}(\mathbf{A}\mathbf{A}^{\mathrm{T}})^{-1}\boldsymbol{b}$$

即

$$\boldsymbol{x}=(\mathbf{A}^{+})\boldsymbol{b}$$

其中伪逆 $\mathbf{A}^{+}=\mathbf{A}^{\mathrm{T}}(\mathbf{A}\mathbf{A}^{\mathrm{T}})^{-1}$. 注意 $\mathbf{A}\mathbf{A}^{\mathrm{T}}$ 是 $m\times m$ 的矩阵且秩为 m，所以可求逆.

从上面可以看出，若 $\mathbf{A}$ 不满秩，公式（2-24）不能用来求 $\mathbf{A}$ 的伪逆. 这并不意味 $\mathbf{A}$ 的伪逆不存在，事实上伪逆总是存在的，只是需要用另外的方法去求. 当 $\mathbf{A}$ 不满秩或近似不

满秩，伪逆 A^+ 最好通过奇异值分解得到. 当 A 是实矩阵，A 的奇异值分解为 USV^{T}，其中 U 是 $m\times m$ 的正交矩阵，V 是 $n\times n$ 的正交矩阵，S 是 $m\times n$ 的奇异值矩阵. A^{T} 的奇异值分解为 $VS^{\mathrm{T}}U^{\mathrm{T}}$，于是

$$A^{\mathrm{T}}A=(VS^{\mathrm{T}}U^{\mathrm{T}})(USV^{\mathrm{T}})=VS^{\mathrm{T}}SV^{\mathrm{T}}\quad (\text{由于 } U^{\mathrm{T}}U=I)$$

则

$$A^+=(VS^{\mathrm{T}}SV^{\mathrm{T}})^{-1}VS^{\mathrm{T}}U^{\mathrm{T}}=V^{-\mathrm{T}}(S^{\mathrm{T}}S)^{-1}V^{-1}VS^{\mathrm{T}}U^{\mathrm{T}}=V(S^{\mathrm{T}}S)^{-1}S^{\mathrm{T}}U^{\mathrm{T}} \tag{2-27}$$

其中因为$V^{\mathrm{T}}V=I$，所以$V^{-\mathrm{T}}=(V^{\mathrm{T}})^{-1}=(V^{\mathrm{T}})^{\mathrm{T}}=V$. 由于 U 是 $m\times m$ 的矩阵，V 是 $n\times n$ 的矩阵，S 是 $m\times n$ 的矩阵，式（2-27）中的矩阵都是可相乘的，见附录 A.5 节.

若 A 不满秩，此时$S^{\mathrm{T}}S$ 存在零或很小数的特征值，不能求逆. 为了解决这个问题，可只取矩阵 A 的前 r 个非零奇异值，其中 r 是 A 的秩，这样 S 就是 $r\times r$ 的矩阵. 为让式(2-27)可相乘，只取 V 的前 r 列和 U^{T} 的前 r 行（即 U 的前 r 列）. 下面的第 2 个例子说明了这种情况下 A 的伪逆的求法.

例 2-5 矩阵：

$$A=\begin{bmatrix}1&2&3\\4&5&9\\5&6&7\\-2&3&1\end{bmatrix}$$

102 用 MATLAB 实现公式（2-24）来计算 A 的伪逆，过程如下：

```
>> A = [1 2 3;4 5 9;5 6 7;-2 3 1];
>> rank(A)

ans =
     3
```

注意到 A 是满秩的，所以

```
>> A_cross = inv(A.'*A)*A.'

A_cross =
   -0.0747   -0.1467    0.2500   -0.2057
   -0.0378   -0.2039    0.2500    0.1983
    0.0858    0.2795   -0.2500   -0.0231
```

MATLAB 函数 pinv 可直接给出结果，并且精度更高.

```
A*A_cross*A

ans =
    1.0000    2.0000    3.0000
    4.0000    5.0000    9.0000
    5.0000    6.0000    7.0000
   -2.0000    3.0000    1.0000

>> A*A_cross

ans =
    0.1070    0.2841    0.0000    0.1218
    0.2841    0.9096    0.0000   -0.0387
    0.0000    0.0000    1.0000   -0.0000
    0.1218   -0.0387   -0.0000    0.9834

>> A_cross*A
```

```
ans =
    1.0000    0.0000    0.0000
    0.0000    1.0000    0.0000
   -0.0000   -0.0000    1.0000
```

上面的计算验证了 A *A_cross *A 和 A 相等，且 A *A_cross 和 A_cross *A 都是对称矩阵. ◀ 103

例 2-6 考虑下面的不满秩矩阵

$$G = \begin{bmatrix} 1 & 2 & 3 \\ 4 & 5 & 9 \\ 7 & 11 & 18 \\ -2 & 3 & 1 \\ 7 & 1 & 8 \end{bmatrix}$$

用 MATLAB 计算如下

```
>> G = [1 2 3;4 5 9;7 11 18;-2 3 1;7 1 8]

G =
     1     2     3
     4     5     9
     7    11    18
    -2     3     1
     7     1     8

>> rank(G)

ans =
     2
```

这里 G 的秩为 2（不满秩），不能使用公式（2-24）来求伪逆. 计算 G 的奇异值分解：

```
>> [U S V] = svd(G)

U =
   -0.1381    0.0839    0.9724   -0.0044   -0.1681
   -0.4115    0.0215    0.0539   -0.6081    0.6764
   -0.8258    0.2732   -0.2165    0.0607   -0.4392
   -0.0524    0.5650    0.0366    0.6373    0.5201
   -0.3563   -0.7737    0.0572    0.4695    0.2253

S =
   26.8394         0         0
         0    6.1358         0
         0         0    0.0000
         0         0         0
         0         0         0
```

104

```
V =
   -0.3709   -0.7274   -0.5774
   -0.4445    0.6849   -0.5774
   -0.8154   -0.0425    0.5774
```

在后面的计算中只取前两个非零奇异值：

```
>> SS = S(1:2,1:2)

SS =
   26.8394         0
         0    6.1358
```

为使矩阵可相乘，只取 U 和 V 的前两列：

```
>> G_cross = V(:,1:2)*inv(SS.'*SS)*SS.'*U(:,1:2).'

G_cross =
   -0.0080    0.0031   -0.0210   -0.0663    0.0966
    0.0117    0.0092    0.0442    0.0639   -0.0805
    0.0036    0.0124    0.0232   -0.0023    0.0162
```

还可以直接使用函数 pinv 得到上述结果，pinv 也是使用奇异值分解来实现的.

```
>> G*G_cross

ans =
    0.0261    0.0586    0.1369    0.0546   -0.0157
    0.0586    0.1698    0.3457    0.0337    0.1300
    0.1369    0.3457    0.7565    0.1977    0.0829
    0.0546    0.0337    0.1977    0.3220   -0.4185
   -0.0157    0.1300    0.0829   -0.4185    0.7256

>> G_cross*G

ans =
    0.6667   -0.3333    0.3333
   -0.3333    0.6667    0.3333
    0.3333    0.3333    0.6667
```

上面的计算验证了 G * G_cross 和 G_cross * G 都是对称的. ◀

105 接下来，将应用这些方法来求解超定或欠定方程组，并讨论解的意义.

2.12 超定和欠定方程组

先讨论超定方程组，即方程个数多于未知数个数的方程组.

尽管超定方程组可能有唯一解，但通常我们关注的方程组不是这样. 由于实验数据可能存在误差，导致产生的方程有微小的不一致. 例如，考虑如下的超定线性方程组：

$$\begin{aligned} x_1 + x_2 &= 1.98 \\ 2.05x_1 - x_2 &= 0.95 \\ 3.06x_1 + x_2 &= 3.98 \\ -1.02x_1 + 2x_2 &= 0.92 \\ 4.08x_1 - x_2 &= 2.90 \end{aligned} \tag{2-28}$$

图 2-5 描述了方程组 (2-28)，各个方程对应的直线不相交于一点，但存在一个点近似满足所有方程.

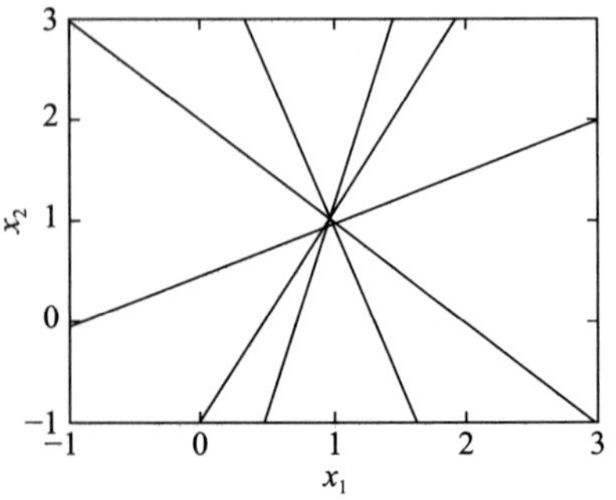

图 2-5 不相容方程组 (2-28) 的图示

我们希望从直线交点区域里找到最优的点，作为方程组的近似解. 一个判定准则是选取使各个方程的残差平方和为最小的点. 例如，对于方程组 (2-28)，记各个残差为 r_1，…，r_5，即

$$\begin{aligned} x_1 + x_2 - 1.98 &= r_1 \\ 2.05x_1 - x_2 - 0.95 &= r_2 \\ 3.06x_1 + x_2 - 3.98 &= r_3 \\ -1.02x_1 + 2x_2 - 0.92 &= r_4 \\ 4.08x_1 - x_2 - 2.90 &= r_5 \end{aligned}$$

106

残差的平方和为

$$S = \sum_{i=1}^{5} r_i^2 \tag{2-29}$$

为求 S 的极小值，可令

$$\frac{\partial S}{\partial x_k} = 0 \quad k = 1,2$$

我们有

$$\frac{\partial S}{\partial x_k} = \sum_{i=1}^{5} 2r_i \frac{\partial r_i}{\partial x_k} \quad k = 1,2$$

即

$$\sum_{i=1}^{5} r_i \frac{\partial r_i}{\partial x_k} = 0 \quad k = 1,2 \tag{2-30}$$

可以看到，用公式（2-30）求残差平方和的极小值，得到的解和用伪逆求解方程组给出的解是一致的.

当求解超定方程组时，计算伪逆只是其中一个步骤，而通常并不需要这个中间结果. MATLAB 的运算符“\”能自动完成超定方程组的求解，即该运算符可用于求解任意的线性方程组.

下面的例子比较了用运算符“\”和伪逆两种方法求解方程组（2-28），MATLAB 脚本如下：

```
% e3s206.m
A = [1 1;2.05 -1;3.06 1;-1.02 2;4.08 -1];
b = [1.98;0.95;3.98;0.92;2.90];
x = pinv(A)*b
norm_pinv = norm(A*x-b)
x = A\b
norm_op = norm(A*x-b)
```

运行该脚本将看到如下输出：

```
x =
    0.9631
    0.9885
norm_pinv =
    0.1064


x =
    0.9631
    0.9885


norm_op =
    0.1064
```

107

两种方法——运算符“\”和函数 pinv——对不相容的方程组都给出了相同的“最优”解. 图 2-6 比图 2-5 更清楚地画出了各个方程交点所在的区域. 区域里的“+”表示 MATLAB 给出的解所在的位置. $\boldsymbol{Ax}-\boldsymbol{b}$ 的范数即各个方程残差平方和的平方根，可用来度量 $\boldsymbol{x}$ 满足该方程组的程度.

运算符“\”求解超定方程组时，并不使用如公式（2-24）描述的利用伪逆的方法，而是使用 QR 分解直接求解（2-22）. QR 分解可用于方阵和非方阵（若行数大于列数）.

例如，可用 MATLAB 函数 qr 求解超定方程组 (2-28)：

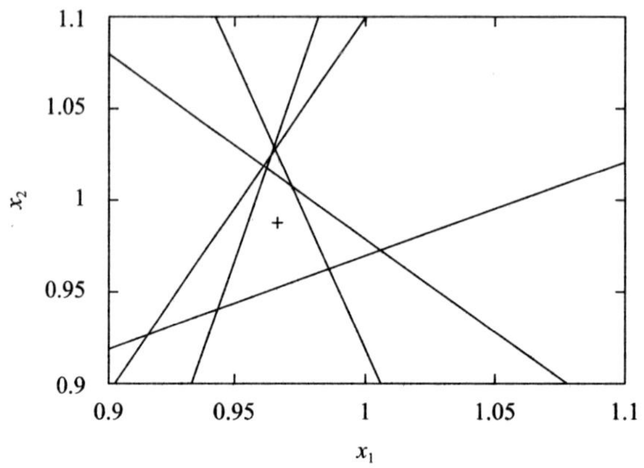

图 2-6 不相容方程组 (2-28) 的图示. 描述了方程交点所在的区域，其中“+”表示“最优”解的位置

```
>> A = [1 1;2.05 -1;3.06 1;-1.02 2;4.08 -1];
>> b = [1.98 0.95 3.98 0.92 2.90].';
>> [Q R] = qr(A)

Q =
   -0.1761    0.4123   -0.7157   -0.2339   -0.4818
   -0.3610   -0.2702    0.0998    0.6751   -0.5753
   -0.5388    0.5083    0.5991   -0.2780   -0.1230
    0.1796    0.6839   -0.0615    0.6363    0.3021
   -0.7184   -0.1756   -0.3394    0.0857    0.5749

R =
   -5.6792    0.7237
         0    2.7343
         0         0
         0         0
         0         0
```

在方程组 $\boldsymbol{Ax}=\boldsymbol{b}$ 中，将 $\boldsymbol{A}$ 替换为 $\boldsymbol{QR}$，即 $\boldsymbol{QRx}=\boldsymbol{b}$. 令 $\boldsymbol{Rx}=\boldsymbol{y}$，因 $\boldsymbol{Q}$ 是正交矩阵，可
108 求得 $\boldsymbol{y}=\boldsymbol{Q}^{-1}\boldsymbol{b}=\boldsymbol{Q}^{\mathrm{T}}\boldsymbol{b}$. 一旦求得 $\boldsymbol{y}$，由于 $\boldsymbol{R}$ 是上三角矩阵，可利用向后替换法快速求得 $\boldsymbol{x}$. 继续上例的求解：

```
>> y = Q.'*b

y =
   -4.7542
    2.7029
    0.0212
   -0.0942
   -0.0446
```

用 $\boldsymbol{R}$ 的第 2 行和 $\boldsymbol{y}$ 的第 2 行可求得 x_2. 当 x_2 已知时，用 $\boldsymbol{R}$ 的第 1 行和 $\boldsymbol{y}$ 的第 1 行可求得 x_1. 即

$$-5.6792x_1+0.7237x_2=-4.7542$$
$$2.7343x_2=2.7029$$

可求得 $x_1=0.9631$，$x_2=0.9885$，结果和前述方法一致. MATLAB 中，运算符“\”的具体实现即为上述步骤.

现在考虑超定方程组的系数矩阵是不满秩的情形. 下面的例子表示几条平行线，系数矩阵是不满秩的.

$$x_1+2x_2=1.00$$
$$x_1+2x_2=1.03$$
$$x_1+2x_2=0.97$$
$$x_1+2x_2=1.01$$ 109

用 MATLAB 求解如下：

```
>> A = [1 2;1 2;1 2;1 2]

A =
     1     2
     1     2
     1     2
     1     2

>> b = [1 1.03 0.97 1.01].'

b =
    1.0000
    1.0300
    0.9700
    1.0100

>> y = A\b
Warning: Rank deficient, rank = 1,  tol =   3.552714e-015.

y =
         0
    0.5012

>> norm(y)

ans =
    0.5012
```

上述命令输出了警告，提示方程组是不满秩的. 上面用运算符“\”求解方程组，而使用 pinv 函数求解如下：

```
>> x = pinv(A)*b

x =
    0.2005
    0.4010

>> norm(x)

ans =
    0.4483
```
110

可以看到，用 pinv 函数和“\”运算符求解不满秩方程组时，函数 pinv 给出的解的欧几里得范数最小（见附录 A. 10 节）. 很明显，由于方程组表示几条平行线，该方程组无唯一解.

现在考虑欠定方程组的求解问题. 由于没有足够的信息，所以不能确定唯一解. 例如，下面的方程组：

$$x_1 + 2x_2 + 3x_3 + 4x_4 = 1$$
$$-5x_1 + 3x_2 + 2x_3 + 7x_4 = 2$$

用 MATLAB 求解如下：

```
>> A = [1 2 3 4;-5 3 2 7];
>> b = [1 2].';
>> x1 = A\b

x1 =
   -0.0370
         0
         0
    0.2593

>> x2 = pinv(A)*b

x2 =
   -0.0780
    0.0787
    0.0729
    0.1755
```

分别计算它们的范数：

```
>> norm(x1)

ans =
    0.2619

>> norm(x2)

ans =
    0.2199
```

111

第 1 个解 x1 满足该方程组，第 2 个解 x2 同样满足该方程组，且范数最小.

向量的欧几里得范数或 2-范数为向量各个元素的平方和再开根号，见附录 A. 10 节. 根据毕达哥拉斯定理，空间中一个点到原点的最短距离为该点坐标的平方和再开根号，所以向量（线、曲面或超曲面上的点）的欧几里得范数可以几何解释为该点到原点的距离，有最小范数的向量即为线、曲面或超曲面上距离原点最近的点，连接此向量和原点的直线一定和线、曲面或超曲面垂直. 由于最小范数解的优势，尽管欠定方程组可能有无穷多个解，但最小范数解只有一个. 这提供了一个一致的结果.

关于超定和欠定方程组，为了完整起见，我们考虑使用 lsqnonneg 函数，该函数可求解非负最小二乘问题，即求如下线性方程组的解：

$$\boldsymbol{Ax} = \boldsymbol{b} \text{ 满足 } \boldsymbol{x} \geqslant \boldsymbol{0}$$

其中 $\boldsymbol{A}$ 和 $\boldsymbol{b}$ 都是实的. 该问题等价于求向量 $\boldsymbol{x} \geqslant \boldsymbol{0}$，使得 norm($\boldsymbol{Ax}-\boldsymbol{b}$) 最小.

在 MATLAB 中，用如下的语句调用函数 lsqnonneg 求解特定问题：

```
x = lsqnonneg(A,b)
```

其中 $\boldsymbol{A}$，$\boldsymbol{b}$ 如问题定义中所示，x 表示求出的解. 考虑如下的例子. 求解方程组

$$\begin{bmatrix}1 & 1 & 1 & 1 & 0\\1 & 2 & 3 & 0 & 1\end{bmatrix}\begin{bmatrix}x_1\\x_2\\x_3\\x_4\\x_5\end{bmatrix}=\begin{bmatrix}7\\12\end{bmatrix}$$

其中 $x_i \geqslant 0$，$i=1$，2，…，5. MATLAB 求解过程如下：

```
>> A = [1 1 1 1 0;1 2 3 0 1];
>> b = [7 12].';
```
112

求解方程组可得

```
>> x = lsqnonneg(A,b)

x =
     0
     0
     4
     3
     0
```

也可使用“\”求解，但不能保证 x 的非负性：

```
>> x2 = A\b

x2 =
         0
         0
    4.0000
    3.0000
         0
```

不过，在这个例子中，得到的解碰巧是非负的.

接下来的例子中，使用 lsqnonneg 函数“确保”求出满足方程的最优非负解. 方程组如下：

$$\begin{bmatrix}3.0501 & 4.8913\\3.2311 & -3.2379\\1.6068 & 7.4565\\2.4860 & -0.9815\end{bmatrix}\begin{bmatrix}x_1\\x_2\end{bmatrix}=\begin{bmatrix}2.5\\2.5\\0.5\\2.5\end{bmatrix} \tag{2-31}$$

输入 MATLAB 命令

```
>> A = [3.0501 4.8913;3.2311 -3.2379; 1.6068 7.4565;2.4860 -0.9815];
>> b = [2.5 2.5 0.5 2.5].';
```

分别用“\”运算符或 lsqnonneg 函数求解如下：

```
>> x1 = A\b

x1 =
    0.8307
   -0.0684
```
113

```
>> x2 = lsqnonneg(A,b)
```

```
x2 =
    0.7971
         0

>> norm(A*x1-b)

ans =
    0.7040

>> norm(A*x2-b)

ans =
    0.9428
```

可以看出，运算符“\”给出了最优解，但若要求解的各个元素都非负，则必须使用 lsqnonneg 函数.

2.13 迭代法

除一些特殊情况外，用户自己实现的函数或脚本在性能上不太可能超过 MATLAB 中集成的函数或运算符，所以我们不期望能实现比 MATLAB 命令 A\b 更快的求解 $\boldsymbol{Ax}=\boldsymbol{b}$ 的函数. 但为了完整性起见，本节将描述求解方程组的迭代法.

迭代法求解过程如下. 要求解的线性方程组为

$$\begin{aligned} a_{11}x_1 + a_{12}x_2 + \cdots + a_{1n}x_n &= b_1 \\ a_{21}x_1 + a_{22}x_2 + \cdots + a_{2n}x_n &= b_2 \\ \vdots \qquad \vdots \qquad\quad \vdots \quad &\quad \vdots \\ a_{n1}x_1 + a_{n2}x_2 + \cdots + a_{nn}x_n &= b_n \end{aligned}$$

将其重写为：

$$\begin{aligned} x_1 &= (b_1 - a_{12}x_2 - a_{13}x_3 - \cdots - a_{1n}x_n)/a_{11} \\ x_2 &= (b_2 - a_{21}x_1 - a_{23}x_3 - \cdots - a_{2n}x_n)/a_{22} \\ \vdots \quad & \quad \vdots \qquad\quad \vdots \qquad\qquad \vdots \\ x_n &= (b_n - a_{n1}x_1 - a_{n2}x_2 - \cdots - a_{n,n-1}x_{n-1})/a_{nn} \end{aligned} \tag{2-32}$$

114

给定初始值 x_i，$i=1$，…，n，将其代入上式（2-32）右端，可求得新的 x_i. 再将新的 x_i 代入到上式右端，迭代过程可继续下去. 迭代过程有一些变种. 例如，在右端可用旧的 x_i 代入，求出左端所有新的 x_i 的值. 这被称为雅可比（Jacobi）迭代或同步迭代. 也可在右端用刚求出的新的 x_i 来代入，求出其他左端新的 x_i 的值. 例如，一旦从（2-32）的第一个方程中求得新的 x_1，将其连同旧的 x_3，…，x_n 的值代入到第二个方程，求得新的 x_2. 这被称为高斯-塞德尔（Gauss-Seidel）迭代或循环迭代.

要保证上述迭代法收敛，可要求下述条件成立：

$$|a_{ii}| >> \sum_{j=1, j\neq i}^{n} |a_{ij}| \quad i=1,2,\cdots,n$$

即当系数矩阵是对角占优时，这些迭代法可确保正确. 第 8 章将讨论求解线性方程组的基于共轭梯度法的迭代方法.

2.14 稀疏矩阵

在很多科学与工程问题中，经常会出现稀疏矩阵. 例如，线性规划和结构分析问题.

事实上，对物理系统进行分析时，出现的大矩阵多数都是稀疏的，并且正因为如此，含有上百万未知数的线性方程组才得以求解. 本节将对 MATLAB 中和稀疏矩阵相关的大量功能作简要介绍，并通过例子说明它们的实用价值. 有关 MATLAB 中稀疏概念的实现，见 Gilbert 等人的论文（1992).

什么样的矩阵是稀疏矩阵？对这个问题很难给出一个简单定量的回答. 如果一个矩阵的元素有很大比例都是零元素，则可认为是稀疏矩阵. 但是，只有能利用稀疏性来减少矩阵的计算时间和存储空间时，矩阵的稀疏性才有意义. 处理稀疏矩阵时，减少时间开销的重要方法就是省掉不必要的和零元素有关的运算.

MATLAB 并不会自动识别稀疏矩阵，稀疏性只在显式调用时才起作用. 因此由用户决定一个矩阵是否为稀疏矩阵. 如果用户认为某个矩阵是稀疏矩阵并且想利用稀疏
性，则必须先将矩阵转换为稀疏表示，这可通过函数 sparse 来实现，即 b = sparse 115
(a)将矩阵 a 转换为稀疏型矩阵，接下来的 MATLAB 操作就可以利用到矩阵的稀疏性. 将稀疏形式表示的矩阵逆转为普通形式，可用 c = full(b). 另外，sparse 函数也可直接生成稀疏矩阵.

需要注意的是，当操作数都是稀疏矩阵时，二元运算符“*、+、-、/、\”将输出稀疏结果，即在一长串矩阵操作后，稀疏性是可以保持的. 另外，若矩阵 A 是稀疏矩阵，函数 chol(A)和 lu(A)将给出稀疏结果. 不过. 混合情况下，即一个操作数是稀疏的，另一个非稀疏，结果一般是非稀疏的. 也就是说，稀疏性会不经意间消失. 特别要注意，eye(n)不是稀疏矩阵，稀疏的单位矩阵可用 speye(n)得到，在和稀疏矩阵进行运算时，应该用 speye 函数.

接下来将介绍和稀疏矩阵相关的一些重要函数，及它们的用途，如有必要还会给出使用它们的例子. 与稀疏性相关的最简单的 MATLAB 函数是 nnz(a)，该函数可计算给定矩阵 a 的非零元的数目，这里矩阵 a 可为稀疏或非稀疏的. 函数 issparse(a)可以检测矩阵是否以稀疏形式定义或产生，返回值 1 表示矩阵 a 是稀疏的，0 表示非稀疏的. 函数 spy(a)以符号形式只输出所有非零元，这样可以看清楚矩阵的结构，具体例子见本章后面的图 2-7.

在详细阐释以上函数及其他函数之前，有必要掌握如何生成稀疏矩阵. 这可通过使用函数 sparse 的另一种形式轻易得到. 通过 sparse 函数生成稀疏矩阵，需要提供矩阵中非零元的位置及它们的值、稀疏矩阵的大小以及为非零元分配的存储空间，形式为 sparse(i, j, nzvals, m, n, nzmax). 这将会生成一个 m×n 的稀疏矩阵，向量 nzvals 存储非零元的值，向量 i 和 j 表示非零元的位置，其中行的位置由向量 i 指定，列的位置由向量 j 指定，分配的存储空间可容纳 nzmax 个非零元. 由于很多参数是可选的，故 sparse 函数有许多不同的形式. 在这里，仅通过如下一些例子来展示它的使用.

```
>> colpos = [1 2 1 2 5 3 4 3 4 5];
>> rowpos = [1 1 2 2 2 4 4 5 5 5];
>> value = [12 -4 7 3 -8 -13 11 2 7 -4];
>> A = sparse(rowpos,colpos,value,5,5)
```

上述命令的输出如下：

```
A =
   (1,1)       12
   (2,1)        7
   (1,2)       -4
   (2,2)        3
```
116

```
    (4,3)       -13
    (5,3)         2
    (4,4)        11
    (5,4)         7
    (2,5)        -8
    (5,5)        -4
```

即得到了一个有 10 个非零元素的 5×5 稀疏矩阵，非零元的位置按要求给定．可将该稀疏矩阵转换成满矩阵形式：

```
>> B = full(A)

B =
    12    -4     0     0     0
     7     3     0     0    -8
     0     0     0     0     0
     0     0   -13    11     0
     0     0     2     7    -4
```

这两种形式表示的矩阵是一样的．用下面的命令可判断矩阵 A 和 B 是否稀疏且给出它们包含的非零元个数：

```
>> [issparse(A) issparse(B) nnz(A) nnz(B)]

ans =
     1     0    10    10
```

结果和预想的一样．由于 A 是稀疏矩阵，所以 issparse(A) 输出 1，而 B 尽管看起来是稀疏的，但它并未存储为稀疏矩阵形式，所以在 MATLAB 中并不算是稀疏矩阵．接下来的例子展示了如何生成 5000×5000 的稀疏矩阵，并分别求解以该矩阵的稀疏和非稀疏形式为系数矩阵的线性方程组，比较计算时间的不同．脚本如下：

```
% e3s207.m Generates a sparse triple diagonal matrix
n = 5000;
rowpos = 2:n; colpos = 1:n-1;
values = 2*ones(1,n-1);
Offdiag = sparse(rowpos,colpos,values,n,n);
A = sparse(1:n,1:n,4*ones(1,n),n,n);
A = A+Offdiag+Offdiag.';
%generate full matrix
```

117

```
B = full(A);
%generate arbitrary right hand side for system of equations
rhs = [1:n].';
tic, x = A\rhs; f1 = toc;
tic, x = B\rhs; f2 = toc;
fprintf('Time to solve sparse matrix = %8.5f\n',f1);
fprintf('Time to solve  full  matrix = %8.5f\n',f2);
```

输出结果如下：

```
Time to solve sparse matrix =  0.00051
Time to solve  full  matrix =  5.74781
```

在这个例子中，以矩阵的稀疏形式为系数矩阵的线性方程组的求解时间大为缩短．下例类似，不同之处是计算一个 5000×5000 矩阵的 LU 分解：

```
% e3s208.m
n = 5000;
offdiag = sparse(2:n,1:n-1,2*ones(1,n-1),n,n);
```

```
A = sparse(1:n,1:n,4*ones(1,n),n,n);
A = A+offdiag+offdiag';
%generate full matrix
B = full(A);
%generate arbitrary right hand side for system of equations
rhs = [1:n]';
tic, lu1 = lu(A); f1 = toc;
tic, lu2 = lu(B); f2 = toc;
fprintf('Time for sparse LU = %8.4f\n',f1);
fprintf('Time for  full  LU = %8.4f\n',f2);
```

输出结果如下：

```
Time for sparse LU =   0.0056
Time for  full  LU =   9.6355
```

再一次看出，使用矩阵的稀疏形式，可节省大量的计算时间.

生成稀疏矩阵的另一种方法是使用函数 sprandn 和 sprandsym，它们分别生成随机的稀疏矩阵和随机的稀疏对称矩阵. 如下命令

A = sprandn(m,n,d) 118

生成一个 $m\times n$ 的随机矩阵，其中非零矩阵元素为标准正态分布，且密度是 d，这里密度为非零元的个数与矩阵中所有元素个数的比值. 显然 d 的范围是 0 到 1. 若要生成一个对称的随机矩阵，其中非零元密度为 d，可用命令

A = sprandsys(n,d)

使用这些函数的例子如下：

```
>> A = sprandn(5,5,0.25)

A =
   (2,1)       -0.4326
   (3,3)       -1.6656
   (5,3)       -1.1465
   (4,4)        0.1253
   (5,4)        1.1909
   (4,5)        0.2877

>> B = full(A)

B =
         0         0         0         0         0
   -0.4326         0         0         0         0
         0         0   -1.6656         0         0
         0         0         0    0.1253    0.2877
         0         0   -1.1465    1.1909         0

>> As = sprandsym(5,0.25)

As =
   (3,1)        0.3273
   (1,3)        0.3273
   (5,3)        0.1746
   (5,4)       -0.0376
   (3,5)        0.1746
```

```
   (4,5)       -0.0376
   (5,5)        1.1892

>> Bs = full(As)

Bs =
         0         0    0.3273         0         0
         0         0         0         0         0
    0.3273         0         0         0    0.1746
         0         0         0         0   -0.0376
         0         0    0.1746   -0.0376    1.1892
```

119 函数 sprandsym 的另一个调用方式为

```
A = sprandsym(n,density,r)
```

若 r 是标量，则将生成一个条件数为 1/r 的随机稀疏对称矩阵. 特别地，若 r 是长度为 n 的向量，则将生成一个特征值为 r 的元素的随机稀疏矩阵. 有关特征值的内容见 2.15 节. 正定矩阵的特征值都是正的，所以可令 r 的 n 个元素都是正的，得到的矩阵即是正定矩阵. 举例说明如下：

```
>> Apd = sprandsym(6,0.4,[1 2.5 6 9 2 4.3])

Apd =
   (1,1)        1.0058
   (2,1)       -0.0294
   (4,1)       -0.0879
   (1,2)       -0.0294
   (2,2)        8.3477
   (4,2)       -1.9540
   (3,3)        5.4937
   (5,3)       -1.3300
   (1,4)       -0.0879
   (2,4)       -1.9540
   (4,4)        3.1465
   (3,5)       -1.3300
   (5,5)        2.5063
   (6,6)        4.3000

>> Bpd = full(Apd)

Bpd =
    1.0058   -0.0294         0   -0.0879         0         0
   -0.0294    8.3477         0   -1.9540         0         0
         0         0    5.4937         0   -1.3300         0
   -0.0879   -1.9540         0    3.1465         0         0
         0         0   -1.3300         0    2.5063         0
         0         0         0         0         0    4.3000
```

这是生成具有某些性质的测试矩阵的重要方法，这是由于通过提供一定范围的特征值，可产生非常病态的正定矩阵.

进一步来看使用稀疏性的价值. 在本章一开始，就通过例子说明了求解线性方程组时
120 使用“\”运算符可在效率上有大幅改进，其中的原因很复杂. 使用“\”求解线性方程组时，有时需对矩阵的列进行特殊的预排序（预序），即最小度排序. 根据矩阵是对称还是

非对称，预序有不同的形式．预序的目的是在随后的矩阵运算中减少填充的数量，填充这里是指引入额外的非零元素．

使用函数 spy 和 symamd 可以看清预序的过程，symamd 实现了对称最小度排序，MATLAB 中作用于稀疏矩阵上的标准函数和运算符都会自动应用 symamd 函数．但是，若需要在非标准应用中使用预序，则要使用 symamd 函数．参考下面的例子．

首先考虑满矩阵和稀疏矩阵各自的乘法运算，其中稀疏矩阵相乘时先进行最小度排序．下面的脚本生成一个稀疏矩阵，获取最小度排序结果，计算该矩阵与其转置的乘法运算时间．对满矩阵也计算相应的乘法运算．最后比较两者运算时间的不同．

```
% e3s209.m
% generate a sparse matrix
n = 3000;
offdiag = sparse(2:n,1:n-1,2*ones(1,n-1),n,n);
offdiag2 = sparse(4:n,1:n-3,3*ones(1,n-3),n,n);
offdiag3 = sparse(n-5:n,1:6,7*ones(1,6),n,n);
A = sparse(1:n,1:n,4*ones(1,n),n,n);
A = A+offdiag+offdiag'+offdiag2+offdiag2'+offdiag3+offdiag3';
A = A*A.';
% generate full matrix
B = full(A);
m_order = symamd(A);
tic
spmult = A(m_order,m_order)*A(m_order,m_order).';
flsp = toc;
tic, fulmult = B*B.'; flful = toc;
fprintf('Time for sparse mult = %6.4f\n',flsp)
fprintf('Time for  full  mult = %6.4f\n',flful)
```

脚本输出如下：

```
Time for sparse mult = 0.0184
Time for  full  mult = 3.8359
```
121

接下来考虑和上面相似的例子，但使用比乘法更复杂的数值过程——LU 分解．如下的脚本比较了 LU 分解时进行最小度预序（稀疏矩阵）和不进行最小度预序（满矩阵）的性能区别：

```
% e3s210.m
% generate a sparse matrix
n = 100;
offdiag = sparse(2:n,1:n-1,2*ones(1,n-1),n,n);
offdiag2 = sparse(4:n,1:n-3,3*ones(1,n-3),n,n);
offdiag3 = sparse(n-5:n,1:6,7*ones(1,6),n,n);
A = sparse(1:n,1:n,4*ones(1,n),n,n);
A = A+offdiag+offdiag'+offdiag2+offdiag2'+offdiag3+offdiag3';
A = A*A.';
A1 = flipud(A);
A = A+A1;
n1 = nnz(A)
B = full(A); %generate full matrix
m_order = symamd(A);
tic, lud = lu(A(m_order,m_order)); flsp = toc;
n2 = nnz(lud)
tic, fullu = lu(B); flful = toc;
```

```
n3 = nnz(fullu)
subplot(2,2,1), spy(A,'k');
title('Original matrix')
subplot(2,2,2), spy(A(m_order,m_order),'k')
title('Ordered matrix')
subplot(2,2,3), spy(fullu,'k')
title('LU decomposition,unordered matrix')
subplot(2,2,4), spy(lud,'k')
title('LU decomposition, ordered matrix')
fprintf('Time for sparse lu = %6.4f\n',flsp)
fprintf('Time for  full  lu = %6.4f\n',flful)
```

脚本输出如下：

```
n1 =
         2096

n2 =
```

122

```
         1307
n3 =
         4465

Time for sparse lu = 0.0013
Time for  full  lu = 0.0047
```

和预期一样，稀疏矩阵进行 LU 分解可减少大量计算时间. 图 2-7 分别列出了原始矩阵 (2096 个非零元)、排序后的矩阵（非零元个数相同）、进行和不进行最小度预序得到的 LU 分解结构. 注意到进行预序后得到的 LU 矩阵中非零元个数为 1307，而不进行预序则为 4465. 不进行预序的 LU 矩阵的非零元个数大幅增加. 作为对比，矩阵预序后进行 LU 分解得到的矩阵比原始矩阵的非零元还少. 减少填充元素（非零元）在稀疏矩阵计算时非常重要，可极大地节省计算时间. 若将矩阵大小从 100×100 增加到 3000×3000，则脚本输出如下：

```
n1 =
       65896

n2 =
       34657
n3 =
      526810

Time for sparse lu = 0.0708
Time for  full  lu = 2.3564
```

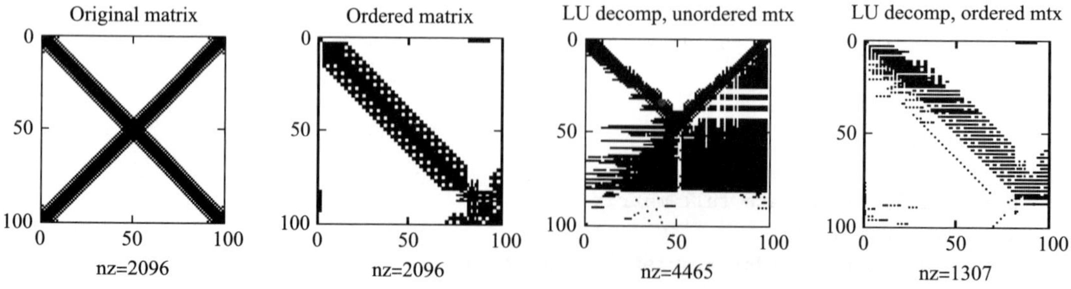

123 图 2-7 LU 分解时使用最小度预序的作用

此时使用稀疏运算会节省大量的计算时间.

函数 symamd 对对称矩阵做最小度排序，而函数 colamd 可对非对称矩阵进行列最小度排序. 逆卡西尔-麦基（Cuthill-McKee）排序是另一种可减少矩阵带宽的排序方法，在 MATLAB 中通过 symrcm 实现. 语句 p = symrcm(A) 得到置换向量 p 用于产生所需的排序，而 A(p,p) 即为排序后的矩阵.

前面已经看到，使用矩阵的稀疏性通常可节省浮点运算. 但是，若参与运算的矩阵变得不再稀疏，则节省的运算会越来越少，如下例所示.

```
% e3s211.m
n = 1000;  b = 1:n;
disp('   density    time_sparse   time_full');
for density = 0.004:0.003:0.039
    A = sprandsym(n,density)+0.1*speye(n);
    density = density+1/n;
    tic, x = A\b'; f1 = toc;
    B = full(A);
    tic, y = B\b'; f2 = toc;
    fprintf('%10.4f %12.4f %12.4f\n',density,f1,f2);
end
```

上面的脚本中，在随机生成的稀疏矩阵上加上一个对角矩阵，这是为了保证矩阵每一行都有一个非零元，否则矩阵可能变成奇异的. 添加对角阵会改变非零元密度. 若初始的 $n\times n$ 矩阵非零元密度为 d，且假设该矩阵对角元素都为 0，则修改后的矩阵密度是 $d+1/n$.

```
density    time_sparse   time_full
 0.0050      0.0204       0.1907
 0.0080      0.0329       0.1318
 0.0110      0.0508       0.1332
 0.0140      0.0744       0.1399
 0.0170      0.0892       0.1351
 0.0200      0.1064       0.1372
 0.0230      0.1179       0.1348
 0.0260      0.1317       0.1381
 0.0290      0.1444       0.1372
 0.0320      0.1516       0.1369
 0.0350      0.1789       0.1404
 0.0380      0.1627       0.1450
```

124

输出结果表明，随着非零元密度的增加，使用稀疏性得到的好处随之减少.

在求解最小二乘问题时，稀疏性也很重要. 最小二乘问题一般认为是很病态的，因此努力节省计算时间尤其重要. MATLAB 中，可通过 A\b 直接实现求解，这里 A 非方阵且稀疏. 下面的脚本比较了运算符“\”用于稀疏矩阵和非稀疏矩阵时的性能区别：

```
% e3s212.m
% generate a sparse triple diagonal matrix
n = 1000;
rowpos = 2:n;  colpos = 1:n-1;
values = ones(1,n-1);
offdiag = sparse(rowpos,colpos,values,n,n);
A = sparse(1:n,1:n,4*ones(1,n),n,n);
A = A+offdiag+offdiag';
%Now generate a sparse least squares system
Als = A(:,1:n/2);
%generate full matrix
```

```
Cfl = full(Als);
rhs = 1:n;
tic, x = Als\rhs'; f1 = toc;
tic, x = Cfl\rhs'; f2 = toc;
fprintf('Time for sparse least squares solve = %8.4f\n',f1)
fprintf('Time for  full  least squares solve = %8.4f\n',f2)
```

输出结果如下：

```
Time for sparse least squares solve =   0.0023
Time for  full  least squares solve =   0.2734
```

再一次看到使用稀疏性的优点.

本节未能覆盖所有和稀疏性相关的函数，但是，希望通过本节的学习，帮助读者理解
125 MATLAB 开发中这个困难但却异常重要的方面.

2.15 特征值问题

特征值问题存在于许多科学与工程领域. 例如，结构的震动特性可通过代数特征值问题的解得到. 考虑图 2-8 中的振子和弹簧系统，该系统的运动方程为：

$$
\begin{aligned}
m_1\ddot{q}_1 + (k_1 + k_2 + k_4)q_1 - k_2q_2 - k_4q_3 &= 0\\
m_2\ddot{q}_2 - k_2q_1 + (k_2 + k_3)q_2 - k_3q_3 &= 0\\
m_3\ddot{q}_3 - k_4q_1 - k_3q_2 + (k_3 + k_4)q_3 &= 0
\end{aligned}
\tag{2-33}
$$

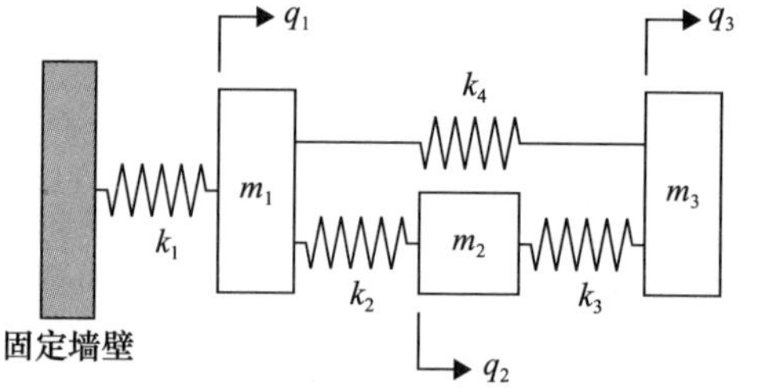

图 2-8 具有 3 个自由度的振子-弹簧系统

其中 m_1，m_2，m_3 是振子的质量，而 k_1，…，k_4 是弹簧刚度. 假设每个振子的坐标有一个谐波解，即 $q_i(t)=u_i\exp(\mathrm{j}\omega t)$，其中 $\mathrm{j}=\sqrt{-1}$，$i=1$，2，3，则有 $\mathrm{d}^2q_i/\mathrm{d}t^2=-\omega^2u_i\exp(\mathrm{j}\omega t)$. 代入到方程组 (2-33)，消去公共因子 $\exp(\mathrm{j}\omega t)$，得：

$$
\begin{aligned}
-\omega^2m_1u_1 + (k_1 + k_2 + k_4)u_1 - k_2u_2 - k_4u_3 &= 0\\
-\omega^2m_2u_2 - k_2u_1 + (k_2 + k_3)u_2 - k_3u_3 &= 0\\
-\omega^2m_3u_3 - k_4u_1 - k_3u_2 + (k_3 + k_4)u_3 &= 0
\end{aligned}
\tag{2-34}
$$

若 $m_1=10\text{kg}$，$m_2=20\text{kg}$，$m_3=30\text{kg}$，$k_1=10\text{kN/m}$，$k_2=20\text{kN/m}$，$k_3=25\text{kN/m}$，$k_4=15\text{kN/m}$，则 (2-34) 可化为：

$$
\begin{aligned}
-\omega^2 10u_1 + 45\,000u_1 - 20\,000u_2 - 15\,000u_3 &= 0\\
-\omega^2 20u_1 - 20\,000u_1 + 45\,000u_2 - 25\,000u_3 &= 0\\
-\omega^2 30u_1 - 15\,000u_1 - 25\,000u_2 + 40\,000u_3 &= 0
\end{aligned}
$$

用矩阵形式表示为：

126

$$
-\omega^2\boldsymbol{Mu} + \boldsymbol{Ku} = \boldsymbol{0} \tag{2-35}
$$

其中

$$M = \begin{bmatrix} 10 & 0 & 0 \\ 0 & 20 & 0 \\ 0 & 0 & 30 \end{bmatrix} \text{kg} \quad 及 \quad K = \begin{bmatrix} 45 & -20 & -15 \\ -20 & 45 & -25 \\ -15 & -25 & 40 \end{bmatrix} \text{kN/m}$$

方程组（2-35）有多种写法，例如，

$$\boldsymbol{Mu} = \lambda \boldsymbol{Ku} \quad 其中 \lambda = \frac{1}{\omega^2} \tag{2-36}$$

这是一个代数特征值问题，求解可确定 $\boldsymbol{u}$ 和 λ 的值. 在 MATLAB 中，可使用 eig 函数求解特征值问题. 用函数 eig 求解方程组（2-35）如下：

```
>> M = [10 0 0;0 20 0;0 0 30];
>> K = 1000*[45 -20 -15;-20 45 -25;-15 -25 40];
>> lambda = eig(M,K).'

lambda =
    0.0002    0.0004    0.0073

>> omega = sqrt(1./lambda)

omega =
   72.2165   52.2551   11.7268
```

从结果可以看出，图 2-8 所示系统的振动频率分别 11.72，52.25，和 72.21 弧度每秒. 本例中并未求解 u. 在 2-17 节中将详细讨论函数 eig 的使用.

基于前面的例子，考虑特征值问题的标准形式：

$$\boldsymbol{Ax} = \lambda \boldsymbol{x} \tag{2-37}$$

这是代数特征值问题的方程组，其中 $\boldsymbol{A}$ 是给定的 $n \times n$ 系数矩阵，$\boldsymbol{x}$ 是有 n 个元素的未知列向量，λ 是未知标量. 方程组（2-37）可重写为：

$$(\boldsymbol{A} - \lambda \boldsymbol{I})\boldsymbol{x} = \boldsymbol{0} \tag{2-38}$$

目标是确定 $\boldsymbol{x}$ 的值，称 $\boldsymbol{x}$ 是特征向量，对应的 λ 称为特征值. 满足式（2-38）的 λ 即为如下方程的根：

$$|\boldsymbol{A} - \lambda \boldsymbol{I}| = 0 \tag{2-39}$$ 127

这些 λ 的值使得 $\boldsymbol{A} - \lambda \boldsymbol{I}$ 是奇异矩阵. 由于（2-38）是齐次的，对特征值 λ 来说，存在非平凡的解 $\boldsymbol{x}$. 式（2-39）中左端行列式的值为 λ 的 n 次多项式，称之为特征多项式. 特征多项式有 n 个根（可能有重根），所以有 n 个 λ 的值. MATLAB 中，可用函数 poly 生成特征多项式的系数，特征多项式的根可用 roots 函数求解. 例如，对矩阵

$$\boldsymbol{A} = \begin{bmatrix} 1 & 2 & 3 \\ 4 & 5 & -6 \\ 7 & -8 & 9 \end{bmatrix}$$

则有：

```
>> A = [1 2 3;4 5 -6;7 -8 9];
>> p = poly(A)

p =
    1.0000  -15.0000  -18.0000  360.0000
```

即特征方程为 $\lambda^3 - 15\lambda^2 - 18\lambda + 360 = 0$. 用如下命令可求其所有根：

```
>> roots(p).'

ans =
   14.5343   -4.7494    5.2152
```

用函数 eig 可验证结果是正确的：

```
>> eig(A).'

ans =
   -4.7494    5.2152   14.5343
```

一旦求得特征值，则可代入到式（2-38），得到特征向量的方程组：

$$(\boldsymbol{A}-\lambda_i\boldsymbol{I})\boldsymbol{x}=\boldsymbol{0} \quad i=1,2,\cdots,n \tag{2-40}$$

这些齐次方程组可求得 n 个非平凡 $\boldsymbol{x}$ 的解．但是，在实际中一般不用（2-39）和（2-40）求解特征值问题．

接下来考虑当系数矩阵是实矩阵时特征解的性质．若 $\boldsymbol{A}$ 是实对称矩阵，$\boldsymbol{A}$ 的特征值都
128 是实的，但不一定是正的，对应的特征向量也是实的．进一步，若 λ_i，$\boldsymbol{x}_i$ 和 λ_j，$\boldsymbol{x}_j$ 都满足特征值问题（2-37），且 λ_i 和 λ_j 不相等，则有

$$\boldsymbol{x}_i^{\mathrm{T}}\boldsymbol{x}_j=0 \quad i\neq j \tag{2-41}$$

及

$$\boldsymbol{x}_i^{\mathrm{T}}\boldsymbol{A}\boldsymbol{x}_j=0 \quad i\neq j \tag{2-42}$$

等式（2-41）和（2-42）称为正交关系．注意，若 $i=j$，则一般来说 $\boldsymbol{x}_i^{\mathrm{T}}\boldsymbol{x}_i$ 和 $\boldsymbol{x}_i^{\mathrm{T}}\boldsymbol{A}\boldsymbol{x}_i$ 不为 0．因为在式（2-37）左右两端都有 $\boldsymbol{x}_i$，所以 $\boldsymbol{x}_i$ 可乘以任意一个标量．即 $\boldsymbol{x}_i^{\mathrm{T}}\boldsymbol{x}_i$ 的值是任意的．但是，若任意标量乘子是调整过的，使得

$$\boldsymbol{x}_i^{\mathrm{T}}\boldsymbol{x}_i=1 \tag{2-43}$$

则有

$$\boldsymbol{x}_i^{\mathrm{T}}\boldsymbol{A}\boldsymbol{x}_i=\lambda_i \tag{2-44}$$

此时称特征向量是*归一化*的．有时特征值相同，但对应的特征向量不一定正交．若 $\lambda_i=\lambda_j$，且其他的特征值 λ_k 互不相同，则有

$$\left.\begin{aligned}\boldsymbol{x}_i^{\mathrm{T}}\boldsymbol{x}_k=0\\ \boldsymbol{x}_j^{\mathrm{T}}\boldsymbol{x}_k=0\end{aligned}\right\} \quad k=1,2,\cdots,n \quad k\neq i \quad k\neq j \tag{2-45}$$

为一致起见，可选择特征向量使得 $\boldsymbol{x}_i^{\mathrm{T}}\boldsymbol{x}_j=0$．当 $\lambda_i=\lambda_j$，特征向量 $\boldsymbol{x}_i$ 和 $\boldsymbol{x}_j$ 不唯一，且它们的线性组合（即 $\alpha\boldsymbol{x}_i+\gamma\boldsymbol{x}_j$，其中 α 和 γ 为任意常数）也满足特征值问题．

接下来考虑 $\boldsymbol{A}$ 是非对称实矩阵的情形．考虑如下的两个特征值问题：

$$\boldsymbol{A}\boldsymbol{x}=\lambda\boldsymbol{x} \tag{2-46}$$

$$\boldsymbol{A}^{\mathrm{T}}\boldsymbol{y}=\beta\boldsymbol{y} \tag{2-47}$$

对（2-47）式转置可得：

$$\boldsymbol{y}^{\mathrm{T}}\boldsymbol{A}=\beta\boldsymbol{y}^{\mathrm{T}} \tag{2-48}$$

向量 $\boldsymbol{x}$ 和 $\boldsymbol{y}$ 分别称为 $\boldsymbol{A}$ 的右特征向量和左特征向量．因为矩阵和其转置行列式相等，所以 $|\boldsymbol{A}-\lambda\boldsymbol{I}|=0$ 和 $|\boldsymbol{A}^{\mathrm{T}}-\beta\boldsymbol{I}|=0$ 的解相同．即 $\boldsymbol{A}$ 和 $\boldsymbol{A}^{\mathrm{T}}$ 的特征值是一样的，但特征向量 $\boldsymbol{x}$ 和 $\boldsymbol{y}$
129 一般来说不一样．非对称实矩阵的特征值和特征向量是实的或是复共轭对．若 λ_i，$\boldsymbol{x}_i$，$\boldsymbol{y}_i$ 和 λ_j，$\boldsymbol{x}_j$，$\boldsymbol{y}_j$ 都满足特征值问题（2-46）、（2-47），且 λ_i 和 λ_j 不相等，则有

$$\boldsymbol{x}_i^{\mathrm{T}}\boldsymbol{x}_j=0 \quad i\neq j \tag{2-49}$$

及

$$\boldsymbol{x}_i^{\mathrm{T}}\boldsymbol{A}\boldsymbol{x}_j=0 \quad i\neq j \tag{2-50}$$

等式（2-49）和（2-50）称为双正交关系．与等式（2-43）和（2-44）类似，若$i=j$，则一般来说$\boldsymbol{y}_i^{\mathrm{T}}\boldsymbol{x}_i$和$\boldsymbol{y}_i^{\mathrm{T}}\boldsymbol{A}\boldsymbol{x}_i$不为0．因为特征向量$\boldsymbol{x}_i$和$\boldsymbol{y}_i$可包含任意的标量因子，所以它们的乘积可取任意值．但是，若要求

$$\boldsymbol{y}_i^{\mathrm{T}}\boldsymbol{x}_i = 1 \tag{2-51}$$

则有

$$\boldsymbol{y}_i^{\mathrm{T}}\boldsymbol{A}\boldsymbol{x}_i = \lambda_i \tag{2-52}$$

注意，此时不能将$\boldsymbol{x}_i$或$\boldsymbol{y}_i$假设为归一化的，这些向量仍含有任意的标量因子，但是它们的乘积是唯一确定的．

2.16 求解特征值问题的迭代法

本节将描述两种简单的迭代法，第一种方法称为幂法或矩阵迭代，可用于求矩阵的行列式或最大特征值，对称或非对称矩阵均可使用幂法．但在非对称矩阵时，读者需要注意矩阵可能没有实的最大特征值，而是有复的共轭对，此时简单的迭代法不收敛．

考虑（2-37）式定义的特征值问题，向量$\boldsymbol{u}_0$表示初始的试验向量，若特征向量线性无关，则$\boldsymbol{u}_0$可表示为特征向量的未知线性组合，即

$$\boldsymbol{u}_0 = \sum_{i=1}^{n}\alpha_i\boldsymbol{x}_i \tag{2-53}$$

其中α_i是未知系数，x_i是未知特征向量．迭代过程为：

$$\boldsymbol{u}_1 = \boldsymbol{A}\boldsymbol{u}_0, \boldsymbol{u}_2 = \boldsymbol{A}\boldsymbol{u}_1, \cdots, \boldsymbol{u}_p = \boldsymbol{A}\boldsymbol{u}_{p-1} \tag{2-54}$$ 130

将（2-53）式代入到（2-54），则有

$$\begin{aligned}
\boldsymbol{u}_1 &= \sum_{i=1}^{n}\alpha_i\boldsymbol{A}\boldsymbol{x}_i = \sum_{i=1}^{n}\alpha_i\lambda_i\boldsymbol{x}_i \quad \text{因为 } \boldsymbol{A}\boldsymbol{x}_i = \lambda_i\boldsymbol{x}_i \\
\boldsymbol{u}_2 &= \sum_{i=1}^{n}\alpha_i\lambda_i\boldsymbol{A}\boldsymbol{x}_i = \sum_{i=1}^{n}\alpha_i\lambda_i^2\boldsymbol{x}_i \\
&\cdots \\
\boldsymbol{u}_p &= \sum_{i=1}^{n}\alpha_i\lambda_i^{p-1}\boldsymbol{A}\boldsymbol{x}_i = \sum_{i=1}^{n}\alpha_i\lambda_i^{p}\boldsymbol{x}_i
\end{aligned} \tag{2-55}$$

最后的等式可重写为：

$$\boldsymbol{u}_p = \lambda_1^p\left[\alpha_1\boldsymbol{x}_1 + \sum_{i=2}^{n}\alpha_i\left(\frac{\lambda_i}{\lambda_1}\right)^p\boldsymbol{x}_i\right] \tag{2-56}$$

按照惯例，将矩阵的n个特征值按如下顺序标号：

$$|\lambda_1| > |\lambda_2| > \cdots > |\lambda_n|$$

则当p趋向于无穷时，

$$\left[\frac{\lambda_i}{\lambda_1}\right]^p$$

趋向于0，$i=2$，3，$\cdots n$．当p很大时，从式（2-56）可得：

$$\boldsymbol{u}_p \Rightarrow \lambda_1^p\alpha_1\boldsymbol{x}_1$$

即$\boldsymbol{u}_p$趋向于和$\boldsymbol{x}_1$成正比，且向量$\boldsymbol{u}_p$和$\boldsymbol{u}_{p-1}$和对应元素的比值趋向于λ_1．

一般并不严格按照前面的描述实现算法，这是因为可能存在数值溢出．通常在每一步迭代后，可对试验向量进行归一化（除以最大元），即将向量的最大元素化为1．数学表述为：

$$\left.\begin{aligned} \boldsymbol{v}_p &= \boldsymbol{A}\boldsymbol{u}_p \\ \boldsymbol{u}_{p+1} &= \left(\frac{1}{\max(\boldsymbol{v}_p)}\right)\boldsymbol{v}_p \end{aligned}\right\} \quad p = 0,1,2,\cdots \tag{2-57}$$

其中 max（$\boldsymbol{v}_p$）表示$\boldsymbol{v}_p$ 中模最大的元素．用（2-57）进行迭代直至收敛．修改后的算法不改变迭代的收敛速度．除了避免数值溢出，进一步地，修改后的算法更容易确定迭代什么
131 时候终止．系数矩阵 $\boldsymbol{A}$ 右乘特征向量等于该特征向量乘以对应的特征值．所以，当$\boldsymbol{u}_{p+1}$和 $\boldsymbol{u}_p$ 足够接近能确保收敛时，迭代终止，此时 max（$\boldsymbol{v}_p$）近似等于特征值.

迭代的收敛速度主要取决于特征值的分布．比值$|\lambda_i/\lambda_1|$越小（i=2，3，…n)，收敛速度越快．下面的 MATLAB 函数 eigit 实现了求最大特征值和对应特征向量的迭代方法：

```
function [lam u iter] = eigit(A,tol)
% Solves EVP to determine dominant eigenvalue and associated vector
% Sample call: [lam u iter] = eigit(A,tol)
% A is a square matrix, tol is the accuracy
% lam is the dominant eigenvalue, u is the associated vector
% iter is the number of iterations required
[n n] = size(A);
err = 100*tol;
u0 = ones(n,1);  iter = 0;
while err>tol
    v = A*u0;
    u1 = (1/max(v))*v;
    err = max(abs(u1-u0));
    u0 = u1;  iter = iter+1;
end
u = u0;  lam = max(v);
```

现在用上述方法求下面特征值问题的最大特征值和对应的特征向量：

$$\begin{bmatrix} 1 & 2 & 3 \\ 2 & 5 & -6 \\ 3 & -6 & 9 \end{bmatrix}\begin{bmatrix} x_1 \\ x_2 \\ x_3 \end{bmatrix} = \lambda\begin{bmatrix} x_1 \\ x_2 \\ x_3 \end{bmatrix} \tag{2-58}$$

```
>> A = [1 2 3;2 5 -6;3 -6 9];
>> [lam u iterations] = eigit(A,1e-8)

lam =
   13.4627

u =
    0.1319
   -0.6778
    1.0000

iterations =
    18
```

132

最大特征值精确到小数点后 8 位数字是 13.462 698 99.

迭代法还可用于求最小特征值．特征值问题 $\boldsymbol{Ax}=\lambda\boldsymbol{x}$ 可重写为：

$$\boldsymbol{A}^{-1}\boldsymbol{x} = (1/\lambda)\boldsymbol{x}$$

这样迭代法将收敛到 $1/\lambda$ 的最大值，即 λ 的最小值．不过，一般情况下要避免对矩阵求逆，尤其是当问题规模很大时更应避免.

前面看到直接对 $\boldsymbol{Ax}=\lambda\boldsymbol{x}$ 使用迭代可求得最大特征值（主特征值）. 第二种迭代法，称之为逆迭代法，在求解次大特征值时非常有用. 再次考虑（2-37）式的特征值问题. 两端同时减去 $\mu\boldsymbol{x}$，有

$$(\boldsymbol{A}-\mu\boldsymbol{I})\boldsymbol{x}=(\lambda-\mu)\boldsymbol{x} \tag{2-59}$$

$$(\boldsymbol{A}-\mu\boldsymbol{I})^{-1}\boldsymbol{x}=\left(\frac{1}{\lambda-\mu}\right)\boldsymbol{x} \tag{2-60}$$

考虑由试验向量 $\boldsymbol{u}_0$ 开始的迭代过程. 类似（2-57），有

$$\left.\begin{aligned}\boldsymbol{v}_s &= (\boldsymbol{A}-\mu\boldsymbol{I})^{-1}\boldsymbol{u}_s \\ \boldsymbol{u}_{s+1} &= \left(\frac{1}{\max(\boldsymbol{v}_s)}\right)\boldsymbol{v}_s\end{aligned}\right\} \quad s=0,1,2,\cdots \tag{2-61}$$

迭代法将求得 $1/(\lambda-\mu)$ 的最大值，即（$\lambda-\mu$）的最小值.（$\lambda-\mu$）的最小值意味着 λ 是最接近 μ 的特征值，且 $\boldsymbol{u}$ 收敛到对应该特征值的特征向量 $\boldsymbol{x}$. 所以，通过选取合适的 μ，可求得次大特征值和特征向量.

当 $\boldsymbol{u}_{s+1}$ 足够接近 $\boldsymbol{u}_s$ 时，迭代终止. 迭代收敛时，有

$$\frac{1}{\lambda-\mu}=\max(\boldsymbol{v}_s)$$

则最接近 μ 的特征值 λ 为：

$$\lambda=\mu+\frac{1}{\max(\boldsymbol{v}_s)} \tag{2-62}$$

只要选取的 μ 接近某个特征值，则收敛速度很快. 若 μ 等于某个特征值，则（$\boldsymbol{A}-\mu\boldsymbol{I}$）是奇异的. 由于随机选取的 μ 不太可能正好等于某个特征值，所以实际中这很少会造成问题. 但是，若（$\boldsymbol{A}-\mu\boldsymbol{I}$）是奇异的，我们就确信以很高的精度得到了该特征值. 对 μ 做小 133
改动后再用迭代法，可求得对应的特征向量.

尽管逆迭代法可用来求未知系统的特征解，但更常见的是，用逆迭代法来改进由其他方法得到的近似特征解. 实际中，$(\boldsymbol{A}-\mu\boldsymbol{I})^{-1}$ 无需显式给出，而通常将（$\boldsymbol{A}-\mu\boldsymbol{I}$）分解为下三角和上三角矩阵的乘积. 显式的矩阵求逆可用两个高效的替换过程替代. 下面简单的 MATLAB 脚本实现了逆迭代法，其中使用运算符“\”来避免矩阵求逆.

```
function [lam u iter] = eiginv(A,mu,tol)
% Determines eigenvalue of A closest to mu with a tolerance tol.
% Sample call: [lam u] = eiginv(A,mu,tol)
% lam is the eigenvalue and u the corresponding eigenvector.
[n,n] = size(A);
err = 100*tol;
B = A-mu*eye(n,n);
u0 = ones(n,1);
iter = 0;
while err>tol
    v = B\u0; f = 1/max(v);
    u1 = f*v;
    err = max(abs(u1-u0));
    u0 = u1; iter = iter+1;
end
u = u0; lam = mu+f;
```

将上面的函数应用于求（2-58）式最接近 4 的特征值及对应的特征向量.

```
>> A = [1 2 3;2 5 -6;3 -6 9];
>> [lam u iterations] = eiginv(A,4,1e-8)

lam =
    4.1283

u =
    1.0000
    0.8737
    0.4603

iterations =
     6
```

134 最接近 4 的特征值精确到小数点后 8 位数字是 4.128 270 17. 使用函数 eigit 和 eiginv 求解大规模特征值问题时需要小心，因为不能保证总能收敛，在某些不利情况下，收敛速度会很慢.

下一节仔细讨论 MATLAB 函数 eig.

2.17 MATLAB 函数 eig

求解特征值问题有很多算法. 选取何种算法取决于很多原因，比如特征值问题的形式和规模、是否是对称矩阵、实矩阵还是复矩阵、是否只需求特征值、要求所有还是部分特征值和特征向量等.

下面讨论 MATLAB 函数 eig 采用的算法. 该函数有多种使用方式，不同的方式采用不同的算法. 如下几个不同的使用方式：

1. lambda = eig(a)
2. [u lambda] = eig(a)
3. lambda = eig(a,b)
4. [u lambda]= eig(a,b)

这里 lambda 在（1）、（3）中表示特征值的向量，而在（2）、（4）中表示特征值在对角线上的对角矩阵. 后两者中 u 是矩阵，u 的列为特征向量.

对实矩阵，函数 eig(a)的算法如下. 若 $\boldsymbol{A}$ 是一般矩阵，首先用豪斯霍尔德变换将 $\boldsymbol{A}$ 化成海森伯格（Hessenberg）矩阵. 一个（上）海森伯格矩阵除次对角线外，主对角线下的元素都是 0. 若 $\boldsymbol{A}$ 是对称矩阵，则用豪斯霍尔德变换可将矩阵化成三对角矩阵. 迭代应用 QR 过程，可将求得上海森伯格实矩阵的特征值和特征向量. QR 过程将海森伯格矩阵分解为上三角矩阵和酉矩阵的乘积. 算法描述如下：

1. $k=0$.
2. 将 $\boldsymbol{H}_k$ 分解为 $\boldsymbol{Q}_k$ 和 $\boldsymbol{R}_k$ 的乘积 $\boldsymbol{H}_k=\boldsymbol{Q}_k\boldsymbol{R}_k$，其中 $\boldsymbol{H}_k$ 是海森伯格矩阵或三对角矩阵.
3. 计算 $\boldsymbol{H}_{k+1}=\boldsymbol{R}_k\boldsymbol{Q}_k$. 特征值的估计值为 $\mathrm{diag}(\boldsymbol{H}_{k+1})$.
4. 检查特征值的精度. 若过程未收敛，则 $k=k+1$，继续从第 2 步开始.

$\boldsymbol{H}_k$ 主对角线上的值趋向于特征值. 下面的脚本中，使用了 MATLAB 函数 hess 将初始矩阵化为海森伯格矩阵，然后迭代应用 qr 函数求对称矩阵的特征值. 注意这个脚本中只迭代了 10 次，而不是采用通常的收敛性检测，这是因为这里只想展示迭代应用 QR 过程的意义.
135

```
% e3s213.m
A = [5 4 1 1;4 5 1 1; 1 1 4 2;1 1 2 4];
H1 = hess(A);
for i = 1:10
    [Q R] = qr(H1);
    H2 = R*Q;  H1 = H2;
    p = diag(H1)';
    fprintf('%2.0f %8.4f %8.4f',i,p(1),p(2))
    fprintf('%8.4f %8.4f\n',p(3),p(4))
end
```

脚本输出如下：

```
 1   1.0000   8.3636  6.2420   2.3944
 2   1.0000   9.4940  5.4433   2.0627
 3   1.0000   9.8646  5.1255   2.0099
 4   1.0000   9.9655  5.0329   2.0016
 5   1.0000   9.9913  5.0084   2.0003
 6   1.0000   9.9978  5.0021   2.0000
 7   1.0000   9.9995  5.0005   2.0000
 8   1.0000   9.9999  5.0001   2.0000
 9   1.0000  10.0000  5.0000   2.0000
10   1.0000  10.0000  5.0000   2.0000
```

迭代过程收敛于值 1、10、5 和 2，结果是正确的．QR 迭代法可直接用于满矩阵 **A**，但是一般情况下效率不高．这里不讨论如何计算特征向量．

当 eig 的参数中有两个实矩阵或复矩阵时，eig 使用 QZ 算法（而不是 QR 算法）．QZ 算法（Golub 和 Van Loan，1989）经过修改可处理复矩阵的情形．当 eig 的参数为一个复矩阵 **A** 时，将对 eig(a,eye(size(A)))使用 QZ 算法．QZ 算法的核心是，存在酉矩阵 $\boldsymbol{Q}$ 和 $\boldsymbol{Z}$，使得$\boldsymbol{Q}^{\mathrm{H}}\boldsymbol{AZ}=\boldsymbol{T}$ 及$\boldsymbol{Q}^{\mathrm{H}}\boldsymbol{BZ}=\boldsymbol{S}$，这里 $\boldsymbol{T}$ 和 $\boldsymbol{S}$ 都是上三角矩阵．这被称为广义舒尔（Schur）分解．若 s_{kk} 不等于 0，则特征值为 $t_{kk}/s_{kk}(k=1,2,\cdots n)$．下面的脚本说明，$\boldsymbol{T}$ 和 $\boldsymbol{S}$ 的对角元素的比值即为所求的特征值． 136

```
% e3s214.m
A = [10+2i 1 2;1-3i 2 -1;1 1 2];
b = [1 2-2i -2;4 5 6;7+3i 9 9];
[T S Q Z V] = qz(A,b);
r1 = diag(T)./diag(S)
r2 = eig(A,b)
```

运行脚本，输出结果如下：

```
r1 =
   1.6154 + 2.7252i
  -0.4882 - 1.3680i
   0.1518 + 0.0193i


r2 =
   1.6154 + 2.7252i
  -0.4882 - 1.3680i
   0.1518 + 0.0193i
```

舒尔分解和特征值问题密切相关．MATLAB 函数 schur(a)输出上三角矩阵 $\boldsymbol{T}$，其中实的特征值在 $\boldsymbol{T}$ 的对角线上，复的特征值在对角线上的 2×2 的块里．即 **A** 可以写为：

$$\boldsymbol{A}=\boldsymbol{UTU}^{\mathrm{H}}$$

其中 $\boldsymbol{U}$ 是酉矩阵，满足$\boldsymbol{U}^{\mathrm{H}}\boldsymbol{U}=\boldsymbol{I}$. 下面的脚本说明舒尔分解和矩阵特征值的相似性.

```
% e3s215.m
A = [4 -5 0 3;0 4 -3 -5;5 -3 4 0;3 0 5 4];
T = schur(A), lam = eig(A)
```

运行脚本，输出结果为：

```
T =
   12.0000    0.0000   -0.0000   -0.0000
         0    1.0000   -5.0000   -0.0000
         0    5.0000    1.0000   -0.0000
         0         0         0    2.0000


lam =
  12.0000
   1.0000 + 5.0000i
   1.0000 - 5.0000i
   2.0000
```

可以轻易地确定矩阵 T 的 4 个特征值. 下面的脚本比较了用 eig 函数求解不同类型问题的

137 性能.

```
% e3s216.m
disp('        real1    realsym1      real2    realsym2      comp1        comp2')
for n = 100:50:500
    A = rand(n); C = rand(n);
    S = A+C*i;
    T = rand(n)+i*rand(n);
    tic, [U,V] = eig(A); f1 = toc;
    B = A+A.'; D = C+C.';
    tic, [U,V] = eig(B); f2 = toc;
    tic, [U,V] = eig(A,C); f3 = toc;
    tic, [U,V] = eig(B,D); f4 = toc;
    tic, [U,V] = eig(S); f5 = toc;
    tic, [U,V] = eig(S,T); f6 = toc;
    fprintf('%12.3f %10.3f %10.3f %10.3f %10.3f %10.3f\n',f1,f2,f3,f4,f5,f6);
end
```

该脚本给出了不同操作所需的执行时间（以秒为单位），输出结果为：

```
real1    realsym1     real2    realsym2     comp1      comp2
0.042      0.009      0.063      0.061      0.039      0.037
0.067      0.014      0.086      0.090      0.067      0.106
0.129      0.028      0.228      0.184      0.116      0.200
0.182      0.046      0.430      0.425      0.186      0.432
0.270      0.073      0.729      0.724      0.279      0.782
0.371      0.104      1.277      1.257      0.373      1.232
0.514      0.154      2.006      2.103      0.538      2.104
0.708      0.205      3.055      3.097      0.698      2.919
0.946      0.278      4.403      4.187      0.901      4.344
```

有时候并不需要求出所有的特征值和特征向量. 例如，在复杂的工程结构里，有成百上千个自由度，我们只想求得前 15 个特征值（描述模型的自然频率），及对应的特征向量. MATLAB 提供了函数 eigs，可求出少量的特征值，比如那些振幅最大，或具有最大或最小实部或虚部的特征值等. 在求超大规模稀疏矩阵的少量特征值问题时，该函数尤

138 为有用. 特征值约化算法可以减小特征值问题的规模（见 Guyan，1965），但仍允许在能

接受的精度范围内求出指定的特征值.

MATLAB 同时提供了求解稀疏矩阵特征值问题的工具. 如下的脚本中，分别将矩阵视为稀疏矩阵和满矩阵，求其特征值，并比较浮点运算时间的差别.

```
% e3s217.m
% generate a sparse triple diagonal matrix
n = 2000;
rowpos = 2:n; colpos = 1:n-1;
values = ones(1,n-1);
offdiag = sparse(rowpos,colpos,values,n,n);
A = sparse(1:n,1:n,4*ones(1,n),n,n);
A = A+offdiag+offdiag.';
% generate full matrix
B = full(A);
tic, eig(A); sptim = toc;
tic, eig(B); futim = toc;
fprintf('Time for sparse eigen solve = %8.6f\n',sptim)
fprintf('Time for  full  eigen solve = %8.6f\n',futim)
```

该脚本输出结果为:

```
Time for sparse eigen solve = 0.349619
Time for  full  eigen solve = 3.000229
```

很明显，求稀疏矩阵的特征值可节省大量时间.

2.18 小结

本章描述了很多和矩阵计算有关的重要算法，展示了 MATLAB 的强大功能，并将这些算法的应用以一种发人深省的方式展示出来. 本章描述了如何求解超定和欠定方程组及特征值问题，也向读者阐释了线性方程组中稀疏性的重要性，其中的一些脚本可帮助读者开发自己的应用.

在第 9 章中，将看到符号工具箱可成功地用于求解线性代数中的一些问题. 139

习题

2.1 $n\times n$ 的希尔伯特矩阵 $\boldsymbol{A}$ 定义为

$$a_{ij}=1/(i+j-1)\quad 其中\ i,j=1,2,\cdots,n$$

对 $n=5$ 时，求 $\boldsymbol{A}$ 的逆矩阵，和$\boldsymbol{A}^{\mathrm{T}}\boldsymbol{A}$ 的逆矩阵. 注意到

$$(\boldsymbol{A}^{\mathrm{T}}\boldsymbol{A})^{-1}=\boldsymbol{A}^{-1}(\boldsymbol{A}^{-1})^{\mathrm{T}}$$

使用该结果求$\boldsymbol{A}^{\mathrm{T}}\boldsymbol{A}$ 的逆，其中 $n=3$, 4, 5, 6. 使用逆希尔伯特函数 invhilb 以及$(\boldsymbol{A}^{\mathrm{T}}\boldsymbol{A})^{-1}=\boldsymbol{A}^{-1}(\boldsymbol{A}^{-1})^{\mathrm{T}}$求出精确逆矩阵，再比较前述两种方法的精度. 提示：计算 norm$(\boldsymbol{P}-\boldsymbol{R})$ 和 norm$(\boldsymbol{Q}-\boldsymbol{R})$，其中 $\boldsymbol{P}=(\boldsymbol{A}^{\mathrm{T}}\boldsymbol{A})^{-1}$，$\boldsymbol{Q}=\boldsymbol{A}^{-1}(\boldsymbol{A}^{-1})^{\mathrm{T}}$，$\boldsymbol{R}$ 是 $\boldsymbol{Q}$ 的精确逆矩阵，由函数 invhilb 求得.

2.2 求矩阵$\boldsymbol{A}^{\mathrm{T}}\boldsymbol{A}$ 的条件数，其中 $\boldsymbol{A}$ 是一个 $n\times n$ 的希尔伯特矩阵（定义见问题 2.1)，其中 $n=3$, 4, …, 6. 这些结果和习题 2.1 有什么关系?

2.3 可以证明级数$(\boldsymbol{I}-\boldsymbol{A})^{-1}=\boldsymbol{I}+\boldsymbol{A}+\boldsymbol{A}^2+\boldsymbol{A}^3+\cdots$，其中 $\boldsymbol{A}$ 是$n\times n$的矩阵，若 $\boldsymbol{A}$ 的特征值都小于 1，则级数收敛. 当 $a+2b<1$ 时下面的 $n\times n$ 矩阵满足这个条件（a，b 为正数）:

$$\begin{bmatrix} a & b & 0 & \cdots & 0 & 0 & 0 \\ b & a & b & \cdots & 0 & 0 & 0 \\ \vdots & \vdots & \vdots & & \vdots & \vdots & \vdots \\ 0 & 0 & 0 & \cdots & b & a & b \\ 0 & 0 & 0 & \cdots & 0 & b & a \end{bmatrix}$$

对矩阵取不同的 n，a，b，当满足上面的条件时，验证级数收敛.

2.4 用函数 eig 求如下矩阵的特征值：

$$\begin{bmatrix} 2 & 3 & 6 \\ 2 & 3 & -4 \\ 6 & 11 & 4 \end{bmatrix}$$

对矩阵（$\boldsymbol{A}-\lambda\boldsymbol{I}$）应用 rref 函数，取 λ 为任意特征值. 手工演算求解所得方程组来求出矩阵的特征向量. 提示：当 λ 等于某个特征值时，对应的特征向量是（$\boldsymbol{A}-\lambda\boldsymbol{I}$）$\boldsymbol{x}=\boldsymbol{0}$ 的解. 任意取定 x_3 的值.

140 2.5 对习题 2.3 中的矩阵，分别用满矩阵和稀疏矩阵两种方式，求其特征值，其中 $n=10:10:30$. 比较此特征值与如下精确解的区别：

$$\lambda_k = a + 2b\cos(k\pi/(n+1)) \quad k = 1,2,\cdots$$

2.6 利用 pinv、qr 及运算符"\"求解如下的超定方程组：

$$\begin{bmatrix} 2.0 & -3.0 & 2.0 \\ 1.9 & -3.0 & 2.2 \\ 2.1 & -2.9 & 2.0 \\ 6.1 & 2.1 & -3.0 \\ -3.0 & 5.0 & 2.1 \end{bmatrix} \begin{bmatrix} x_1 \\ x_2 \\ x_3 \end{bmatrix} = \begin{bmatrix} 1.01 \\ 1.01 \\ 0.98 \\ 4.94 \\ 4.10 \end{bmatrix}$$

2.7 编写脚本用以生成 $\boldsymbol{E}=\{1/(n+1)\}\boldsymbol{C}$，其中

$$\begin{aligned} c_{ij} &= i(n-i+1) && 若\ i = j \\ &= c_{ij-1} - i && 若\ j > i \\ &= c_{ji} && 若\ j < i \end{aligned}$$

生成 $n=5$ 时的 $\boldsymbol{E}$，用如下两种方式求解 $\boldsymbol{Ex}=\boldsymbol{b}$，其中 $\boldsymbol{b}=[1:n]^{\mathrm{T}}$：

a）使用运算符"\".

b）使用 lu 函数，再求解 $\boldsymbol{Ux}=\boldsymbol{y}$ 和 $\boldsymbol{Ly}=\boldsymbol{b}$.

2.8 求习题 2.7 中 $\boldsymbol{E}$ 的逆，其中 $n=20$ 和 50. $\boldsymbol{E}$ 的精确逆矩阵为主对角线元素均为 2、上下次对角线元素均为 -1、其余均为 0 的矩阵，比较你的结果和精确结果的差别.

2.9 求习题 2.7 中 $\boldsymbol{E}$ 的特征值，其中 $n=20$ 和 50. 精确特征值为 $\lambda_k=1/[2-2\cos(k\pi/(n+1))]$，其中 $k=1,\cdots,n$.

2.10 利用 MATLAB 函数 cond，求习题 2.7 中 $\boldsymbol{E}$ 的条件数，其中 $n=20$ 和 50. 该矩阵的条件数的理论结果为 $4n^2/\pi^2$. 比较你的结果与准确值的差别.

2.11 使用 MATLAB 函数 eig 求如下矩阵的特征值和左、右特征向量：

$$\boldsymbol{A} = \begin{bmatrix} 8 & -1 & -5 \\ -4 & 4 & -2 \\ 18 & -5 & -7 \end{bmatrix}$$

2.12 对如下的矩阵 $\boldsymbol{A}$，使用 eigit、eiginv，求

a）最大特征值.

141 b）最接近 100 的特征值.

c）最小特征值.

$$\boldsymbol{A} = \begin{bmatrix} 122 & 41 & 40 & 26 & 25 \\ 40 & 170 & 25 & 14 & 24 \\ 17 & 26 & 172 & 7 & 3 \\ 32 & 22 & 9 & 106 & 6 \\ 31 & 28 & -2 & -1 & 165 \end{bmatrix}$$

2.13 给定矩阵

$$\boldsymbol{A} = \begin{bmatrix} 1 & 2 & 3 \\ 5 & 6 & -2 \\ 1 & -1 & 0 \end{bmatrix} \quad 和 \quad \boldsymbol{B} = \begin{bmatrix} 2 & 0 & 1 \\ 4 & -5 & 1 \\ 1 & 0 & 0 \end{bmatrix}$$

及定义矩阵 $\boldsymbol{C}$ 为

$$\boldsymbol{C}=\begin{bmatrix}\boldsymbol{A} & \boldsymbol{B}\\ \boldsymbol{B} & \boldsymbol{A}\end{bmatrix}$$

使用函数 `eig` 验证 $\boldsymbol{C}$ 的特征值是 $\boldsymbol{A}+\boldsymbol{B}$ 和 $\boldsymbol{A}-\boldsymbol{B}$ 特征值的线性组合.

2.14 编写 MATLAB 脚本生成矩阵

$$\boldsymbol{A}=\begin{bmatrix} n & n-1 & n-2 & \cdots & 2 & 1\\ n-1 & n-1 & n-2 & \cdots & 2 & 1\\ n-2 & n-2 & n-2 & \cdots & 2 & 1\\ \vdots & \vdots & \vdots & \vdots & \vdots & \vdots\\ 2 & 2 & 2 & \cdots & 2 & 1\\ 1 & 1 & 1 & \cdots & 1 & 1\end{bmatrix}$$

该矩阵的特征值为

$$\lambda_i=\frac{1}{2}\left[1-\cos\frac{(2i-1)\pi}{2n+1}\right]\quad i=1,2,\cdots,n$$

取 $n=5$ 和 $n=50$，使用 MATLAB 函数 `eig`，求其最大和最小特征值. 由上式求得准确值，验证结果的正确性. 142

2.15 令 $n=10$，使用 `eig` 求如下矩阵的特征值

$$\boldsymbol{A}=\begin{bmatrix} 1 & 0 & 0 & \cdots & 0 & 1\\ 0 & 1 & 0 & \cdots & 0 & 2\\ 0 & 0 & 1 & \cdots & 0 & 3\\ \vdots & \vdots & \vdots & \cdots & \vdots & \vdots\\ 0 & 0 & 0 & \cdots & 1 & n-1\\ 1 & 2 & 3 & \cdots & n-1 & n\end{bmatrix}$$

另外，通过 poly 生成矩阵 $\boldsymbol{A}$ 的特征多项式，再用函数 `roots` 求出特征多项式的根，可求出 $\boldsymbol{A}$ 的特征值. 从这些结果能得出什么结论？

2.16 对习题 2.12 中的矩阵，使用 `eig` 求其特征值. 此外，通过 poly 生成矩阵 $\boldsymbol{A}$ 的特征多项式，再用函数 `roots` 求出特征多项式的根，求出 $\boldsymbol{A}$ 的特征值. 使用 `sort` 比较两种方法的结果. 从这些结果能得出什么结论？

2.17 对习题 2.14 中的矩阵，取 $n=10$，验证矩阵的迹等于特征值的和，行列式等于特征值的乘积. 其中会用到 MATLAB 函数 `det`、`trace` 及 `eig`.

2.18 矩阵 $\boldsymbol{A}$ 定义如下：

$$\boldsymbol{A}=\begin{bmatrix} 2 & -1 & 0 & 0 & \cdots & 0\\ -1 & 2 & -1 & 0 & \cdots & 0\\ 0 & -1 & 2 & -1 & \cdots & 0\\ \vdots & \vdots & \vdots & \vdots & \vdots & \vdots\\ 0 & 0 & \cdots & -1 & 2 & -1\\ 0 & 0 & \cdots & 0 & -1 & 2\end{bmatrix}$$

该矩阵的条件数为 $c=pn^q$，其中 n 为矩阵大小，c 是条件数，p 和 q 是常数. 使用 MATLAB 函数 `cond` 求出当 $n=5:5:50$ 时矩阵 $\boldsymbol{A}$ 的条件数，将结果和函数 pn^q 进行拟合. 提示：在 c 的等式两端取 `log`，使用运算符“\”求解超定方程组.

2.19 矩阵 $(\boldsymbol{I}-\boldsymbol{A})$ 的逆可由下式估计，其中 $\boldsymbol{I}$ 是 $n\times n$ 的单位矩阵，$\boldsymbol{A}$ 是 $n\times n$ 的矩阵，

$$(\boldsymbol{I}-\boldsymbol{A})^{-1}=\boldsymbol{I}+\boldsymbol{A}+\boldsymbol{A}^2+\boldsymbol{A}^3+\cdots$$ 143

当 $\boldsymbol{A}$ 的最大特征值小于 1 时，该级数收敛，此时才能应用上式进行估计. 编写 MATLAB 函数 `invapprox(A,k)`，使用该级数的前 k 项估计 $(\boldsymbol{I}-\boldsymbol{A})^{-1}$. 该函数须使用 MATLAB 函数 `eig` 求出 $\boldsymbol{A}$ 的所有特征值，若最大特征值大于 1，则输出提示信息表明该方法失效. 否则，该函数将用前 k 项估计 $(\boldsymbol{I}-\boldsymbol{A})^{-1}$ 的结果. 取 $k=4$，对如下两个矩阵测试该函数：

$$\begin{bmatrix}0.2 & 0.3 & 0\\0.3 & 0.2 & 0.3\\0 & 0.3 & 0.2\end{bmatrix} \quad 和 \quad \begin{bmatrix}1.0 & 0.3 & 0\\0.3 & 1.0 & 0.3\\0 & 0.3 & 1.0\end{bmatrix}$$

使用 MATLAB 中的 `inv` 函数求矩阵（$\boldsymbol{I}-\boldsymbol{A}$）的逆，再将使用函数 `invapprox(A,k)` 得到的结果与之比较，用 `norm` 函数比较精度区别，这里取 $k=4$，8，16.

2.20 方程组 $\boldsymbol{Ax}=\boldsymbol{b}$ 称为是欠定方程组，其中 $\boldsymbol{A}$ 是 m 行 n 列的矩阵，$\boldsymbol{x}$ 是 n 个元素的列向量，$\boldsymbol{b}$ 是 m 个元素的列向量，且 $n>m$. 由于 $\boldsymbol{A}$ 不是方阵，不能直接使用 MATLAB 函数 `inv` 求解该方程组. 但是，在方程组两端同时乘以$\boldsymbol{A}^{\mathrm{T}}$，可得：

$$\boldsymbol{A}^{\mathrm{T}}\boldsymbol{Ax} = \boldsymbol{A}^{\mathrm{T}}\boldsymbol{b}$$

此时$\boldsymbol{A}^{\mathrm{T}}\boldsymbol{A}$ 是方阵，可以使用 inv 函数求解该方程组. 编写 MATLAB 函数，实现上述方法求解欠定方程组. 函数应允许输入向量 $\boldsymbol{b}$ 和矩阵 $\boldsymbol{A}$，计算矩阵乘积，再使用 `inv` 函数求解该方程组. 用函数 `norm` 比较 $\boldsymbol{Ax}$ 和 $\boldsymbol{b}$ 的差，以此检查解的精度. 该函数还须包含直接使用运算符“\”求解该欠定方程组，同样也用函数 `norm` 比较 $\boldsymbol{Ax}$ 和 $\boldsymbol{b}$ 的差，检查解的精度. 该函数的调用形式为 `udsys(A,b)`，返回不同方法得到的解及所求范数. 用如下的欠定方程组 $\boldsymbol{Ax}=\boldsymbol{b}$，测试所编写的函数，其中

$$\boldsymbol{A}=\begin{bmatrix}1 & -2 & -5 & 3\\3 & 4 & 2 & -7\end{bmatrix} \quad 和 \quad \boldsymbol{b}=\begin{bmatrix}-10\\20\end{bmatrix}$$

144 通过比较两种方法求得的范数，能得出什么结论？

2.21 正交矩阵 $\boldsymbol{A}$ 定义为矩阵与自身转置乘积为单位矩阵的方阵，即

$$\boldsymbol{AA}^{\mathrm{T}} = \boldsymbol{I}$$

使用 MATLAB 验证如下的矩阵是正交矩阵：

$$\boldsymbol{B}=\begin{bmatrix}\frac{1}{\sqrt{3}} & \frac{1}{\sqrt{6}} & -\frac{1}{\sqrt{2}}\\ \frac{1}{\sqrt{3}} & \frac{-2}{\sqrt{6}} & 0\\ \frac{1}{\sqrt{3}} & \frac{1}{\sqrt{6}} & \frac{1}{\sqrt{2}}\end{bmatrix}$$

$$\boldsymbol{C}=\begin{bmatrix}\cos(\pi/3) & \sin(\pi/3)\\ -\sin(\pi/3) & \cos(\pi/3)\end{bmatrix}$$

2.22 编写 MATLAB 脚本，同时实现高斯-塞德尔（Gauss-Seidel）迭代和雅可比（Jacobi）迭代，并用它们求解方程组 $\boldsymbol{Ax}=\boldsymbol{b}$，其中，精度取 0.000 005，矩阵 $\boldsymbol{A}$ 定义为：

$$\begin{aligned}&a_{ii} = -4\\&a_{ij} = 2 \quad 若\ |i-j| = 1\\&a_{ij} = 0 \quad 若\ |i-j| \geqslant 2 \quad 其中\ i,j = 1,2,\cdots,10\end{aligned}$$

右端项 $\boldsymbol{b}$ 为：

$$\boldsymbol{b}^{\mathrm{T}} = [2\ 3\ 4\cdots 11]$$

使用初始值 $x_i=0$（$i=1$，2，…，10）.（也可用其他初始值.）将结果与“\”直接求得的结果进

145 行对比.

非线性方程组的解

求解非线性方程组的问题，常常自然地出现在大量的实际问题研究中. 它可能涉及多个变量的非线性方程组或一个单变量的方程. 首先考虑单变量方程的求解. 该问题的一般形式可以简化为，求变量 x 使之满足

$$f(x)=0$$

其中 f 是 x 的任一非线性函数. x 称为方程的解或根，它可能是满足该方程的诸多值中的一个.

3.1 引言

为方便讨论，并对非线性方程组的解有直观的感觉，我们考虑 Armstrong 和 Kulesza (1981) 描述的一个方程. 该问题研究的是电阻式混频器电路，即对给出特定电流和电压的电路，求部分电路中的电流. 由此可导出一个简单的非线性方程，经过某些化简之后可以表示成

$$x-\exp(-x/c)=0 \quad \text{或等价地} \quad x=\exp(-x/c) \tag{3-1}$$

其中 c 是给定常数，x 为待求变量. 这种方程的解并不好求，不过阿姆斯特朗（Armstrong）和库莱沙（Kulesza）提供了一个基于级数展开的近似解，并对大量 c 的值都给出了合适精度的解. 这一近似解可由 c 的表达式给出

$$x=cu[1-\log_e\{(1+c)u\}/(1+u)] \tag{3-2}$$

其中 $u=\log_e(1+1/c)$. 当 c 位于 $[10^{-3}, 100]$ 时该结果有合理的精度，而且给出了求解这类随 c 变化的方程的简单方法，可以说这是一个既有趣又有用的结果. 虽然该结果对这 147 一特定的方程很有用，但若试图用这类特殊方法求非线性方程组的通解，就会发现显著的缺点. 比如

1. 利用特殊方法求方程组的近似解，鲜少能像上例这样成功地找到解的公式，通常都无法获得公式.

2. 即使这样的公式存在，要找到它也要花费相当的时间和精力.

3. 可能需要比该公式更高的精度.

为说明第 3 点，请看图 3-1，它由下面的 MATLAB 脚本生成. 该图显示了用公式（3-2）以及 MATLAB 中 fzero 函数求解非线性方程（3-1)的结果.

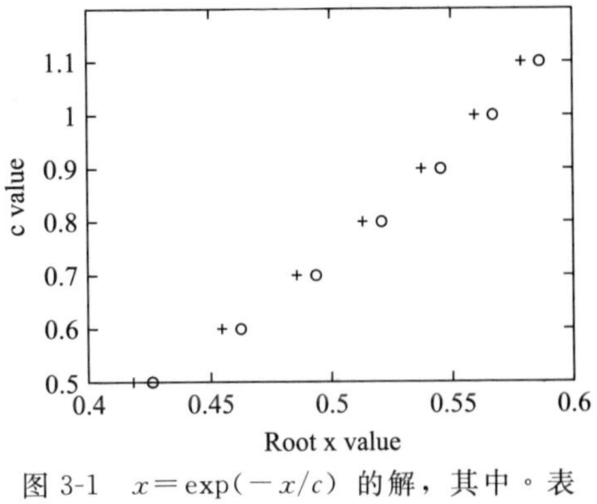

图 3-1 $x=\exp(-x/c)$ 的解，其中 ∘ 表示由函数 fzero 计算的结果，+ 表示由阿姆斯特朗和库莱沙计算的结果

```
% e3s301.m
ro = [ ]; ve = [ ]; x = [ ];
c = 0.5:0.1:1.1; u = log(1+1./c);
x = c.*u.*(1-log((1+c).*u)./(1+u));
```

```
% solve equation using MATLAB function fzero
i = 0;
for c1 = 0.5:0.1:1.1
    i = i+1;
    ro(i) = fzero(@(x) x-exp(-x/c1),1,0.00005);
end
plot(x,c,'+')
axis([0.4 0.6 0.5 1.2])
hold on
plot(ro,c,'o')
xlabel('Root x value'),  ylabel('c value')
hold off
```

148

函数 fzero 将在 3.10 节中详细讨论. 注意到，调用 fzero 采用了形式 fzero(@(x) x-exp(-x/c1),1,0.00005). 这里要求根的精度为 0.000 05，并给出近似的初始值为 1. 如果需要，fzero 可提供多达 16 位精度的根，而阿姆斯特朗和库莱沙的公式 (3-2) 计算虽然快捷，但结果只能精确到一或两位小数. 实际上，阿姆斯特朗和库莱沙的方法对较大的 c 值才较为准确.

从上述讨论中可以看到，巧妙的构造偶尔可能好用，但在绝大多数情形下，求解一般问题必须使用某种算法，这种算法要有合理的计算量，并能达到任意指定的精度. 在详细介绍这些算法的性质之前，先来考虑一些不同类型的方程及其解的一般性质.

3.2 非线性方程解的性质

通过以下两个关于 x 的方程来说明非线性方程解的性质.

(a) $(x-1)^3(x+2)^2(x-3)=0$,展开即

$$x^6-2x^5-8x^4+14x^3+11x^2-28x+12=0$$

(b) $\exp(-x/10)\sin(10x)=0$

第一个方程是一种特殊类型的非线性方程，即多项式方程，它只含有变量 x 的整数次幂而且不含有其他函数. 这样的多项式方程有个重要的性质，即它有 n 个根，其中 n 是多项式的次数. 在该例中，x 的最高幂次也就是多项式的次数为 6. 多项式的解可能是复数或实数，可能是单根或重根. 图 3-2 描绘了该方程解的性质. 这个方程有 6 个根，$x=1$ 是
149 三重根，$x=-2$ 是二重根，还有一个单根 $x=3$. 某些算法求重根可能存在一定困难，就好比求一些非常接近的根会比较难，很重要的一点是要意识到它们的存在性. 有时可能需要求方程某个特定的根或全部的根. 而对于多项式方程而言，有能够找到方程所有根的特殊算法.

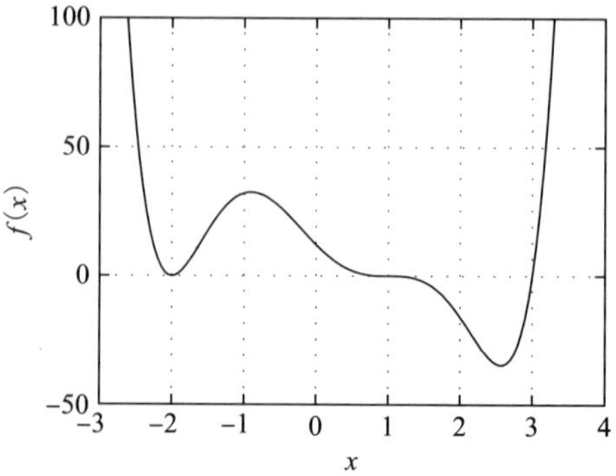

图 3-2　函数 $f(x)=(x-1)^3(x+2)^2(x-3)$ 的图像

该例中，第二个方程是一个涉及超越函数的非线性方程. 因为不知道根的个数，方程有可能存在无穷多个根，所以求这类非线性方程的全部根是一件十分困难的事. 可以通过图 3-3 来说明这一情况——图 3-3 描绘了第二个方程 x 位于区间 [0, 20] 的曲线图，如果扩大 x 的范围，就会显示出更多的根.

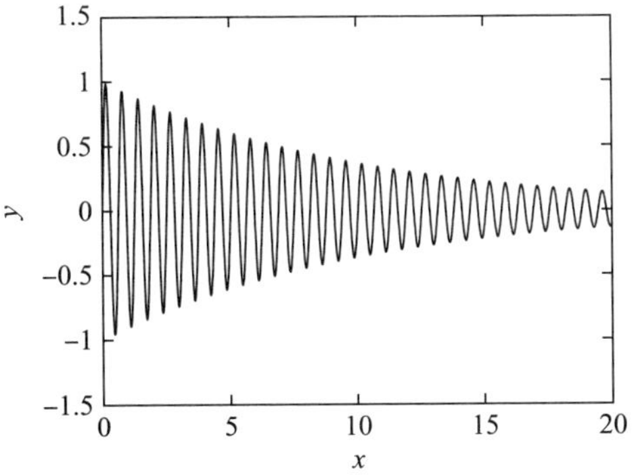

图 3-3　$f(x)=\exp(-x/10)\sin(10x)$ 的图像

接下来考虑一些简单的算法，通过它们找到已知非线性方程的某个特定的根.

3.3 二分法

这个简单的算法假定已知 $f(x)=0$ 的根所在的初始区间，然后执行程序缩短区间逼近根，直到满足所需的精度. 这里只简短提及该算法，因为在实践中一般不单独使用它，而是通过和其他算法结合来改善算法的可靠性. 该算法可以描述为

input　根所在区间
while　区间太大
　　1. 二分当前的根区间.
　　2. 判断根位于哪个半区间.
end
display　根

这个算法的原理很简单，即给出根所在的初始区间，然后算法不断地逼近根. 不过， 150
有时很难确定根所在的区间，另外该算法虽然可靠，但求解缓慢.

因此就发展出了一些收敛更快的算法. 本章主要关注和介绍其中一些比较重要的算法. 本章中考虑的都是迭代算法——程序重复执行一系列同样的步骤，直到很接近方程的根，并达到用户所需的精度. 首先来考虑迭代方法的一般形式、方法的收敛性，以及可能遇到的问题.

3.4 迭代或不动点法

现在的目标是求解一般方程 $f(x)=0$，不过为了更清楚地展示迭代法，先来考虑一个简单例子. 假定要求解一个二次方程

$$x^2-x-1=0 \tag{3-3}$$

该方程可通过二次方程的求根公式来求解，当然也可以采取其他方法. 把方程 (3-3) 改写成如下形式：

$$x=1+1/x$$

然后用下标写成下面的迭代形式

$$x_{r+1}=1+1/x_r \quad r=0,1,2,\cdots \tag{3-4}$$

如果有一个初始的近似解 x_0，就可以使用上述公式不断地从一个近似解得到另一个近似解. 通过这种迭代无法保证收敛于原来方程的解. 当然这并非求解方程 (3-3) 的唯一迭

代程序，还可以采用另外两种格式：

$$x_{r+1} = x_r^2 - 1 \quad r = 0,1,2,\cdots \tag{3-5}$$

和

$$x_{r+1} = \sqrt{x_r + 1} \quad r = 0,1,2,\cdots \tag{3-6}$$

从相同的初始近似解出发，这些迭代未必会收敛于同一个根. 表 3-1 展示了从相同的初始近似解 $x_0=2$ 出发，采用公式（3-4）、（3-5）和（3-6）三种不同的迭代方法得到的结果. 它表明公式（3-4）和（3-6）采用的迭代法是收敛的，而（3-5）不收敛.

表 3-1 求解方程 $x^2-x-1=0$ 的不同迭代法与精确根的差

迭代公式（3-4）	迭代公式（3-5）	迭代公式（3-6）
−0.1180	1.3820	0.1140
0.0486	6.3820	0.0349
−0.0180	61.3820	0.0107
0.0070	3966.3820	0.0033
−0.0026	15 745 021.3820	0.0010

值得注意的是，程序找到根后可能就不再进一步改善，而在根这一点上保持固定不
151 变. 因此，方程的根正是迭代的不动点（fixed point）. 为了避免迭代方法的不可预知性，需要知道迭代格式收敛的一般条件以及收敛的性质.

3.5 迭代法的收敛性

3.4 节中介绍的算法可用于求解任何 $f(x)=0$ 的方程，它具有如下的一般形式：

$$x_{r+1} = g(x_r) \quad r = 0,1,2,\cdots \tag{3-7}$$

本节的目的不是推导迭代格式收敛条件的细节，而是试图指出在使用这些条件时可能遇到的一些困难. 很多教科书中如 Lindfield 和 Penny（1989）等都给出了推导细节，从中可以看到当前第（$r+1$）步的误差 ε_{r+1} 和前一步的误差 ε_r 由近似关系

$$\varepsilon_{r+1} = \varepsilon_r g'(t_r)$$

给出，其中 t_r 是位于精确解和当前近似解之间的某个点. 如果这些点处导数的绝对值小于 1，误差就会递减. 不过，即使算法是收敛的，也无法保证从所有的起点和初始近似解开始，都能充分逼近精确解.

表 3-2 列出了在具体迭代过程（3-4）和（3-5）中，$g(x)$ 的导数值随着逼近 x_r 而变化. 这为迭代公式（3-4）和（3-5）的理论论断提供了直接的数值证据.

表 3-2 迭代公式（3-4）和（3-5）的导数值

迭代公式（3-4）	导数值	迭代公式（3-5）	导数值
−0.1180	−0.44	1.3820	6.00
0.0486	−0.36	6.3820	16.00
−0.0180	−0.39	61.3820	126.00
0.0070	−0.38	3966.3820	7936.00

只是收敛的概念远比这要复杂得多. 这里需要回答一个关键问题：如果迭代过程收敛，如何确定收敛的速度？读者可以参考 Lindfield 和 Penny（1989）的工作来了解问题的答案，在这里就不单独推导了.

假设函数 $g(x)$ 在精确解 a 处的 1 到 $p-1$ 阶导数都为 0，则当前第（$r+1$）步的误差 ε_{r+1} 和前一步的误差 ε_r 的关系为 152

$$\varepsilon_{r+1}=(\varepsilon_r)^p g^{(p)}(t_r)/p! \tag{3-8}$$

其中 t_r 是位于精确解和当前近似解之间的某个点，$g^{(p)}$ 表示 g 的 p 阶导数. 这一结果的重要性在于，阐明了当前误差正比于前一步误差的 p 次幂，由此可见，若做合理的假设，可以使误差远小于 1，且当 p 的值越大时收敛越快. 这种方法称为 p 阶收敛. 一般来说，推导高于 2 阶或 3 阶的迭代法还是很困难的，而且 2 阶法在实践中对很多非线性方程组已经够用了. 如果当前误差正比于前一步误差的平方，该方法就称为二次收敛；如果当前误差正比于前一步误差，该方法则称为线性收敛. 通过收敛性很容易对迭代法进行分类，不过还有一个亟待解决的难题：初始值在什么范围内方法才收敛，方法的收敛性对于初值的改变有多敏感？

3.6 收敛和混沌的范围

下面将通过具体例子来阐释收敛的某些问题，这个例子会强化一些难点. Short（1992）考察了求解方程（$x-1$）（$x-2$）（$x-3$）$=0$ 的以下迭代过程：

$$x_{r+1}=-0.5(x_r^3-6x_r^2+9x_r-6) \quad r=0,1,2,\cdots$$

这显然是一个

$$x_{r+1}=g(x_r) \quad r=0,1,2,\cdots$$ 153

形式的迭代，很容易证明它满足以下性质：

$$g'(1)=0 \quad 且 \quad g''(1)\neq 0$$
$$g'(2)\neq 0$$
$$g'(3)=0 \quad 且 \quad g''(3)\neq 0$$

这就是公式（3-8）中 $p=2$ 的结果，可以预见，对于适当的初值，在 $x=1$ 和 $x=3$ 处是二次收敛，而在 $x=2$ 处最多是线性收敛. 所以主要问题是，如何确定初值的范围使其收敛到不同的解. 这并非易事，一个简单的做法就是画出 $y=x$ 和 $y=g(x)$ 的图像，交点即是解. $y=x$ 斜率为 1，$y=g(x)$ 在某些点处的斜率小于 1，这就给出了初值收敛于这个解或其他解的范围.

从下面的图像分析显而易见，位于 1 到 1.43（近似值）内的点收敛到 1，位于 2.57（近似值）到 3 内的点收敛到 3. 同时可以简单地证明，还有很多其他范围内的点在这个迭代过程中也是收敛的，不过也的确有一些窄小的范围，在迭代过程中会引起混沌行为. 这些范围内的点对于初值非常小的改变，会引起收敛性显著的变化，例如取 $x_0=4.236\,067\,968$ 收敛于解 $x=3$，而取 $x_0=4.236\,067\,970$ 却收敛于解 $x=1$. 这也警示读者，从一般意义上研究收敛性并非易事.

图 3-4 清楚地说明了这一点. 图中画出了 x 和 $g(x)$ 的曲线，其中

$$g(x)=-0.5(x^3-6x^2+9x-6)$$

x 和 $g(x)$ 的交点给出了原始方程的解. 图中用“◦”标记从 $x_0=4.236\,067\,968$ 开始的迭代，用“+”标记从 $x_0=4.236\,067\,970$ 开始

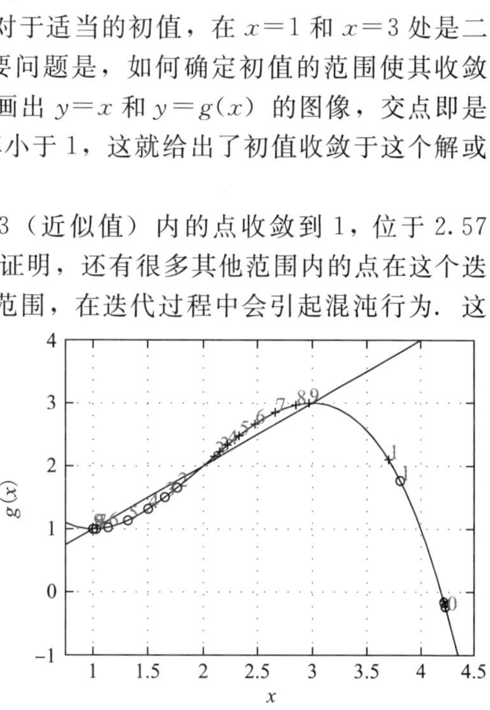

图 3-4 从很接近但不同的初值出发，迭代求解（$x-1$）（$x-2$）（$x-3$）$=0$ 154

的迭代. 这两个初始点特别接近，以至于在图像上已经重合在一起了，但迭代几步后它们的路径就完全分开，收敛于不同的解. 用“。”标记的路径收敛于 $x=1$，用“+”标记的路径收敛于 $x=3$. 图中标记的是最后九步迭代的点. 用 0 标记的是初始点，实际上它们非常接近. 这是一个明显的例子，读者可以运行以下 MATLAB 程序来验证这些现象.

```
% e3s302.m
x = 0.75:0.1:4.5;
g = -0.5*(x.^3-6*x.^2+9*x-6);
plot(x,g)
axis([.75,4.5,-1,4])
hold on, plot(x,x)
xlabel('x'), ylabel('g(x)'), grid on
ch = ['o','+'];
num = [ '0','1','2','3','4','5','6','7','8','9'];
ty = 0;
for x1 = [4.236067970 4.236067968]
    ty = ty+1;
    for i = 1:19
        x2 = -0.5*(x1^3-6*x1^2+9*x1-6);
        % First ten points very close, so represent by '0'
        if i==10
            text(4.25,-0.2,'0')
        elseif i>10
            text(x1,x2+0.1,num(i-9))
        end
        plot(x1,x2,ch(ty))
        x1 = x2;
    end
end
hold off
```

可以注意到，有趣的是，对于 $x_{r+1}=x_r^2+c$（$r=0, 1, 2, \cdots$），当 c 取复数，且把迭代过程画到复平面上，迭代清楚地显示了混沌行为.

现在我们回到开发求解一般非线性方程组的算法上. 下一节将考虑一个二阶收敛的简
155 单方法.

3.7 牛顿法

牛顿法求解方程 $f(x)=0$，是基于曲线 $f(x)$ 切线的简单几何性质. 它需要与解比较接近的初值，且 $f(x)$ 的导数位于合理的范围内. 图 3-5 解释了这个方法的原理. 图中画出了曲线在 x_0 点处的切线，该切线和 x 轴交于 x_1 进而改善了近似解. 类似地，在 x_1 处的切线又给出了近似解 x_2.

这个过程反复进行下去，直到满足收敛标准的要求. 很容易把这个几何的过程转换成数值算法，因为可以知道切线和 x 轴夹角的正切值为

$$f(x_0)/(x_1-x_0)$$

切线的斜率为 $f'(x_0)$，即函数 $f(x)$ 在 x_0

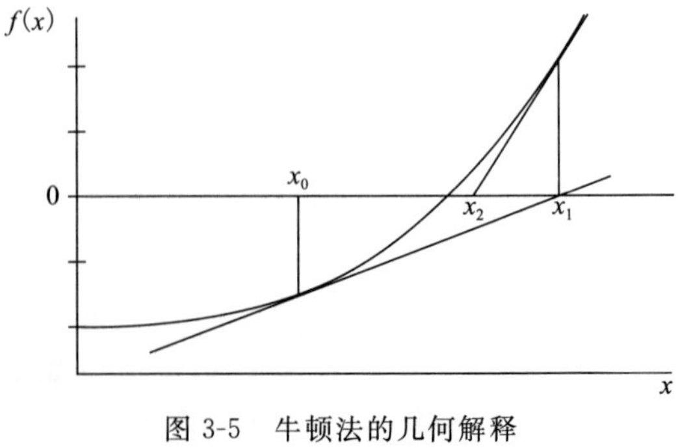

图 3-5　牛顿法的几何解释

点的导数. 所以就有

$$f'(x_0) = f(x_0)/(x_1 - x_0)$$

从而改进的近似解 x_1 为

$$x_1 = x_0 - f(x_0)/f'(x_0)$$

这也可以写成如下迭代形式：

$$x_{r+1} = x_r - f(x_r)/f'(x_r) \quad 其中\ r = 0,1,2,\cdots \tag{3-9}$$

注意到，该方法具有一般的迭代格式

$$x_{r+1} = g(x_r) \quad 其中\ r = 0,1,2,\cdots$$

然后应用 3.5 节的结果. 当 a 是精确解时，计算 $g'(a)$ 为零，而 $g''(a)$ 通常非零，所以该 156
方法是 2 阶的，也就是二次收敛的. 对于充分接近解的初值，方法会迅速收敛到精确解.

MATLAB 函数 fnewton 可用于牛顿法求解. 函数形式中，第一个和第二个参数分别是待求解方程的左边和它的导函数，第三个参数是对精确解的初始近似. 同时用户必须给该函数提供一个预设值，作为它的第四个参数. 收敛标准就是逐次逼近精确解的误差小于这个很小的预设值.

```
function [res, it] = fnewton(func,dfunc,x,tol)
% Finds a root of f(x) = 0 using Newton's method.
% Example call: [res, it] = fnewton(func,dfunc,x,tol)
% The user defined function func is the function f(x).
% The user defined function dfunc is df/dx.
% x is an initial starting value, tol is required accuracy.
it = 0; x0 = x;
d = feval(func,x0)/feval(dfunc,x0);
while abs(d) > tol
    x1 = x0-d;  it = it+1;  x0 = x1;
    d = feval(func,x0)/feval(dfunc,x0);
end
res = x0;
```

现在来求方程

$$x^3 - 10x^2 + 29x - 20 = 0$$

的根. 为使用牛顿法，需先定义函数和它的导函数

```
>> f = @(x) x.^3-10*x.^2+29*x-20;
>> df = @(x) 3*x.^2-20*x+29;
```

再通过以下程序调用函数 fnewton

```
>> [x,it] = fnewton(f,df,7,0.00005)

x =
    5.0000


it =
     6
```

图 3-6 描述了用牛顿法求解 $x^3-10x^2+29x-20=0$ 的迭代过程.

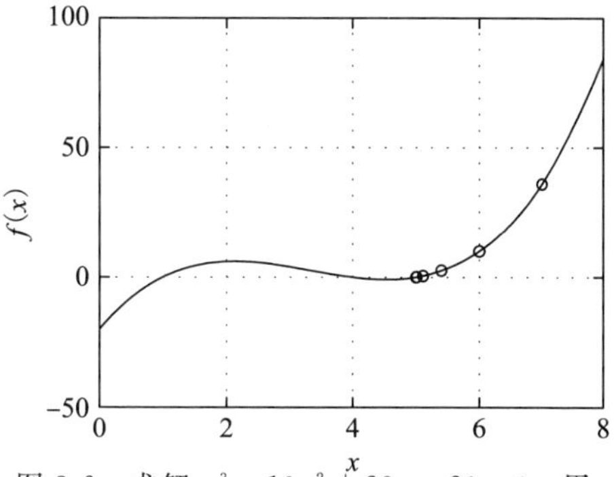

图 3-6 求解 $x^3-10x^2+29x-20=0$，用“。”表示牛顿迭代法的过程 157

表 3-3 给出了初值为 −2 时，用牛顿法求解该问题的数值结果. 表的第二列是当前迭代解减去精确解产生的误差 ε_r，第三列是 $2\varepsilon_{r+1}/\varepsilon_r^2$ 的值. 随着迭代过程的进行，该值趋于一个常数. 理论

上讲，这个值应该跟牛顿迭代公式右端的二阶导数很接近，也就是公式（3-8）中 $p=2$ 的结果. 最后一列是 $g(x)$ 的二阶导数值，计算方法如下. 从公式（3-9）可以得到 $g(x)=x-f(x)/f'(x)$，由此

$$g'(x)=1-[\{f'(x)\}^2-f''(x)f(x)]/[f'(x)]^2=f''(x)f(x)/[f'(x)]^2$$

表 3-3 用牛顿法求解 $x^3-10x^2+29x-20=0$，且初始近似值为 -2

x 的值	误差 ε_r	$2\varepsilon_{r+1}/\varepsilon_r^2$	g 的近似二阶导数值
−2.000 000	3.000 000	−0.320 988	−0.395 062
−0.444 444	1.444 444	−0.513 956	−0.589 028
0.463 836	0.536 164	−0.792 621	−0.845 260
0.886 072	0.113 928	−1.060 275	−1.076 987
0.993 119	0.006 881	−1.159 637	−1.160 775
0.999 973	0.000 027	−1.166 639	−1.166 643
1.000 000	0.000 000	−1.166 639	−1.166 667

再次微分有

158 $$g''(x)=[\{f'(x)\}^2\{f'''(x)f(x)+f''(x)f'(x)\}-2f'(x)\{f''(x)\}^2f(x)]/[f'(x)]^4$$

令 $x=a$，其中 a 是精确解. 因为 $f(a)=0$，所以有

$$g''(a)=f''(a)/f'(a) \tag{3-10}$$

这样就得到当 $x=a$ 时 $g(x)$ 的二阶导数值. 注意到，随着 x 逼近精确解，用该公式计算出的表 3-3 的最后一列，越来越精确地逼近 $g(x)$ 的二阶导数. 表中的数据证实了这个理论猜想.

如果初值是复数，则可以用牛顿法找到方程的复根. 例如，考虑方程

$$\cos x-x=0 \tag{3-11}$$

这个方程只有一个实根 $x=0.7391$，不过它有无穷多个复根. 图 3-7 画出了方程（3-11）在复平面 $30<\mathrm{Re}(x)<30$ 上根的分布. 因为 MATLAB 可以执行复数运算，所以在 MATLAB环境中进行复数操作没有任何困难，完全可以不加改动地用 fnewton 函数处理这个例子.

图 3-8 说明，从一个给定的初值开始，很难预测迭代收敛于哪个根. 图像显示，迭代的初值分别是 15+j10，15.2+j10，15.4+j10，15.8+j10 和 16+j10，它们都很接近，但经过一系列迭代却收敛于不同的根. 其中有一条轨迹没有显示完全，因为迭代过程中复数部分超出了图像的范围.

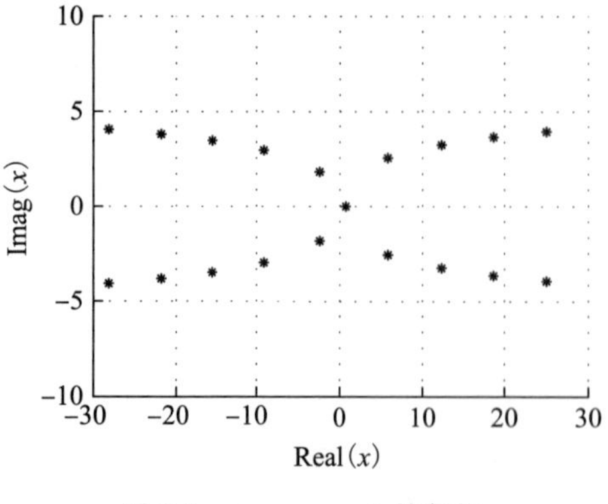

图 3-7 $\cos x-x=0$ 的复根

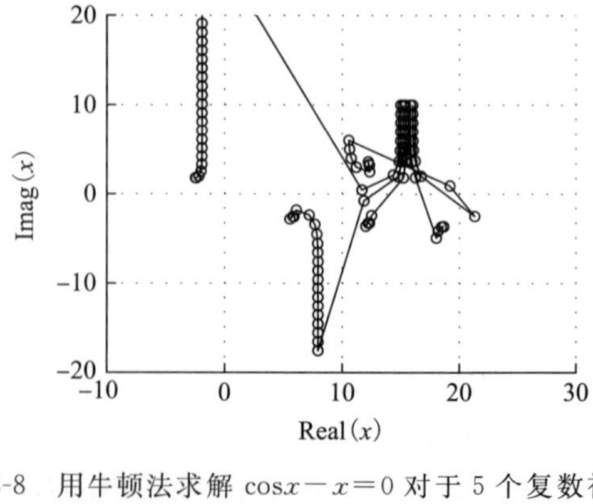

图 3-8 用牛顿法求解 $\cos x-x=0$ 对于 5 个复数初值迭代的情况，每个迭代步用“∘”表示

牛顿法需要用户提供 $f(x)$ 的一阶导数. 为使这一程序更加完备，可以采用一阶导数的一个标准逼近，形式为

$$f'(x_r) = \{f(x_r) - f(x_{r-1})\}/(x_r - x_{r-1}) \tag{3-12}$$ 159

用它来替换 (3-9) 中的 $f'(x)$，就给出了一个新方法，用以计算改进的 x 值，即

$$x_{r+1} = [x_{r-1}f(x_r) - x_r f(x_{r-1})]/[f(x_r) - f(x_{r-1})] \tag{3-13}$$

这个方法无需计算 $f(x)$ 的一阶导数，不过需要知道两个与根很接近的初值 x_0 和 x_1. 因为从几何上，可以简单地用曲线割线的斜率来近似切线的斜率，所以这个方法就是著名的割线法 (secant method). 该方法的收敛速度比牛顿法要慢. 另外一个类似于割线法的方法称为试位法 (regula falsi). 这种方法选取两个围绕着精确解的 x 值作为初值开始下一次迭代，而割线法是选取最新的一对 x 值开始下一次迭代.

牛顿法和割线法对很多问题效果都很好. 不过，对那些根十分接近或相等的方程而言，收敛速度可能较慢. 接下来考虑对牛顿法做一个简单的调整，使它对重根也可以收敛得很好.

3.8 施罗德法

3.2 节介绍过重根会给大多数算法带来严重的问题. 在求重根的情况下牛顿法不再是二次的，所以必须对程序做些修改，以保证算法是二次收敛的. 用施罗德 (Schroder) 迭代法求重根，与公式 (3-9) 给出的牛顿法类似，只是它包含了重数因子 m，即

$$x_{r+1} = x_r - mf(x_r)/f'(x_r) \quad 其中\ r = 0,1,2,\cdots \tag{3-14}$$

m 是整数，且等于将要收敛的根的重数. 因为用户可能不知道 m 的值，所以必须要试验性地找到它. 160

若函数 $f(x)$ 在 $x=a$ 处有重根，且 $g'(a)=0$，经过某些简单却冗长的代数操作，可以验证上述公式是有效的. 其中 $g(x)$ 是公式 (3-14) 的右端，a 是精确解. 这一修改确实可以保证牛顿法是二次收敛的.

MATLAB 提供了如下 schroder 函数来实现施罗德法：

```
function [res, it] = schroder(func,dfunc,m,x,tol)
% Finds a multiple root of f(x) = 0 using Schroder's method.
% Example call: [res, it] = schroder(func,dfunc,m,x,tol)
% The user defined function func is the function f(x).
% The user defined function dfunc is df/dx.
% x is an initial starting value, tol is required accuracy.
% function has a root of multiplicity m.
% x is a starting value, tol is required accuracy.
it = 0; x0 = x;
d = feval(func,x0)/feval(dfunc,x0);
while abs(d)>tol
    x1 = x0-m*d; it = it+1; x0 = x1;
    d = feval(func,x0)/feval(dfunc,x0);
end
res = x0;
```

下面就用 schroder 函数来求解 $(e^{-x}-x)^2=2$. 这里需设定重数因子 m 为 2. 首先写出函数 f 和它的导函数 df，然后调用函数 schroder，程序如下：

```
>> f = @(x) (exp(-x)-x).^2;
>> df = @(x) 2*(exp(-x)-x).*(-exp(-x)-1);
>> [x, it] = schroder(f,df,2,-2,0.00005)

x =
    0.5671

it =
     5
```

有趣的是，牛顿法求解这个问题用了 17 步迭代，而施罗德法只需要 5 步迭代.

当已知函数 $f(x)$ 有重根时，如果不用施罗德法，则可以使用牛顿法求解函数 $f(x)/f'(x)$ 而非 $f(x)$ 本身. 可以直接用微分证明，如果函数 $f(x)$ 有任意重数的根，则 $f(x)/f'(x)$ 也有相同的根，且重数为 1. 这样一来就可以使用算法（3-9）的迭代格式，只是把 $f(x)$
161 替换成 $f(x)/f'(x)$. 这个方法的优点是用户无需知道根的重数，缺点是必须提供函数的一阶和二阶导数.

3.9 数值问题

接下来考虑在求解单变量非线性方程时会遇到的各种问题.

1. 如何寻找好的初始近似.
2. 如何处理病态条件的函数.
3. 如何确定合适的收敛标准.
4. 如何处理求解的方程不连续.

现在详细研究这些问题.

1. 对某些非线性方程而言，要找到一个初始近似可能很困难，在这方面，图形对于确定初值可能有很大帮助. 而用 MATLAB 环境求解的优势就是，它很容易生成函数图像脚本，而且还可以直接获取输入值. 函数 `plotapp` 就可以用于寻找待求函数的近似根，其中用参数 `rangelow` 和 `rangeup` 来定义解区间，用 `interval` 来设定步长.

```
function approx = plotapp(func,rangelow,interval,rangeup)
% Plots a function and allows the user to approximate a
% particular root using the cursor.
% Example call: approx = plotapp(func,rangelow,interval,rangeup)
% Plots the user defined function func in the range rangelow to
% rangeup using a step given by interval. Returns approx to root.
approx = [ ];
x = rangelow:interval:rangeup;
plot(x,feval(func,x))
hold on, xlabel('x'), ylabel('f(x)')
title(' ** Place cursor close to root and click mouse ** ')
grid on
% Use ginput to get approximation from graph using mouse
approx = ginput(1);
fprintf('Approximate root is %8.2f\n',approx(1)), hold off
```

下面的脚本显示了如何用 MATLAB 函数 `fzero` 找到 $x-\cos x=0$ 的一个根.

```
% e3s303.m
162 g = @(x) x-cos(x);
approx = plotapp(g,-2,0.1,2);
```

```
% Use this approximation and fzero to find exact root
root = fzero(g,approx(1),0.00005);
fprintf('Exact root is %8.5f\n',root)
```

图 3-9 给出了由函数 plotapp 生成的 $x-\cos x=0$ 图像，并显示了靠近根、由函数 ginput 生成的十字光标. 调用 ginput(1)意味着只取一个点. 光标可以定位在曲线和 $f(x)=0$ 这一直线的交点上. 这就给出了一个好用的初始近似，它的精度取决于图的比例. 在该例中可以看到初始近似约为 0.74，也可以用 fzero 找到更精确的值 0.739 09.

2. 非线性方程的病态条件意味着，若方程的系数发生微小变化，方程的解将会出现无法预料的巨大误差. 一个有趣的例子是非常病态的威尔金森（Wilkinson）多项式. MATLAB 函数 poly(v)可以生成多项式的系数，它从最高次幂开始，并且多项式的根就是向量 v 的元素. 这样 poly(1:n)就生成了一个根为 1，2，…，n 的多项式，这就是度为 $n-1$ 的威尔金森多项式.

3. 在设计求解非线性方程的任意数值算法时，设定终止标准特别重要. 一般有两个主要的收敛指标：逐次迭代的误差和函数在当前迭代的值. 割裂地看待这两个指标可能会产生误导. 比如，有些非线性函数自变量改变很小，却可能导致函数值改变巨大. 在这种情况下，好一点的做法是同时监测这两个指标.

4. 函数 $f(x)=\sin(1/x)$ 的图像特别难画，而且 $\sin(1/x)=0$ 也非常难求解，因为它有无穷多个根，且都聚集在 -1 和 1 之间. 该函数在 $x=0$ 处不连续. 图 3-10 试着描绘这 163
个函数的行为. 事实上，所示曲线并没有真正描述这个函数，第 4 章将更加详细地讨论该绘图问题. 在靠近不连续点的地方，函数会随着自变量的微小改变而剧烈变化，这可能会给一些算法带来问题.

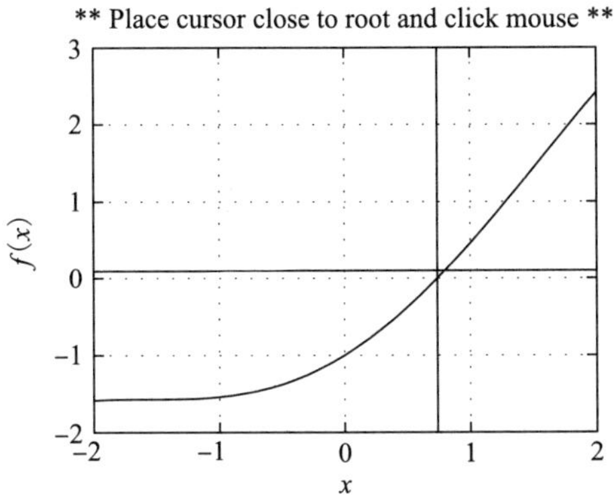

图 3-9 靠近根的十字光标

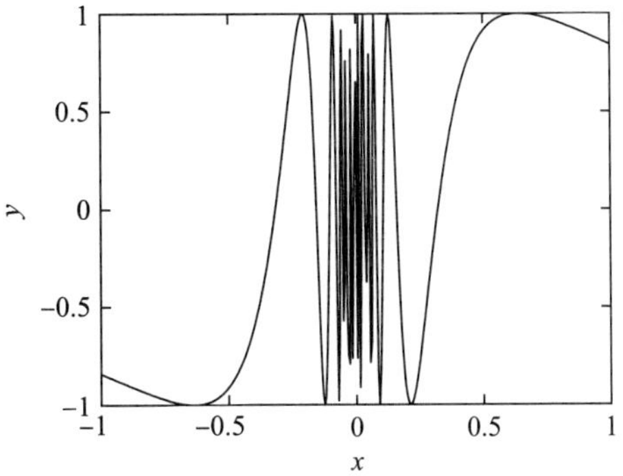

图 3-10 $f(x)=\sin(1/x)$ 的图像，其中 ± 0.2 范围内的图像是示意性的

上述所有要点都在强调求解非线性方程组的算法不仅要速度快、效率高，而且要足够强健. 接下来要介绍的算法就结合了这些特性，对用户的要求相对不高.

3.10 MATLAB 函数 fzero 和对比研究

有些算法对一般情况处理得很好，但可能对某些问题就特别困难. 例如，最终收敛很快的算法可能在刚开始时却是发散的. 一种提高算法可靠性的途径就是，确保迭代中每个阶段的根都限定在一个已知区间内，而 3.3 节介绍的二分法可以确定根所在的区间. 这样，二分法和快速收敛程序相结合，就可以提供一个快速可靠的收敛法.

布伦特（Brent）法把逆二次插值与二分法结合，提供了一种极为有效的方法，它对很多困难的问题都有用．这个方法易于操作，读者可以在 Brent（1971）的书中找到该算法的详细描述．另外，Dekker（1969）也开发了类似效率的算法．

布伦特算法的使用经验表明，对于很多问题，它是可靠、高效的．该方法的一个变种可以直接在 MATLAB 中使用，即 MATLAB 函数 fzero，其形式如下：

```
x = fzero('funcname',x0,tol,trace);
```

其中 funcname 可以替换成任何系统函数名，如 cos、sin 等，或者是用户预定义的函数名．初始近似是 x0，解的精度由 tol 设置．如果 trace 是大于 1 的值，将输出中间近似过程．如果只需给出前两个参数，该函数可调用另一种方式

```
x = fzero('funcname',x0);
```

164 下面来画函数$(e^x-\cos x)^3$ 的图像，并求方程的重根．设定容许误差为 0.0005，初始近似为 1.65 和 −3，不显示中间迭代过程，调用 fzero 如下：

```
% e3s304.m
f = @(x) (exp(x)-cos(x)).^3;
x = -4:0.02:0.5;
plot(x,f(x)), grid on
xlabel('x'), ylabel('f(x)');
title('f(x) = (exp(x)-cos(x)).^3')
root = fzero(f,1.65,0.00005);
fprintf('A root of this equation is %6.4f\n',root)
root = fzero(f,-3,0.00005);
fprintf('A root of this equation is %6.4f\n',root)
```

这个脚本没有给出输出和绘图部分，不过它给读者提供了一个可以实验的例子．

在处理同时求解多项式方程多个根的问题之前，先来对比研究一下 MATLAB 函数 fzero 和 fnewton．考虑以下函数：

1. $\sin(1/x)=0$
2. $(x-1)^5=0$
3. $x-\tan x=0$
4. $\cos\{(x^2+5)/(x^4+1)\}=0$

表 3-4 中列出了这些对比实验的结果．可以看到，fnewton 函数不如 fzero 可靠，fzero 的结果更精确．

表 3-4 使用相同的初值 $x=-2$ 和精度 $=0.000\,05$，对比方程（1）到（4）的解

函数	1	2	3	4
fnewton	失败	0.999 795 831	失败	−1.352 673 831
165 fzero	−0.318 309 886	1.000 000 000	−1.570 796 327	−1.352 678 708

3.11 求多项式所有根的方法

求解多项式方程是一类特殊问题，多项式方程中只含有 x 的整数次幂，不包含其他函数．由于多项式的特殊结构，算法可以设计成同时找到方程所有的根．MATLAB 提供了 roots 函数．该函数创建了多项式的伴随矩阵，并确定它的特征值，这些特征值就是多项式的根．对于伴随矩阵的介绍，详见附录 A．

接下来的章节将介绍贝尔斯托（Bairstow）和拉盖尔（Laguerre）方法，但不给出具体的理论证明．这里会给出一个用于贝尔斯托方法的 MATLAB 函数．

3.11.1 贝尔斯托方法

考虑多项式

$$a_0x^n + a_1x^{n-1} + a_2x^{n-2} + \cdots + a_n = 0 \tag{3-15}$$

因为这是一个 n 次多项式方程，所以它有 n 个根. 定位多项式根的一般做法是，找到它所有的二次因式. 这些二次因式的形式为

$$x^2 + ux + v \tag{3-16}$$

其中 u 和 v 是需待定的常系数. 一旦找到所有的二次因式，就很容易通过解二次方程找到多项式方程的根. 接下来列出贝尔斯托（Bairstow）法求解这些二次因式的主要步骤.

如果 $R(x)$ 是多项式（3-15）分解后除以二次因式（3-16）的余子式，则显然存在常数 b_0，b_1，b_2，…，满足下述等式：

$$\begin{aligned}&(x^2 + ux + v)(b_0x^{n-2} + b_1x^{n-3} + b_2x^{n-4} + \cdots + b_{n-2}) + R(x)\\ &= x^n + a_1x^{n-1} + a_2x^{n-2} + \cdots + a_n\end{aligned} \tag{3-17}$$

其中 a_0 被取成 1，$R(x)$ 形式为 $rx+s$. 为确保 x^2+ux+v 的确是多项式（3-15）因子，余子式 $R(x)$ 必须为零. 为此须调整 u 和 v，使 r 和 s 均为零. 因为 r、s 依赖于 u、v，问题自然简化为求解方程

$$r(u,v) = 0$$

$$s(u,v) = 0$$ 166

假定初始近似值为 u_0 和 v_0，用迭代法求解这组方程. 然后改进 u_1 和 v_1 的近似，其中 $u_1=u_0+\Delta u_0$，$v_1=v_0+\Delta v_0$ 满足

$$r(u_1,v_1) = 0$$

$$s(u_1,v_1) = 0$$

其中 r 和 s 尽可能接近零.

然后希望通过改变 Δu_0 和 Δv_0 改进结果. 因此，需要利用泰勒级数展开下述两个等式

$$r(u_0 + \Delta u_0, v_0 + \Delta v_0) = 0$$

$$s(u_0 + \Delta u_0, v_0 + \Delta v_0) = 0$$

忽略 Δu_0 和 Δv_0 的高阶项. 这就产生了两个关于 Δu_0 和 Δv_0 的近似关系的线性方程：

$$\begin{aligned}r(u_0,v_0) + (\partial r/\partial u)_0\Delta u_0 + (\partial r/\partial v)_0\Delta v_0 = 0\\ s(u_0,v_0) + (\partial s/\partial u)_0\Delta u_0 + (\partial s/\partial v)_0\Delta v_0 = 0\end{aligned} \tag{3-18}$$

下标 0 表示偏导数在点 u_0、v_0 处取值. 一旦找到了修正方法，就可以反复迭代，直到 r 和 s 足够接近零. 这里使用的是双变量形式的牛顿法，它在 3.12 节中将有详细说明.

显然，该方法需要 r 和 s 相对于 u、v 的一阶偏导数. 但一阶偏导数又不是显而易见的. 不过，可以用（3-17）式中系数相等的递推关系和微分来确定它们. 该推导的细节在这里就不给出了，Froberg(1969) 曾给出该方法的详细说明. 一旦找到了这个二次因子，就可以把相同的过程用于剩下的系数为 b_i 的多项式，从而得到余下的二次因式. 这里不提供推导的细节，只给出下述的 MATLAB 函数 bairstow.

```
function [rts,it] = bairstow(a,n,tol)
% Bairstow's method for finding the roots of a polynomial of degree n.
% Example call: [rts,it] = bairstow(a,n,tol)
% a is a row vector of REAL coefficients so that the
```

```
% polynomial is x^n+a(1)*x^(n-1)+a(2)*x^(n-2)+...+a(n).
% The accuracy to which the polynomial is satisfied is given by tol.
% The output is produced as an (n x 2) matrix rts.
% Cols 1 & 2 of rts contain the real & imag part of root respectively.
% The number of iterations taken is given by it.
it = 1;
```

167

```
while n>2
    %Initialise for this loop
    u = 1; v = 1; st = 1;
    while st>tol
        b(1) = a(1)-u; b(2) = a(2)-b(1)*u-v;
        for k = 3:n
            b(k) = a(k)-b(k-1)*u-b(k-2)*v;
        end
        c(1) = b(1)-u; c(2) = b(2)-c(1)*u-v;
        for k = 3:n-1
            c(k) = b(k)-c(k-1)*u-c(k-2)*v;
        end
        %calculate change in u and v
        c1 = c(n-1); b1 = b(n); cb = c(n-1)*b(n-1);
        c2 = c(n-2)*c(n-2); bc = b(n-1)*c(n-2);
        if n>3, c1 = c1*c(n-3); b1 = b1*c(n-3); end
        dn = c1-c2;
        du = (b1-bc)/dn; dv = (cb-c(n-2)*b(n))/dn;
        u = u+du; v = v+dv;
        st = norm([du dv]); it = it+1;
    end
    [r1,r2,im1,im2] = solveq(u,v,n,a);
    rts(n,1:2) = [r1 im1]; rts(n-1,1:2) = [r2 im2];
    n = n-2;
    a(1:n) = b(1:n);
end
% Solve last quadratic or linear equation
u = a(1); v = a(2);
[r1,r2,im1,im2] = solveq(u,v,n,a);
rts(n,1:2) = [r1 im1];
if n==2
    rts(n-1,1:2) = [r2 im2];
end
% ----------------------------------------------------------
function [r1,r2,im1,im2] = solveq(u,v,n,a);
% Solves x^2 + ux + v = 0 (n ~= 1) or x + a(1) = 0 (n = 1).
% Example call: [r1,r2,im1,im2] = solveq(u,v,n,a)
% r1, r2 are real parts of the roots,
% im1, im2 are the imaginary parts of the roots.
% Called by function bairstow.
if n==1
```

168

```
    r1 = -a(1); im1 = 0; r2 = 0; im2 = 0;
    else
        d = u*u-4*v;
        if d<0
            d = -d;
```

```
            im1 = sqrt(d)/2; r1 = -u/2; r2 = r1; im2 = -im1;
        elseif d>0
            r1 = (-u+sqrt(d))/2; im1 = 0; r2 = (-u-sqrt(d))/2; im2 = 0;
        else
            r1 = -u/2; im1 = 0; r2 = -u/2; im2 = 0;
        end
    end
```

需要注意的是函数 bairstow 中嵌套了 MATLAB 函数 solveq. 函数 solveq 无法单独保存，只能通过 bairstow 来访问. 接下来试用 bairstow 函数求解一个具体的多项式方程

$$x^5 - 3x^4 - 10x^3 + 10x^2 + 44x + 48 = 0$$

这种情况下，提取系数向量为 c，其中 c= [−3 −10 10 44 48]，如果需要四位小数的精度，则可以取 tol 为 0.000 05. 用 bairstow 求解给定多项式的脚本为

```
% e3s305.m
c = [-3 -10 10 44 48];
[rts, it] = bairstow(c,5,0.00005);
for i = 1:5
    fprintf('\nroot%3.0f Real part=%7.4f',i,rts(i,1))
    fprintf(' Imag part=%7.4f',rts(i,2))
end
fprintf('\n')
```

请注意这里如何用 fprintf 函数来输出一个美观清晰的矩阵 rts.

```
root   1 Real part= 4.0000 Imag part= 0.0000
root   2 Real part=-1.0000 Imag part=-1.0000
root   3 Real part=-1.0000 Imag part= 1.0000
root   4 Real part=-2.0000 Imag part= 0.0000
root   5 Real part= 3.0000 Imag part= 0.0000
```

之前已经提过，MATLAB 提供了一个 roots 函数来求多项式的根. 现在读者可能很想知道，这个函数和贝尔斯托方法比较起来效果如何. 表 3-5 对照了这两种方法应用于给定的一些多项式所得的结果. 问题 p1 到 p5 是给定的多项式：

p1： $x^5 - 3x^4 - 10x^3 + 10x^2 + 44x + 48 = 0$

p2： $x^3 - 3.001x^2 + 3.002x - 1.001 = 0$ 169

p3： $x^4 - 6x^3 + 11x^2 + 2x - 28 = 0$

p4： $x^7 + 1 = 0$

p5： $x^8 + x^7 + x^6 + x^5 + x^4 + x^3 + x^2 + x + 1 = 0$

这两种方法对所有问题都能得到正确的根，不过 roots 函数更高效一些.

表 3-5 得到所有根所需的时间（按秒计）

	roots	bairstow		roots	bairstow
p1	7	33	p4	10	103
p2	6	19	p5	11	37
p3	6	14			

3.11.2 拉盖尔法

拉盖尔（Laguerre）法提供了一种快速收敛程序来定位多项式的根. 这个算法很有趣，因此本节将详细描述它. 该方法可应用到如下形式的多项式

$$p(x) = x^n + a_1 x^{n-1} + a_2 x^{n-2} + \cdots + a_n$$

初始近似是 x_1，对多项式 $p(x)$ 应用以下迭代：

$$x_{i+1} = x_i - np(x_i)/[p'(x_i) \pm \sqrt{\{h(x_i)\}}] \quad i = 1,2,\cdots \tag{3-19}$$

其中

$$h(x_i) = (n-1)[(n-1)\{p'(x_i)\}^2 - np(x_i)p''(x_i)]$$

n 是多项式的阶．(3-19) 中正负号的取法和 $p'(x_i)$ 的符号相同．

这一公式的结构特别复杂，必须说明一下使用它的必要性．读者可能会注意到，如果 (3-19) 中不存在平方根项，则迭代形式就和 (3-9) 的牛顿法类似，与 (3-14) 的施罗德 (Schroder) 法完全一样．如此一来，这个方法就二次收敛于多项式的根．实际上 (3-19)
170 的复杂结构提供了一个三阶收敛，因为它的误差正比于前一步误差的立方，也就是说，它是一种比牛顿法更快的收敛法．因此给定一个初始近似，该方法会迅速收敛到多项式的一个根，这个根用 r 来表示．

如果用多项式 $p(x)$ 除以因式 $(x-r)$，这样就得到了另外一个 $n-1$ 阶多项式，从而获得原多项式的其他根．然后，可以对这个 $n-1$ 阶多项式应用迭代 (3-19)，并重复整个过程，直到找到所需精度的所有根．除以 $(x-r)$ 的过程被称为降阶，可以通过一个简单有效的方法来实现，描述如下．

由于因式 $(x-r)$ 已知，则有

$$a_0 x^n + a_1 x^{n-1} + a_2 x^{n-2} + \cdots + a_n = (x-r)(b_0 x^{n-1} + b_1 x^{n-2} + b_2 x^{n-3} + \cdots + b_{n-1}) \tag{3-20}$$

比较两侧 x 的相同幂次的系数，得到

$$\begin{aligned} b_0 &= a_0 \\ b_i &= a_i + rb_{i-1} \quad i = 1,2,\cdots,n-1 \end{aligned} \tag{3-21}$$

这个过程就是综合除法．必须注意的是，如果根的精度低，降阶多项式系数中的小误差可能因为病态条件而被放大．

该方法的描述已经完成，不过还有一些重点需指出．假设在计算中可以保持足够的精度，拉盖尔 (Laguerre) 法对任意的初始近似都是收敛的．它可以收敛到复数根和重根，但是因为它的收敛速度是线性的，所以收敛比较慢．对于复数根的情况，函数 $h(x_i)$ 的值是负的，相应的算法就必须调整以适应该情况．这里要考虑的一个关键问题是，如何通过综合除法快速高效地找到降阶多项式．

总结该算法的重要特征如下：

1. 算法是三阶的，可以快速收敛到某个根．
2. 可以通过综合除法找到多项式的所有根．
3. 可以通过综合除法快速高效地找到降阶多项式．

3.12 求解非线性方程组

目前考虑的求一个或所有根的方法，都是针对仅有一个自变量的非线性代数方程．现在考虑求解非线性代数方程组的方法，方程组中的每个方程都是指定数目变量的函数．可以把方程组写成这样的形式

171

$$f_i(x_1, x_2, \cdots, x_n) = 0 \quad i = 1,2,3,\cdots,n \tag{3-22}$$

有一个简单的求解该非线性方程组的方法，该方法是基于单个方程的牛顿法．为解释这个过程，先来考虑含有两个变量两个方程的系统：

$$f_1(x_1, x_2) = 0$$
$$f_2(x_1, x_2) = 0 \tag{3-23}$$

给定关于 x_1 和 x_2 的初始近似 x_1^0 和 x_2^0，可以找到一组新的近似 x_1^1 和 x_2^1 如下：

$$x_1^1 = x_1^0 + \Delta x_1^0$$
$$x_2^1 = x_2^0 + \Delta x_2^0 \tag{3-24}$$

这组近似应使函数的值更接近零，即

$$f_1(x_1^1, x_2^1) \approx 0$$
$$f_2(x_1^1, x_2^1) \approx 0$$

或

$$f_1(x_1^0 + \Delta x_1^0, x_2^0 + \Delta x_2^0) \approx 0$$
$$f_2(x_1^0 + \Delta x_1^0, x_2^0 + \Delta x_2^0) \approx 0 \tag{3-25}$$

对（3-25）应用二维的泰勒级数展开，得到

$$f_1(x_1^0, x_2^0) + \{\partial f_1/\partial x_1\}^0 \Delta x_1^0 + \{\partial f_1/\partial x_2\}^0 \Delta x_2^0 + \cdots \approx 0$$
$$f_2(x_1^0, x_2^0) + \{\partial f_2/\partial x_1\}^0 \Delta x_1^0 + \{\partial f_2/\partial x_2\}^0 \Delta x_2^0 + \cdots \approx 0 \tag{3-26}$$

如果忽略 Δx_1^0 和 Δx_2^0 高于一阶的项，则（3-26）描述的就是含有两个未知数的两个线性方程组成的系统. 零上标表示函数在初始近似点处的取值，Δx_1^0 和 Δx_2^0 是待求解的未知数. 通过解（3-26），可以得到一个新的改进后的近似，然后重复这个过程，直到得到所需的精度. 其中一个常用的迭代收敛标准是

$$\sqrt{(\Delta x_1^r)^2 + (\Delta x_2^r)^2} < \varepsilon$$

其中 r 表示迭代次数，ε 是用户预设的一个很小的正数. 172

可以通过一个简单的步骤归纳总结上述过程，使得它对任何数目的变量和方程都适用. 首先把方程组写成一般的形式

$$\boldsymbol{f}(\boldsymbol{x}) = \boldsymbol{0}$$

其中 $\boldsymbol{f}$ 表示 n 个分量的列向量（f_1，f_2，$\cdots f_n$）^{T}，$\boldsymbol{x}$ 是具有 n 个分量的列向量（x_1，x_2，$\cdots$，x_n）^{T}. 用 $\boldsymbol{x}^{r+1}$ 来表示 $\boldsymbol{x}$ 在第 $r+1$ 次迭代的值，则有

$$\boldsymbol{x}^{r+1} = \boldsymbol{x}^r + \Delta \boldsymbol{x}^r \quad r = 0, 1, 2, \cdots$$

如果 $\boldsymbol{x}^{r+1}$ 对 x 来说是一种改进的近似，则有

$$\boldsymbol{f}(\boldsymbol{x}^{r+1}) \approx \boldsymbol{0}$$

或

$$\boldsymbol{f}(\boldsymbol{x}^r + \Delta \boldsymbol{x}^r) \approx \boldsymbol{0} \tag{3-27}$$

用 n 维泰勒级数展开（3-27），给出

$$\boldsymbol{f}(\boldsymbol{x}^r + \Delta \boldsymbol{x}^r) = \boldsymbol{f}(\boldsymbol{x}^r) + \nabla \boldsymbol{f}(\boldsymbol{x}^r) \Delta \boldsymbol{x}^r + \cdots \tag{3-28}$$

其中，∇是向量的偏微分算子，它作用在 $\boldsymbol{x}$ 的每一个分量上. 如果忽略（$\Delta \boldsymbol{x}^r$）^{2} 的高阶项，（3-27）给出

$$\boldsymbol{f}(\boldsymbol{x}^r) + \boldsymbol{J}_r \Delta \boldsymbol{x}^r \approx \boldsymbol{0} \tag{3-29}$$

其中 $\boldsymbol{J}_r = \nabla \boldsymbol{f}$（$\boldsymbol{x}^r$）. $\boldsymbol{J}_r$ 称为雅可比矩阵. 下标 r 表示该矩阵在点 $\boldsymbol{x}^r$ 处取值，它可以写成分量形式

$$\boldsymbol{J}_r = [\partial f_i(\boldsymbol{x}^r)/\partial x_j] \quad i = 1, 2, \cdots, n \text{ 且 } j = 1, 2, \cdots, n$$

在求解（3-29）时，改进一下近似形式

$$\boldsymbol{x}^{r+1} = \boldsymbol{x}^r - \boldsymbol{J}_r^{-1} \boldsymbol{f}(\boldsymbol{x}^r) \quad r = 1, 2, \cdots$$

如果矩阵 $\boldsymbol{J}_r$ 是奇异的，这种情况下它的逆 $\boldsymbol{J}_r^{-1}$ 就无法计算.

这就是牛顿法的一般形式. 不过，使用这种方法有两个主要的缺点：

1. 该方法可能不收敛，除非初始近似值特别好.

2. 该方法要求用户提供每个函数相对于它的每一个变量的导数. 因此，用户必须准备好 n^2 个导数，而且在每一步迭代中，计算机必须计算 n 个函数值和 n^2 个导数值.

173 这里 MATLAB 函数 newtonmv 给出了该方法的实现.

```
function [xv,it] = newtonmv(x,f,jf,n,tol)
% Newton's method for solving a system of n nonlinear equations
% in n variables.
% Example call: [xv,it] = newtonmv(x,f,jf,n,tol)
% Requires an initial approximation column vector x. tol is
% required accuracy. User must define functions f (system equations)
% and jf (partial derivatives). xv is the solution vector, the it
% parameter is number of iterations taken.
% WARNING. The method may fail, for example if initial estimates are poor.
it = 0; xv = x;
fr = feval(f,xv);
while norm(fr) > tol
    Jr = feval(jf,xv);  xv = xv-Jr\fr;
    fr = feval(f,xv);  it = it+1;
end
```

图 3-11 显示了两个变量、两个方程的系统：

$$\begin{aligned} x^2 + y^2 &= 4 \\ xy &= 1 \end{aligned} \tag{3-30}$$

在求解方程组（3-30）时，需定义 MATLAB 函数 f 和它的雅可比 Jf，然后调用 newtonmv 函数，采用的初始近似为 $x=3$ 和 $y=-1.5$，容许误差为0.000 05，程序如下：

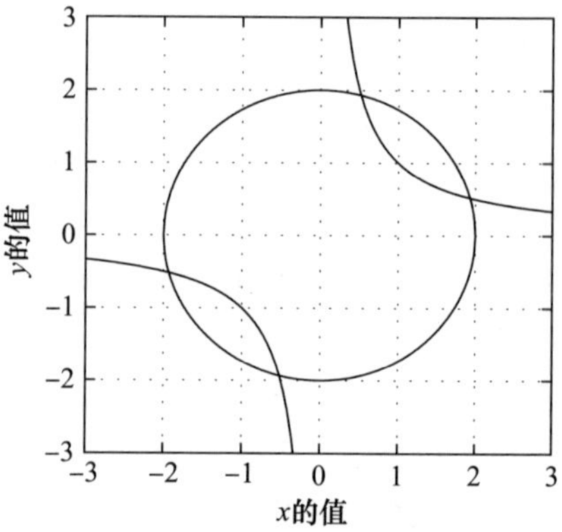

图 3-11　方程组（3-30）的图，交点为根

```
>> f = @(v) [v(1)^2+v(2)^2-4; v(1)*v(2)-1];
>> Jf = @(v) [2*v(1) 2*v(2); v(2) v(1)];
```

174
```
>> [rootvals,iter] = newtonmv([3 -1.5]',f,Jf,2,0.00005)
```

MATLAB 的输出结果为

```
rootvals =
    1.9319
    0.5176

iter =
     5
```

解是 $x=1.9319$ 和 $y=0.5176$. 显然，这个过程中用户必须提供关于函数的大量信息. 下一节再来解决这个问题.

3.13 求解非线性方程组的布罗伊登法

3.12 节中介绍的牛顿法只能用于求解最小的非线性方程系统，无法给出一个求解任意方程组的实用程序. 如上一节所见，该方法不仅要求用户提供函数的定义，还要给出 n^2 个偏导数的定义. 因此，对于 10 个方程 10 个未知数的系统，用户就必须提供 110 个函数的定义！

为了处理这个问题，已经提出了很多的技术手段，而在这些方法中最成功的一类称为拟牛顿法. 拟牛顿法通过用函数值逼近导数值，从而避免了偏导数的计算. 函数在任意点 $\boldsymbol{x}^r$ 处的一组导数值可以写成雅可比矩阵的形式

$$\boldsymbol{J}_r = [\partial f_i(\boldsymbol{x}^r)/\partial x_j] \quad i = 1,2,\cdots,n \text{ 且 } j = 1,2,\cdots,n \tag{3-31}$$

拟牛顿法提供了一个更新公式，对每次迭代，它给出了雅可比矩阵的连续逼近. 布罗伊登 (Broyden) 等人已经证明，在特定情况下这些更新公式对逆雅可比矩阵也提供了令人满意的近似. 布罗伊登提出的算法结构为

1. 输入解的初始近似. 设置计数器 r 为零.
2. 计算或假设逆雅可比矩阵 $\boldsymbol{B}^r$ 的初始近似.
3. 计算 $\boldsymbol{p}^r = -\boldsymbol{B}^r\boldsymbol{f}^r$，其中 $\boldsymbol{f}^r = \boldsymbol{f}(\boldsymbol{x}^r)$.
4. 确定标量参数 t，使其满足 $\|\boldsymbol{f}(\boldsymbol{x}^r + t_r\boldsymbol{p}^r)\| < \|\boldsymbol{f}^r\|$，其中符号 $\|\ \|$ 表示待取向量的模.
5. 计算 $\boldsymbol{x}^{r+1} = \boldsymbol{x}^r + t_r\boldsymbol{p}^r$. 175
6. 计算 $\boldsymbol{f}^{r+1} = \boldsymbol{f}(\boldsymbol{x}^{r+1})$. 如果 $\|\boldsymbol{f}^{r+1}\| < \varepsilon$ (其中，ε 是一个很小的预先设定的正数)，则退出. 否则继续第 7 步.
7. 利用更新公式得到雅可比矩阵的近似

$$\boldsymbol{B}^{r+1} = \boldsymbol{B}^r - (\boldsymbol{B}^r\boldsymbol{y}^r - \boldsymbol{p}^r)(\boldsymbol{p}^r)^{\mathrm{T}}\boldsymbol{B}^r/\{(\boldsymbol{p}^r)^{\mathrm{T}}\boldsymbol{B}^r\boldsymbol{y}^r\} \quad \text{其中 } \boldsymbol{y}^r = \boldsymbol{f}^{r+1} - \boldsymbol{f}^r$$

8. 令 $i = i+1$，返回到第 3 步.

通常取一个标量乘以单位阵，来作为逆雅可比矩阵的初始近似. 该算法的成功与否取决于待解函数的性质和初始近似值与解的接近程度. 特别地，步骤 4 可能会出现比较大的问题，因为它可能要花费很多计算时间. 为避免如此，t_r 有时设定为常数，一般为 1 或更小的值. 这种做法可能会降低算法的稳定性，但是可以加速.

需要注意的是，也有人提出了其他的更新公式，而且这些公式很容易在上述算法中取代布罗伊登公式. 一般情况下，求解非线性方程组的问题非常困难. 没有任何算法可以保证对所有方程系统都有效. 一个对大型方程系统可用的算法，要获得精确解，往往需要大量的计算时间.

可以用 MATLAB 函数 broyden 来实现布罗伊登 (Broyden) 方法. 需要注意的是，为避免执行步骤 4 的难度，取 $t_r = 1$.

```
function [xv,it] = broyden(x,f,n,tol)
% Broyden's method for solving a system of n nonlinear equations
% in n variables.
% Example call: [xv,it] = broyden(x,f,n,tol)
% Requires an initial approximation column vector x. tol is required
% accuracy. User must define function f.
% xv is the solution vector, parameter it is number of iterations
% taken. WARNING. Method may fail, for example, if initial estimates
% are poor.
fr = zeros(n,1); it = 0; xv = x;
Br = eye(n); %Set initial Br
fr = feval(f, xv);
while norm(fr)>tol
    it = it+1; pr = -Br*fr; tau = 1;
    xv = xv+tau*pr;
    oldfr = fr; fr = feval(f,xv);
    % Update approximation to Jacobian using Broyden's formula
    y = fr - oldfr; oldBr = Br;
```

```
        oyp = oldBr*y-pr; pB = pr'*oldBr;
        for i = 1:n
            for j = 1:n
176             M(i,j) = oyp(i)*pB(j);
            end
        end
        Br = oldBr-M./(pr'*oldBr*y);
    end
```

为了用布罗伊登（Broyden）方法求解系统（3-30），用如下方式调用函数 broyden：

```
>> f = @(v) [v(1)^2+v(2)^2-4; v(1)*v(2)-1];
>> [x, iter] = broyden([3 -1.5]',f,2,0.00005)
```

结果为

```
x =
    0.5176
    1.9319

iter =
    36
```

这是系统（3-30）的一个正确解，虽然它和牛顿迭代用的起始值是相同的，但得到的解却不一样.

第二个例子，考虑如下的方程系统，它取自《MATLAB 用户指南》(1989)：

$$
\begin{aligned}
\sin x + y^2 + \log_e z &= 7 \\
3x + 2y - z^3 &= -1 \\
x + y + z &= 5
\end{aligned}
\tag{3-32}
$$

写出函数 g，用它来定义（3-32），即

```
>> g = @(p) [sin(p(1))+p(2)^2+log(p(3))-7; 3*p(1)+2^p(2)-p(3)^3+1;
             p(1)+p(2)+p(3)-5];
```

接下来给出求解（3-32）的结果. 所用的初始值为 $x=0$，$y=2$，$z=2$.

```
>> x = broyden([0 2 2]',g,3,0.00005)

x =
    0.5991
    2.3959
    2.0050
```

这表明，该方法对这两个问题都是成功的，而且它不需要计算偏导数值. 感兴趣的读者可
177 以用函数 newtonmv 求解这个问题，不过它需要 9 个一阶偏导数.

3.14 比较牛顿法和布罗伊登法

为求解系统（3-30），3.12 和 3.13 节介绍了 broyden 和 newtonmv 两个函数，本节中将通过比较它们的性能，来结束关于解非线性方程组的讨论. 下面的脚本调用这两个函数，并给出了收敛所需的迭代次数.

```
>> f = @(v) [v(1)^2+v(2)^2-4; v(1)*v(2)-1];
>> [x,it] = broyden([3 -1.5]',f,2,0.00005)

x =
    0.5176
    1.9319
```

```
it =
    36

>> J = @(v) [2*v(1) 2*v(2);v(2) v(1)];
>> [x,it] = newtonmv([3,-1.5]',f,J,2,0.00005)

x =
    1.9319
    0.5176

it =
     5
```

注意到，虽然在每一种情况下都找到了一个正确解，但它们不是同一个解.

牛顿法用到了一阶偏导数，这需要用户做相当多的工作. 解决上述问题的过程表明，broyden 函数由于形式相对简单而更具吸引力，因为它从繁重的计算中解放了用户.

3.12 和 3.13 节介绍了两个比较简单的算法，用来解决非常困难的问题. 这些算法无法保证总是有效的，而且对大规模问题它们收敛得会很缓慢.

3.15 小结

用户在求解非线性方程组时，总会在某些地方发现特别困难的问题. 每当发现或遇到这样的问题，具体的算法要么不能解，要么需要很长时间才能求解. 例如，对于 $x^{20}=0$，可能有很多算法都无法很精确地找到它的零根. 不过，这里描述的算法，如果使用小心得当，可以用它来求解一类广泛的问题. 由于 MATLAB 允许用户进行交互式实验，且可用 178
图形观察函数和方法的行为，因此非常适宜用于这方面的研究. 读者可以参考 9.6 节中符号工具箱在求解非线性方程组方面的应用，其中描述了函数 solve、fnewtsym、newtmvsym 的算法和应用.

习题

3.1 奥马尔·海亚姆（Omar Khayyam）（12 世纪的人）用几何的方法，求解了下面这种形式的三次方程

$$x^3 - cx^2 + b^2x + a^3 = 0$$

该方程的正根是下述圆和抛物线在第一象限内交点的 x 坐标：

$$x^2 + y^2 - (c - a^3/b^2)x + 2by + b^2 - ca^3/b^2 = 0$$

$$xy = a^3 = b$$

对于 $a=1$，$b=2$，$c=3$，用 MATLAB 画出这两个函数，并注意交点的 x 坐标. 利用 MATLAB 函数 fzero，求解这个三次方程，从而验证奥马尔·海亚姆的方法. 提示：可能会用到 MATLAB 函数 ginput.

3.2 利用 MATLAB 函数 fnewton 求解

$$x^{1.4} - \sqrt{x+1}/x - 100 = 0$$

给定的初始近似为 50，精度为10^{-4}.

3.3 利用 MATLAB 函数 fnewton 求 $|x^3|+x-6=0$ 的两个实根. 使用初始近似 -1 和 1，精度为 10^{-4}. 用 MATLAB 画出该函数，以此验证方程只有两个实根. 提示：求函数导数时要小心.

3.4 解释为什么当 c 很大时，找 $\tan x-c=0$ 的根比较困难. 用 MATLAB 函数 fnewton 求解 $c=5$ 和 $c=10$ 时该方程的根，采用初始近似 1.3 和 1.4，精度设置为 10^{-4}. 比较这两种情况下所需的迭代次数. 提示：可能会用到 MATLAB 的 plot 函数.

3.5 用 $n=5$ 的 MATLAB 函数 `schroder`，求多项式 $x^5-5x^4+10x^3-10x^2+5x-1=0$ 的根，精确到四位小数，初始值为 $x_0=2$. 用 MATLAB 函数 `fnewton` 求解同一问题. 比较两种方法所得的结
179 果和迭代次数. 精度设为 5×10^{-7}.

3.6 用简单迭代法求解方程 $x^{10}=e^x$. 用另外一种不同的形如 $x=f(x)$ 的方式表示方程，并从初始近似 $x=1$ 开始迭代. 用 MATLAB 函数 `fnewton` 求解，比较自己设计的公式的效率，并检查所得答案.

3.7 历史上的 Kepler 方程形式为 $E-e\sin E=M$. 对哈雷彗星，离心率 $e=0.967\ 274\ 64$，以及 $M=4.527\ 594\times10^{-3}$，求解该方程. 利用 MATLAB 函数 `fnewton`，精度为 0.000 05，初始值为 1.

3.8 通过求解 $x^{11}=0$ 检测函数 `fzero` 的性能. 初始值为 -1.5 和 1. 精度为 1×10^{-5}.

3.9 下述方程的最小正根

$$1-x+x^2/(2!)^2-x^3/(3!)^2+x^4/(4!)^2-\cdots=0$$

是 1.4458. 依次考虑只有级数前四、前五、前六项的方程，验证截断级数的根逼近该结果. 用 MATLAB 函数 `fzero` 推导出这个结果，令初始值为 1，精度为10^{-4}.

3.10 化简以下方程组，得到一个只含有 x 项的方程，并用 MATLAB 函数 `fnewton` 求解.

$$e^{x/10}-y=0$$

$$2\log_e y-\cos x=2$$

用 MATLAB 函数 `newtonmv` 直接求解该方程组，比较两次的结果. 对 `fnewton`，使用初始近似 $x=1$，对 `newtonmv` 使用初始近似 $x=1$，$y=1$. 两种情况精度均为10^{-4}.

3.11 用 MATLAB 函数 `broyden` 求解下面这对方程，初值为 x=10，y=−10，精度为10^{-4}.

$$2x=\sin\{(x+y)/2\}$$

$$2y=\cos\{(x-y)/2\}$$

3.12 用 MATLAB 函数 `newtonmv` 和 `broyden` 求解下述两个方程，初值为 $x=1$，$y=2$，精度为10^{-4}.

$$x^3-3xy^2=1/2$$

$$3x^2y-y^3=\sqrt{3}/2$$

3.13 多项式方程

180 $$x^4-(13+\varepsilon)x^3+(57+8\varepsilon)x^2-(95+17\varepsilon)x+50+10\varepsilon=0$$

有根 1，2，5，$5+\varepsilon$. 利用函数 `bairstow` 和 `roots` 求当 $\varepsilon=0.1$，0.01，0.001 时的所有根. 当 ε 更小时会发生什么？设精度为10^{-5}.

3.14 采用 MATLAB 函数 `bairstow` 求以下多项式的所有根，精度要求为10^{-4}.

$$x^5-x^4-x^3+x^2-2x+2=0$$

3.15 用 MATLAB 函数 `roots` 求方程所有的根

$$t^3-0.5-\sqrt{(3/2)}\,i=0 \quad 其中\ i=\sqrt{-1}$$

和精确解比较

$$\cos\{(\pi/3+2\pi k)/3\}+i\sin\{(\pi/3+2\pi k)/3\} \quad k=0,1,2$$

所用精度为10^{-4}.

3.16 伊利诺伊（Illinois）法（Dowell 和 Jarrett，1971）求 $f(x)=0$ 的根的算法概述如下：

对 $k=0,1,2,\cdots$

$x_{k+1}=x_k-f_k/f[x_{k-1},x_k]$

若 $f_kf_{k+1}>0$ 令 $x_k=x_{k-1}$ 且 $f_k=gf_{k-1}$

其中 $f_k=f(x_k),f[x_{k-1},x_k]=(f_k-f_{k-1})/(x_k-x_{k-1})$

且 $g=0.5$

编写一个 MATLAB 函数来实现此方法. 需要注意，该方法与试位法类似，只是试位法中 g 取 1.

3.17 下面的迭代公式可用于求解方程 $x^2-a=0$：

$$x_{k+1}=(x_{k+1}+a/x_k)/2 \quad k=0,1,2,\cdots$$

和

$$x_{k+1}=(x_{k+1}+a/x_k)/2-(x_k-a/x_k)^2/(8x_k) \quad k=0,1,2,\cdots$$

这些迭代公式在求解该方程时，分别是二阶和三阶方法．写一个 MATLAB 脚本来实现它们，并比较求 100.112 平方根所需的迭代次数，精确到五位小数．为达到说明的目的，使用初始近似 1000.

3.18 通过以下迭代来考虑 MATLAB 如何用于混沌行为的研究

$$x_{k+1}=g(x_k) \quad k=0,1,2,\cdots$$ 181

其中

$$g(x)=cx(1-x)$$

对不同常数 c 的值．这个简单的迭代源自于求解一个简单的二次方程．但对某些 c 的值，它的行为很复杂，甚至是混沌的．写一个 MATLAB 脚本，画出关于该函数的迭代值相对于迭代次数的图像，对 $c=2.8$，3.25，3.5，3.8 研究迭代行为．使用初值 $x_0=0.7$.

3.19 对于习题 3.2，3.3，3.7 求解的函数，用 3.9 节介绍的 MATLAB 函数 `plotapp` 找到它们的近似解.

3.20 可以证明，下述三次多项式方程

$$x^3-px-q=0$$

当不等式 $p^3/q^2>27/4$ 成立时，有实根．选择 5 对满足不等式的 p，q 值，然后利用 MATLAB 函数 `roots` 验证，对于每对 p，q 值，该方程的根是实的.

3.21 16 世纪的数学家约安尼斯·科拉（Ioannes Colla）提出了如下问题：把 10 分成三部分，满足连续的数彼此成比例，且前两个的乘积为 6．令三部分分别为 x，y，z，该问题可以表述为

$$x+y+z=10,\quad x/y=y/z,\quad xy=6$$

现在通过简单的操作，就可以把方程组化为仅含有指定变量 y 的方程

$$y^4+6y^2-60y+36=0$$

显然，如果能够解出这个方程里的 y，就可以轻易地从原来的方程组中求得其他变量 x 和 z．用 MATLAB 函数 `roots` 求 y 的值，从而求解科拉（Colla）问题.

3.22 简支梁的固有频率由下面方程的根给出

$$c_1^2-x^4c_3^2=0$$

其中

$$c_1=(\sinh(x)+\sin(x))/(2x)$$

且

$$c_3=(\sinh(x)-\sin(x))/(2x^3)$$ 182

替换 c_1 和 c_3 给出

$$((\sinh(x)+\sin(x))/(2x))^2-x^4((\sinh(x)-\sin(x))/(2x^3))^2=0$$

当给出的 x 的试验值很小（例如 $x<10$）时，确定方程的根没有任何困难．而当 $x>25$ 时，该过程就变得比较奇怪了．这个方程的根实际上是 $x=k\pi$，其中 k 是正整数．用 MATLAB 函数 `fzero`，设定初始近似 $x=5$ 和 $x=30$，求该方程接近初值的解．出于习题的目的，请勿简化该方程.

为什么结果这么差呢？如果简化上述方程，将得到什么样的方程？它的解又是什么呢？ 183

微分和积分

微分和积分是微分学的基础运算，它出现在数学、科学和工程的几乎每一个领域. 解析地求函数的导数比较乏味，不过也相对简单. 而该过程的逆——解析地确定一个函数的积分往往比较困难，甚至是不可能的.

由于对某些函数解析地求积分值比较困难，这激励人们开发了很多数值算法来确定定积分的近似值. 因为积分是一个平滑化处理的过程，该过程中的误差趋向于彼此抵消，所以，在许多情况下积分程序都工作良好. 不过，对某些类型的函数也可能会出现困难，这将在计算定积分的近似值时讨论特殊数值方法的部分提到.

4.1 引言

本章的下一节将演示如何求一个独立变量的函数在某特殊点处的导数值. 用数值方法近似导数，只需要函数值. 当程序中需要知道函数的导数时，这些近似将发挥重大作用. 应用这些近似算法，可以解放用户，使其免于解析地确定函数导数的表达式. 4.3 及以后的章节，将为读者介绍一类数值积分方法，包括适用于无穷区间的积分方法. 这些方法对一般积分的效果都很好，但也有一些病态的积分，即使最好的数值算法也对它无能为力.

4.2 数值微分

本节将介绍一阶和高阶导数的近似. 在详细推导导数近似方法之前，先给出一个简单的例子，以此说明在使用导数逼近过程中，如果不加以小心会产生怎样的危险. 对给定函数 $f(x)$，最简单的一阶导数近似，由如下形式的导数定义给出：

185

$$\frac{\mathrm{d}f}{\mathrm{d}x}=\lim_{h\to 0}\left(\frac{f(x+h)-f(x)}{h}\right) \tag{4-1}$$

(4-1) 可以解释成，函数 $f(x)$ 在某点 x 处的导数就是它切线的斜率. 所以对很小的 h，可以得到导数近似

$$\frac{\mathrm{d}f}{\mathrm{d}x}\approx\left(\frac{f(x+h)-f(x)}{h}\right) \tag{4-2}$$

这意味着 h 越小，(4-2) 的近似结果越好. 接下来用 MATLAB 脚本绘制图 4-1，并显示误差随 h 的变化.

```
% e3s401.m
g = @(x) x.^9;
x = 1; h(1) = 0.5;
hvals = [ ]; dfbydx = [ ];
for i = 1:17
    h = h/10;
    b = g(x); a = g(x+h);
    hvals = [hvals h];
    dfbydx(i) = (a-b)/h;
end;
```

```
exact = 9;
loglog(hvals,abs(dfbydx-exact),'*')
axis([1e-18 1 1e-8 1e4])
xlabel('h value'), ylabel('Error in approximation')
```

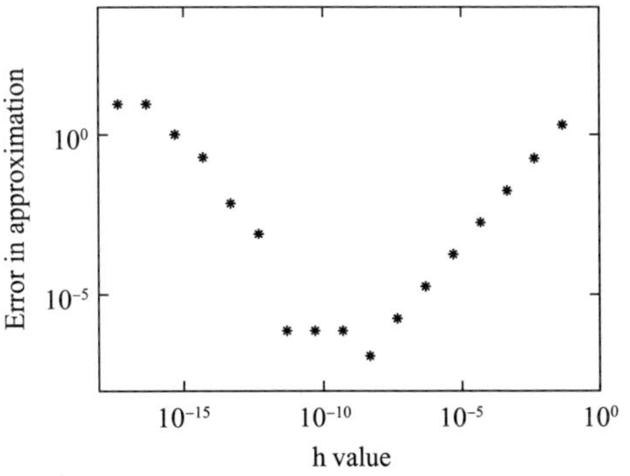

图 4-1 简单导数近似中的误差的双对数图

图 4-1 表明当 h 很大时误差也很大，且随 h 的减少而迅速下降．然而当 h 小于大约10^{-9}时，舍入误差占主导地位，逼近结果变得很差．显然必须小心地选择 h．这个问题提醒我们，对任意阶导数要研发不同精度的算法． 186

现在已经清楚，可以轻易地从导数的定义中，得到很简单的一阶导数近似公式．不过很难用这种方法求更高阶导数的近似或推导更精确的公式．另一种选择就是使用函数 $y=f(x)$ 的泰勒级数展开．为了确定函数在 x_i 处，导数中心差分的近似，展开 $f(x_i+h)$ 如下：

$$f(x_i+h)=f(x_i)+hf'(x_i)+(h^2/2!)f''(x_i)+(h^3/3!)f'''(x_i)+(h^4/4!)f^{(iv)}(x_i)+\cdots \tag{4-3}$$

在相距 h 的点对 $f(x)$ 取样，并记点 x_i+h 为 x_{i+1}，依此类推．同时记 $f(x_i)$ 为 f_i，$f(x_{i+1})$ 为 f_{i+1}．则有

$$f_{i+1}=f_i+hf'(x_i)+(h^2/2!)f''(x_i)+(h^3/3!)f'''(x_i)+(h^4/4!)f^{(iv)}(x_i)+\cdots \tag{4-4}$$

类似地

$$f_{i-1}=f_i-hf'(x_i)+(h^2/2!)f''(x_i)-(h^3/3!)f'''(x_i)+(h^4/4!)f^{(iv)}(x_i)-\cdots \tag{4-5}$$

从公式（4-4）中减去（4-5），就可以得到一阶导数的近似

$$f_{i+1}-f_{i-1}=2hf'(x_i)+2(h^3/3!)f'''(x_i)+\cdots$$

忽略 h^3 和更高阶无穷小，得到

$$f'(x_i)=(f_{i+1}-f_{i-1})/2h \quad \text{其中误差为 } O(h^2) \tag{4-6}$$

它的形式有别于公式（4-2）的向前差分近似，这是一个中心差分近似．方程（4-6）比（4-2）有更高的精度，而当 h 趋于 0 时，二者相等．

为得到二阶导数的近似，把（4-4）和（4-5）相加，得到

$$f_{i+1}+f_{i-1}=2f_i+2(h^2/2!)f''(x_i)+2(h^4/4!)f^{(iv)}(x_i)+\cdots$$

忽略 h^4 和更高阶无穷小，得到

$$f''(x_i)=(f_{i+1}-2f_i+f_{i-1})/h^2 \quad \text{其中误差为 } O(h^2) \tag{4-7}$$

如果需要的话，可以在泰勒级数中取更多项，并参照 $f(x+2h)$ 和 $f(x-2h)$ 等的泰勒展开，经过类似的操作，得到更高阶和更高精度的导数近似．表 4-1 给出了一些公式的例子． 187

表 4-1 导数近似公式

	$f_{i-3}\cdots f_{i+3}$的乘子							
	f_{i-3}	f_{i-2}	f_{i-1}	f_i	f_{i+1}	f_{i+2}	f_{i+3}	误差阶
$2hf'(x_i)$	0	0	−1	0	1	0	0	h^2
$h^2f''(x_i)$	0	0	1	−2	1	0	0	h^2
$2h^3f'''(x_i)$	0	−1	2	0	−2	1	0	h^2
$h^4f^{(iv)}(x_i)$	0	1	−4	6	−4	1	0	h^2

（续）

	$f_{i-3}\cdots f_{i+3}$的乘子							
	f_{i-3}	f_{i-2}	f_{i-1}	f_i	f_{i+1}	f_{i+2}	f_{i+3}	误差阶
$12hf'(x_i)$	0	1	-8	0	8	-1	0	h^4
$12h^2f''(x_i)$	0	-1	16	-30	16	-1	0	h^4
$8h^3f'''(x_i)$	1	-8	13	0	-13	8	-1	h^4
$6h^4f^{(iv)}(x_i)$	-1	12	-39	56	-39	12	-1	h^4

MATLAB 中的 diffgen 函数定义如下，它可以用表中的数据来计算已知函数在给定点处的一阶、二阶、三阶和四阶导数，误差为 $O(h^4)$.

```
function q = diffgen(func,n,x,h)
% Numerical differentiation.
% Example call: q = diffgen(func,n,x,h)
% Provides nth order derivatives, where n = 1 or 2 or 3 or 4
% of the user defined function func at the value x, using a step h.
if (n==1)|(n==2)|(n==3)|(n==4)
    c = zeros(4,7);
    c(1,:) = [ 0 1 -8 0 8 -1 0];
    c(2,:) = [ 0 -1 16 -30 16 -1 0];
    c(3,:) = [1.5 -12 19.5 0 -19.5 12 -1.5];
    c(4,:) = [ -2 24 -78 112 -78 24 -2];
    y = feval(func,x+[-3:3]*h);
    q = c(n,:)*y.';  q = q/(12*h^n);
else
    disp('n must be 1, 2, 3 or 4'), return
end
```

例如用程序

```
result = diffgen('cos',2,1.2,0.01)
```

来求函数 $\cos(x)$ 在 $x=1.2$ 处的二阶导数值，令 $h=0.01$，得到结果为 -0.3624. 下述脚本，通过调用四次 diffgen 函数来求解 $y=x^7$ 在 $x=1$ 处的四阶导数值.

188

```
% e3s402.m
g = @(x) x.^7;
h = 0.5; i = 1;
disp('     h        1st deriv  2nd deriv    3rd deriv     4th deriv');
while h>=1e-5
    t1 = h;
    t2 = diffgen(g, 1, 1, h);
    t3 = diffgen(g, 2, 1, h);
    t4 = diffgen(g, 3, 1, h);
    t5 = diffgen(g, 4, 1, h);
    fprintf('%10.5f %10.5f %10.5f %11.5f %12.5f\n',t1,t2,t3,t4,t5);
    h = h/10; i = i+1;
end
```

上述脚本的输出结果为

```
     h       1st deriv  2nd deriv   3rd deriv     4th deriv
   0.50000    1.43750   38.50000   191.62500    840.00000
   0.05000    6.99947   41.99965   209.99816    840.00000
   0.00500    7.00000   42.00000   210.00000    840.00001
   0.00050    7.00000   42.00000   210.00000    839.97579
   0.00005    7.00000   42.00000   209.98521   -290.13828
```

注意到，随着 h 的减小，一阶和二阶导数的近似情况得到稳步提高，但当 $h=5\times10^{-4}$ 时，四阶导数的估计开始变差．当 $h=5\times10^{-5}$ 时，三阶导数的估计也开始变差，四阶导数值已经非常不准确了．一般无法预测逼近何时开始变差．另外需注意，对于这些值不同的平台可能得到不同的结果．

4.3 数值积分

先来考察这个定积分

$$I=\int_a^b f(x)\mathrm{d}x \tag{4-8}$$

这样的积分求值通常称为数值求积（quadrature）．这里将研究 a 和 b 为有限和无限时的求积方法．

定积分（4-8）是一个求和过程，也可以把它看成是曲线 $y=f(x)$ 从 a 到 b 下方区域的面积．x 轴上方的任何区域都看作正的，x 轴下方的任何区域都看作负的．很多数值积分方法都是基于这种解释来推导近似积分的．典型的做法是，把区间［a，b］分成许多小的子区间，通过对子区间内的曲线 $y=f(x)$ 做简单近似，得到子区间的面积．然后把所 189
有子区间的面积求和，就得到在区间［a，b］上的近似积分．可以对这种方法做些改变，开发出一些新的方法，即取一组子区间，在每一组里用不同次数的多项式逼近 $y=f(x)$．这些方法中最简单的就是梯形法．

梯形法的想法是，在每个子区间里用一条直线逼近函数 $y=f(x)$，使得子区间里围成的区域形状是梯形．显然，随着子区间数目的增加，该直线会更加密切地逼近函数．先把从 a 到 b 的区间分成宽度为 h(其中 $h=(b-a)/n$) 的 n 个子区间，因为一个梯形的面积等于底乘以它的平均高度，从而可以计算出每个子区间的面积．其中梯形的高是 f_i 和 f_{i+1}，$f_i=f(x_i)$．因此，梯形的面积为

$$h(f_i+f_{i+1})/2 \quad i=0,1,2,\cdots,n-1$$

对所有的梯形求和，就给出了积分（4-8）的复合梯形公式：

$$I\approx h\{(f_0+f_n)/2+f_1+f_2+\cdots+f_{n-1}\} \tag{4-9}$$

在梯形公式中由隐式近似产生的误差，即截断误差为

$$E_n\leqslant(b-a)h^2M/12 \tag{4-10}$$

其中，M 是 $|f''(t)|$ 的上界，且 t 位于 a，b 范围内．MATLAB 用函数 `trapz` 来实现梯形法的过程，4.4 节中将用它来比较梯形法与更高精度的辛普森（Simpson）法的性能．

数值积分的精确程度取决于三个因素．前两个因素是逼近函数的性质和使用的区间数目．它们由用户控制，并导致了截断误差，即该逼近固有的误差．影响精度的第三个因素是舍入误差，它是由实际计算只具有有限精度而造成的误差．对于一个具体的逼近函数而言，截断误差会随着子区间数目的增加而减少．由于积分是一个平滑化处理的过程，所以舍入误差不是一个主要问题．但是，当积分区间很多时，因为计算量的增加，解决问题的时间变得很显著．该问题可以通过编写高效的脚本来解决．

4.4 辛普森公式

辛普森（Simpson）公式是在一对子区间上用二次多项式来逼近函数 $f(x)$，如图 4-2 所示．如果积分经过点（x_0，f_0），（x_1，f_1），（x_2，f_2）的二次多项式，其中 $f_1=f(x_1)$，依此类推，则可得到下述公式 190

$$\int_{x_0}^{x_2} f(x)\mathrm{d}x = \frac{h}{3}(f_0 + 4f_1 + f_2) \tag{4-11}$$

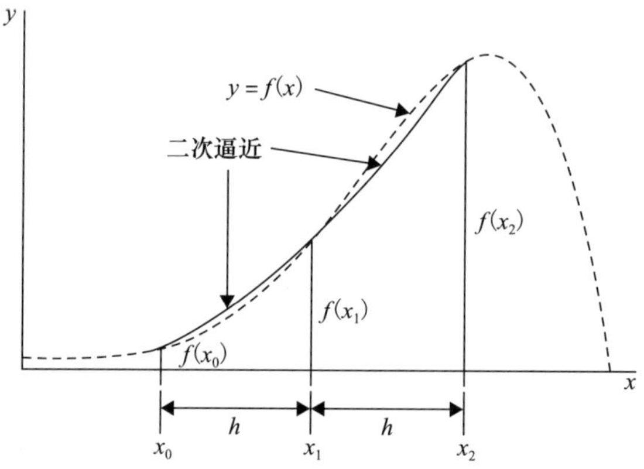

图 4-2 辛普森法，在两个区间上用二次多项式逼近函数

这是在一对区间上的辛普森公式. 对从 a 到 b 的所有区间使用该公式，并将结果相加，就得到下述表达式，即著名的复合辛普森公式：

$$\int_a^b f(x)\mathrm{d}x = \frac{h}{3}\{f_0 + 4(f_1 + f_3 + f_5 + \cdots + f_{2n-1}) + 2(f_2 + f_4 + \cdots + f_{2n-2}) + f_{2n}\} \tag{4-12}$$

其中 n 是区间对的数目且 $h=(b-a)/(2n)$. 该复合公式可以写成向量乘积的形式

$$\int_a^b f(x)\mathrm{d}x = \frac{h}{3}(\boldsymbol{c}^{\mathrm{T}}\boldsymbol{f}) \tag{4-13}$$

其中 $\boldsymbol{c}=[1\ 4\ 2\ 4\ 2\cdots 2\ 4\ 1]^{\mathrm{T}}$，$\boldsymbol{f}=[f_1\ f_2\ f_3\cdots f_{2n}]^{\mathrm{T}}$.

由数值逼近引起的误差，即截断误差近似地为

$$E_n = (b-a)h^4 f^{(iv)}(t)/180$$

其中 t 位于 a，b 之间. 误差的一个上界由

191

$$E_n \leqslant (b-a)h^4 M/180 \tag{4-14}$$

给出. 其中 M 是 $|f^{(iv)}(t)|$ 的上界. 简单梯形公式误差的上界 (4-10) 正比于 h^2 而非 h^4. 这意味着辛普森公式虽然耗用了更多的函数计算，但在精度方面是优于梯形公式的.

为了阐明可以用不同的方式执行辛普森公式，这里提供了两个备选方案 simp1 和 simp2. 函数 simp1 创建了一个系数向量 v 和一个函数值向量 y，然后把这两个向量相乘. 函数 simp2 提供了辛普森公式更为传统的实现. 无论哪种情况，用户必须提供被积函数的定义、积分的上下限和子区间的数目. 其中子区间的数目必须为偶数，因为公式需要在一对子区间上拟合函数.

```
function q = simp1(func,a,b,m)
% Implements Simpson's rule using vectors.
% Example call: q = simp1(func,a,b,m)
% Integrates user defined function func from a to b, using m divisions
if (m/2)~=floor(m/2)
    disp('m must be even'); return
end
h = (b-a)/m; x = a:h:b;
y = feval(func,x);
```

```
v = 2*ones(m+1,1);  v2 = 2*ones(m/2,1);
v(2:2:m) = v(2:2:m)+v2;
v(1) = 1;  v(m+1) = 1;
q = (h/3)*y*v;
```

第二种非向量形式的辛普森函数为

```
function q = simp2(func,a,b,m)
% Implements Simpson's rule using for loop.
% Example call: q = simp2(func,a,b,m)
% Integrates user defined function
% func from a to b, using m divisions
if (m/2) ~= floor(m/2)
    disp('m must be even'); return
end
h = (b-a)/m;
s = 0; yl = feval(func,a);
for j = 2:2:m
    x = a+(j-1)*h;  ym = feval(func,x);
    x = a+j*h;   yh = feval(func,x);
    s = s+yl+4*ym+yh;  yl = yh;
end
q = s*h/3;
```

192

下面的脚本调用函数 simp1 或 simp2. 这些函数可以用来验证区间对数对精度的影响. 该程序计算 0 到 1 范围内 x^7 的积分.

```
% e3s403.m
n = 4; i = 1;
tic
disp('    n integral value')
while n < 1025
    simpval = simp1(@(x) x.^7,0,1,n); % or simpval = simp2(etc.);
    fprintf('%5.0f %15.12f\n',n,simpval)
    n = 2*n; i = i+1;
end
t = toc;
fprintf('\ntime taken = %6.4f secs\n',t)
```

使用该脚本调用函数 simp1 的输出结果为

```
n integral value
   4  0.129150390625
   8  0.125278472900
  16  0.125017702579
  32  0.125001111068
  64  0.125000069514
 128  0.125000004346
 256  0.125000000272
 512  0.125000000017
1024  0.125000000001
time taken = 0.0635 secs
```

用函数 simp2 运行该脚本，得到相同的积分值，不过积分花费的时间为

```
time taken = 0.1335 secs
```

方程 (4-14) 表明，当 h 小于 1 时截断误差会迅速减小. 前面的结果也说明了这一点. 辛普森公式中的舍入误差是由计算函数 $f(x)$ 的值及之后乘法和加法产生的. 同时注意到向

量版的 simp1 比 simp2 快一些.

现在用 MATLAB 的函数 trapz 来计算同一积分. 用户在调用该函数之前，必须先提供函数值向量 f. 函数 trapz(f)计算的是单位间隔的数据点之间的积分. 因此，积分
193 时需用增量 h 乘以 trapz(f).

```
% e3s404.m
n = 4; i = 1; f = @(x) x.^7;
tic
disp('    n  integral value')
while n<1025
    h = 1/n; x = 0:h:1;
    trapval = h*trapz(f(x));
    fprintf('%5.0f %15.12f\n',n,trapval)
    n = 2*n; i = i+1;
end
t = toc;
fprintf('\ntime taken = %4.2f secs\n',t)
```

运行该脚本，得到

```
    n  integral value
    4  0.160339355469
    8  0.134043693542
   16  0.127274200320
   32  0.125569383381
   64  0.125142397981
  128  0.125035602755
  256  0.125008900892
  512  0.125002225236
 1024  0.125000556310

time taken = 0.06 secs
```

这一结果显示梯形公式的精度不如辛普森公式.

4.5 牛顿-科茨公式

辛普森公式是牛顿-科茨（Newton-Cotes）公式的一个特例. 通过取适当的点，可以用更高阶的多项式拟合，从而得到其他公式的例子. 一般地，用 $n+1$ 个点拟合 n 阶多项式. 再把所得多项式整合成积分公式. 下面是牛顿-科茨公式的一些例子，同时给出了它们的截断误差估计.

对 $n=3$ 有

$$\int_{x_0}^{x_3} f(x)\mathrm{d}x = \frac{3h}{8}(f_0+3f_1+3f_2+f_3) + \text{截断误差}\frac{3h^5}{80}f^{iv}(t) \tag{4-15}$$

194 其中 t 位于 x_0 到 x_3 之间.

对 $n=4$ 有

$$\int_{x_0}^{x_4} f(x)\mathrm{d}x = \frac{2h}{45}(7f_0+32f_1+12f_2+32f_3+7f_4) + \text{截断误差}\frac{8h^7}{945}f^{(vi)}(t) \tag{4-16}$$

其中 t 位于 x_0 到 x_4 之间. 可以用（4-15）和（4-16）再生成复合公式. 截断误差表明，使用以上公式比用辛普森公式在精度上有所改善，不过，这些公式更复杂，因此需要更大的计算量，有可能使舍入误差的累积变成一个显著的问题.

MATLAB 函数 quad 采用自适应的递归辛普森法，函数 quadl 采用自适应的洛巴托(Lobatto)积分. MATLAB 函数 quadgk 采用自适应的高斯-克龙罗德(Gauss-Kronrod)法，它对某些光滑振荡的积分特别有效，且积分限可以是无穷的.

下面通过计算误差来比较 quad、quadl 和 simp1（调用 1024 和 4096 两种剖分）的性能，它们都是从 0 到 n 积分 e^x，其中 $n=2.5:2.5:25$. 脚本如下：

```
% e3s405.m
for n = 1:10; n1 = 2.5*n;
    ext = exp(n1)-1;
    err(n,1) = simp1('exp',0,n1,1024)-ext;
    err(n,2) = simp1('exp',0,n1,4096)-ext;
    err(n,3) = quadl('exp',0,n1)-ext;
    err(n,4) = quad('exp',0,n1)-ext;
end
err
```

运行脚本得到

```
err =
  2.2062e-012  8.8818e-015  7.2414e-009  3.9510e-009
  4.6552e-010  1.8190e-012  1.0203e-011  8.6445e-009
  2.8889e-008  1.1323e-010  2.9315e-009  1.4057e-008
  1.1129e-006  4.3437e-009  4.5475e-010  1.6258e-008
  3.3101e-005  1.2928e-007            0  1.5891e-008
  8.3618e-004  3.2666e-006 -9.3132e-010  1.8626e-008
  1.8872e-002  7.3716e-005            0  7.4506e-009
  3.9221e-001  1.5321e-003 -5.9605e-008            0
  7.6535e+000  2.9899e-002  9.5367e-007  9.5367e-007
  1.4211e+002  5.5516e-001 -1.5259e-005 -1.5259e-005
```

这些结果显示了采用自适应大小的子区间的优势. 辛普森法的区间大小是固定的，它对小范围的积分计算得很好，但随着积分范围的增大精度就会下降. 一般情况下，自适应方法会保持更高的精度. 195

4.6 龙贝格积分

非自适应的辛普森(Simpson)法或牛顿-科茨(Newton-Cotes)法的一个主要问题是，对于所给精度，最初的区间数是未知的. 显然，解决这个问题的一个方法是，如 4.4 节中所示的那样，依次加倍区间数并比较采用的具体积分法的结果. 龙贝格(Romberg)法为该问题提供了一种组织方式，并通过对不同区间数应用辛普森法所得的结果来减少截断误差.

龙贝格积分可以用如下公式定义. 令 I 是积分的精确值，T_i 是采用 i 个区间的辛普森法得到的积分近似值. 这样，就可以写出积分 I 的一个近似如下，包括截断误差（注意，该误差项都表示成 h^4 的幂次）：

$$I = T_i + c_1h^4 + c_2h^8 + c_3h^{12} + \cdots \tag{4-17}$$

如果区间数加倍，h 减半，则有

$$I = T_{2i} + c_1(h/2)^4 + c_2(h/2)^8 + c_3(h/2)^{12} + \cdots \tag{4-18}$$

(4-18) 乘以 16 减去 (4-17) 消掉 h^4 得到

$$I = (16T_{2i} - T_i)/15 + k_2h^8 + k_3h^{12} + \cdots \tag{4-19}$$

注意到，现在截断误差的主导项或最显著的项是 h^8. 这在一般意义下为 I 的近似提供了显著改进. 为方便接下来的讨论，这里将使用双下标符号. 先生成一组初始的近似值，然后依次减半区间，这些区间可以记成 $T_{0,k}$，其中 $k=0$，1，2，3，4，…. 接下来再把这些结果用类似（4-19）的方式合并，表示成一般的公式如下

$$T_{r,k}=(16^r T_{r-1,k+1}-T_{r-1,k})/(16^r-1) \quad 对\ k=0,1,2,3\cdots\ 且\ r=1,2,3,\cdots \tag{4-20}$$

其中 r 表示当前生成的这组近似，这个计算过程可以列成下面的表

$$\begin{array}{ccccc}
T_{0,0} & T_{0,1} & T_{0,2} & T_{0,3} & T_{0,4} \\
T_{1,0} & T_{1,1} & T_{1,2} & T_{1,3} & \\
T_{2,0} & T_{2,1} & T_{2,2} & & \\
T_{3,0} & T_{3,1} & & & \\
T_{4,0} & & & &
\end{array}$$

196

该例中，在产生表中前 5 个 $T_{0,k}$ 的值时，区间长度已减半四倍. 用前面 $T_{r,k}$ 的公式，计算表中其他值，且每个阶段截断误差的阶都增加 4. 另外一种常见的做表法是，互换上表中的行与列.

每个阶段的区间长度由下式给出：

$$(b-a)/2^k \quad 对\ k=0,1,2,\cdots \tag{4-21}$$

龙贝格（Romberg）积分可用 MATLAB 函数 romb 来执行：

```
function [W T] = romb(func,a,b,d)
% Implements Romberg integration.
% Example call: W = romb(func,a,b,d)
% Integrates user defined function func from a to b, using d stages.
T = zeros(d+1,d+1);
for k = 1:d+1
    n = 2^k;  T(1,k) = simp1(func,a,b,n);
end
for p = 1:d
    q = 16^p;
    for k = 0:d-p
        T(p+1,k+1) = (q*T(p,k+2)-T(p,k+1))/(q-1);
    end
end
W = T(d+1,1);
```

现在用函数 romb 来计算 $x^{0.1}$ 在 0 到 1 内的积分，调用 romb 函数

```
>> [integral table] = romb(@(x) x.^0.1,0,1,5)
```

调用函数后给出以下输出. 注意到表中的最后一行给出了最好的单值估计.

```
integral =
    0.9066

table =
    0.7887    0.8529    0.8829    0.8969    0.9034    0.9064
    0.8572    0.8849    0.8978    0.9038    0.9066         0
    0.8850    0.8978    0.9038    0.9066         0         0
    0.8978    0.9038    0.9066         0         0         0
    0.9038    0.9066         0         0         0         0
    0.9066         0         0         0         0         0
```

197

这个积分出奇地困难，要得到准确的结果很难. 精确解保留四位小数是 0.9090，可以看出，应用龙贝格（Romberg）法只给出了前两位的精度. 不过，取 $n=10$ 就确实可以给出正确的四位精度的解：

```
>> integral = romb(@(x) x.^0.1,0,1,10)

integral =
    0.9090
```

通常情况下龙贝格法是非常高效和准确的. 例如，在计算 e^x 从 0 到 10 的积分时，用龙贝格函数把积分区间分成五份所得的结果，就比默认容许误差下 quad 函数的计算结果更准确更快速.

这里留给读者一个有趣的练习，请用 romb 函数和 MATLAB 的 trapz 函数替换 simp1 函数.

4.7 高斯积分

迄今考虑的积分方法有一个共同特点，即被积函数在积分区域内通过等间隔的剖分来近似计算. 与此相反，高斯积分要在指定的、非等间隔的点来计算. 出于这个原因，高斯积分无法应用到独立变量在相等间隔的数据点上的采样. 高斯积分法的一般形式是

$$\int_{-1}^{1} f(x)\mathrm{d}x = \sum_{i=1}^{n} A_i f(x_i) \tag{4-22}$$

选择参数 A_i，x_i 使得对给定的 n，该式对直到 $2n-1$ 阶多项式都是精确成立的. 需要注意的是，积分范围必须是从 -1 到 1. 这并没有限制高斯积分的应用，因为如果被积函数 $f(x)$ 的积分范围是从 a 到 b，那么它可以替换成积分范围从 -1 到 1 的函数 $g(t)$ 的积分，其中

$$t = (2x - a - b)/(b - a)$$

注意到在上述公式中，当 $x=a$ 时 $t=-1$，当 $x=b$ 时 $t=1$.

接下来对（4-22）式中 $n=2$ 的情形，来确定四个参数 A_i 和 x_i. 此时（4-22）变为

$$\int_{-1}^{1} f(x)\mathrm{d}x = A_1 f(x_1) + A_2 f(x_2) \tag{4-23}$$ 198

这个积分公式应该对直到 3 阶的多项式是精确成立的，即应该保证对多项式 1，x，x^2，x^3 是精确成立的. 这样就得到如下四个方程：

$$\begin{aligned}
f(x) &= 1 \quad \text{给出} \quad \int_{-1}^{1} 1\mathrm{d}x = 1 = A_1 + A_2 \\
f(x) &= x \quad \text{给出} \quad \int_{-1}^{1} x\mathrm{d}x = 1 = A_1 x_1 + A_2 x_2 \\
f(x) &= x^2 \quad \text{给出} \quad \int_{-1}^{1} x^2\mathrm{d}x = 2/3 = A_1 x_1^2 + A_2 x_2^2 \\
f(x) &= x^3 \quad \text{给出} \quad \int_{-1}^{1} x^3\mathrm{d}x = 0 = A_1 x_1^3 + A_2 x_2^3
\end{aligned} \tag{4-24}$$

解方程得到

$$x_1 = -1/\sqrt{3}, \quad x_2 = 1/\sqrt{3}, \quad A_1 = 1, \quad A_2 = 1$$

这样就有

$$\int_{-1}^{1} f(x)\mathrm{d}x = f\left(-\frac{1}{\sqrt{3}}\right) + f\left(\frac{1}{\sqrt{3}}\right) \tag{4-25}$$

注意到，该方法和辛普森方法一样，对三次方程都是精确成立的，只是需要计算较少的函数.

确定 A_i 和 x_i 的一般方法是基于这样一个事实，在该积分范围内，x_1，x_2，…，x_n 是 n 阶勒让德（Legendre）多项式的根. A_i 可以从 n 阶勒让德多项式在 x_i 处取值获得. Abramowitz 和 Stegun(1965) 以及 Olver 等人（2010）已经制作了对各种 n 值 x_i，A_i 的取值表. 阿布拉莫维茨（Abramowitz）和斯特贡（Stegun）不仅对这些函数，而且对更广泛的数学函数都提供了一个很好的参考. 不过这一经典的工作有点过时了，奥尔弗（Olver）等人已经出版了更新的 21 世纪数学函数手册，其中有许多改进，比如说更清晰的图和彩图. 但是新的手册中少了很多函数表，因为现在它们大多数都可以在个人计算机中快速地计算得到.

下面定义的函数 fgauss 用来执行高斯（Gaussion）积分. 它包含了一个把积分限从
199 a 到 b 转换成从 -1 到 1 的子程序.

```
function q = fgauss(func,a,b,n)
% Implements Gaussian integration.
% Example call: q = fgauss(func,a,b,n)
% Integrates user defined function func from a to b, using n divisions
% n must be 2 or 4 or 8 or 16.
if (n==2)|(n==4)|(n==8)|(n==16)
    c = zeros(8,4);  t = zeros(8,4);
    c(1,1) = 1;
    c(1:2,2) = [.6521451548; .3478548451];
    c(1:4,3) = [.3626837833; .3137066458; .2223810344; .1012285362];
    c(:,4 )= [.1894506104; .1826034150; .1691565193; .1495959888; ...
            .1246289712; .0951585116; .0622535239; .0271524594];
    t(1,1) = .5773502691;
    t(1:2,2) = [.3399810435; .8611363115];
    t(1:4,3) = [.1834346424; .5255324099; .7966664774; .9602898564];
    t(:,4) = [.0950125098; .2816035507; .4580167776; .6178762444; ...
            .7554044084; .8656312023; .9445750230; .9894009350];
    j = 1;
    while j<=4
        if 2^j==n; break;
        else
            j = j+1;
        end
    end
    s = 0;
    for k = 1:n/2
        x1 = (t(k,j)*(b-a)+a+b)/2;
        x2 = (-t(k,j)*(b-a)+a+b)/2;
        y = feval(func,x1)+feval(func,x2);
        s = s+c(k,j)*y;
    end
    q = (b-a)*s/2;
else
    disp('n must be equal to 2, 4, 8 or 16'); return
end
```

下面的脚本调用函数 fgauss，从 0 到 1 积分 $x^{0.1}$.

```
% e3s406.m
disp('  n  integral value');
for j = 1:4
    n = 2^j;
    int = fgauss(@(x) x.^0.1,0,1,n);
    fprintf('%3.0f %14.9f\n',n,int)
end
```
200

输出结果为

```
  n  integral value
  2    0.916290737
  4    0.911012914
  8    0.909561226
 16    0.909199952
```

$n=16$ 的高斯积分与把区间分成五份的龙贝格（Romberg）法比较，高斯积分给出了更好的结果.

4.8 无穷限的积分

高斯类型的其他积分公式，允许处理一些特殊形式以及无穷限的积分. 这里将要介绍的高斯-拉盖尔（Gauss-Laguerre）公式和高斯-埃尔米特（Gauss-Hermite）公式具有以下形式.

4.8.1 高斯-拉盖尔公式

该方法由下面的方程推导出来：

$$\int_0^{\infty} e^{-x} g(x)\,dx = \sum_{i=1}^{n} A_i g(x_i) \tag{4-26}$$

利用该公式对直到 $2n-1$ 阶多项式精确成立，可以确定参数 A_i 和 x_i. 考虑 $n=2$ 的情形

$$\begin{aligned}
g(x) &= 1 \quad \text{给出} \quad \int_0^{\infty} e^{-x}\,dx = 1 = A_1 + A_2 \\
g(x) &= x \quad \text{给出} \quad \int_0^{\infty} x e^{-x}\,dx = 1 = A_1 x_1 + A_2 x_2 \\
g(x) &= x^2 \quad \text{给出} \quad \int_0^{\infty} x^2 e^{-x}\,dx = 2 = A_1 x_1^2 + A_2 x_2^2 \\
g(x) &= x^3 \quad \text{给出} \quad \int_0^{\infty} x^3 e^{-x}\,dx = 6 = A_1 x_1^3 + A_2 x_2^3
\end{aligned} \tag{4-27}$$
201

计算方程（4-27）左边的积分，可以解得四个未知数 x_1，x_2，A_1，A_2，所以（4-26）变为

$$\int_0^{\infty} e^{-x} g(x)\,dx = \frac{2+\sqrt{2}}{4} g(2-\sqrt{2}) + \frac{2-\sqrt{2}}{4} g(2+\sqrt{2})$$

可以证明 x_i 是 n 阶拉盖尔（Laguerre）多项式的根，A_i 可以从 n 阶拉盖尔多项式在 x_i 处的导数的表达式中计算出来.

一般地，要计算形如

$$\int_0^{\infty} f(x)\,dx$$

的积分，可以把积分改写成

$$\int_0^{\infty} e^{-x}\{e^{x} f(x)\}\,dx$$

利用公式（4-26），就有

$$\int_0^{\infty} f(x)\mathrm{d}x = \sum_{i=1}^{n} A_i \exp(x_i) f(x_i) \tag{4-28}$$

如果积分是有限值的话，公式（4-28）允许在无穷限上做积分.

高斯-拉盖尔（Gauss-Laguerre）法可用 MATLAB 函数 galag 来执行

202

```
function s = galag(func,n)
% Implements Gauss-Laguerre integration.
% Example call: s = galag(func,n)
% Integrates user defined function func from 0 to inf
% using n divisions. n must be 2 or 4 or 8.
if (n==2)|(n==4)|(n==8)
    c = zeros(8,3);  t = zeros(8,3);
    c(1:2,1) = [1.533326033; 4.450957335];
    c(1:4,2) = [.8327391238; 2.048102438; 3.631146305; 6.487145084];
    c(:,3) = [.4377234105; 1.033869347; 1.669709765; 2.376924702;...
              3.208540913; 4.268575510; 5.818083368; 8.906226215];
    t(1:2,1) = [.5857864376; 3.414213562];
    t(1:4,2) = [.3225476896; 1.745761101; 4.536620297; 9.395070912];
    t(:,3) = [.1702796323; .9037017768; 2.251086630; 4.266700170;...
              7.045905402; 10.75851601; 15.74067864; 22.86313174];
    j = 1;
    while j<=3
        if 2^j==n; break
        else
            j = j+1;
        end
    end
    s = 0;
    for k = 1:n
        x = t(k,j); y = feval(func,x);
        s = s+c(k,j)*y;
    end
else
    disp('n must be 2, 4 or 8'); return
end
```

函数的定义中给出了采样点 x_i 和乘积 $A_i\exp(x_i)$. 可以在 Abramowitz 和 Stegun（1965）以及 Olver 等人（2010）的工作中找到更完整的列表.

接下来计算 $\log_e(1+e^{-x})$ 从 0 到无穷的积分. 下述脚本使用函数 galag 来做此积分.

```
% e3s407.m
disp(' n   integral value');
for j = 1:3
    n = 2^j;
    int = galag(@(x) log(1+exp(-x)),n);
    fprintf('%3.0f%14.9f\n',n,int)
end
```

输出如下

```
n   integral value
 2   0.822658694
 4   0.822358093
 8   0.822467051
```

注意精确解为 $\pi^2/12=0.822\,467\,033\,424\,11$. 这个八点积分公式已经精确到六位小数.

4.8.2 高斯-埃尔米特公式

该方法由下面的方程推导出来：

$$\int_{-\infty}^{\infty}\exp(-x^2)g(x)\mathrm{d}x=\sum_{i=1}^{n}A_i g(x_i) \tag{4-29}$$ 203

同样，对给定的 n，该公式对直到 $2n-1$ 阶多形式都是精确成立的，从而可以确定 A_i 和 x_i 的值. 对 $n=2$，有

$$\begin{aligned}
g(x)=1 \quad &\text{给出} \quad \int_{-\infty}^{\infty}\exp(-x^2)\mathrm{d}x=\sqrt{\pi}=A_1+A_2\\
g(x)=x \quad &\text{给出} \quad \int_{-\infty}^{\infty}x\exp(-x^2)\mathrm{d}x=0=A_1x_1+A_2x_2\\
g(x)=x^2 \quad &\text{给出} \quad \int_{-\infty}^{\infty}x^2\exp(-x^2)\mathrm{d}x=\frac{\sqrt{\pi}}{2}=A_1x_1^2+A_2x_2^2\\
g(x)=x^3 \quad &\text{给出} \quad \int_{-\infty}^{\infty}x^3\exp(-x^2)\mathrm{d}x=0=A_1x_1^3+A_2x_2^3
\end{aligned} \tag{4-30}$$

通过计算方程（4-30）左边的积分，可以解得四个未知数 x_1，x_2，A_1 和 A_2，所以（4-29）就变成

$$\int_{-\infty}^{\infty}\exp(-x^2)g(x)\mathrm{d}x=\frac{\sqrt{\pi}}{2}g\left(-\frac{1}{\sqrt{2}}\right)+\frac{\sqrt{\pi}}{2}g\left(\frac{1}{\sqrt{2}}\right)$$

另外一种计算方法，注意到 x_i 是 n 阶埃尔米特（Hermite）多项式 $H_n(x)$ 的根. A_i 可以通过 n 阶埃尔米特多项式在 x_i 处导数的表达式来确定.

一般，要计算形如

$$\int_{-\infty}^{\infty}f(x)\mathrm{d}x$$

的积分，可以把积分写成

$$\int_{-\infty}^{\infty}\exp(-x^2)\{\exp(x^2)f(x)\}\mathrm{d}x$$

利用（4-29），有

$$\int_{-\infty}^{\infty}f(x)\mathrm{d}x=\sum_{i=1}^{n}A_i\exp(x_i^2)f(x_i) \tag{4-31}$$ 204

同样，必须小心公式（4-31）只能用于计算 $-\infty$ 到 $+\infty$ 上的有限积分. Abramowitz 和 Stegun（1965）以及 Olver 等人（2010）给出了 x_i 和 A_i 的扩展表. MATLAB 函数 `gaherm` 可用于执行高斯-埃尔米特（Gauss-Hermite）积分

```
function s = gaherm(func,n)
% Implements Gauss-Hermite integration.
% Example call: s = gaherm(func,n)
% Integrates user defined function func from -inf to +inf,
% using n divisions. n must be 2 or 4 or 8 or 16
if (n==2)|(n==4)|(n==8)|(n==16)
    c = zeros(8,4);  t = zeros(8,4);
    c(1,1) = 1.461141183;
    c(1:2,2) = [1.059964483; 1.240225818];
    c(1:4,3) = [.7645441286; .7928900483; .8667526065; 1.071930144];
```

```
    c(:,4) = [.5473752050; .5524419573; .5632178291; .5812472754; ...
              .6097369583; .6557556729; .7382456223; .9368744929];
    t(1,1) = .7071067811;
    t(1:2,2) = [.5246476233; 1.650680124];
    t(1:4,3) = [.3811869902; 1.157193712; 1.981656757; 2.930637420];
    t(:,4) = [.2734810461; .8229514491; 1.380258539; 1.951787991; ...
              2.546202158; 3.176999162; 3.869447905; 4.688738939];
    j = 1;
    while j<=4
        if 2^j==n; break;
        else
            j = j+1;
        end
    end
    s=0;
    for k = 1:n/2
        x1 = t(k,j); x2 = -x1;
        y = feval(func,x1)+feval(func,x2);
        s = s+c(k,j)*y;
    end
else
    disp('n must be equal to 2, 4, 8 or 16'); return
end
```

如果要用高斯-埃尔米特法计算积分

205
$$\int_{-\infty}^{\infty} \frac{\mathrm{d}x}{(1+x^2)^2}$$

那么可用下述脚本，利用函数 gaherm 来计算.

```
% e3s408.m
disp(' n   integral value');
for j = 1:4
    n = 2^j;
    int = gaherm(@(x) 1./(1+x.^2).^2,n);
    fprintf('%3.0f%14.9f\n',n,int)
end
```

运行输出结果为

```
n   integral value
 2    1.298792163
 4    1.482336098
 8    1.550273058
16    1.565939612
```

这个积分的精确值为 $\pi/2=1.570\,796\cdots$

4.9 高斯-切比雪夫公式

现在来看两个有趣的情况，其中样本点 x_i 和权重 w_i 通过一个封闭的或解析的形式给出. 这个具有封闭形式的积分为

$$\int_{-1}^{1} \frac{f(x)}{\sqrt{1-x^2}}\mathrm{d}x = \frac{\pi}{n}\sum_{k=1}^{n} f(x_k) \quad 其中 \quad x_k = \cos\left(\frac{(2k-1)\pi}{2n}\right) \tag{4-32}$$

$$\int_{-1}^{1} \sqrt{1-x^2}f(x)\mathrm{d}x = \frac{\pi}{n+1}\sum_{k=1}^{n} \sin^2\left(\frac{k\pi}{n+1}\right)f(x_k) \quad 其中 \quad x_k = \cos\left(\frac{k\pi}{n+1}\right) \tag{4-33}$$

这些表达式是高斯函数的一员，具体来说是高斯-切比雪夫（Gauss-Chebyshev）公式的变形. 显然，只要给出 $f(x)$ 具体的表达式，很容易用这些公式来求 $f(x)$ 的积分. 因为这只不过是求函数在特定点的值，乘以适当因子，再对这些乘积求和. 可以轻易地开发一个 MATLAB 脚本或函数来完成以上操作. 这里把它作为习题留给读者（见习题 4.11）. 206

4.10 高斯-洛巴托积分

洛巴托（Lobatto）积分（Abramowita 和 Stegun，1965）是以荷兰数学家雷胡埃·洛巴托（Rehuel Lobatto）命名的. 它类似于前面讨论的高斯求积，只是积分点包含积分区间的端点. 当在子区间做积分时，它的优点就体现出来了，因为连续的子区间之间可能会共享一些数据点. 不过洛巴托数值积分的精度不如高斯公式.

函数 $f(x)$ 在区间 $[-1, 1]$ 上的洛巴托积分由下式给出

$$\int_{-1}^{1} f(x)\mathrm{d}x = \frac{2}{n(n-1)}[f(1)+f(-1)] + \sum_{i=2}^{n-1} w_i f(x_i) + R_n$$

其中 x_i 是勒让德（Legendre）多项式 $P_{n-1}(x)=0$ 的根. $f(1)$ 和 $f(-1)$ 的权重都等于 $2/(n(n-1))$，其他权重可以通过下述公式计算

$$w_i = \frac{2}{n(n-1)[P_{n-1}(x_i)]^2} \quad (x_i \neq \pm 1)$$

从上面的描述可以清楚地看到，只要找到勒让德多项式导数的根，就很容易计算出所需的权重.

可以通过博内（Bonnet）递推公式，找到任意阶勒让德多项式的系数

$$(n+1)P_{n+1}(x) = (2n+1)xP_n(x) - nP_{n-1}(x)$$

其中 $P_0(x)=1$，$P_1(x)=x$，$P_n(x)$ 是 n 阶勒让德多项式. 另外，还可以从勒让德函数微分方程的定义中找到这个多项式的递归关系.

接下来这个 MATLAB 函数，用递归公式生成多项式系数，然后用 MATLAB 函数 `roots` 找到该多项式导数的根. 积分限已转换为任意范围 a 到 b.

```
function Iv = lobattof(func,a,b,n)
% Implementation of Lobatto's method
% func is the function to be integrated from the a to b
% using n points.
% Generate Legendre polynomials based on recurrence relation
% derived from the differential equation which the Legendre polynomial
% satisfies.                                                              207
% Obtain derivitive of that polynomial
% The roots of this polynomial give the Lobatto nodes
% From the nodes calculate the weights using standard algorithm
lc = [ ];
for k = 0:n-1
    if n>=2*k
        fnk = factorial(2*n-2*k);
        fnp = 2^n*factorial(k)*factorial(n-k)*factorial(n-2*k);
        lc(n-2*k+1) = (-1)^k*fnk/fnp;
    end
end
% Find coefficients of derivitive of the polynomial
lcd = [ ];
```

```
for k = 0:n-1
    if n>=2*k
        lcd(n-2*k+1) = (n-2*k)*lc(n-2*k+1);
    end
end
lcd(n) = 0;
% Obtain Lobatto points
x = roots(fliplr(lcd(2:n+1)));
x1 = sort(x,'descend');
pv = zeros(size(x));
% Calculate Lobatto weights
for k = 1:n+1
    pv = pv+lc(k)*x.^(k-1);
end
n = n+1;
w = 2./(n*(n-1)*pv.^2);
w = [2/(n*(n-1)); w; 2/(n*(n-1))];
% Transform to range a to b
x1 = (x*(b-a)+(a+b))/2;
pts = [a; x1; b];
% Implement rule for integration
Iv = (b-a)*w'*feval(func,pts)/2;
```

运行下面的 MATLAB 脚本，从 0 到 $\pi/2$ 积分 $f(x)=e^{5x}\cos(2x)$ 测试该函数.

208
```
% e3s414.m
g = @(x) exp(5*x).*cos(2*x); a = 0; b = pi/2;
for n = [2 4 8 16 32 64]
    Iv = lobattof(g,a,b,n);
    fprintf('%3.0f%19.9f\n',n,real(Iv))
end
exact = -5*(exp(2.5*pi)+1)/29;
fprintf('\n Exact %15.9f\n',exact)
```

程序给出如下运行结果

```
 2    -674.125699610
 4    -443.869707406
 8    -444.305258005
16    -444.305258027
32    -444.307194507
64     -16.994770727

Exact  -444.305258034
```

注意到所用点的数量增加到 16 时，积分更精确，但点数高于 16 时，精度反而降低. 这是因为函数 `lobattof` 通过找多项式的根来确定横坐标的权重，而这会随着 n 的增加而越来越不准确.

还有另外一种确定积分值的方法，即把积分范围分成一些子区间，然后在每个子区间上应用只有少量点的洛巴托（Lobatto）公式. 下面的函数允许用户选择洛巴托积分的点数和划分的子区间数.

```
function s = lobattomp(func,a,b,n,m)
% n is the number of points in the Labatto quadrature
% m is the number of subintervals of the range of the integration.
```

```
h = (b-a)/m; s = 0;
for panel = 0:m-1
    a0 =a+panel*h; b0 = a+(panel+1)*h;
    s = s+lobattof(func,a0,b0,n);
end
```

下面的脚本估计了积分 $e^{5x}\cos(2x)$ 在 0 到 $\pi/2$ 上的误差. 该脚本在子区间上应用了 4 点，5 点，…，8 点的洛巴托积分，子区间数的范围从 2，4，8 到 256. 209

```
% e3s415.m
g = @(x) exp(5*x).*cos(2*x); a = 0; b = pi/2;
format short e
m = 2; k = 0;
while m<512
    % m is number of panels, k is the index
    k = k+1;
    p = 0;
    for n = 4:8
        % n number of Labotto points, p is index
        p = p+1;
        Integral_err(k,p) = real(lobattomp(g,a,b,n,m))+5*(exp(2.5*pi)+1)/29;
    end
    m = 2*m;
end
Integral_err
```

运行该脚本给出了下面的输出. 每一行给出了指定子区间数的误差，从 2，4，8 到 256，每一列给出了洛巴托积分指定点数的误差，从 4，5 到 8.

```
Integral_err =
  1.5122e-002  2.6320e-004  1.6910e-006  1.8372e-009 -3.7573e-011
  1.0050e-004  3.5484e-007  4.4201e-010  3.4106e-013 -1.7053e-012
  4.4719e-007  3.7181e-010  3.4106e-013  5.6843e-013 -1.0800e-012
  1.8037e-009  1.1369e-013  1.1369e-013  5.1159e-013 -1.0232e-012
  7.0486e-012 -2.2737e-013  2.2737e-013  5.1159e-013 -9.0949e-013
 -5.6843e-014 -2.2737e-013  2.8422e-013  5.1159e-013 -9.0949e-013
 -1.1369e-013 -2.2737e-013  2.2737e-013  6.2528e-013 -9.0949e-013
 -1.1369e-013 -2.8422e-013  2.2737e-013  6.2528e-013 -6.8212e-013
```

显而易见，增加子区间数（m），增加洛巴托积分的点数（n），都会减少积分的误差. 但是，当洛巴托积分的点数和子区间数超过某个值时，积分的精度开始降低. 出现这种情况的 m，n 值随问题而定.

高斯公式的另一个缺点是，随着点数的增加，横坐标的位置和权重都会发生变化. 例如，假设使用了一个 n 点的高斯积分公式，为了增加精度，现在可能需要增加点的数量并再次使用高斯公式，但一旦这样做了，所有的点都跑到了新的位置. 一种解决策略是保持现有的 n 个点位置不变，再加入 $n+1$ 个点到最佳位置. 这就是克龙罗德（Kronrod）方法（Kronrod，1965）. 这样，一个三点的高斯方法就可以通过保持原三点的位置再加入 4 个点，扩展成一个七点的高斯公式. MATLAB 函数 quadgk 就是用来实现自适应的高斯-克龙罗德（Gauss-Kronrod）积分的. 210

Thompson(2010) 给出了一系列高斯数值积分法的讨论.

4.11 菲隆正弦和余弦公式

该公式可用于如下形式的积分

$$\int_a^b f(x)\cos kx\,\mathrm{d}x \quad 和 \quad \int_a^b f(x)\sin kx\,\mathrm{d}x \tag{4-34}$$

对于这种形式的积分，将要介绍的积分公式通常比标准方法更加高效．要推导菲隆（Filon）公式，先考虑以下形式的积分

$$\int_0^{2\pi} f(x)\cos kx\,\mathrm{d}x$$

用待定系数法，可以得到下述的积分近似．令

$$\int_0^{2\pi} f(x)\cos x\mathrm{d}x = A_1 f(0) + A_2 f(\pi) + A_3 f(2\pi) \tag{4-35}$$

要求上式对 $f(x)=1$，x，x^2 都精确成立，有

$$0 = A_1 + A_2 + A_3$$
$$0 = A_2\pi + A_3 2\pi$$
$$4\pi = A_2\pi^2 + A_3 4\pi^2$$

则 $A_1=2/\pi$，$A_2=-4/\pi$，$A_3=2/\pi$. 从而

211 $$\int_0^{2\pi} f(x)\cos x\mathrm{d}x = \frac{1}{\pi}[2f(0) - 4f(\pi) + 2f(2\pi)] \tag{4-36}$$

可以发展成如下更一般的结果

$$\int_0^{2\pi} f(x)\cos kx\,\mathrm{d}x = h[A\{f(x_n)\sin kx_n - f(x_0)\sin kx_0\} + BC_e + DC_o]$$

$$\int_0^{2\pi} f(x)\sin kx\,\mathrm{d}x = h[A\{f(x_0)\cos kx_0 - f(x_n)\cos kx_n\} + BS_e + DS_o]$$

其中 $h=(b-a)/n$，$q=kh$，以及

$$A = (q^2 + q\sin 2q/2 - 2\sin^2 q)/q^3 \tag{4-37}$$
$$B = 2\{q(1+\cos^2 q) - \sin 2q\}/q^3 \tag{4-38}$$
$$D = 4(\sin q - q\cos q)/q^3$$
$$C_o = \sum_{i=1,3,5\cdots}^{n-1} f(x_i)\cos kx_i \tag{4-39}$$
$$C_e = \frac{1}{2}\{f(x_0)\cos kx_0 + f(x_n)\cos kx_n\} + \sum_{i=2,4,6\cdots}^{n-2} f(x_i)\cos kx_i$$

C_o 和 C_e 分别是奇数和偶数余弦项的和．S_o 和 S_e 对正弦项有类似的定义．

注意到，对（4-34）形式的函数使用菲隆法，与用相同区间数的辛普森法比，通常会得到更好的结果．对（4-37）（4-38）和（4-11）给出的 A，B，D 的表达式，可能要用到近似，把它们按 q 的升幂展开成级数，有以下结果：

$$A = 2q^2(q/45 - q^3/315 + q^5/4725 - \cdots)$$
$$B = 2(1/3 + q^2/15 - 2q^4/105 + q^6/567 - \cdots)$$
$$C = 4/3 - 2q^2/15 + q^4/210 - q^6/11\,340 + \cdots$$

当区间数变得很大，h 和 q 随之变小．当 q 趋向于 0 时，A 趋于 0，B 趋于 2/3，D 趋于 4/3. 把这些值代入菲隆法的公式中，可以证明，这等价于辛普森法．不过，在这种情况下，由于额外的计算的复杂性，菲隆法的精度可能低于辛普森法．

MATLAB 中的函数 `filon` 可用来实现菲隆（Filon）法的积分近似计算．在参数列表中，函数 `func` 用来定义（4-34）中的 $f(x)$，当 `cas= 1` 时乘以 $\cos kx$，当 `cas~ = 1` 时
212 乘以 $\sin kx$，参数 `l` 和 `u` 指定积分的下限和上限，`n` 指定所需的分割数．下述脚本修改了标准的菲隆法，若 q 小于 0.1，采用级数近似而非（4-37）至（4-11）式．这样做是因为，

当 q 很小时，级数近似的精度已经足够，而且更容易计算.

```
function int = filon(func,cas,k,l,u,n)
% Implements filon's integration.
% Example call: int = filon(func,cas,k,l,u,n)
% If cas = 1, integrates cos(kx)*f(x) from l to u using n divisions.
% If cas ~= 1, integrates sin(kx)*f(x) from l to u using n divisions.
% User defined function func defines f(x).
if (n/2)~=floor(n/2)
    disp('n must be even'); return
else
    h = (u-l)/n; q = k*h;
    q2 = q*q; q3 = q*q2;
    if q<0.1
        a = 2*q2*(q/45-q3/315+q2*q3/4725);
        b = 2*(1/3+q2/15+2*q2*q2/105+q3*q3/567);
        d = 4/3-2*q2/15+q2*q2/210-q3*q3/11340;
    else
        a = (q2+q*sin(2*q)/2-2*(sin(q))^2)/q3;
        b = 2*(q*(1+(cos(q))^2)-sin(2*q))/q3;
        d = 4*(sin(q)-q*cos(q))/q3;
    end
    x = l:h:u;
    y = feval(func,x);
    yodd = y(2:2:n);  yeven = y(3:2:n-1);
    if cas == 1
        c = cos(k*x);
        codd = c(2:2:n);  co = codd*yodd';
        ceven = c(3:2:n-1);
        ce = (y(1)*c(1)+y(n+1)*c(n+1))/2;
        ce = ce+ceven*yeven';
        int = h*(a*(y(n+1)*sin(k*u)-y(1)*sin(k*l))+b*ce+d*co);
    else
        s = sin(k*x);
        sodd = s(2:2:n);  so = sodd*yodd';
        seven = s(3:2:n-1);
        se = (y(1)*s(1)+y(n+1)*s(n+1))/2;
        se = se+seven*yeven';
        int = h*(-a*(y(n+1)*cos(k*u)-y(1)*cos(k*l))+b*se+d*so);
    end
end
```
213

现在通过从 1×10^{-10} 到 1 积分 $\sin x/x$ 来测试函数 filon，积分下限设置成 1×10^{-10} 是为了避免在 0 点的奇异性.

下面的脚本用 filon 和 filonmod 计算积分. 函数 filonmod 删掉了 filon 函数中转换成级数公式的功能. 参照（4-34），对该问题定义函数 $f(x)=1/x$.

```
% e3s409.m
n = 4;
g = @(x) 1./x;
disp('  n  Filon no switch  Filon with switch');
while n<=4096
    int1 = filonmod(g,2,1,1e-10,1,n);
```

```
    int2 = filon(g,2,1,1e-10,1,n);
    fprintf('%4.0f %17.8e %17.8e\n',n,int1,int2)
    n = 2*n;
end
```

运行这个脚本得到

```
   n  Filon no switch  Filon with switch
   4    1.72067549e+006    1.72067549e+006
   8    1.08265940e+005    1.08265940e+005
  16    6.77884667e+003    6.77884667e+003
  32    4.24742208e+002    4.24742207e+002
  64    2.74361110e+001    2.74361124e+001
 128    2.60175423e+000    2.60175321e+000
 256    1.04956252e+000    1.04956313e+000
 512    9.52549009e-001    9.52550585e-001
1024    9.46489412e-001    9.46487290e-001
2048    9.46109716e-001    9.46108334e-001
4096    9.46085291e-001    9.46084649e-001
```

该积分的精确值为 0.946 083 1.

在该问题中，转换出现在 $n=16$ 时，前面的输出显示转换后得到的积分值更准确一些. 然而应当注意，做过的实验表明，对于更低精度的计算，包含转换的菲隆法的精度要比 MATLAB 环境提供的显著地好很多. 读者可以进行一些关于 q 取值的有趣的实验，使转换在 q 出现. 当前设置是 0.1.

最后选取一个函数，使它既适合菲隆法又能和辛普森法比较. 这里取 $\exp(-x/2)$

214 $\cos(100x)$从 0 到 2π 的积分.

MATLAB 执行这一对比的脚本如下

```
% e3s410.m
n = 4;
disp('    n    Simpsons value    Filons value');
g1 = @(x) exp(-x/2);
g2 = @(x) exp(-x/2).*cos(100*x);
while n<=2048
    int1 = filon(g1,1,100,0,2*pi,n);
    int2 = simp1(g2,0,2*pi,n);
    fprintf('%4.0f %17.8e %17.8e\n',n,int2,int1)
    n = 2*n;
end
```

比较结果为

```
   n    Simpsons value    Filons value
   4    1.91733833e+000   4.55229440e-005
   8   -5.73192992e-001   4.72338540e-005
  16    2.42801799e-002   4.72338540e-005
  32    2.92263624e-002   4.76641931e-005
  64   -8.74419731e-003   4.77734109e-005
 128    5.55127202e-004   4.78308678e-005
 256   -1.30263888e-004   4.78404787e-005
 512    4.53408415e-005   4.78381786e-005
1024    4.77161559e-005   4.78381120e-005
2048    4.78309107e-005   4.78381084e-005
```

该积分的精确解取到 10 位有效数字是 $4.783\,810\,813\times10^{-5}$. 在这一具体问题中，因为系

数 k 具有较高的值，所以没有采取转换成级数近似的方法．输出显示，用 2048 个区间，菲隆法的精度可以达到 8 位有效数字．相较之下，辛普森法只能精确到 5 位有效数字，而且解的行为显示出高度的不稳定性．不过，计算积分的时间表明，辛普森法比菲隆法快大约 25%．

4.12 积分计算中的问题

之前章节中讲述的方法，都是基于函数可积这样的假设．如果情况并非如此，那么数值方法可能给出较差的或完全无用的结果．当以下情况发生时，可能出现问题．

1. 函数在积分区间内是连续的，但它的导数不连续或奇异．
2. 函数在积分区间内不连续． 215
3. 函数在积分区间内有奇异性．
4. 积分区间是无限的．

关键是，上面列出的这些问题，大多数情况下都无法直接用数值方法处理．因此，积分之前需要做一些准备，使得积分可以用适当的数值方法来计算．情况 1 是一种比较麻烦的情况，但因为多项式的导数是连续的，所以多项式无法精确表示具有不连续导数的函数．理想情况下，导数的不连续或奇异性是可以定位的，据此把积分分成两部分或两部分以上积分的和．处理情况 2 的过程类似，首先必须找到不连续点的位置，然后把积分分成两部分或多部分的和，其中的每一部分都避免了不连续性．可以用很多方法来处理情况 3：改变积分变量，分部积分，以及把积分分成多个积分的和．情况 4 中，必须采用适于无限范围积分的方法（见 4.8 节），或者做变量替换．

下面这个示例积分，源自 Fox 和 Mayers(1968)，可以说明情况 4：

$$I=\int_1^{\infty}\frac{\mathrm{d}x}{x^2+\cos(x^{-1})} \tag{4-40}$$

这个积分可以用函数 galag 来计算（使用变量替换 $y=x-1$，变换积分下限到 0）或者做变量替换 $z=1/x$，则 $\mathrm{d}z=-\mathrm{d}x/x^2$，(4-40) 可以变换成如下积分：

$$I=-\int_1^0\frac{\mathrm{d}z}{1+z^2\cos(z)} \quad 或 \quad I=\int_0^1\frac{\mathrm{d}z}{1+z^2\cos(z)} \tag{4-41}$$

积分 (4-41) 可以轻易地采用任何一种标准积分法来计算．

上面已经讨论了很多数值积分的技巧．不过，必须承认的是，即使最好的方法，对于处理自变量微小变化就引起函数剧烈改变的情况也有很大困难．这种情况的一个例子就是函数 $\sin(1/x)$．3.8 节中用 MATLAB 画出了该函数的图像．不过，这个图并不是函数在 -0.1 至 0.1 范围内真实的样子，因为在该范围内函数变化非常迅速，屏幕的分辨率已经不足以绘制出这么多的点．事实上，当 x 趋于零，函数的频率趋向于无穷．而且另一个困难是，该函数在 $x=0$ 是奇异的．如果缩小 x 的范围，则可以画出并显示该函数的一小部分图像．例如图 4-3所示，在 $x=2\times10^{-4}$ 到 2.05×10^{-4} 范围内，大约有函数 $\sin(1/x)$ 的 19 个周期，在这个有限的范围内，可以有效地取样并画出函数．总之，该函数的值可以在 x 很小的变化范围内，

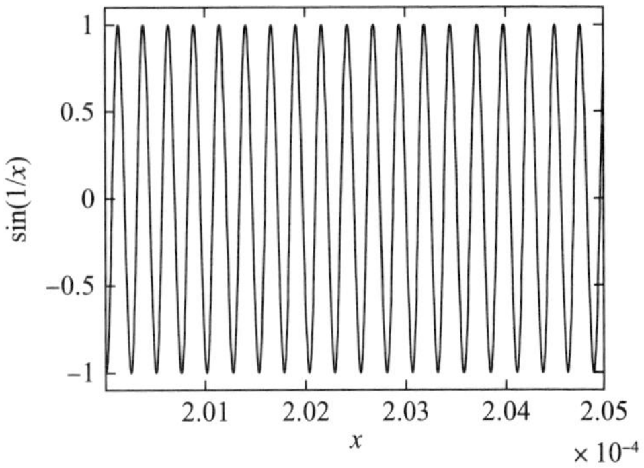

图 4-3 函数 sin $(1/x)$ 在 $x=2\times10^{-4}$ 到 2.05×10^{-4} 范围内的图像．显示了函数的 19 个周期 216

从极正变为极负．这样的后果是，当要计算该函数的积分时，为达到所需精度，需要对积分区域做大量的分割，特别是对比较小的 x 值．之前已经介绍过对于这种类型的问题的自适应积分方法，如 MATLAB 函数 quadl．这些方法仅增加了函数改变非常迅速区域的区间数，从而减少了需要的总计算量．

4.13 测试积分

接下来用 MATLAB 函数 quadl 对下列积分比较高斯（Gauss）法和辛普森（Simpson）法：

$$\int_0^1 x^{0.001}\mathrm{d}x = 1000/1001 = 0.999\,000\,999\cdots \tag{4-42}$$

$$\int_0^1 \frac{\mathrm{d}x}{1+(230x-30)^2} = (\tan^{-1}200+\tan^{-1}30)/230 = 0.013\,492\,485\,649\,5 \tag{4-43}$$

$$\int_0^4 x^2(x-1)^2(x-2)^2(x-3)^2(x-4)^2\mathrm{d}x = 10\,240/693 = 14.776\,334\,776 \tag{4-44}$$

为生成比较结果，定义函数 ftable 如下：

217

```
function y = ftable(fname,lowerb,upperb)
% Generates table of results.
intg = fgauss(fname,lowerb,upperb,16);
ints = simp1(fname,lowerb,upperb,2048);
intq = quadl(fname,lowerb,upperb,.00005);
fprintf('%19.8e %18.8e %18.8e \n',intg,ints,intq)
```

下面的脚本是对三个测试积分应用上述函数

```
% e3s411.m
clear
disp('function      Gauss              Simpson               quadl')
fprintf('Func 1'), ftable(@(x) x.^0.001,0,1)
fprintf('Func 2'), ftable(@(x) 1./(1+(230*x-30).^2),0,1)
g = @(x) (x.^2).*((1-x).^2).*((2-x).^2).*((3-x).^2).*((4-x).^2);
fprintf('Func 3'), ftable(g,0,4)
```

脚本输出结果为

```
function       Gauss              Simpson              quadl
Func 1    9.99003302e-001    9.98839883e-001    9.98981017e-001
Func 2    1.46785776e-002    1.34924856e-002    1.34925421e-002
Func 3    1.47763348e+001    1.47763348e+001    1.47763348e+001
```

积分（4-42）和（4-43）很难计算．图 4-4 给出了积分范围内被积函数的图像．其中每一个函数，在某些点都会随着自变量的微小变化而剧烈变化，当对积分精确度要求很高时，数值积分特别难求．

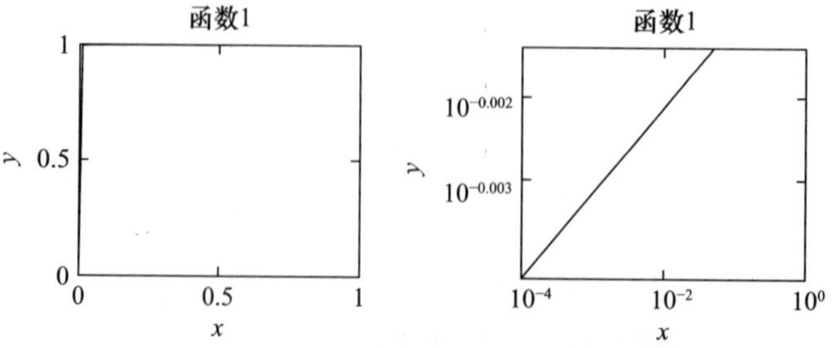

图 4-4　脚本 e3s411 中定义的函数图像

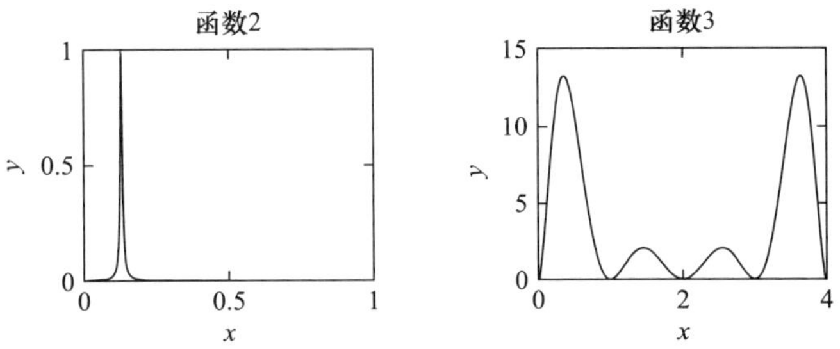

图 4-4 （续）

218

4.14 累次积分

本节将讨论双变量的累次积分. 需要特别注意的是，二重积分和累次积分之间有着显著的差异. 不过可以证明，如果被积函数满足一定的条件，二重积分和累次积分值可以相等. Jeffery（1979）曾给出这一结果的详细讨论.

本章中，已经学习了单次积分的各种技巧. 把这些方法直接推广到累次积分可能会给程序编写带来相当大的困难. 而且，要达到累次积分所需的精确度，花费的计算量可能是巨大的. 虽然很多单次积分算法都可以扩展到累次积分，但这里只给出推广到双变量的辛普森法和高斯法. 因为要在编程的简单性和效率之间做一个最佳折中，所以选择这两种方法.

看一个累次积分的例子

$$\int_{a_1}^{b_1} \mathrm{d}x \int_{a_2}^{b_2} f(x,y)\mathrm{d}y \tag{4-45}$$

用这种记号表示被积函数关于 x 从 a_1 至 b_1 积分，关于 y 从 a_2 到 b_2 积分. 这里积分限是定值，但在某些应用中它们也可以是变量.

4.14.1 累次积分的辛普森法

现在用辛普森法对（4-45）做累次积分，先直接在 y 方向上积分，然后在 x 方向上积分. 在 y 方向上取等距点：y_0，y_1 和 y_2，应用辛普森法（4-11）积分（4-45）中的 y，得到

$$\int_{x_0}^{x_2} \mathrm{d}x \int_{y_0}^{y_2} f(x,y)\mathrm{d}y \approx \int_{x_0}^{x_2} k\{f(x,y_0)+4f(x,y_1)+f(x,y_2)\}/3\mathrm{d}x \tag{4-46}$$

其中 $k=y_2-y_1=y_1-y_0$.

再考虑 x 方向上的三个等距点：x_0，x_1 和 x_2，然后对（4-46）中的变量 x 应用辛普森法，有

$$I\approx hk[f_{0,0}+f_{0,2}+f_{2,0}+f_{2,2}+4\{f_{0,1}+f_{1,0}+f_{1,2}+f_{2,1}\}+16f_{1,1}]/9 \tag{4-47}$$

其中 $h=x_2-x_1=x_1-x_0$，且 $f_{1,2}=f(x_1, y_2)$.

这就是双变量的辛普森法. 可以通过在 $f(x, y)$ 表面上，使用每组 9 点的辛普森法并求和，从而得到复合辛普森法. MATLAB 函数 simp2v 可以直接使用复合辛普森法来计算两个变量的累次积分. 219

```
function q = simp2v(func,a,b,c,d,n)
% Implements 2 variable Simpson integration.
% Example call: q = simp2v(func,a,b,c,d,n)
```

```
% Integrates user defined 2 variable function func.
% Range for first variable is a to b, and second variable, c to d
% using n divisions of each variable.
if (n/2)~=floor(n/2)
    disp('n must be even'); return
else
    hx = (b-a)/n; x = a:hx:b; nx = length(x);
    hy = (d-c)/n; y = c:hy:d; ny = length(y);
    [xx,yy] = meshgrid(x,y);
    z = feval(func,xx,yy);
    v = 2*ones(n+1,1);  v2 = 2*ones(n/2,1);
    v(2:2:n) = v(2:2:n)+v2;
    v(1) = 1;  v(n+1) = 1;
    S = v*v';  T = z.*S;
    q = sum(sum(T))*hx*hy/9;
end
```

接下来将用函数 simp2v 来做积分

$$\int_0^{10} \mathrm{d}x \int_0^{10} y^2 \sin x \mathrm{d}y$$

图 4-5 给出函数 $y^2 \sin x$ 的图像. 用下述脚本积分该函数，有

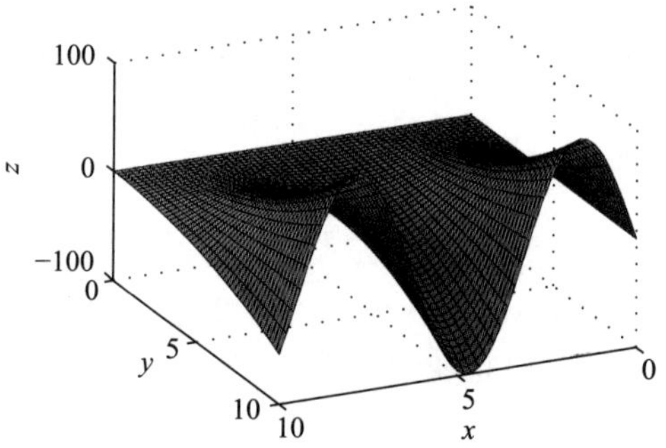

图 4-5　$z=y^2\sin x$ 的图像

220

```
% e3s412.m
z = @(x,y) y.^2.*sin(x);
disp(' n      integral value');
n = 4; j = 1;
while n<=256
    int = simp2v(z,0,10,0,10,n);
    fprintf('%4.0f %17.8e\n',n,int)
    n = 2*n; j = j+1;
end
```

运行脚本输出以下结果

```
  n     integral value
  4    1.02333856e+003
  8    6.23187046e+002
 16    6.13568708e+002
 32    6.13056704e+002
 64    6.13025879e+002
128    6.13023970e+002
256    6.13023851e+002
```

该积分精确到 4 位小数的值为 613.0238，浮点运算量趋于 $7n^2$. 可以证明——请参见 Salvadori 和 Baron（1961）的工作——辛普森法在用于计算累次积分时，误差仍是 h^4 阶，而且可以使用类似于 4.6 节龙贝格（Romberg）法的外插法.

4.14.2 累次积分的高斯积分法

高斯法可以推广到计算有固定积分限的累次积分. 4.7 节已经说明，单次积分的被积函数必须在某些指定的点取值. 因此，如果

$$I=\int_{-1}^{1}\mathrm{d}x\int_{-1}^{1}f(x,y)\mathrm{d}y$$

则

$$I\approx\sum_{i=1}^{n}\sum_{j=1}^{m}A_iA_jf(x_i,y_j)$$

4.7 节给出了计算 x_i，y_j 和 A_i 的方法. MATLAB 函数 gauss2v 就是用这一方法来计算积分. 由于假设了 x 和 y 在区间 -1 到 1 内取值，所以必须对函数做适当的操作和调整，使它能在任意范围内做积分. 221

```
function q = gauss2v(func,a,b,c,d,n)
% Implements 2 variable Gaussian integration.
% Example call: q = gauss2v(func,a,b,c,d,n)
% Integrates user defined 2 variable function func,
% Range for first variable is a to b, and second variable, c to d
% using n divisions of each variable.
% n must be 2 or 4 or 8 or 16.
if (n==2)|(n==4)|(n==8)|(n==16)
    co = zeros(8,4); t = zeros(8,4);
    co(1,1) = 1;
    co(1:2,2) = [.6521451548; .3478548451];
    co(1:4,3) = [.3626837833; .3137066458; .2223810344; .1012285362];
    co(:,4) = [.1894506104; .1826034150; .1691565193; .1495959888; ...
              .1246289712;.0951585116; .0622535239; .0271524594];
    t(1,1) = .5773502691;
    t(1:2,2) = [.3399810435; .8611363115];
    t(1:4,3) = [.1834346424; .5255324099; .7966664774; .9602898564];
    t(:,4) = [.0950125098; .2816035507; .4580167776; .6178762444; ...
             .7554044084; .8656312023; .9445750230; .9894009350];
    j = 1;
    while j<=4
        if 2^j==n; break;
        else
            j = j+1;
        end
    end
    s = 0;
    for k = 1:n/2
        x1 = (t(k,j)*(b-a)+a+b)/2;  x2 = (-t(k,j)*(b-a)+a+b)/2;
        for p = 1:n/2
            y1 = (t(p,j)*(d-c)+d+c)/2;  y2 = (-t(p,j)*(d-c)+d+c)/2;
            z = feval(func,x1,y1)+feval(func,x1,y2)+feval(func,x2,y1);
            z = z+feval(func,x2,y2);
```

```
                s = s+co(k,j)*co(p,j)*z;
            end
        end
        q = (b-a)*(d-c)*s/4;
    else
        disp('n must be equal to 2, 4, 8 or 16'), return
222 end
```

接下来考虑下述积分的计算问题

$$\int_{x^2}^{x^4} dy \int_1^2 x^2 y dx \tag{4-48}$$

这一积分形式，无法直接用 MATLAB 函数 gauss2v 或 simp2v 来计算，因为这两个 MATLAB 函数都被设计成计算固定积分限的积分. 不过，为使积分限固定下来，可以做一个变换. 令

$$y=(x^4-x^2)z+x^2 \tag{4-49}$$

这样就有当 $z=1$ 时，$y=x^4$，当 $z=0$ 时，$y=x^2$. 微分上述表达式，有

$$dy=(x^4-x^2)dz$$

在 (4-48) 中替换 y 和 dy，有

$$\int_0^1 dz \int_1^2 x^2\{(x^4-x^2)z+x^2\}(x^4-x^2)dx \tag{4-50}$$

现在这个形式的积分可以用 gauss2v 和 simp2v 来计算. 只是，必须先定义一个如下的 MATLAB 函数：

```
w = @(x,z) x.^2.*((x.^4-x.^2).*z+x.^2).*(x.^4-x.^2);
```

该函数将和 simp2v 和 gauss2v 一起用于下面的脚本：

```
% e3s413.m
disp('    n  Simpson value    Gauss value')
w = @(x,z) x.^2.*((x.^4-x.^2).*z+x.^2).*(x.^4-x.^2);
n = 2; j = 1;
while n<=16
    in1 = simp2v(w,1,2,0,1,n);
    in2 = gauss2v(w,1,2,0,1,n);
    fprintf('%4.0f%17.8e%17.8e\n',n,in1,in2)
    n = 2*n; j = j+1;
223 end
```

运行这一脚本给出

```
  n  Simpson value     Gauss value
  2  9.54248047e+001   7.65255915e+001
  4  8.48837042e+001   8.39728717e+001
  8  8.40342951e+001   8.39740259e+001
 16  8.39778477e+001   8.39740259e+001
```

该积分等于 83.974 025 97 (=6466/77). 该输出表明，一般情况下，高斯积分要优于辛普森法.

4.15 MATLAB 函数做二重和三重积分

目前 MATLAB 的最新版本提供了用于累次积分的 dblquad 和 triplequad 函数. 本节将介绍这些函数和它们的参数，并提供一些使用的实例.

对于二重积分，它是二维区域上的累次积分. 可以使用 dblquad 函数，写成下面的一般

形式

```
IV2 = dblquad(fname,xl,xu,yl,yu,acc)
```

其中 fname 是被积的双变量函数的名字，必须由用户来定义；xl 和 xu 是 x 积分区域的下限和上限；类似的 yl 和 yu 是 y 积分区域的下限和上限. acc 的值给出积分的精度，它是可选的.

函数 dblquad 使用方法请见下面的例子. 考虑积分

$$I=\int_0^1 \mathrm{d}x \int_0^1 \frac{1}{1-xy}\mathrm{d}y$$

这可以用 MATLAB 函数 dblquad 来求解. 它要求用户预先定义被积函数. 为此，直接在函数参数列表中用匿名函数定义被积函数，然后使用 dblquad，有

```
>> I = dblquad(@(x,y) 1./(1-x.*y),0,1-1e-6,0,1-1e-6)

I =
    1.6449
```

如果试图在确定的范围 $x=0$ 到 1，$y=0$ 到 1 内做数值积分，那么由于 $x=y=1$ 是函数的奇点，MATLAB 会给出警告，不过还是会给出相同的答案. 224

三重积分，可以看成是三维区域上的累次积分，一般可用形式如下的 triplequad 函数来积分

```
IV3 = triplequad(fname,xl,xu,yl,yu,zl,zu,acc)
```

其中 fname 是三个变量的被积函数名，xl 和 xu 是 x 积分范围的下限和上限. 同样的，yl，yu，zl，zu 分别是 y 和 z 积分范围的下限和上限. 用下面的例子来说明triplequad的使用方法：

$$\int_0^1 \mathrm{d}x\int_0^1 \mathrm{d}y\int_0^1 64xy(1-x)^2 z\mathrm{d}z$$

```
>> I3 = triplequad(@(x,y,z) 64*x.*y.*(1-x).^2.*z,0,1,0,1,0,1)

I3 =
    1.3333
```

函数 quad2d 和 dblquad 类似，可以用来积分两个变量（例如 x 和 y）的函数，只是它还允许 y 的积分限是 x 的函数. 计算（4-48）中的累次积分：

$$\int_1^2 \mathrm{d}x\int_{x^2}^{x^4} x^2 y\mathrm{d}y$$

利用 quad2d，有

```
>> IV = quad2d(@(x,y) x.^2.*y,1,2, @(x) x.^2,@(x) x.^4)

IV =
  83.9740
```

上例中，匿名函数@(x,y) x.^2.*y是被积函数，1 和 2 是变量 x 的积分上限和下限，@(x) x.^2和@(x) x.^4是通过匿名函数定义的变量 y 的积分上限和下限.

4.16 小结

本章描述了对既定函数在自变量的某处，获得其各阶近似导数的简单方法. 结果表明，这些方法虽然易于编程，但是对关键参数的微小变化非常敏感，使用时应倍加小心. 225
此外，还给出了一类积分方法. 对积分而言，误差的产生并非那么不可预测，只是对要计算的积分，须小心选择最有效的积分法.

对于积分和微分问题，读者可以参考 9.8，9.9 和 9.10 节关于符号工具箱的应用.

习题

4.1 利用函数 diffgen 计算 $x^2\cos x$ 在 $x=1$ 处的一阶和二阶导数，取 $h=0.1$ 和 $h=0.01$.

4.2 利用函数 diffgen 计算 $\cos x^6$ 在 $x=1$，2，3 处的一阶导数，取 $h=0.001$.

4.3 利用公式 (4-6) 和 (4-7) 写一个 MATLAB 函数，对指定函数求微分. 利用该函数求解习题 4.1 和 4.2.

4.4 利用函数 diffgen 求函数 $y=\cos x^6$ 在 $x=3.1$，3.01，3.001，3 处的梯度，取 $h=0.001$. 所得结果与精确值比较.

4.5 可定义如下的偏导数近似

$$\partial f/\partial x \approx \{f(x+h,y)-f(x-h,y)\}/(2h)$$
$$\partial f/\partial y \approx \{f(x,y+h)-f(x,y-h)\}/(2h)$$

写一个计算这些导数的函数，可用如下形式调用它

```
[pdx,pdy] = pdiff('func',x,y,h)
```

用该函数求 $\exp(x^2+y^3)$ 在 $x=2$，$y=1$ 处的偏导数，取 $h=0.005$.

4.6 在印度数学家拉马努金（Ramanujan）写给哈代（Hardy）的一封信中提到，位于 a 和 b 两个数之间，且为完全平方数或两个完全平方数之和的数的个数，可用如下积分逼近

$$0.764\int_a^b \frac{\mathrm{d}x}{\sqrt{\log_e x}}$$

对以下这几组 a，b 值 (1，10)，(1，17)，(1，30) 验证该命题，可用 16 个点的 MATLAB 函数
226 fgauss 来计算上述积分.

4.7 对 $r=0$，1，2 验证下述等式

$$\int_0^\infty \frac{\mathrm{d}x}{(1+x^2)(1+r^2x^2)(1+r^4x^2)}=\frac{\pi(r^2+r+1)}{2(r^2+1)(r+1)^2}$$

这一结果由拉马努金提出. 可用 8 个点的 MATLAB 函数 galag 来检测它.

4.8 拉伯（Raabe）建立了下述结果：

$$\int_a^{a+1}\log_e\Gamma(x)\,\mathrm{d}x = a\log_e a - a + \log_e\sqrt{2\pi}$$

对 $a=1$，$a=2$ 验证该结果，用 MATLAB 函数 simp1，分成 32 个区间，计算待求积分，并用 MATLAB 函数 gamma 创建被积函数.

4.9 利用 16 点的 MATLAB 函数 fgauss 计算积分

$$\int_0^1 \frac{\log_e x\,\mathrm{d}x}{1+x^2}$$

解释为何函数 fgauss 适用于该问题，而 simp1 则不然.

4.10 利用 16 点的 MATLAB 函数 fgauss 计算积分

$$\int_0^1 \frac{\tan^{-1}x}{x}\mathrm{d}x$$

注意：分部积分可以证明习题 4.9 和 4.10 除符号外具有相同的值.

4.11 写一个 MATLAB 函数来执行 4.9 节中的公式 (4-32) 和 (4-33)，并用 10 个点的该公式计算下面的积分. 将结果和 16 个点的高斯法做比较.

$$\text{(a)}\int_{-1}^1 \frac{e^x}{\sqrt{1-x^2}}\mathrm{d}x \quad \text{(b)}\int_{-1}^1 e^x\sqrt{1-x^2}\,\mathrm{d}x$$

4.12 利用 MATLAB 函数 simp1 计算菲涅耳（Fresnel）积分

227

$$C(1)=\int_0^1\cos\left(\frac{\pi t^2}{2}\right)\mathrm{d}t \quad 和 \quad S(1)=\int_0^1\sin\left(\frac{\pi t^2}{2}\right)\mathrm{d}t$$

分成 32 个区间. 精确到七位小数的精确解为 $C(1)=0.779\,893\,4$，$S(1)=0.438\,259\,1$.

4.13 利用 64 个区间的 MATLAB 函数 filon，计算积分

$$\int_0^\pi \sin x\cos kx\,\mathrm{d}x$$

$k=0$，4，100. 并将结果和精确解比较. 当 k 为偶数时精确解为 $2/(1-k^2)$，当 k 为奇数精确解为 0.

4.14 分别用 1024 个区间的辛普森法和 9 个区间的龙贝格法，来计算 $k=100$ 时的习题 4.13.

4.15 利用 8 点的高斯-拉盖尔法计算下面的积分

$$\int_0^\infty \frac{e^{-x}dx}{x+100}$$

并将结果和精确解 $9.901\,941\,9\times10^{-3}$ (103/10 402) 比较.

4.16 利用 8 点的高斯-拉盖尔法计算积分

$$\int_0^\infty \frac{e^{-2x}-e^{-x}}{x}\,dx$$

并将结果和精确解 $-\log_e 2=-0.6931$ 比较.

4.17 利用 16 点的高斯-埃尔米特法计算下述积分，并将结果和精确值 $\sqrt{\pi}\exp(-1/4)$ 比较.

$$\int_{-\infty}^{\infty} \exp(-x^2)\cos x\,dx$$

4.18 利用累次积分的辛普森法，每个方向 64 个区间的 MATLAB 函数 simp2v，计算下面的积分.

$$\text{(a)}\int_{-1}^{1}dy\int_{-\pi}^{\pi}x^4\,y^4\,dx \quad \text{(b)}\int_{-1}^{1}dy\int_{-\pi}^{\pi}x^{10}y^{10}\,dx$$ 228

4.19 利用每个方向上 64 个区间的 simp2v 函数计算下面的积分.

$$\text{(a)}\int_0^3 dx\int_1^{\sqrt{x/3}}\exp(y^3)\,dy \quad \text{(b)}\int_0^2 dx\int_0^{2-x}(1+x+y)^{-3}\,dy$$

4.20 用高斯积分法、MATLAB 函数 gauss2v 来计算习题 4.18 和 4.19 中的 (b) 积分. 注意：要用 gauss2v，积分限必须是固定的.

4.21 定义正弦积分 $\mathrm{Si}(z)$ 为

$$\mathrm{Si}(z)=\int_0^z \frac{\sin t}{t}dt$$

当 $z=0.5$，1 和 2 时，利用 16 点的高斯法计算该积分. 思考为何高斯积分可以行得通，而辛普森和龙贝格方法却不行?

4.22 用对两个变量的高斯积分法计算下述二重积分

$$\int_0^1 dy\int_0^1 \frac{1}{1-xy}dx$$

并将结果和精确解 $\pi^2/6=1.6449$ 比较.

4.23 某种类型的燃气涡轮发动机，在 T 小时的时间周期内失效的概率由下述方程给出

$$P(x<T)=\int_0^T \frac{ab^a}{(x+b)^{a+1}}\,dx$$

其中 $a=3.5$，$b=8200$.

通过计算 $T=500:100:2000$ 的该积分值，画出所在范围内 P 对 T 的变化图. 这类燃气涡轮机有多大的比例会在 1600 小时内失效? 对于失效概率的更多信息，请参见 Percy (2011) 的工作.

4.24 考虑以下积分

$$\int_0^1 \frac{x^p-x^q}{\log_e(x)}x^r\,dx=\log_e\left(\frac{p+r+1}{q+r+1}\right)$$

利用 MATLAB 函数 quad 验证 $p=3$，$q=4$，$r=2$ 时的结果. 229

4.25 考虑以下三个积分

$$A=-\int_0^1 \frac{\log_e x\,dx}{1+x^2},B=\int_0^1 \frac{\tan^{-1}x}{x}\,dx,C=\int_0^\infty \frac{xe^{-x}}{1+e^{-2x}}\,dx$$

用 MATLAB 函数 quad 计算积分 A 和 B，并验证它们是相等的.

用 8 点的高斯-拉盖尔积分验证积分 C 也和 A，B 相等.

4.26 用 16 点的高斯-埃尔米特积分法计算积分

$$I=\int_{-\infty}^{\infty} \frac{\sin x}{1+x^2}\,dx$$

近似等于 0.

4.27 用 16 点的高斯-埃尔米特积分法计算积分

$$I=\int_{-\infty}^{\infty}\frac{\cos x}{1+x^2}\,\mathrm{d}x$$

通过和精确解 π/e 比较检查结果.

4.28 用 8 点的高斯-拉盖尔积分法求以下积分的值

$$I=\int_{0}^{\infty}\frac{x^{\alpha-1}}{1+x^{\beta}}\mathrm{d}x$$

α 和 β 的值为（2，3），（3，4）. 通过和积分的精确值 $\pi/(\beta\sin(\alpha\pi/\beta))$ 比较，验证所得结果.

4.29 黎曼 zeta 函数和积分

$$S_3=-\int_{0}^{\infty}\log_{\mathrm{e}}(x)^3\,\mathrm{e}^{-x}\,\mathrm{d}x$$

间有一个有趣的关系

$$S_3=\gamma^3+\frac{1}{2}\gamma\pi^2+2\zeta\ (3)$$

230 其中 $\gamma=0.577\,22$. 利用 MATLAB 函数 quadgk 计算该积分，并验证上式是 S_3 的一个很好的估计.

4.30 某网络中电阻元件的总电阻由 $R(m,\ n)$ 表示

$$R(m,n)=\frac{1}{\pi^2}\int_0^{\pi}\mathrm{d}x\int_0^{\pi}\frac{1-\cos mx\cos ny}{2-\cos x-\cos y}\mathrm{d}y$$

用 MATLAB 函数 dblquad 和 simp2v 计算积分 $R(50,\ 100)$. 积分下限用接近零的值，如 0.0001. 如果用零，则被积函数的分母为零. 对很大的 m，n 值，关于该积分的一个近似为

$$R(m,\ n)=\frac{1}{\pi}\left(\gamma+\frac{3}{2}\log_{\mathrm{e}}2+\frac{1}{2}\log_{\mathrm{e}}\ (m^2+n^2)\right)$$

其中 γ 为欧拉常数，可以用 MATLAB 函数-psi（−1）取到. -psi 称为双伽马函数. 用这个近似来检验积分结果.

4.31 某立方网络中电阻元件的总电阻由 $R(s,\ m,\ n)$ 表示

$$R(s,m,n)=\frac{1}{\pi^3}\int_0^{\pi}\mathrm{d}x\int_0^{\pi}\mathrm{d}y\int_0^{\pi}\frac{1-\cos sx\cos my\cos nz}{3-\cos x-\cos y-\cos z}\,\mathrm{d}z$$

取 $s=2$，$m=1$，$n=3$，用 MATLAB 函数 triplequad 计算该积分值. 积分下限应设置成一个小

231 的非零值，如 0.0001.

微分方程的解

许多实际问题中，需要研究相互关联的两个或多个变量的变化率. 通常自变量都是时间. 这些问题自然地引出了微分方程，这些方程让人们能够了解真实世界如何运作、如何动态地变化. 从本质上讲，微分方程提供了一些物理系统的模型，微分方程的解可以预测系统的行为. 这些模型可能相当简单，只包含一个微分方程，也可能包含很多相互关联的微分方程.

5.1 引言

为说明微分方程如何对物理情况建模，先来探讨一个比较简单的问题. 考虑热物体冷却的过程——例如，一锅牛奶、洗澡水或铁水. 所有这些都会因为环境的不同以不同的形式降温，而为方便建模，这里只抽取最重要的特点. 通过牛顿冷却定律，用一个简单的微分方程来建模该过程. 牛顿冷却定律指出，物体随时间散失热量的速率，依赖于物体当前温度和周围环境温度之间的差. 这导出了微分方程

$$dy/dt = K(y-s) \tag{5-1}$$

其中，y 是在时间 t 的当前温度，s 是周围环境的温度，K 是冷却过程中的一个负常数. 此外，还需要在时间 $t=0$ 即观测开始时的初始温度 y_0. 这就完全确定了该冷却过程的模型. 只需要知道 y_0，K 和 s 的值，就可以开始研究. 这类一阶微分方程，因为给出了因变量 y 在时间 $t=0$ 的初始值，所以称为*初值问题*.

很容易解析地得到（5-1）的解，它是 t 的函数. 但是，有很多微分方程没有解析解，或者解析解无法给出 y 和 t 之间一个明确的关系. 这种情况下，就要用到数值方法求解微分方程. 也就是说，在初始时间和最终时间之间的一些指定时间步上取 y 值，用这些近似的离散解逼近连续解.

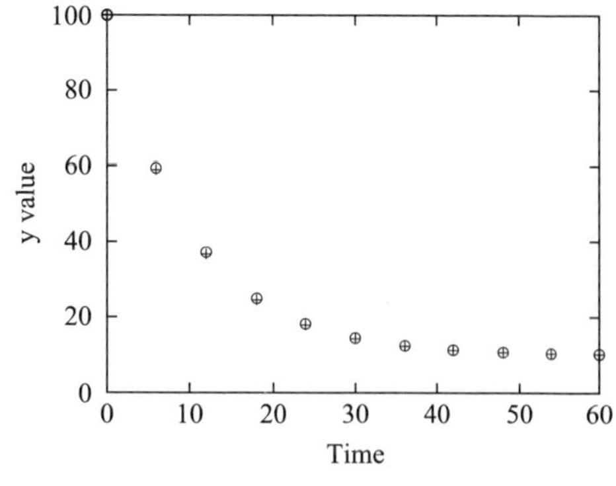

图 5-1 $dy/dt=-0.1(y-10)$ 的精确解（o）和近似解（+）

这样，计算 y 的值，用 y_i 来表示在 t_i 处的函数值，其中 $t_i=t_0+ih$（$i=0, 1, \cdots, n$）. 图 5-1 显示了方程（5-1）的精确解和近似解，其中 $K=-0.1, s=10$，$y_0=100$. 该图由标准 MATLAB 函数 `ode23` 求解微分方程生成，时间从 0 到 60，并用“+”标记了 y 值. 精确解用“o”也画在了同一图中.

这里需要先写一个函数 `yprime` 来定义方程（5-1）的右端，再使用 `ode23` 求解. 然后用下面的脚本来调用 `ode23`，需要分别指定 t 的初值和终值为 0 和 60，并必须把它们写成行向量，指定初始的 y 值为 100，同时指定一个较低的容许误差 0.5. 可以用 `odeset` 函数来设置这个误差. 该函数还可以设置其他所需参数.

233

```
% e3s501.m
yprime = @(t,y) -0.1*(y-10); %RH of diff equn.
options = odeset('RelTol',0.5);
[t y] = ode23(yprime,[0 60],100,options);
plot(t,y,'+')
xlabel('Time'), ylabel('y value'),
hold on
plot(t,90*exp(-0.1.*t)+10,'o'), % Exact solution.
hold off
```

这类一步一步地求解，是基于可以从之前一个或多个 y 值来计算当前的 y_i. 如果 y 的值是从之前多个值的组合计算出来的，这种方法称为多步（multistep）法. 如果只需要之
234 前的一个值，则称为单步法. 接下来，介绍一个简单的单步法——欧拉法.

5.2 欧拉法

上一节使用的因变量 y 和自变量 t，其实可以用任意变量名代替它们. 比如，很多教科书上用 y 表示因变量，x 表示自变量. 不过，为使 MATLAB 的符号保持一致性，一般用 y 表示因变量，用 t 表示自变量. 显然，尽管大多数实际问题都限定了时间范围，但初值问题并没有.

考虑微分方程

$$\mathrm{d}y/\mathrm{d}t = y \tag{5-2}$$

获得微分方程数值解的一个最简单的方法就是欧拉法. 它采用泰勒级数，不过只用了展开式的前两项. 考虑下述形式的泰勒级数，其中第三项称为余项，它代表在该级数中所有未出现的项的贡献：

$$y(t_0+h) = y(t_0) + y'(t_0)h + y''(\theta)h^2/2 \tag{5-3}$$

其中 θ 位于区间（t_0，t_1）内. 对很小的 h，可以忽略 h^2 项，并在（5-3）中令 $t_1 = t_0 + h$，导出公式

$$y_1 = y_0 + hy_0'$$

其中符号“$'$”表示对时间 t 的微分，$y_i' = y'(t_i)$. 一般地，

$$y_{n+1} = y_n + hy_n' \quad n = 0，1，2，\cdots$$

利用（5-2），上式可以写成

$$y_{n+1} = y_n + hf(t_n，y_n) \quad n = 0，1，2，\cdots \tag{5-4}$$

这就是著名的欧拉公式，图 5-2 给出了它的几何解释. 它是一个用单个函数值确定下一步值的例子. 从（5-3）可以看到局部截断误差（即单步误差）为 h^2 阶.

这个方法可以用如下的简单脚本以及 MATLAB 函数 `feuler` 来执行：

235

```
function [tvals, yvals] = feuler(f,tspan, startval,step)
% Euler's method for solving
% first order differential equation dy/dt = f(t,y).
% Example call: [tvals, yvals]=feuler(f,tspan,startval,step)
% Initial and final value of t are given by tspan = [start finish].
% Initial value of y is given by startval, step size is given by step.
% The function f(t,y) must be defined by the user.
steps = (tspan(2)-tspan(1))/step+1;
y = startval; t = tspan(1);
yvals = startval; tvals = tspan(1);
for i = 2:steps
```

```
    y1 = y+step*feval(f,t,y); t1 = t+step;
    %collect values together for output
    tvals = [tvals, t1]; yvals = [yvals, y1];
    t = t1; y = y1;
end
```

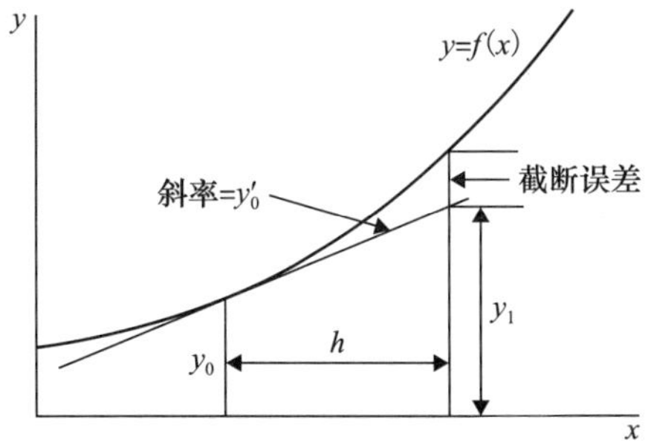

图 5-2 欧拉方法的几何解释

对 $K=1$，$s=20$，初值 $y=100$ 的微分方程（5-1）应用该函数，得到图 5-3. 图中显示了近似解随 h 的变化. 为方便比较，用实线标记了从解析解计算出来的精确解. 显然，图 5-3显示出相当大的误差，可见欧拉法虽然简单，但要达到合理的精度水平，需要非常小的步长 h. 如果微分方程必须在 t 的大范围内求解，而在相应区间内又要采用大量的小时间步，就计算时间而言是非常昂贵的. 此外，每步产生的误差会以不可思议的速度累积起来. 这是一个至关重要的问题，将在下一节中讨论. 236

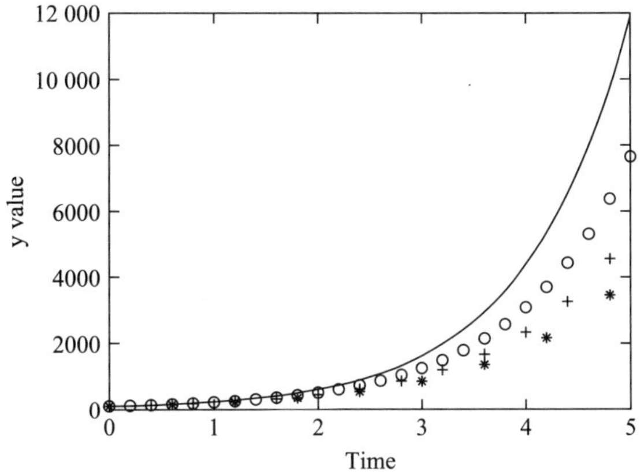

图 5-3 欧拉法解 $dy/dt=y-20$ 的点图，给定 $t=0$ 时 $y=100$. $h=0.2$，0.4，0.6 时的近似解分别用 o，+和 * 标记. 精确解用实线表示

5.3 稳定性问题

为确保误差不会累积，求解微分方程的方法需要具有稳定性. 已知欧拉法每一步的误差是 h^2 阶的. 由于这个误差只告诉了单个步骤的精度，而不是针对多个步骤的，所以该误差称为局部截断误差. 多步误差很难找，因为一步的误差影响接下来精度的方式通常很复杂. 这就要思考绝对和相对稳定的问题. 现在针对一个简单的方程讨论这些概念，研究它们的影响，然后解释如何把结果扩展到一般的微分方程.

考虑微分方程

$$dy/dt=Ky \tag{5-5}$$

由于 $f(t, y)=Ky$，所以欧拉法的形式为

$$y_{n+1}=y_n+hKy_n \tag{5-6}$$

反复利用这个递推公式，且假设每一步计算的中间没有引入误差，则有

$$y_{n+1}=(1+hK)^{n+1}y_0 \tag{5-7}$$

对足够小的 h，容易证明这个值逼近精确解 e^{Kt}.

为了理解使用欧拉法时误差是如何传播的，假设 y_0 有一个扰动. y_0 的扰动值可用 y_0^a 来表示，其中 $y_0^a=(y_0-e_0)$，e_0 是误差. 用新的值代替 y_0，(5-7) 就变成

$$y_{n+1}^a=(1+hK)^{n+1}y_0^a=(1+hK)^{n+1}(y_0-e_0)=y_{n+1}-(1+hK)^{n+1}e_0$$

因此，若 $|1+hK|\geqslant 1$，误差将被放大. 很多步之后，这个初始误差将会增长，可能会主导
237 解的情况. 这就是不稳定的特征. 在该情况下，欧拉法被称为不稳定的. 如果 $|1+hK|<1$，误差会消减，方法就称为绝对稳定的. 重写这个不等式，得到绝对稳定的条件

$$-2<hK<0 \tag{5-8}$$

这个条件可能过于苛刻了，如果误差不作为 y 值的一部分而增加，也是可以的. 这就是所谓的相对稳定性. 注意，欧拉法不是对任何正值 K 都是绝对稳定的.

绝对稳定的条件可以推广到形如 (5-2) 的常微分方程. 稳定条件将变为

$$-2<h\partial f/\partial y<0 \tag{5-9}$$

这个不等式意味着，若要绝对稳定，由于 $h>0$，$\partial f/\partial y$ 必须是负的. 图 5-4 和图 5-5 给出了用 $h=0.1$ 的欧拉法求解微分方程 $dy/dt=y$ 时绝对误差和相对误差的比较，其中 $t=0$ 时，$y=1$. 图 5-4 表明误差增加得很快，而且对相对很小的时间步长误差也很大. 图 5-5 显示了误差在解中所占的比例越来越大. 也就是说，相对误差是线性增加的，所以对该问题而言，这个方法既不是相对稳定的，也不是绝对稳定的.

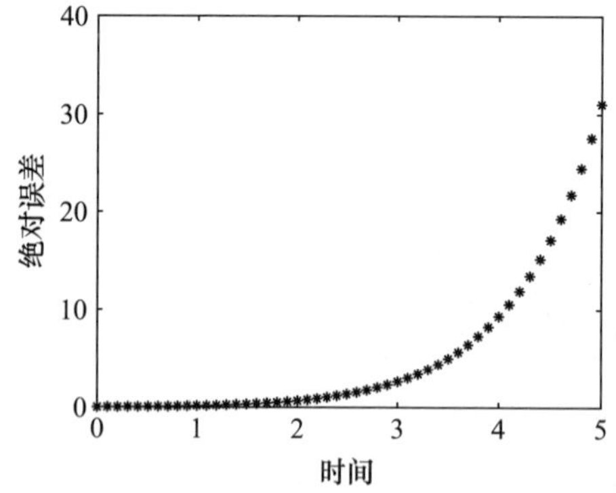

图 5-4 用 $h=0.1$ 的欧拉法求解方程 $dy/dt=y$ 解的绝对误差，$t=0$ 时，$y=1$

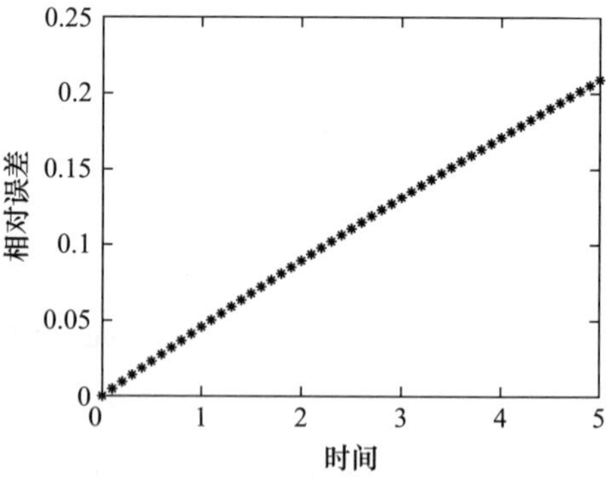

图 5-5 用 $h=0.1$ 的欧拉法求解方程 $dy/dt=y$ 解的相对误差，$t=0$ 时，$y=1$

可以看到，欧拉法对某些 h 值可能是不稳定的. 例如，若 $K=-100$，欧拉法对于 $0<h<0.02$ 才是绝对稳定的. 显然，如果要求解 0 到 10 之间的微分方程，就需要 500 步. 接下来考虑对该方法的一种改进，称为梯形法，它虽然在原理上与欧拉法相似，但它改进了
238 稳定性.

5.4 梯形法

梯形法具有形式

$$y_{n+1} = y_n + h\{f(t_n, y_n) + f(t_{n+1}, y_{n+1})\}/2 \quad n = 0,1,2,\cdots \tag{5-10}$$

对（5-5）给出的问题，用 5.3 节的误差分析，有

$$y_{n+1} = y_n + h(Ky_n + Ky_{n+1})/2 \quad n = 0,1,2,\cdots \tag{5-11}$$

用含有 y_n 的项表示 y_{n+1}，给出

$$y_{n+1} = (1 + hK/2)/(1 - hK/2)y_n \quad n = 0,1,2\cdots \tag{5-12}$$

利用 $n=0$，1，2，…时的递推公式，导出结果

$$y_{n+1} = \{(1+hK/2)/(1-hK/2)\}^{n+1} y_0 \tag{5-13}$$

接下来和 5.3 节一样，可以通过假设 y_0 有一个 e_0 的误差扰动，即用 $y_0^a=(y_0-e_0)$ 代替 y_0，从某种程度上理解误差的传播. 因此采用相同的步骤（5-13）变成

$$y_{n+1} = \{(1+hK/2)/(1-hK/2)\}^{n+1}(y_0 - e_0)$$

这直接导致结果

$$y_{n=1}^a = y_{n+1} - \{(1+hK/2)/(1-hK/2)\}^{n+1} e_0$$ 239

由此得出结论，若与 e_0 相关的误差项的系数小于 1，则其影响就会消减，即

$$|(1+hK/2)/(1-hK/2)| < 1$$

如果 K 是负的，对所有的 h 该方法都是绝对稳定的. 正的 K 对任意 h 并非绝对稳定.

这就完成了该方法的误差分析. 不过，注意到，该方法需要知道 y_{n+1} 的值才能开始. 它可以通过欧拉法来获得，即

$$y_{n+1} = y_n + hf(t_n, y_n) \quad n = 0,1,2,\cdots$$

该值可以作为 y_{n+1} 的一个估计用在（5-10）的右端. 这种组合方法通常称为欧拉-梯形法. 形式上可以写成

1. 开始时设置 n 的值为零，其中 n 为所取的步数.
2. 计算 $y_{n+1}^{(1)} = y_n + hf(t_n, y_n)$.
3. 计算 $f(t_{n+1}, y_{n+1}^{(1)})$，其中 $t_{n+1} = t_n + h$.
4. 对 $k=1$，2，…，计算

$$y_{n+1}^{(k+1)} = y_n + h\{f(t_n, y_n) + f(t_{n+1}, y_{n+1}^{(k)})\}/2 \tag{5-14}$$

在第 4 步中，如果连续的 y_{n+1} 值的差足够小，n 增加 1，并重复步骤 2、3、4. 这个方法可用 MATLAB 函数 eulertp 来执行.

```
function [tvals, yvals] = eulertp(f,tspan,startval,step)
% Euler trapezoidal method for solving
% first order differential equation dy/dt = f(t,y).
% Example call: [tvals, yvals] = eulertp(f,tspan,startval,step)
% Initial and final value of t are given by tspan = [start finish].
% Initial value of y is given by startval, step size is given by step.
% The function f(t,y) must be defined by the user.
steps = (tspan(2)-tspan(1))/step+1;
y = startval; t = tspan(1);
yvals = startval; tvals = tspan(1);
for i = 2:steps
    y1 = y+step*feval(f,t,y);
    t1 = t+step;
    loopcount = 0; diff = 1;
    while abs(diff)>0.05
loopcount = loopcount+1;
y2 = y+step*(feval(f,t,y)+feval(f,t1,y1))/2;
diff = y1-y2; y1 = y2;
```
240

```
    end
    %collect values together for output
    tvals = [tvals, t1]; yvals = [yvals, y1];
    t = t1; y = y1;
end
```

用 eulertp 来研究该方法与欧拉法求解 $dy/dt=y$ 的性能. 图 5-6 给出了它们的比较结果，显示了两种方法的绝对误差曲线图. 区别还是很显著的，不过欧拉-梯形法虽然在这个问题中给出了更高的精确度，但是在其他情况下差异可能不会这么大. 另外，欧拉-梯形法所需时间更长.

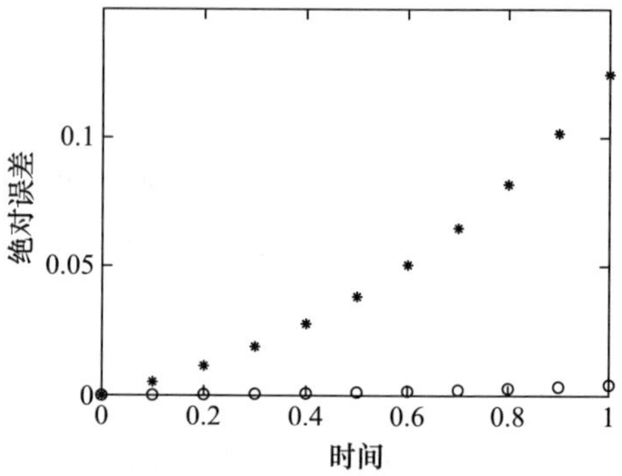

图 5-6　用欧拉法（ * ）和梯形法（o）求得 $dy/dt=y$ 解的绝对误差. $h=0.1$，$t=0$ 时，$y_0=1$

这种方法的一个重要特征是，需要迭代一定次数使步骤 4 收敛. 如果这个迭代次数很高的话，该方法很可能效率低下. 对刚刚求解的例子，步骤 4 中至多需要迭代两次. 可以把这个算法改成在步骤 4 的（5-14）中只迭代一次. 这就是所谓的霍伊恩（Heun）方法.

最后，从理论上比较霍伊恩方法和欧拉法的误差. 考虑 y_{n+1} 的泰勒级数展开，可用含步长 h 的表达式得到误差的阶：

$$y_{n+1}=y_n+hy'_n+h^2y''_n/2!+h^3y'''_n(\theta)/3! \tag{5-15}$$

其中 θ 位于区间 (t_n, t_{n+1})，y''_n 可以用下式近似

241

$$y''_n=(y'_{n+1}-y'_n)/h+O(h) \tag{5-16}$$

替换（5-15）中的 y''_n，给出

$$\begin{aligned} y_{n+1} &= y_n+hy'_n+h(y'_{n+1}-y'_n)/2!+O(h^3) \\ &= y_n+h(y'_{n+1}+y'_n)/2!+O(h^3) \end{aligned}$$

这个结果显示，局部截断误差是 h^3 阶的，而欧拉法的截断误差是 h^2 阶的，这在精度上对欧拉法是一个显著的改进.

接下来要介绍的一系列方法统称为龙格-库塔法.

5.5　龙格-库塔法

龙格-库塔（Runge-Kutta）法由一大类方法构成，它们都有共同的结构.（5-14）中描述的只需一步校正迭代的霍伊恩法，就可以重新改写成简单的龙格-库塔法的形式. 令

$$k_1=hf(t_n,y_n) \quad 和 \quad k_2=hf(t_{n+1},y_{n+1})$$

因为

$$y_{n+1}=y_n+hf(t_n,y_n)$$

有

$$k_2=hf(t_{n+1},y_n+hf(t_n,y_n))$$

所以从（5-10）得到以下形式的霍伊恩法，对 $n=0, 1, 2, \cdots$

$$\begin{aligned} k_1 &= hf(t_n,y_n) \\ k_2 &= hf(t_{n+1},y_n+k_1) \end{aligned}$$

且

$$y_{n+1}=y_n+(k_1+k_2)/2$$

这就是一个龙格-库塔法的简单形式.

最常使用的是经典的龙格-库塔法，对每一步 $n=0$，1，2，…，它有如下形式

$$\begin{aligned} k_1 &= hf(t_n, y_n) \\ k_2 &= hf(t_n+h/2, y_n+k_1/2) \\ k_3 &= hf(t_n+h/2, y_n+k_2/2) \\ k_4 &= hf(t_n+h, y_n+k_3) \end{aligned} \tag{5-17}$$ 242

且

$$y_{n+1}=y_n+(k_1+2k_2+2k_3+k_4)/6$$

它具有 h^4 阶的全局误差. 接下来考虑的龙格-库塔法由 Gill（1951）引入，是公式（5-17）的一个变种. 对每一步 $n=0$，1，2，…，它的形式为

$$\begin{aligned} k_1 &= hf(t_n, y_n) \\ k_2 &= hf(t_n+h/2, y_n+k_1/2) \\ k_3 &= hf(t_n+h/2, y_n+(\sqrt{2}-1)k_1/2+(2-\sqrt{2})k_2/2) \\ k_4 &= hf(t_n+h, y_n-\sqrt{2}k_2/2+(1+\sqrt{2}/2)k_3) \end{aligned} \tag{5-18}$$

且

$$y_{n+1}=y_n+\{k_1+(2-\sqrt{2})k_2+(2+\sqrt{2})k_3+k_4\}/6$$

同样这个方法是四阶的，具有 h^5 阶的局部截断误差和 h^4 阶的全局误差.

还有一些其他形式的龙格-库塔法，它们都具有某些特殊的优势. 关于这些方法的公式这里就不一一列出了，不过它们的重要特点如下：

1. 默松-龙格-库塔法（Merson，1957）. 该方法有 h^5 阶的误差项，另外每一步的局部截断误差可以用已知值来估计.

2. 罗尔斯顿-龙格-库塔法（Ralston，1962）. 在指定具体的龙格-库塔法的系数时有一定的自由度. 该方法中，可以选择公式中的系数值使截断误差最小.

3. 布彻-龙格-库塔法（Butcher，1964）. 该方法在每一步都给出了更高的精度，误差是 h^6 阶的.

对每一步 $n=0$，1，2，…，龙格-库塔法有一般形式

$$k_1 = hf(t_n, y_n)$$

$$k_i = hf\left(t_n+hd_i, y_n+\sum_{j=1}^{i-1}c_{ij}k_j\right) \quad i=2,3,\cdots,p \tag{5-19}$$

$$y_{n+1} = y_n+\sum_{j=1}^{p}b_jk_j \tag{5-20}$$

这个一般方法是 p 阶的. 243

各种龙格-库塔法的推导，都是基于对（5-20）两侧做泰勒级数展开，然后比较相同系数. 这是一个相对简单的想法，但涉及冗长的代数运算.

接下来讨论龙格-库塔法的稳定性. 通常可以通过缩减龙格-库塔法的步长来减小它的不稳定性，这称为部分不稳定性. 为避免反复减小 h 值再重新运行该方法，这里提供一个 h 值的估计，由以下不等式给出，它可以使龙格-库塔法具有四阶的稳定性.

$$-2.78<h\partial f/\partial y<0$$

在实践中 $\partial f/\partial y$ 一般可用 f 和 y 的差分来近似.

最后，对（5-20）和（5-19）定义的一般龙格-库塔法，如何用 MATLAB 提供的函数

来实现它？定义两个向量 **d** 和 **b**，其中 **d** 包含（5-19）中的系数 d_i，**b** 包含（5-20）中的系数 b_i，还定义一个矩阵 **c**，它包含（5-19）中的系数 c_{ij}. 如果把计算的 k_j 值赋给向量 **k**，则用 MATLAB 语句生成函数值、更新 y 的值都相对简单，形式如下：

```
k(1) = step*feval(f,t,y);
for i = 2:p
    k(i)=step*feval(f,t+step*d(i),y+c(i,1:i-1)*k(1:i-1)');
end
y1 = y+b*k';
```

当然在每一步都要重复这个操作. MATLAB 函数 `rkgen` 可以完成这件事情. 因为 `c` 和 `d` 很容易在脚本中改变，任何形式的龙格-库塔法都可以使用该函数来实现，并且它对采用不同方法的实验都很好用.

```
function[tvals,yvals] = rkgen(f,tspan,startval,step,method)
% Runge Kutta methods for solving
% first order differential equation dy/dt = f(t,y).
% Example call:[tvals,yvals]=rkgen(f,tspan,startval,step,method)
% The initial and final values of t are given by tspan = [start finish].
% Initial y is given by startval and step size is given by step.
% The function f(t,y) must be defined by the user.
% The parameter method (1, 2 or 3) selects
% Classical, Butcher or Merson RK respectively.
b = [ ]; c = [ ]; d = [ ];
```

244

```
switch method
    case 1
        order = 4;
        b = [ 1/6 1/3 1/3 1/6]; d = [0 .5 .5 1];
        c=[0 0 0 0;0.5 0 0 0;0 .5 0 0;0 0 1 0];
        disp('Classical method selected')
    case 2
        order = 6;
        b = [0.07777777778 0 0.355555556 0.13333333 ...
             0.355555556 0.0777777778];
        d = [0 .25 .25 .5 .75 1];
        c(1:4,:) = [0 0 0 0 0 0;0.25 0 0 0 0 0;0.125 0.125 0 0 0 0; ...
                    0 -0.5 1 0 0 0];
        c(5,:) = [.1875 0 0 0.5625 0 0];
        c(6,:) = [-.4285714 0.2857143 1.714286 -1.714286 1.1428571 0];
        disp('Butcher method selected')
    case 3
        order = 5;
        b = [1/6 0 0 2/3 1/6];
        d = [0 1/3 1/3 1/2 1];
        c = [0 0 0 0 0;1/3 0 0 0 0;1/6 1/6 0 0 0;1/8 0 3/8 0 0; ...
            1/2 0 -3/2 2 0];
        disp('Merson method selected')
    otherwise
        disp('Invalid selection')
end
steps = (tspan(2)-tspan(1))/step+1;
y = startval; t = tspan(1);
yvals = startval; tvals = tspan(1);
```

```
    for j = 2:steps
        k(1) = step*feval(f,t,y);
        for i = 2:order
            k(i) = step*feval(f,t+step*d(i),y+c(i,1:i-1)*k(1:i-1)');
        end
        y1 = y+b*k'; t1 = t+step;
        %collect values together for output
        tvals = [tvals, t1]; yvals = [yvals, y1];
        t = t1; y = y1;
    end
```

需要进一步考虑的问题是自适应步长. 如果一个函数在所关注的区域内是相对平滑的，那在整个区域内可以使用较大的步长. 如果有的区域当 t 变化很小时 y 的变化很剧烈，那么必须采用小步长. 然而，有些函数同时具有这两种区域，这时，比起在整个区域上用小步长，自适应步长显得更为有效. 这里不给出自适应步长法的细节，具体的讨论请参见 Press 等人（1990）的工作. MATLAB 函数 ode23 和 ode45 就是用这类方法执行龙格-库塔法. 245

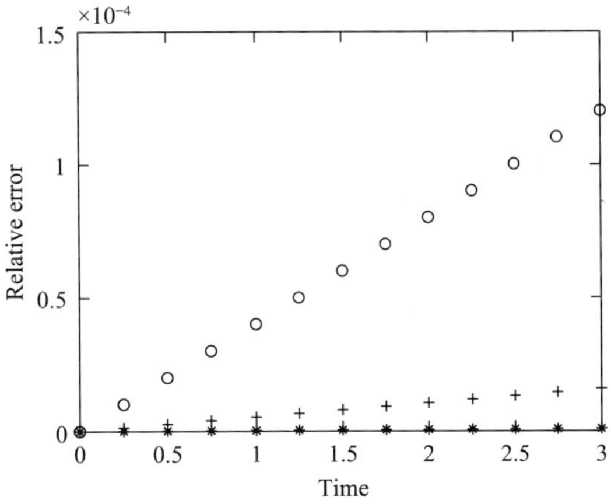

图 5-7　$dy/dt=-y$ 解的相对误差. * 表示布彻方法，+表示默松方法，o表示经典法

图 5-7 画出了求解具体微分方程 $dy/dt=-y$ 时的相对误差，这里使用了经典法、默松和布彻法. MATLAB 脚本如下：

```
% e3s502.m
yprime = @(t,y) -y;
char = 'o*+';
for meth = 1:3
    [t, y] = rkgen(yprime,[0 3],1,0.25,meth);
    re = (y-exp(-t))./exp(-t);
    plot(t,re,char(meth))
    hold on
end
hold off, axis([0 3 0 1.5e-4])
xlabel('Time'), ylabel('Relative error')
```

从图像可以看出布彻法是最好的，而且布彻法和默松法的精度都显著高于经典法.

5.6　预测-校正法

5.4 节介绍的梯形法，既是龙格-库塔法也是预测-校正法的简单例子，具有 h^3 阶的截断误差. 现在考虑的预测-校正法具有更小的截断误差. 作为一个初步的例子，先考虑亚当斯-巴什福斯-莫尔顿（Adams-Bashforth-Moulton）法. 该方法基于以下方程： 246

$$
\begin{aligned}
y_{n+1} &= y_n + h(55y'_n - 59y'_{n-1} + 37y'_{n-2} - 9y'_{n-3})/24 \quad (P) \\
y'_{n+1} &= f(t_{n+1}, y_{n+1}) \quad (E)
\end{aligned}
\tag{5-21}
$$

和

$$\begin{aligned} y_{n+1} &= y_n + h(9y'_{n+1} + 19y'_n - 5y'_{n-1} + y'_{n-2})/24 \quad (C) \\ y'_{n+1} &= f(t_{n+1}, y_{n+1}) \quad (E) \end{aligned} \tag{5-22}$$

其中 $t_{n+1}=t_n+h$. 在（5-21）中用了预测公式（P），然后是计算函数（E），在(5-22)中用了校正公式（C），然后是计算函数（E）. 预测和校正的截断误差都是$O(h^5)$.（5-21）的第一个公式中需要知道一些初值，才能计算 y.

应用（5-21）和（5-22）的公式后，就形成了一个完整的 $PECE$ 步骤，其中自变量 t_n 每次增加 h，n 每次增加 1，重复这个过程，直到在整个区域内求解该微分方程. 这个方法从 $n=3$ 开始，在计算之前须知道 y_3，y_2，y_1 和 y_0 的值. 因此，该方法称为多点法. 实际中，y_3，y_2，y_1 和 y_0 必须用一个自启动程序来获得，如 5.5 节中描述的龙格-库塔法. 最好选择和预测-校正法具有相同阶截断误差的自启动程序.

亚当斯-巴什福斯-莫尔顿法经常被使用，是因为它的稳定性比较好. 其 $PECE$ 模式的绝对稳定性范围是

$$-1.25 < h\partial f/\partial y < 0$$

除了需要初始启动值，$PECE$ 模式的亚当斯-巴什福斯-莫尔顿法每一步的计算量都比四阶龙格-库塔法要小. 若真正比较这些方法，就必须考虑在问题的整个范围内它们的行为是怎样的. 因为用任何一种方法求解某些微分方程，若步长在绝对稳定范围以外，那么在每一步都有可能会发生误差的增长最终淹没了计算结果.

亚当斯-巴什福斯-莫尔顿法可用函数 abm 来执行. 需要注意的是，误差可能由启动程序引入，如这里的经典龙格-库塔法. 不过很容易修补该函数，使其包含可输入高精度初值的选项.

247

```
function [tvals, yvals] = abm(f,tspan,startval,step)
% Adams Bashforth Moulton method for solving
% first order differential equation dy/dt = f(t,y).
% Example call: [tvals, yvals] = abm(f,tspan,startval,step)
% The initial and final values of t are given by tspan = [start finish].
% Initial y is given by startval and step size is given by step.
% The function f(t,y) must be defined by the user.
% 3 steps of Runge--Kutta are required so that ABM method can start.
% Set up matrices for Runge--Kutta methods
b = [ ]; c = [ ]; d = [ ]; order = 4;
b = [1/6 1/3 1/3 1/6]; d = [0 .5 .5 1];
c = [0 0 0 0;0.5 0 0 0;0 .5 0 0;0 0 1 0];
steps = (tspan(2)-tspan(1))/step+1;
y = startval; t = tspan(1); fval(1) = feval(f,t,y);
ys(1) = startval; yvals = startval; tvals = tspan(1);
for j = 2:4
    k(1) = step*feval(f,t,y);
    for i = 2:order
        k(i) = step*feval(f,t+step*d(i),y+c(i,1:i-1)*k(1:i-1)');
    end
    y1 = y+b*k'; ys(j) = y1; t1 = t+step;
    fval(j) = feval(f,t1,y1);
    %collect values together for output
    tvals = [tvals,t1]; yvals = [yvals,y1];
    t = t1; y = y1;
end
```

```
%ABM now applied
for i = 5:steps
    y1 = ys(4)+step*(55*fval(4)-59*fval(3)+37*fval(2)-9*fval(1))/24;
    t1 = t+step; fval(5) = feval(f,t1,y1);
    yc = ys(4)+step*(9*fval(5)+19*fval(4)-5*fval(3)+fval(2))/24;
    fval(5) = feval(f,t1,yc);
    fval(1:4) = fval(2:5);
    ys(4) = yc;
    tvals = [tvals,t1]; yvals = [yvals,yc];
    t = t1; y = y1;
end
```

图 5-8 画出了对具体问题 $dy/dt=-2y$（$t=0$ 时 $y=1$），步长为 0.5 和 0.7，在区间 0 到 10 内的亚当斯-巴什福斯-莫尔顿法的求解行为．对该问题需注意，因为 $\partial f/\partial y=-2$，所以步长在 $0\leqslant h\leqslant 0.625$ 范围内，方法是绝对稳定的．$h=0.5$ 位于绝对稳定范围内，图中曲线显示绝对误差不断消减．而 $h=0.7$ 位于绝对稳定范围外，图中显示绝对误差不断增加． 248

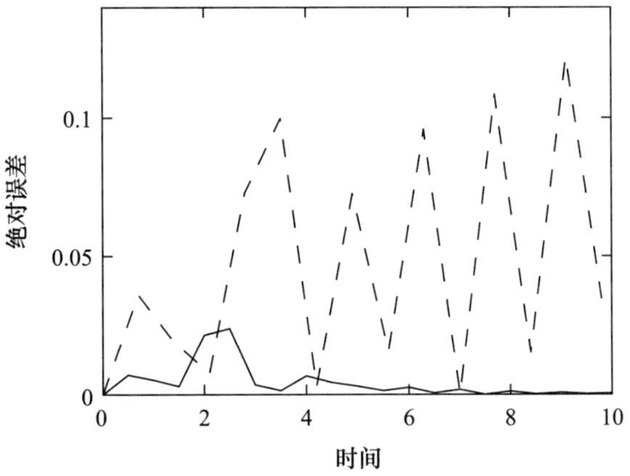

图 5-8　用亚当斯-巴什福斯-莫尔顿法求解 $dy/dt=-2y$ 的绝对误差．实线表示步长为 0.5 时的误差，点划线表示步长为 0.7 时的误差

5.7　汉明法和误差估计的应用

Hamming（1959）法基于以下预测-校正公式：

$$\begin{aligned} y_{n+1} &= y_{n-3}+4h(2y'_n-y'_{n-1}+2y'_{n-2})/3 && (P)\\ y'_{n+1} &= f(t_{n+1},y_{n+1}) && (E)\\ y_{n+1} &= \{9y_n-y_{n-2}+3h(y'_{n+1}+2y'_n-y'_{n-1})\}/8 && (C)\\ y'_{n+1} &= f(t_{n+1},y_{n+1}) && (E) \end{aligned} \tag{5-23}$$

其中 $t_{n+1}=t_n+h$．

第一个方程（P）用来预测，第三个方程（C）用来校正．为改进预测和校正中每一步的精度，用局部截断误差的表达式改写这些方程．可以用当前 y 的近似预测和估计值，获得近似局部截断误差．这导出公式

$$y_{n+1} = y_{n-3}+4h(y'_n-y'_{n-1}+2y'_{n-2})/3 \quad (P) \tag{5-24}$$

$$(y^M)_{n+1} = y_{n+1}-112(Y_P-Y_C)/121 \tag{5-25}$$

公式中 Y_P，Y_C 分别表示 y 在第 n 步的预测和估计值.

249 $$y_{n+1}^{*}=\{9y_n-y_{n-2}+3h((y^M)'_{n+1}+2y'_n-y'_{n-1})\}/8 \quad (C) \tag{5-26}$$

公式中的 $(y^M)'_{n+1}$ 是用修改后的 y_{n+1} 即 $(y^M)_{n+1}$ 计算出来的 y'_{n+1} 值.

$$y_{n+1}=y_{n+1}^{*}+9(y_{n+1}-y_{n+1}^{*}) \tag{5-27}$$

公式（5-24）是预测，（5-25）用截断误差估计校正了该预测. 公式（5-26）是采用了截断误差估计用（5-27）修改后的校正. 这些形式的公式每当 n 增加之前只用一次，然后重复这些步骤. 该方法可用 MATLAB 函数 `fhamming` 执行如下

```
function [tvals, yvals] = fhamming(f,tspan,startval,step)
% Hamming's method for solving
% first order differential equation dy/dt = f(t,y).
% Example call: [tvals, yvals] = fhamming(f,tspan,startval,step)
% The initial and final values of t are given by tspan = [start finish].
% Initial y is given by startval and step size is given by step.
% The function f(t,y) must be defined by the user.
% 3 steps of Runge-Kutta are required so that hamming can start.
% Set up matrices for Runge-Kutta methods
b = [ ]; c =[ ]; d = [ ]; order = 4;
b = [1/6 1/3 1/3 1/6]; d = [0 0.5 0.5 1];
c = [0 0 0 0;0.5 0 0 0;0 0.5 0 0;0 0 1 0];
steps = (tspan(2)-tspan(1))/step+1;
y = startval; t = tspan(1);
fval(1) = feval(f,t,y);
ys(1) = startval;
yvals = startval; tvals = tspan(1);
for j = 2:4
    k(1) = step*feval(f,t,y);
    for i = 2:order
        k(i) = step*feval(f,t+step*d(i),y+c(i,1:i-1)*k(1:i-1)');
    end
    y1 = y+b*k'; ys(j) = y1; t1 = t+step; fval(j) = feval(f,t1,y1);
    %collect values together for output
    tvals = [tvals, t1]; yvals = [yvals, y1]; t = t1; y = y1;
end
%Hamming now applied
for i = 5:steps
    y1 = ys(1)+4*step*(2*fval(4)-fval(3)+2*fval(2))/3;
    t1 = t+step; y1m = y1;
    if i>5, y1m = y1+112*(c-p)/121; end
    fval(5) = feval(f,t1,y1m);
250 yc = (9*ys(4)-ys(2)+3*step*(2*fval(4)+fval(5)-fval(3)))/8;
    ycm = yc+9*(y1-yc)/121;
    p = y1; c = yc;
    fval(5) = feval(f,t1,ycm); fval(2:4) = fval(3:5);
    ys(1:3) = ys(2:4); ys(4) = ycm;
    tvals = [tvals, t1]; yvals = [yvals, ycm];
    t = t1;
end
```

必须小心选择步长 h，以防误差无限增加. 图 5-9 显示了汉明法用于求解方程 $dy/dt=y$ 的情况. 该问题在 5.6 节中就使用过.

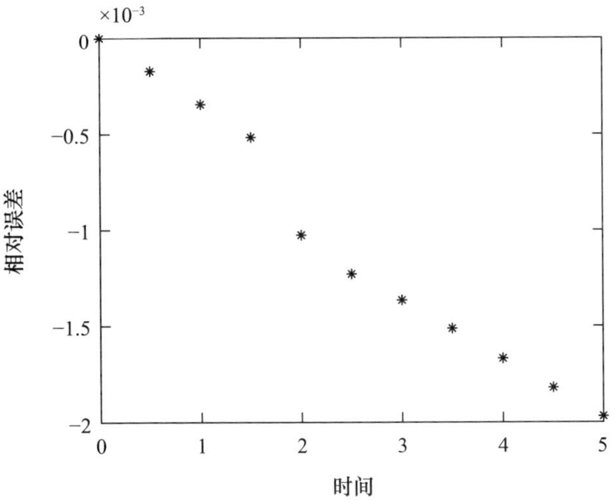

图 5-9 $dy/dt=y$ 在 $t=0$ 时 $y=1$，采用步长 0.5 的汉明法时解的相对误差

5.8 微分方程中误差的传播

在前面的章节，介绍了各种求解微分方程的技巧，给出了每一步截断误差的阶和具体的表达式. 与 5.3 节对欧拉以及梯形法所做的讨论一样，很重要的一点是，不只要检查每一步误差的大小，还要考察误差如何随步数的增加而积累.

5.7 节中介绍了预测-校正法，可以证明预测-校正公式引入了额外的伪解. 随着迭代过程的进行，对某些问题，伪解的效果可能会压过真解. 在这种情况下，方法称为不稳定的. 显然，这里要寻求的是稳定的方法，它的误差不会以一种不可预测的方式无限地增长下去.

检查每个数值方法的稳定性是很有必要的. 此外，应该提供一个测试，以防有的方法对所有的微分方程都不稳定，也便于确定何时可以放心地使用某个方法. 微分方程稳定性的理论研究是一个大工程，这里不打算详细分析. 5.9 节将总结具体方法的稳定性，并比较几种主要方法用于若干示例微分方程时的性能. 251

5.9 特殊数值方法的稳定性

Ralston、Rabinowitz (1978) 和 Lambert (1973) 对于一阶微分方程稳定性曾给出很多优秀的结果. 若假设所有变量都是实数，这里总结了一些显著特征如下.

1. 欧拉和梯形法：请见 5.3 和 5.4 节的详细分析.

2. 龙格-库塔 (Runge-Kutta) 法：龙格-库塔没有引入伪解，不过可能会因为某些 h 的值引起不稳定性. 若 h 足够小，不稳定性可能会消除. 之前已经解释过龙格-库塔法因为每一步都要做大量的函数计算，所以比预测-校正法效率更低. 如果 h 太小，需要计算的函数量可能使该方法变得更加不经济. 为保持稳定性，所需的区间大小可由不等式 $M<h\partial f/\partial y<0$ 来估计，其中 M 依赖于具体使用的龙格-库塔法. 显然这强调了在求解过程中需要小心调整步长. 这在函数 ode23 和 ode45 中可以高效地实现，所以当使用 MATLAB 函数时，这些问题不再是问题.

3. 亚当斯-巴什福斯-莫尔顿 (Adams-Bashforth-Moulton) 法：在 $PECE$ 模式中，绝

对稳定区域为$-1.25<h\partial f/\partial y<0$，这意味着为使方法绝对稳定，$\partial f/\partial y$ 必须是负的.

4. 汉明（Hamming）方法：在 *PECE* 模式中，绝对稳定区域为$-0.5<h\partial f/\partial y<0$，这同样意味着为使方法稳定，$\partial f/\partial y$ 必须为负.

注意到，如果 f 是 y 和 t 的一般函数，估计步长的公式就很难用. 不过在某些情况下，f 的导数很容易计算，如 $f=Cy$，其中 C 是常数.

接下来应用前面讨论过的方法，对更一般的问题给出一些结果. 下面的脚本通过设置第一行的 example 等于 1，2，3 来求解三个例子.

252

```
% e3s503.m
example = 1;
switch example
    case 1
        yprime = @(t,y) 2*t*y;
        sol = @(t) 2*exp(t^2);
        disp('Solution of dy/dt = 2yt')
        t0 = 0; y0 = 2;
    case 2
        yprime = @(t,y) (cos(t)-2*y*t)/(1+t^2);
        sol = @(t) sin(t)/(1+t^2);
        disp('Solution of (1+t^2)dy/dt = cos(t)-2yt')
        t0 = 0; y0 = 0;
    case 3
        yprime = @(t,y) 3*y/t;
        disp('Solution of dy/dt = 3y/t')
        sol = @(t) t^3;
        t0 = 1; y0 = 1;
end
tf = 2; tinc = 0.25; steps = floor((tf-t0)/tinc+1);
[t,x1] = abm(yprime,[t0 tf],y0,tinc);
[t,x2] = fhamming(yprime,[t0 tf],y0,tinc);
[t,x3] = rkgen(yprime,[t0 tf],y0,tinc,1);
disp('t         abm         Hamming     Classical      Exact')
for i = 1:steps
   fprintf('%4.2f%12.7f%12.7f',t(i),x1(i),x2(i))
   fprintf('%12.7f%12.7f\n',x3(i),sol(t(i)))
end
```

例 5-1 求解 $dy/dt=2yt$，其中当 $t=0$ 时，$y=2$.

精确解为：$y=2\exp(t^2)$，设置 example＝1，运行脚本 e3s503.m，得到下列输出：

```
Solution of dy/dt = 2yt
t        abm        Hamming     Classical     Exact
0.00   2.0000000   2.0000000   2.0000000   2.0000000
0.25   2.1289876   2.1289876   2.1289876   2.1289889
0.50   2.5680329   2.5680329   2.5680329   2.5680508
0.75   3.5099767   3.5099767   3.5099767   3.5101093
1.00   5.4340314   5.4294215   5.4357436   5.4365637
1.25   9.5206761   9.5152921   9.5369365   9.5414664
1.50  18.8575896  18.8690552  18.9519740  18.9754717
1.75  42.1631012  42.2832017  42.6424234  42.7618855
2.00 106.2068597 106.9045567 108.5814979 109.1963001
```

例 5-2、例 5-3 显示这里使用的三个方法有些微区别，不过在求解范围内，步长 $h=0.25$ 时都相当成功. 例 5-1 是一个相对较难的问题，经典的龙格-库塔（Runge-Kutta）法处理得很好. ◀ 253

例 5-2 求解 $(1+t^2)\mathrm{d}y/\mathrm{d}t+2yt=\cos t$，其中当 $t=0$ 时，$y=0$.

精确解为：$y=(\sin t)/(1+t^2)$，设置 example=2，运行脚本 e3s503.m，得到以下输出：

```
Solution of (1+t^2)dy/dt = cos(t)-2yt
t       abm         Hamming     Classical    Exact
0.00    0.0000000   0.0000000   0.0000000   0.0000000
0.25    0.2328491   0.2328491   0.2328491   0.2328508
0.50    0.3835216   0.3835216   0.3835216   0.3835404
0.75    0.4362151   0.4362151   0.4362151   0.4362488
1.00    0.4181300   0.4196303   0.4206992   0.4207355
1.25    0.3671577   0.3705252   0.3703035   0.3703355
1.50    0.3044513   0.3078591   0.3068955   0.3069215
1.75    0.2404465   0.2432427   0.2421911   0.2422119
2.00    0.1805739   0.1827267   0.1818429   0.1818595
```
◀

例 5-3 求解 $\mathrm{d}y/\mathrm{d}t=3y/t$，其中当 $t=1$ 时，$y=1$.

精确解为：$y=t^3$，设置 example=3，运行脚本 e3s503.m，得到以下输出：

```
Solution of dy/dt = 3y/t
t       abm         Hamming     Classical    Exact
1.00    1.0000000   1.0000000   1.0000000   1.0000000
1.25    1.9518519   1.9518519   1.9518519   1.9531250
1.50    3.3719182   3.3719182   3.3719182   3.3750000
1.75    5.3538346   5.3538346   5.3538346   5.3593750
2.00    7.9916917   7.9919728   7.9912355   8.0000000
```
◀ 254

为进一步比较，接下来使用 MATLAB 函数 ode113. 该函数采用了预测-校正法，它基于 5.6 节介绍的 *PECE* 模式，与亚当斯-巴什福斯-莫尔顿（Adams-Bashforth-Moulton）法相关. 不过用 ode113 执行该方法是变阶的. 该函数的标准调用形式为

```
[t,y] = ode113(f,tspan,y0,options);
```

其中 f 是函数名，它定义了微分方程系统的右端项；tspan 是微分方程的求解范围，以向量[t0 tfinal]的形式给出；y0 以向量形式给出 $t=0$ 时微分方程的初始值；options 是选项参数，提供一些关于微分方程的额外设置，如精度.

为说明这个函数的使用，考虑例子

$$\mathrm{d}y/\mathrm{d}t = 2yt \quad \text{初始条件为 } t = 0 \text{ 时}, y = 2$$

求解该微分方程可调用如下命令：

```
>> options = odeset('RelTol', 1e-5,'AbsTol',1e-6);
>> [t,yy] = ode113(@(t,x) 2*t*x,[0,2],[2],options); y = yy', time = t'
```

执行该语句的结果为

```
y =
 Columns 1 through 7
   2.0000    2.0000    2.0000    2.0002    2.0006    2.0026    2.0103
 Columns 8 through 14
   2.0232    2.0414    2.0650    2.0943    2.1707    2.2731    2.4048
 Columns 15 through 21
   2.5703    2.7755    3.0279    3.3373    3.7161    4.1805    4.7513
 Columns 22 through 28
   5.4557    6.3290    7.4177    8.7831   10.5069   15.5048   22.7912
 Columns 29 through 32
```

```
   34.6321   54.3997   88.3328 109.1944

time =
  Columns 1 through 7
         0    0.0022    0.0045    0.0089    0.0179    0.0358    0.0716
  Columns 8 through 14
    0.1073    0.1431    0.1789    0.2147    0.2862    0.3578    0.4293
  Columns 15 through 21
    0.5009    0.5724    0.6440    0.7155    0.7871    0.8587    0.9302
  Columns 22 through 28
    1.0018    1.0733    1.1449    1.2164    1.2880    1.4311    1.5599
  Columns 29 through 32
```

255

```
    1.6887    1.8175    1.9463    2.0000
```

因为 ode113 使用变步长，所以在每一步之间直接比较是不可行的，不过可以和例5-1中 $t=2$ 时的结果作比较．结果显示，ode113 给出的最终 y 值比其他方法给出的要好．

5.10 联立的微分方程组

目前已经可以用一些数值方法来求解单个的一阶微分方程，经过简单的修改，就可以求解一阶微分方程组．这些微分方程组自然地来源于物理世界中的数学模型．本节将通过考虑一个比较简单的例子，引入微分方程组．这个例子基于塞曼（Zeeman）提出的一个简化的心脏模型，并结合了突变理论的想法．这里只是简述该模型，具体的细节在 Beltrami（1987）文章中有出色的描述．产生的微分方程组将用 MATLAB 函数 ode23 求解，并借助 MATLAB 的图形工具清晰地解释结果．

这个心脏模型的出发点是范德波尔（Van der Pol）方程，它可以写成如下形式

$$\mathrm{d}x/\mathrm{d}t=u-\mu(x^3/3-x)$$

$$\mathrm{d}u/\mathrm{d}t=-x$$

这是两个联立的方程组．选择这个微分方程的原因是希望模仿心脏的跳动．心脏当受到电刺激时，就会收缩或扩张，引起心脏纤维长度的波动，从而泵送血液，该过程可以通过上述这对微分方程来表示．建立的模型应该能够反映这些微妙的波动．从松弛状态开始，起初心脏受到刺激开始缓慢地收缩，然后变快，最终提供足够的动力泵送血液．当刺激被移除时，首先心脏慢慢扩张，然后迅速扩张到松弛状态，再开始这个循环．

遵循这一行为规律，需要对范德波尔方程做一些修改，用变量 x 表示心脏纤维的长度，把变量 u 替换成一个表示施加在心脏上刺激的量，即可以通过替换 $s=-u/\mu$ 来实现，其中 s 表示刺激，μ 为常数．因为 $\mathrm{d}s/\mathrm{d}t=(-\mathrm{d}u/\mathrm{d}t)/\mu$，所以 $\mathrm{d}u/\mathrm{d}t=-\mu\mathrm{d}s/\mathrm{d}t$．从而得到

$$\mathrm{d}x/\mathrm{d}t=\mu(-s-x^3/3+x)$$

256

$$\mathrm{d}s/\mathrm{d}t=x/\mu$$

如果在一定时间范围内求解这个关于 s 和 x 的微分方程，将会发现，s 和 x 以某种方式震荡着，以此表示心脏纤维长度和刺激的波动．不过塞曼建议引入张力因子 p，其中 $p>0$，试图用它来解释血压上升对心脏纤维张力增加的影响．他建议的模型形式为

$$\mathrm{d}x/\mathrm{d}t=\mu(-s-x^3/3+px)$$

$$\mathrm{d}u/\mathrm{d}t=x/\mu$$

虽然修改的动机是合理的，但这一改变的效果并不明显．

这个问题为应用 MATLAB 来模拟心跳提供了一个有趣的机会，并且可以在这个实验

环境中监测心脏在不同的张力值影响下的变化. 用下面的脚本求解微分方程，并绘制出各种图形.

```
% e3s504.m Solving Zeeman's Catastrophe model of the heart
clear all
p = input('enter tension value ');
simtime = input('enter runtime ');
acc = input('enter accuracy value ');
xprime = @(t,x) [0.5*(-x(2)-x(1)^3/3+p*x(1)); 2*x(1)];
options = odeset('RelTol',acc);
initx = [0 -1]';
[t x] = ode23(xprime,[0 simtime],initx,options);
% Plot results against time
plot(t,x(:,1),'--',t,x(:,2),'-')
xlabel('Time'), ylabel('x and s')
```

在之前的函数定义中，取 $\mu=0.5$. 图 5-10 显示了在张力因子较小、设为 1 时，纤维长度 x 和刺激 s 相对于时间的图像. 图像显示，在较小的刺激下，257
对该张力值，纤维的长度以稳定的周期震荡着.

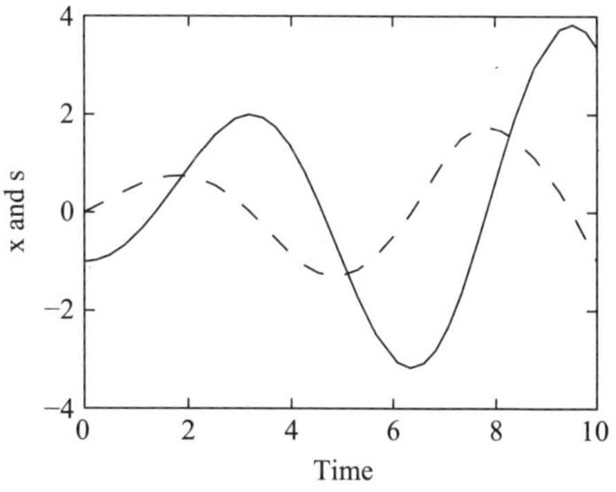

图 5-10 $p=1$ 的塞曼模型的解，精确到 0.005. 实线表示 s，虚线表示 x

图 5-11 画出了张力设定为 20 时，x 和 s 相对于时间的变化曲线. 图像表明，显然振荡的行为更加吃力，对较高的张力值，需要更大的刺激才能让纤维长度产生波动. 因此，该图反映了随着张力增加跳动随之退化. 这一结果与预期的物理效果一致，并对这个简单模型的有效性给出了一定程度的实验支持.

还可以做进一步的有趣研究. 三个参数 x，s 和 p 的相互关系可以通过一个三维曲面来表示，这个曲面称为尖点突变面. 可以证明该曲面具有如下形式：

$$-s-x^3/3+px=0$$

Beltrami（1987）的工作给出了一个更为详细的解释. 图 5-12 画出了一系列尖点突变曲线的片段，对 $p=0:10:40$. 这个曲线在 p 增加的方向会逐渐显现出一个褶. 高张力或高 p 值对应于该曲面上剧烈打褶部分的运动，从而提供了心脏纤维长度相对于刺激的较小改变.

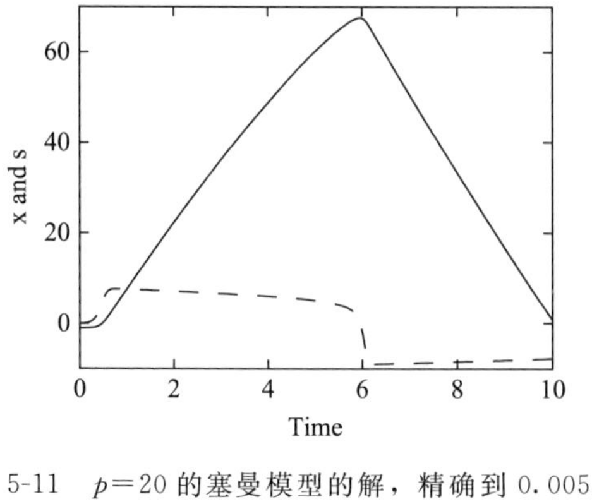

图 5-11 $p=20$ 的塞曼模型的解，精确到 0.005. 实线表示 s，虚线表示 x

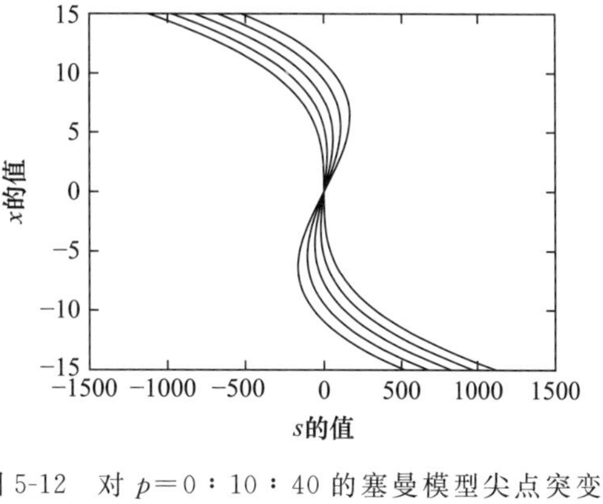

图 5-12 对 $p=0:10:40$ 的塞曼模型尖点突变曲线的片段 258

5.11 洛伦兹方程组

作为一个三个联立方程组的例子，考虑洛伦兹（Lorenz）方程组．该系统有很多重要的应用，包括天气预报等．这个系统的形式为

$$dx/dt = s(y-x)$$
$$dy/dt = rx - y - xz$$
$$dz/dt = xy - bz$$

满足相应的初始条件．参数 s，r 和 b 随值域的变化而变化，这个微分方程组的解也随形式而有所不同．特别地，对某些参数值，系统会出现混沌行为．为提高计算过程的精度，采用 MATLAB 函数 ode45 而非 ode23．解这个问题的 MATLAB 脚本如下：

```
% e3s505.m  Solution of the Lorenz equations
r = input('enter a value for the constant r ');
simtime = input('enter runtime ');
acc = input('enter accuracy value ');
xprime = @(t,x) [10*(x(2)-x(1)); r*x(1)-x(2)-x(1)*x(3); ...
           x(1)*x(2)-8*x(3)/3];
initx = [-7.69 -15.61 90.39]';
tspan = [0 simtime];
options = odeset('RelTol',acc);
[t x] = ode45(xprime,tspan,initx,options);
% Plot results against time
figure(1), plot(t,x,'k')
xlabel('Time'), ylabel('x')
figure(2), plot(x(:,1),x(:,3),'k')
xlabel('x'), ylabel('z')
```

运行此脚本，结果如图 5-13 和 5-14．图 5-13 是洛伦兹方程的特性，显示出了 x 和 z 之间的复杂关系．图 5-14 描绘了 x，y 和 z 如何随时间变化．

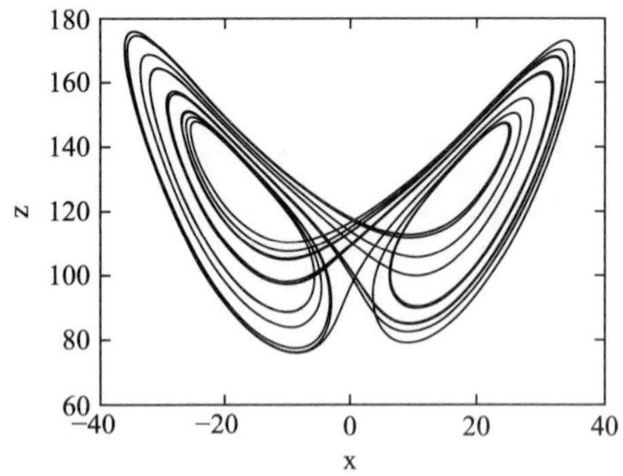

图 5-13 r=126.52 的洛伦兹方程的解，使用精度 0.000 005，在 t=8 时终止

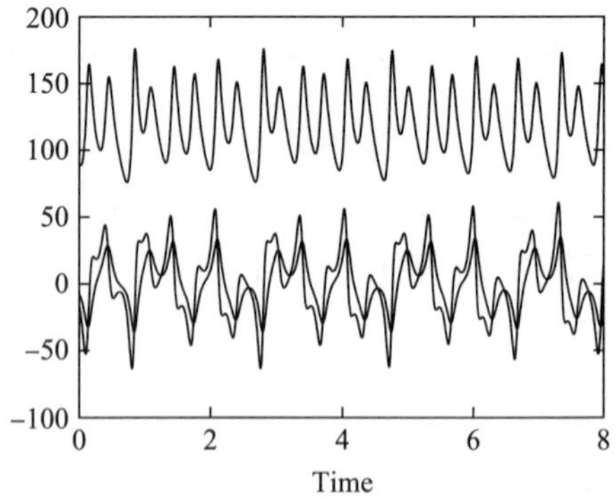

图 5-14 洛伦兹方程的解，其中画出了每个变量相对于时间的变化．方程条件与生成图 5-13 的条件一样．请注意解的不可预测性

对 r=126.52 和其他较大的 r 值，该系统的行为是混沌的．事实上，对 $r>24.7$ 大多数轨迹都出现混沌．它的轨迹围绕着被称为“奇异吸引子”的两个吸引点，以一种不可预
259 知的方式从一个切换到另一个．考虑到问题的确定性，这种外观上显然的随机行为很让人吃惊．不过对其他 r 的值，轨迹是简单稳定的．

5.12 捕食者-猎物问题

这有一个基于沃尔泰拉（Volterra）方程的微分方程组，它建模了捕食者和猎物种群之间的竞争作用，可以写成如下形式

$$\mathrm{d}P/\mathrm{d}t = K_1P - CPQ$$
$$\mathrm{d}Q/\mathrm{d}t = -K_2Q + DPQ \tag{5-28}$$

初始条件为

$$\text{在时间 } t=0, Q=Q_0 \text{ 且 } P=P_0$$ 260

变量 P 和 Q 分别给出在时间 t 猎物和捕食者种群的大小. 这两个群体相互影响和竞争. K_1，K_2，C 和 D 是正常数. K_1 表示猎物种群 P 的增长速度，K_2 表示捕食者种群 Q 的衰减速度. 这看起来是一个合理的假设，捕食者和猎物遭遇的数量正比于 P 和 Q 的乘积，而这个遭遇的比例 C，对猎物种群成员来说将是至关重要的. 因此，CPQ 这一项度量了猎物数的减少，如果假设食物充足，那么可能出现种群的无限增长，所以通过减掉这一项进行修改. 类似地，捕食者数量的减少，必须通过添加 DPQ 这一项来进行修改，因为捕食者从它遭遇的猎物那里获取食物，才能更多地生存下来.

这个微分方程的解依赖于具体的常量取值，并且经常产生种群稳定周期的变化. 这是因为随着捕食者不断地猎食猎物，猎物数将减少，变得不足以支撑那么多的捕食者，捕食者的数量就会减少. 而由于捕食者数的减少将导致更多的猎物生存下来，因此猎物数就会增加. 由于有了更多的食物，接下来就导致了捕食者数的增加，循环再次开始. 只要捕食者和猎物的数量位于某上下限之间，这个循环就一直保持着. 可以直接求解这个沃尔泰拉微分方程，不过它的解并没有给出捕食者和猎物数之间的简单关系，所以要用到数值求解. Simmons（1972）给出了关于这个问题的一个有趣的描述.

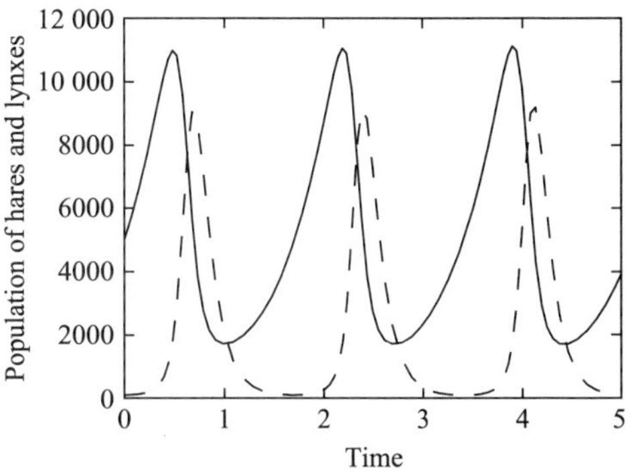

图 5-15 猞猁（虚线）和野兔（实线）数随时间的变化. 使用精度为 0.005，初值为 5000 只野兔和 100 只猞猁

接下来用 MATLAB 来研究形如（5-28）的方程组的行为，（5-28）可以用于描述猞猁（lyhx）和它的猎物野兔（hare）间的相互影响. 如果希望得到一种稳定的状态，也就是说捕食者和猎物数不会完全消亡，只是在上下限之间震荡，那么选择常数 K_1，K_2，C，D 并非易事. 在如下的 MATLAB 脚本中使用 $K_1=2$，$K_2=10$，$C=0.001$ 和 $D=0.002$，并考虑了猞猁和野兔数相互影响，同时假设这种相互影响是确定两个种群数大小的关键特征. 设定初始的种群数为 5000 只野兔和 100 只猞猁，用下面脚本产生的值生成图 5-15.

```
% e3s506.m
% x(1) and x(2) are hare and lynx populations.
simtime = input('enter runtime ');
acc = input('enter accuracy value ');
fv = @(t,x) [2*x(1)-0.001*x(1)*x(2); -10*x(2)+0.002*x(1)*x(2)];
initx = [5000 100]';
```

```
options = odeset('RelTol',acc);
[t x] = ode23(fv,[0 simtime],initx,options);
plot(t,x(:,1),'k',t,x(:,2),'k--')
xlabel('Time'), ylabel('Population of hares and lynxes')
```

261 对于这组参数，野兔和猞猁数有一个大幅的变化. 猞猁数，虽然会周期性地变少，但仍可以随着野兔数的恢复而恢复.

5.13 微分方程应用于神经网络

不同类型的神经网络可以用来解决各种问题. 神经网络通常由若干层“神经元”通过一些权重“训练”构成. 这些权重通过最小化实际输出与所需输出的差的平方和得到. 一旦经过训练，这个网络就可以用于分类输入. 不过这里采用一种不同的方法来考虑神经网络，即直接基于一个微分方程组来考虑. Hopfield 和 Tank（1985，1986）描述了这种方法，他们示范了用神经网络来解决一些具体的数值问题. 这里就不提供该过程的全部细节和证明了.

霍普菲尔德（Hopfield）和汤克（Tank）在他们 1985 年和 1986 年的论文中，采用了如下形式的微分方程组

$$\frac{\mathrm{d}u_i}{\mathrm{d}t}=\frac{-u_i}{\tau}+\sum_{j=0}^{n-1}T_{ij}V_j+I_i \quad i=0,1,\cdots,n-1 \tag{5-29}$$

其中 τ 为常数，通常取成 1. 该微分方程组表示 n 个神经元系统的相互作用，并且每个微分方程是一个单一生物神经元的简单模型.（这只是若干可能的神经网络模型中的一个.）
262 显然，要建立这样一个神经元网络，它们必须能够彼此相互作用，该作用可以通过这个微分方程来表达. T_{ij} 提供了第 i 个和第 j 个神经元相互联系的强度，I_i 提供了外部施加在第 i 个神经元上的电流. 这些 I_i 可以看成是输入到系统中的量. V_j 值是从系统的输出，它与 u_j 直接相关，所以可以写 $V_j=g\ (u_j)$. 函数 g 称为反曲函数，可以具体指定为

$$V_j=(1+\tanh u_j)/2 \quad 对所有 \quad j=0,1,\cdots,n-1$$

图 5-16 画出了该函数的图形.

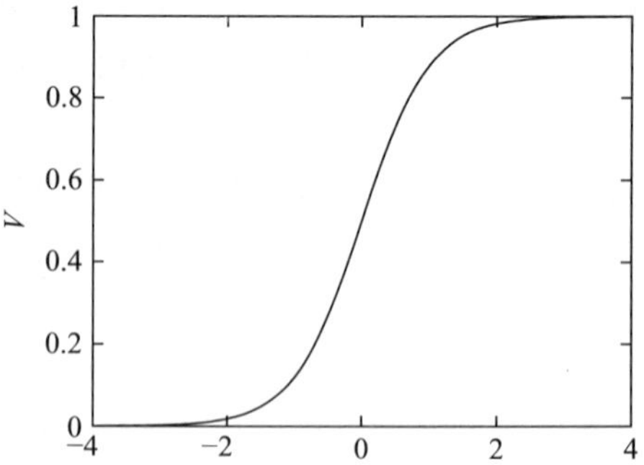

图 5-16 反曲函数 $V=(1+\tanh u)/2$ 的图像

虽然给出了这样一个神经网络模型，不过仍存在疑问：如何说明它可以用来解决具体问题？这一问题非常关键且意义重大. 为此必须先重新把问题表达清楚，然后再使用神经网络方法解决它.

为了说明这个过程，霍普菲尔德和汤克选择一个二进制转换的简单问题作为例子，即要找到一个给定的十进制数的二进制表示. 由于无法明显看出该问题与描述神经网络模型的微分方程组（5-29）间的直接关系，所以必须先建立一个直接的联系.

霍普菲尔德和汤克已经证明（5-29）含有 V_j 项的稳态解，由能量函数的最小值给出

$$E=-\frac{1}{2}\sum_{i=0}^{n-1}\sum_{j=0}^{n-1}T_{ij}V_iV_j-\sum_{j=0}^{n-1}I_jV_j \tag{5-30}$$

263 而二进制转换问题的解与函数（5-30）的最小值之间的联系很容易建立.

霍普菲尔德和汤克考虑能量函数

$$E=\frac{1}{2}\left\{x-\sum_{j=0}^{n-1}V_j 2^j\right\}^2+\sum_{j=0}^{n-1}2^{2j-1}V_j(1-V_j) \tag{5-31}$$

当 $x=\sum V_j 2^j$ 且 $V_j=0$ 或 1 时，(5-31) 取得最小值. 显然，当 E 取得最小值时，第一项确保实现了一个所求的二进制表示，而第二项规定了 V_j 的取值为 0 或 1. 展开 (5-31) 这个能量函数，并把它与一般的能量函数 (5-30) 比较，发现如果令

$$T_{ij}=-2^{i+j} \quad (i\neq j) \text{ 且 } T_{ij}=0 \ (i=j)$$

$$I_j=-2^{2j-1}+2^j x$$

那么除了一个常数，这两个能量函数是等价的. 也就是说，一个的最小值给出另一个的最小值. 用这种方法解二进制转换问题，等价于求解 (5-29) 的微分方程组，只是选定了 T_{ij}，I_i 的一组特定值. 事实上，通过选择适当的 T_{ij} 和 I_i，一系列问题都可以通过形如 (5-29) 的微分方程组描述的神经网络表示. 霍普菲尔德和汤克还从上述这个简单例子出发，试图把该过程扩展到解决颇具挑战的旅行推销员问题. 这些细节请见 Hopfield 和 tank (1985，1986) 的工作.

在 MATLAB 中，可以用 ode23 或 ode45 来解决这个问题. 这个练习的重要部分是定义函数，提供关于神经网络的微分方程组的右端项. 这可以通过使用下面的函数 hopbin 轻易做到. 该函数给出了解决二进制转换问题的微分方程的右端项. 在函数 hopbin 的定义中，sc 是要转换的十进制值数.

```
function neurf = hopbin(t,x)
global n sc
% Calculate synaptic current
I = 2.^[0:n-1]*sc-0.5*2.^(2.*[0:n-1]);
% Perform sigmoid transformation
V = (tanh(x/0.02)+1)/2;
% Compute interconnection values
p = 2.^[0:n-1].*V';
% Calculate change for each neuron
neurf = -x-2.^[0:n-1]'*sum(p)+I'+2.^(2.*[0:n-1])'.*V;
```

下述程序，调用函数 hopbin，求解定义了神经网络的微分方程组，并输出了模拟的结果. 264

```
% e3s507.m Hopfield and Tank neuron model for binary conversion problem
global n sc
n = input('enter number of neurons ');
sc = input('enter number to be converted to binary form ');
simtime = 0.2; acc = 0.005;
initx = zeros(1,n)';
options = odeset('RelTol',acc);
%Call ode45 to solve equation
[t x] = ode45('hopbin',[0 simtime],initx,options);
V = (tanh(x/0.02)+1)/2;
bin = V(end,n:-1:1);
for i = 1:n
    fprintf('%8.4f', bin(i))
end
fprintf('\n\n')
plot(t,V,'k')
xlabel('Time'), ylabel('Binary values')
```

运行该脚本，转换十进制数 5，给出了

```
enter number of neurons 3
enter number to be converted to binary form 5
  1.0000  0.0000  0.9993
```

和图 5-17. 该图显示了神经网络模型如何收敛于待求的结果，即 $V(1)=1$，$V(2)=0$，$V(3)=1$，也就是二进制的 101.

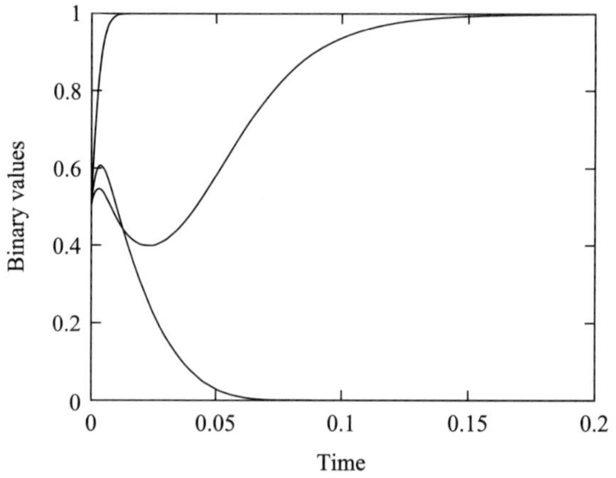

图 5-17 利用三个神经元的神经网络找到 5 的二进制表示，采用精度
265 0.005. 三条曲线收敛到二进制数 1，0，1

进一步，用 7 个神经元转换十进制数 59，如下：

```
enter number of neurons 7
enter number to be converted to binary form 59
  0.0000  1.0000  1.0000  1.0000  0.0000  1.0000  0.9999
```

结果仍是正确的.

这是神经网络在一个小问题中的应用. 神经计算的一个真正考验是旅行推销员问题. MATLAB 的神经网络工具箱提供了一系列函数来解决神经网络问题.

5.14 高阶微分方程

高阶微分方程可以通过把它们转化为一阶微分方程组来求解. 为了说明这点，考虑一个二阶微分方程

$$2\mathrm{d}^2x/\mathrm{d}t^2+4(\mathrm{d}x/\mathrm{d}t)^2-2x=\cos x \tag{5-32}$$

初始条件为 $t=0$ 时，$x=0$，$\mathrm{d}x/\mathrm{d}t=10$. 如果做替换，令 $p=\mathrm{d}x/\mathrm{d}t$，则 (5-32) 变成

$$2\mathrm{d}p/\mathrm{d}t+4p^2=\cos x+2x$$
$$\mathrm{d}x/\mathrm{d}t=p \tag{5-33}$$

初始条件为 $t=0$ 时，$p=10$，$x=0$.

这样，二阶微分方程就替换成了一个一阶微分方程组. 如果有形式如下的 n 阶常微分方程

$$a_n\mathrm{d}^ny/\mathrm{d}t^n+a_{n-1}\mathrm{d}^{n-1}y/\mathrm{d}t^{n-1}+\cdots+a_0y=f(t,\ y) \tag{5-34}$$

通过替换

$$P_0=y \text{ 且 } \mathrm{d}P_{i-1}/\mathrm{d}t=P_i \quad i=1,\ 2,\ \cdots,\ n-1 \tag{5-35}$$

(5-34) 变成

$$a_n\mathrm{d}P_{n-1}/\mathrm{d}t=f(t,\ y)-a_{n-1}P_{n-1}-a_{n-2}P_{n-2}-\cdots-a_0P_0 \tag{5-36}$$

这样 (5-35) 和 (5-36) 就构成了 n 个一阶微分方程组. (5-34) 的初值由初始 t_0 时各阶导

数 P_i（$i=1, 2, \cdots, n-1$）给出，这样就可以轻易地转化为方程组（5-35）和(5-36)的初始条件．一般情况下，原来的 n 阶微分方程和一阶微分方程组（5-35）、(5-36）的解是一样的．特别地，数值解将给出指定范围内对于 t 的 y 值．Simmons（1972）曾给出关于 266
这两个问题解的等价性的出色讨论．从这一描述中可以看到，带有初始条件的形如(5-34)的任意阶微分方程，都可以化为求解一个一阶微分方程组．通过与上述完全相同的替换，这种做法很容易扩展到更一般的 n 阶微分方程

$$\mathrm{d}^n y/\mathrm{d}t^n = f(t, y, y', \cdots, y^{(n-1)})$$

其中 $y^{(n-1)}$ 表示 y 的（$n-1$）阶导数．

5.15 刚性方程

求微分方程组的解时，解中可能包含某些部分，当自变量变化时，它的变化率异常显著，这种方程组被称为是“刚性”的．一旦出现这种现象，为使方法稳定，必须特别小心地选择步长．

现在，考虑一个简单的微分方程组，看看刚性现象是如何引起的．考虑如下系统：

$$\begin{aligned} \mathrm{d}y_1/\mathrm{d}t &= -by_1 - cy_2 \\ \mathrm{d}y_2/\mathrm{d}t &= y_1 \end{aligned} \tag{5-37}$$

这个系统可以写成矩阵的形式

$$\mathrm{d}\mathbf{y}/\mathrm{d}t = \mathbf{A}\mathbf{y} \tag{5-38}$$

它的解为

$$\begin{aligned} y_1 &= A\exp(r_1 t) + B\exp(r_2 t) \\ y_2 &= C\exp(r_1 t) + D\exp(r_2 t) \end{aligned} \tag{5-39}$$

其中 A，B，C，D 为常数，由初始条件确定．很容易证明，r_1，r_2 是矩阵 $\mathbf{A}$ 的特征值．

如果用数值程序来求解这种微分方程组，方法成功与否主要依赖于矩阵 $\mathbf{A}$ 的特征值，尤其是最小和最大特征值之比．在（5-37）中取各种 b 和 c 的值，就产生了很多形如(5-38)的问题，它们具有（5-39）形式的解，当然其中的特征值 r_1，r_2 会随问题的改变而改变． 267

用下述脚本来比较求解（5-37）的具体问题时所需的时间，以此说明求解的困难程度如何依赖于最大和最小特征值之比．

```
% e3s508.m
b = [20 100 500 1000 2000]; c = [0.1 1 1 1 1]; tspan = [0 2];
options = odeset('reltol',1e-5,'abstol',1e-5);
for i = 1:length(b)
    et(i) = 0;
    eigenratio(i) = 0;
    for j = 1:100
        a = [-b(i) -c(i);1 0];
        lambda = eig(a);
        eigenratio(i) = eigenratio(i)+max(abs(lambda))/min(abs(lambda));
        v = @(t,y) a*y;
        inity = [0 1]';  time0 = clock;
        [t,y] = ode15s(v,tspan,inity,options);
        et(i) = et(i)+etime(clock,time0);
    end
end
e_ratio = eigenratio/100
time_taken = et/100
```

运行该脚本，给出

```
e_ratio =
  1.0e+006 *
    0.0040    0.0100    0.2500    1.0000    4.0000

time_taken =
    0.0045    0.0120    0.0484    0.0962    0.1878
```

随着特征值比的增加，求解问题所花的时间也在增加．特征值大小变化很大时都会出现这样的问题．

MATLAB 函数 ode23s 就是专门设计出来处理刚性方程的．在脚本 e3s508.m 中把 ode23 换成 ode23s，运行给出结果

```
e_ratio =
 1.0e+006 *
   0.0040    0.0100    0.2500    1.0000    4.0000

time_taken =
   0.0122    0.0141    0.0122    0.0111    0.0108
```

注意到，这些结果和使用 ode23 的输出之间有一些有趣的差异．使用 ode23 时，求解所花时间随特征值比显著增加，而用 ode23s 求解微分方程，不管什么样的特征值比，所用 268 的时间都差别不大．

另一种求解刚性微分方程的方法是 ode15s．它是一个变阶方法，当（5-38）中的矩阵 $\boldsymbol{A}$ 依赖于时间时，它更有优势．在脚本 e3s508.m 中把 ode23 替换成 ode15s，并运行，得到以下输出：

```
e_ratio =
  1.0e+006 *
    0.0040    0.0100    0.2500    1.0000    4.0000

time_taken =
    0.0136    0.0155    0.0158    0.0144    0.0141
```

显然，这两个刚性求解器之间还有点小区别．

举一个特征值跨度大的矩阵的例子，可以取 8×8 的罗瑟（Rosser）矩阵；这个矩阵是 MATLAB 中的一个变量 rosser．可以用下述语句

```
>> a = rosser; lambda = eig(a);
>> eigratio = max(abs(lambda))/min(abs(lambda))

eigratio =
  1.8480e+015
```

产生一个特征值比为 10^{16} 阶的矩阵．因此包含这个矩阵的一阶常微分方程组是病态的，非常难求解．特征值比与所需步长的关系可以推广到多个方程的系统．考虑 n 个方程的方程组

$$d\boldsymbol{y}/dt = \boldsymbol{A}\boldsymbol{y} + \boldsymbol{P}(t) \tag{5-40}$$

其中 $\boldsymbol{y}$ 是有 n 个分量的列向量，$\boldsymbol{P}(t)$ 是有 n 个分量的列向量，它是 t 的函数，$\boldsymbol{A}$ 是一个 $n\times n$的常数矩阵．可以证明，该方程组的解具有形式

$$\boldsymbol{y}(t) = \sum_{i=1}^{n} v_i \boldsymbol{d}_i \exp(r_i t) + \boldsymbol{s}(t) \tag{5-41}$$

这里，r_1，r_2，…是 $\boldsymbol{A}$ 的特征值，$\boldsymbol{d}_1$，$\boldsymbol{d}_2$，…是 $\boldsymbol{A}$ 的特征向量．向量函数 $\boldsymbol{s}(t)$ 是该方程组

的一个特定积分，有时称它为稳态解，因为对于负的特征值，指数项会随着时间 t 的增加而消失. 如果假设 $r_k<0$（$k=1$，2，3，…），要求系统（5-40）的稳态解，那么正如所见，任何用于求解该问题的数值方法都将面临一个重大困难——必须不断积分，直到指数 269
项可以忽略为止，而且为确保稳定性，还必须取足够小的步长，因此在大的区间里需要很多步. 这就是刚性的最显著影响.

刚性的定义可以扩展到任何形如（5-40）的系统. 刚性比定义为 $\mathbf{A}$ 的最大与最小特征值之比，它给出了系统的刚性度量. 求解刚性问题的方法必须是稳定的. MATLAB 函数 `ode23s` 可以通过调整连续的步长来达到稳定，从而求解这类问题，不过求解的过程可能会变慢. 如果使用某种预测-校正法，不仅需要该方法是稳定的，而且校正也需要是迭代收敛的. Ralston 和 Rabinowitz(1978) 曾就这个话题做过有趣的讨论. 人们已经开发了一些专门解决刚性问题的方法，Gear(1971) 就提供了一些成功的数值方法.

5.16 特殊方法

进一步，可以通过使用埃尔米特（Hermite）插值公式建立一组预测-校正公式. 这组公式的出众特点是——它们含有二阶导数. 就一般情况而言，二阶导数的计算并不困难，因此这一特点并没有给解决问题增加显著的工作量. 不过，需要注意的是，在利用这一方法写程序时，用户不仅要提供微分方程的右端项函数，还要提供它们的导数. 对很多用户来说，这可能是不可接受的.

埃尔米特方程具有如下形式：

$$
\begin{aligned}
y_{n+1}^{(1)} &= y_n + h(y'_n - 3y'_{n-1})/2 + h^2(17y''_n + 7y''_{n-1})/12 \\
y_{n+1}^{*(1)} &= y_{n+1}^{(1)} + 31(y_n - y_n^{(1)})/30 \\
y'^{(1)}_{n+1} &= f(t_{n+1}, y_{n+1}^{*(1)})
\end{aligned}
\tag{5-42}
$$

对 $k=1$，2，3，…

$$
y_{n+1}^{(k+1)} = y_n + h(y'^{(k)}_{n+1} + y'_n)/2 + h^2(-y''^{(k)}_{n+1} + y''_n)/12
$$

该方法是稳定的，且每一步的截断误差都比汉明（Hamming）法的小. 因此，让用户承担所需的额外工作也是值得的. 注意到，因为

$$
\mathrm{d}y/\mathrm{d}t = f(t,y)
$$ 270

则

$$
\mathrm{d}^2y/\mathrm{d}t^2 = \mathrm{d}f/\mathrm{d}t
$$

所以 y''_n 等很容易作为 f 的一阶导数计算出来. MATLAB 函数 `fhermite` 可用来实现此方法，脚本如下. 需要注意的是，在该函数中，函数 f 必须提供 y 的一阶和二阶导数.

```
function [tvals, yvals] = fhermite(f,tspan,startval,step)
% Hermite's method for solving
% first order differential equation dy/dt = f(t,y).
% Example call: [tvals, yvals] = fhermite(f,tspan,startval,step)
% The initial and final values of t are given by tspan = [start finish].
% Initial value of y is given by startval, step size is given by step.
% The function f(t,y) and its derivative must be defined by the user.
% 3 steps of Runge-Kutta are required so that hermite can start.
% Set up matrices for Runge-Kutta methods
b = [ ]; c = [ ]; d = [ ];
order = 4;
b = [1/6 1/3 1/3 1/6]; d = [0 0.5 0.5 1];
```

```
c = [0 0 0 0;0.5 0 0 0;0 0.5 0 0;0 0 1 0];
steps = (tspan(2)-tspan(1))/step+1;
y = startval; t = tspan(1);
ys(1) = startval; w = feval(f,t,y); fval(1) = w(1); df(1) = w(2);
yvals = startval; tvals = tspan(1);
for j = 2:2
    k(1) = step*fval(1);
    for i = 2:order
        w = feval(f,t+step*d(i),y+c(i,1:i-1)*k(1:i-1)');
        k(i) = step*w(1);
    end
    y1 = y+b*k'; ys(j) = y1; t1 = t+step;
    w = feval(f,t1,y1); fval(j) = w(1); df(j) = w(2);
    %collect values together for output
    tvals = [tvals, t1]; yvals = [yvals, y1];
    t = t1; y = y1;
end
%hermite now applied
h2 = step*step/12; er = 1;
for i = 3:steps
    y1 = ys(2)+step*(3*fval(1)-fval(2))/2+h2*(17*df(2)+7*df(1));
    t1 = t+step; y1m = y1; y10 = y1;
    if i>3, y1m = y1+31*(ys(2)-y10)/30; end
271 w = feval(f,t1,y1m); fval(3) = w(1); df(3)=w(2);
    yc = 0; er = 1;
    while abs(er)>0.0000001
        yp = ys(2)+step*(fval(2)+fval(3))/2+h2*(df(2)-df(3));
        w = feval(f,t1,yp); fval(3) = w(1); df(3) = w(2);
        er = yp-yc; yc = yp;
    end
    fval(1:2) = fval(2:3); df(1:2) = df(2:3);
    ys(2) = yp;
    tvals = [tvals, t1]; yvals = [yvals, yp];
    t = t1;
end
```

图 5-18 给出了解具体问题 $dy/dt=y$ 时的误差，采用的是与图 5-9 所示的汉明法相同的步长和初始点. 对于这个问题埃尔米特法要优于汉明法.

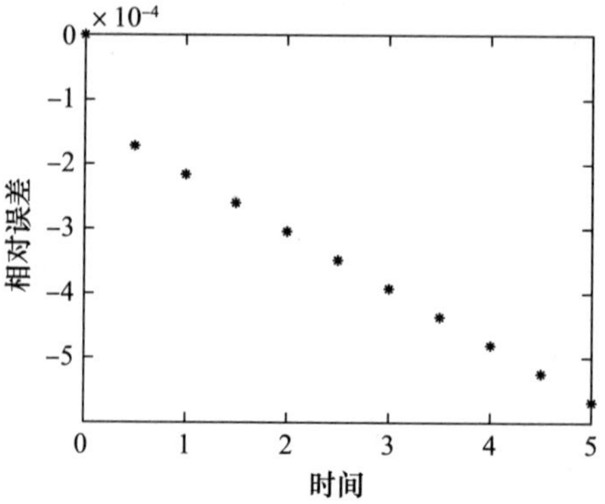

图 5-18　用埃尔米特法解 $dy/dt=y$ 的相对误差，初始条件为 $t=0$ 时 $y=1$，且步长为 0.5

最后，对如下这个比较困难的问题，比较埃尔米特（Hermite）法、汉明（Hamming）法和亚当斯-巴什福斯-莫尔顿（Adams-Bashforth-Moulton）法.

$$\mathrm{d}y/\mathrm{d}t = -10y \quad 给出 \quad y = 1 \quad 当\ t = 0$$

用下述脚本执行比较：

```
% e3s509.m
vg = @(t,x) [-10*x 100*x];
v = @(t,x) -10*x;
disp('Solution of dx/dt = -10x')
t0 = 0; y0 = 1;
tf = 1; tinc = 0.1; steps = floor((tf-t0)/tinc+1);
[t,x1] = abm(v,[t0 tf],y0,tinc);
[t,x2] = fhamming(v,[t0 tf],y0,tinc);
[t,x3] = fhermite(vg,[t0 tf],y0,tinc);
disp('t         abm          Hamming     Hermite      Exact');
for i = 1:steps
    fprintf('%4.2f%12.7f%12.7f',t(i),x1(i),x2(i))
    fprintf('%12.7f%12.7f\n',x3(i),exp(-10*(t(i))))
end
```

请注意，函数 fhermite 必须提供 y 对 t 的一阶和二阶导数. 关于一阶导数，直接有 $\mathrm{d}y/\mathrm{d}t=-10y$，而二阶导数 $\mathrm{d}^2y/\mathrm{d}t^2$ 为 $-10\mathrm{d}y/\mathrm{d}t=-10(-10)y=100y$. 所以该函数的形式为 272

```
vg = @(t,x) [-10*x 100*x];
```

函数 abm 和 fhamming 只需要 y 对 t 的一阶导数，定义函数如下：

```
v = @(t,x) -10*x;
```

运行上面的脚本，给出以下结果，这也证明了埃尔米特方法的优越性.

```
Solution of dx/dt = -10x
t         abm        Hamming      Hermite      Exact
0.00   1.0000000   1.0000000   1.0000000   1.0000000
0.10   0.3750000   0.3750000   0.3750000   0.3678794
0.20   0.1406250   0.1406250   0.1381579   0.1353353
0.30   0.0527344   0.0527344   0.0509003   0.0497871
0.40  -0.0032654   0.0109440   0.0187528   0.0183156
0.50  -0.0171851   0.0070876   0.0069089   0.0067379
0.60  -0.0010598   0.0131483   0.0025454   0.0024788
0.70   0.0023606   0.0002607   0.0009378   0.0009119
0.80  -0.0063684   0.0006066   0.0003455   0.0003355
0.90  -0.0042478   0.0096271   0.0001273   0.0001234
1.00   0.0030171  -0.0065859   0.0000469   0.0000454
```

调整步长是很关键的一点，它可用于改善前面讨论的很多方法. 也就是说，要根据迭代的进度来调整步长 h 的大小. 调节 h 的一个标准就是监测截断误差的大小. 如果截断误差小于所需精度，就增大 h，反之，如果截断误差过大，就减小 h. 调整步长，可能会导 273 致相当可观的额外工作。例如，如果使用的是预测-校正法，就必须计算新的初值. 对这类过程，下面的方法将是一个不错的选择.

5.17 外插法

本节中描述的外插法和第 4 章中介绍的龙贝格（Romberg）积分法基于类似的过程. 先用改良的中点法得到对 y_{n+1} 的一系列初始近似，然后开始该过程. 用于获得这些近似的区间大小可从下式计算：

$$h_i = h_{i-1}/2 \quad i = 1,2,\cdots \tag{5-43}$$

初始值 h_0 已给定.

一旦得到了初始近似，就可以用（5-44）的外插公式得到改善后的近似.

$$T_{m,k} = (4^m T_{m-1,k+1} - T_{m-1,k})/(4^m - 1) \quad m = 1,2,\cdots \text{ 且 } k = 1,2,\cdots,s-m \tag{5-44}$$

这些计算列在一个数组中，和第 4 章中介绍的计算积分的龙贝格法完全一样. 当 $m=0$ 时，利用（5-43）中的 h_i 值，把 $T_{0,k}$（$k=0$，1，2，…，s）取成 y_{n+1} 的一系列近似.

可用下述公式，计算上述数组中 $T_{0,k}$ 的初始近似值：

$$y_1 = y_0 + hy'_0 \quad y_{n+1} = y_{n-1} + 2hy'_n \quad n = 1,2\cdots,N_k \tag{5-45}$$

其中 $k=1$，2，…，N_k 是在关注区间内所取的步数，取 $N_k=2^k$，以便区间的大小每次减半. 相距 $2h$ 的 y_{n+1} 和 y_{n-1} 值可能会导致很大的误差变化. 因此，不用（5-45）给出的 y_{n+1} 的最终值，Gragg(1965）建议用中间值 y_n 来光滑化最后一步的值. 这就导致了如下 $T_{0,k}$ 的值：

$$T_{0,k} = (y_{N-1}^k + 2y_N^k + y_{N+1}^k)/4$$

其中，上标 k 表示位于区间的第 k 个划分.

格雷格法的另外一种选择就是找到函数 rombergx 的初值，并且综合使用各种预测-
274 校正法. 需要注意的是，如果校正迭代到直至收敛，那么这将提高初值的精度，不过对很小的步长、也就是较大的 N，这也会耗费相当可观的计算. 下面用 MATLAB 函数 rombergx来实现外插法.

```
function [v W] = rombergx(f,tspan,intdiv,inity)
% Solves dy/dt = f(t,y) using Romberg's method.
% Example call: [v W] = rombergx(f,tspan,intdiv,inity)
% The initial and final values of t are given by tspan = [start finish].
% Initial value of y is given by inity.
% The number of interval divisions is given by intdiv.
% The function f(t,y) must be defined by the user.
W = zeros(intdiv-1,intdiv-1);
for index = 1:intdiv
    y0 = inity; t0 = tspan(1);
    intervals = 2^index;
    step = (tspan(2)-tspan(1))/intervals;
    y1 = y0+step*feval(f,t0,y0);
    t = t0+step;
    for i = 1:intervals
        y2 = y0+2*step*feval(f,t,y1);
        t = t+step;
        ye2 = y2; ye1 = y1; ye0 = y0; y0 = y1; y1 = y2;
    end
    tableval(index) = (ye0+2*ye1+ye2)/4;
end
for i = 1:intdiv-1
    for j = 1:intdiv-i
        table(j) = (tableval(j+1)*4^i-tableval(j))/(4^i-1);
        tableval(j) = table(j);
    end
    tablep = table(1:intdiv-i);
    W(i,1:intdiv-i) = tablep;
end
v = tablep;
```

现在调用该函数来求解 $dx/dt=-10x$，当 $t=0$ 时，$x=1$. 令 $t=0.5$，用下述 MATLAB 语句求解这个微分方程，

```
>> [fv P] = rombergx(@(t,x) -10*x,[0 0.5],7,1)

fv =
    0.0067                                                            275
P =
   -2.5677    0.2277    0.1624    0.0245    0.0080    0.0068
    0.4141    0.1580    0.0153    0.0069    0.0067         0
    0.1539    0.0131    0.0068    0.0067         0         0
    0.0125    0.0068    0.0067         0         0         0
    0.0068    0.0067         0         0         0         0
    0.0067         0         0         0         0         0
```

这个终值 0.0067，比本章中介绍的任何其他方法求解的结果都要好. 但必须指出，这里只找到了最终值，若要找到区间内的其他值，就要调整区间范围.

这样就完成了这类称为初值问题的微分方程的讨论. 第 6 章将考虑另一种不同类型的微分方程，即边值问题.

5.18 小结

本章定义了一系列的 MATLAB 函数，它们作为 MATLAB 原有函数的补充，可用于求解微分方程和微分方程组. 同时，演示了如何用这些函数来解决各种问题.

习题

5.1 某衰变材料的衰变率正比于物质的残留量. 这个过程用微分方程来建模，即为

$$dy/dt=-ky \quad \text{其中当 } t=t_0 \text{ 时 } y=y_0$$

这里 y_0 表示 t_0 时刻的质量. 令 $y_0=50$，$k=0.05$，对 $t=0$ 到 10，求解该方程，利用

(a) 函数 feuler，令 $h=1$，0.1，0.01.

(b) 函数 eulertp，令 $h=1$，0.1.

(c) 函数 rkgen，对经典法，令 $h=1$.

并将结果与精确解 $y=50\exp(-0.05t)$ 比较.

5.2 在 $x=0$ 到 2 内求解 $y'=2xy$，初始条件为 $x_0=0$ 时，$y_0=2$. 利用龙格-库塔（Runge-Kutta）法中的经典法，默松（Merson）法，布彻（Butcher）法求解. 均用函数 rkgen 执行，设步长 $h=0.2$. 注意到精确解为 $y=2\exp(x^2)$. 276

5.3 对 $t=0$ 到 50，利用下述预测-校正法重新求解习题 5.1，令 $h=2$：

(a) 亚当斯-巴什福斯-莫尔顿（Adams-Bashforth-Moulton）法，利用函数 abm.

(b) 汉明（Hamming）法，利用函数 fhamming.

5.4 把下列二阶微分方程表示成一对一阶方程

$$xy''-y'+8x^3y^3=0$$

初始条件为 $x=1$ 时，$y=1/2$，$y'=-1/2$. 用 ode23 和 ode45 在 1 到 4 内求解这个一阶方程组. 精确解为 $y=1/(1+x^2)$.

5.5 利用函数 fhermite 解以下问题.

(a) 习题 5.1，令 $h=1$.

(b) 习题 5.2，令 $h=0.2$.

(c) 习题 5.2，令 $h=0.02$.

5.6 利用 MATLAB 函数 rombergx 求解以下问题. 每种情况都用 8 个划分.

(a) $y'=3y/x$，初始条件为 $x=1$，$y=1$，求 $x=20$ 时 y 的值.

(b) $y'=2xy$，初始条件为 $x=0$，$y=2$，求 $x=2$ 时 y 的值.

5.7 考虑 5.12 节中介绍的捕食者-猎物问题. 可以通过从（5-28）的两个方程中减去一项，把这个问题扩展到考察捕杀对种群的影响，形式如下：

$$\mathrm{d}P/\mathrm{d}t = K_1 P - CPQ - S_1 P$$
$$\mathrm{d}Q/\mathrm{d}t = K_2 Q - DPQ - S_2 Q$$

其中 S_1，S_2 为常数，表示对种群数的捕杀水平. 令 $K_1=2$，$K_2=10$，$C=0.001$，$D=0.002$，初始种群数量为 $P=5000$，$Q=100$. 用 ode45 求解该问题. 假设 S_1 和 S_2 相等，在 1 到 2 范围内进行数值实验. 该问题提供了丰富的实验机会，读者可以尝试不同的 S_1 和 S_2 值.

5.8 用 ode23 求解 5.11 节中的洛伦茨（Lorenz）方程，其中 $r=1$.

5.9 用亚当斯-巴什福斯-莫尔顿法在范围 $t=0$ 到 6 内，求解 $\mathrm{d}y/\mathrm{d}t=-5y$，当 $t=0$ 时 $y=50$. 尝试不同的步长，$h=0.1$，0.2，0.25 和 0.4. 画出每一种情形下误差随 t 的变化. 从这些结果中可以推出
277 关于该方法稳定性的什么结论？精确解为 $y=50\mathrm{e}^{-5t}$.

5.10 下面的一阶微分方程表示在某环境中种群的增长，且可支撑的最大种群大小为 K

$$\mathrm{d}N/\mathrm{d}t = rN(1-N/K)$$

其中 $N(t)$ 是在时间 t 种群的大小，r 为常数. 当 $t=0$ 时，$N=100$，用 MATLAB 函数 ode23 在范围 0 到 200 内求解该微分方程，并画出 N 相对于时间变化的图像. 取 $K=10\,000$，$r=0.1$.

5.11 莱斯利-高尔（Leslie-Gower）捕食者-猎物问题具有如下形式：

$$\mathrm{d}N_1/\mathrm{d}t = N_1(r_1 - cN_1 - b_1 N_2)$$
$$\mathrm{d}N_2/\mathrm{d}t = N_2(r_2 - b_2(N_2/N_1))$$

其中 $t=0$ 时 $N_1=15$，$N_2=15$. 对于给定的 $r_1=1$，$r_2=0.3$，$c=0.001$，$b_1=1.8$，$b_2=0.5$，用 ode45 求解该方程. 画出 $t=0$ 到 40 范围内，N_1，N_2 的图像.

5.12 设 $u=\mathrm{d}x/\mathrm{d}t$，把下述的二阶微分方程化成两个一阶微分方程组

$$\frac{\mathrm{d}^2 x}{\mathrm{d}t^2} + k\left(\frac{1}{v_1}+\frac{1}{v_2}\right)\frac{\mathrm{d}x}{\mathrm{d}t} = 0$$

其中当 $t=0$ 时，$x=0$，$\mathrm{d}x/\mathrm{d}t=10$. 当给定 $v_1=v_2=1$，$k=10$，用 MATLAB 函数 ode45 求解该问题.

5.13 一个关于游击队 g_2 和政府部队 g_1 冲突的模型，可由下述方程表示

$$\mathrm{d}g_1/\mathrm{d}t = -cg_2$$
$$\mathrm{d}g_2/\mathrm{d}t = -rg_2 g_1$$

给定在时间 $t=0$ 时，政府部队人数为 2000，游击队人数为 700，取 $c=30$，$r=0.01$，在时间区间 0 到 0.6 内，用函数 ode45 求解这个方程组. 画出解的图像，显示政府和游击队人员数随时间的变化.

5.14 下面的微分方程给出了一个悬挂系统的简单模型. 常数 m 是移动部件的质量，k 和悬挂系统的刚性有关，常数 c 度量系统的减震程度. F 为常数，是 $t=0$ 时作用的力.

278

$$m\frac{\mathrm{d}^2 x}{\mathrm{d}t^2} + c\frac{\mathrm{d}x}{\mathrm{d}t} + kx = F$$

对于给定的 $m=1$，$k=4$，$F=1$，当 $t=0$ 时，$x=0$，$\mathrm{d}x/\mathrm{d}t=0$，利用 ode23 来看 $t=0$ 到 8 之间 $x(t)$ 的变化，并画出每一情况下 x 对 t 变化的图像.

假设 c 可取下列值：

$$\text{(a)}c=0 \quad \text{(b)}c=0.3\sqrt{mk} \quad \text{(c)}c=\sqrt{mk}$$
$$\text{(d)}c=2\sqrt{mk} \quad \text{(e)}c=4\sqrt{mk}$$

讨论解的性质. 精确解如下

对情况（a），（b），（c）

$$x(t) = \frac{F}{k}\left[1-\frac{1}{\sqrt{1-\zeta^2}}\mathrm{e}^{-\zeta\omega_n t}\cos(\omega_\mathrm{d} t-\phi)\right]$$

对情况（d）

$$x(t)=\frac{F}{k}[1-(1+\omega_n t)\mathrm{e}^{-\omega_n t}]$$

其中

$$\omega_n=\sqrt{k/m}\quad \zeta=c/(2\sqrt{mk})\quad \omega_d=\omega_n\sqrt{1-\zeta^2}$$
$$\phi=\tan^{-1}(\zeta/\sqrt{1-\zeta^2})$$

对情况（e）

$$x(t)=\frac{F}{k}\left[1+\frac{1}{2q}(s_2\mathrm{e}^{s_1 t}-s_1\mathrm{e}^{s_2 t})\right]$$

其中

$$q=\omega_n\sqrt{\zeta^2-1}\quad S_1=-\zeta\omega_n+q\quad S_2=-\zeta\omega_n-q$$

画出这些解，并和数值结果比较.

5.15 吉尔平（Giilpin）系统可以用以下微分方程组对三个互相作用的物种的行为建模

$$\mathrm{d}x_1/\mathrm{d}t=x_1-0.001x_1^2-0.001kx_1x_2-0.01x_1x_3$$
$$\mathrm{d}x_2/\mathrm{d}t=x_2-0.001kx_1x_2-0.001x_2^2-0.001x_2x_3$$
$$\mathrm{d}x_3/\mathrm{d}t=-x_3+0.005x_1x_3+0.0005x_2x_3$$

在时间 $t=0$，给出 $x_1=1000$，$x_2=300$，$x_3=400$，取 $k=0.5$，在范围 $t=0$ 到 $t=50$ 内，用 ode45 求解该方程组，并画出这三个物种的种群大小随时间的变化. 279

5.16 有一个源于行星形成的问题. 一系列被称为星子的物体凝聚成更大的物体，直到达到稳定状态，这时会产生很多行星大小的物体. 为了模拟这个过程，假设存在的最小的物体质量为 m_1，所有其他物体的质量都是它的整数倍. 即 n_k 物体的质量为 m_k，其中 $m_k=km_1$. 在这种方式下，指定质量的物体数随时间的变化规律由如下的凝聚方程给出

$$\frac{\mathrm{d}n_k}{\mathrm{d}t}=\frac{1}{2}\sum_{i+j=k}A_{ij}n_in_j-n_k\sum_{i=k+1}^{\max k}A_{ki}n_i$$

A_{ij} 的值表示第 i 和第 j 个物体间的碰撞概率. 这个方程可以简单地理解为，质点 n_k 的数目会因与比它更小质量的物体的碰撞而增加，因与比它更大质量的物体的碰撞而减少.

作为练习，写出描述只有三个不同大小的星子的系统的方程，并指定 A_{ij} 等于 $n_in_j/(1000(n_i+n_j))$. 注意这里除以 1000 是为了保证碰撞非常罕见，如果考虑的是一个非常广阔的空间区域，这个假设看起来还是合理的. 这些星子的初始数量值 n_1，n_2，n_3 分别取成 200，25 和 1.

用 MATLAB 函数 ode45 在 2 个单位时间区域内求解该系统. 研究该情形，其中碰撞概率由随时间变化的星子数计算出来. 画出结果图像.

5.17 下面这个例子研究生命对于行星环境的影响. 研究这个影响的一个相对简单的途径是考虑一个雏菊世界. 这个假想的世界中只有两种生命形态，白雏菊和黑雏菊. 可以用一组微分方程来建模这种情况. 其中黑雏菊覆盖的区域面积为 a_b，白雏菊覆盖的区域面积为 a_w. 它们随时间的变化关系如下：

$$\mathrm{d}a_b/\mathrm{d}t=a_b(x\beta_b-\gamma)$$
$$\mathrm{d}a_w/\mathrm{d}t=a_w(xb_w-\gamma)$$

假设行星面积为单位 1，其中 $x=1-a_b-a_w$ 表示未被任何一种雏菊覆盖的面积. γ 给出雏菊的死亡率，β_b，β_w 分别表示黑雏菊和白雏菊的生长率. 这与它们从行星的太阳或局部温度那里获得的能量有关. 当然，这些值可以通过经验公式给出 280

$$\beta_b=1-0.003\,265(295.5-T_b)^2$$

以及

$$\beta_w=1-0.003\,265(295.5-T_w)^2$$

其中 T_b 和 T_b 的值位于 278 到 313K 之间，K 表示凯文（Kelvin）温标. 超出该范围，增长率假设为 0. 取 $\gamma=0.3$，$T_b=295$K，$T_w=285$K，且初值 $a_b=0.2$，$a_w=0.3$，在时间区域 $t=[0,10]$ 内用MATLAB 函数 ode45 求解该方程组. 并画出 a_b 和 a_w 随时间变化的图像. 从中可以看到，黑雏菊和白雏菊的覆盖程度将会影响整个行星的温度，这是因为白色区域和黑色区域以不同的方式从太阳吸收能量. 281

边值问题

在第 5 章中，讨论了求解初值问题的方法．解依赖于方程的本质及初始条件．在本章中，将讨论求解边值问题及混合初边值问题的算法．一个独立变量边值问题的解必须满足在两点的边值条件，两个独立变量边值问题的解必须满足在包围求解区域的闭合曲线或直线集上的边值条件．

本章中虽未讨论，但更重要的边值问题是三个独立变量边值问题，例如拉普拉斯（Laplace）方程的三维情形．此时，解必须满足在包围求解区域的曲面上的边值条件．值得一提的是，混合初边值问题中，其中一个变量（通常是时间）会关联一个或多个初值条件，而其他变量依赖于边值条件．

6.1　二阶偏微分方程的分类

本章中将只讨论一个或两个独立变量的二阶偏微分方程．由图 6-1 可知这些方程是如何分类的．一个或两个独立变量偏微分方程的一般形式分别为：

$$A(x)\frac{\mathrm{d}^2 z}{\mathrm{d}x^2}+f\left(x,z,\frac{\mathrm{d}z}{\mathrm{d}x}\right)=0 \tag{6-1}$$

$$A(x,y)\frac{\partial^2 z}{\partial x^2}+B(x,y)\frac{\partial^2 z}{\partial x\partial y}+C(x,y)\frac{\partial^2 z}{\partial y^2}+f\left(x,y,z,\frac{\partial z}{\partial x},\frac{\partial z}{\partial y}\right)=0 \tag{6-2}$$

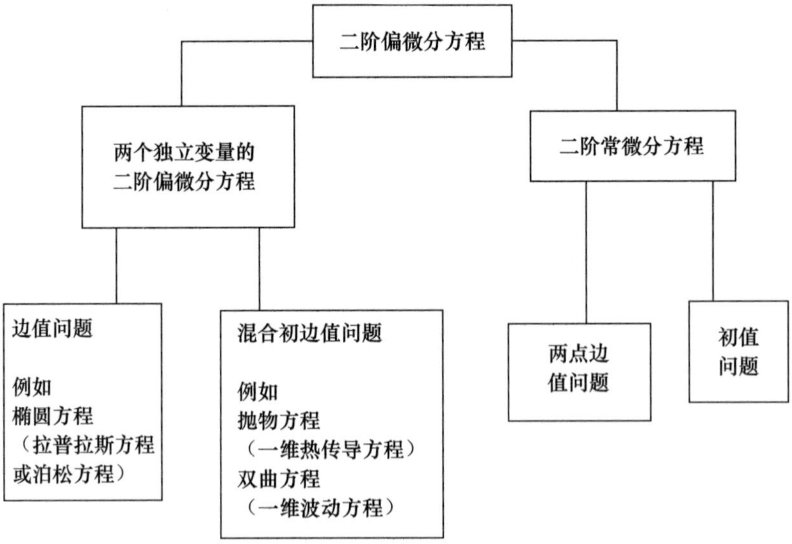

图 6-1　一个或两个独立变量的二阶偏微分方程及求解分类

这些方程的二阶项是线性的，但其他项

$$f\left(x,z,\frac{\mathrm{d}z}{\mathrm{d}x}\right)\quad 和\quad f\left(x,y,z,\frac{\partial z}{\partial x},\frac{\partial z}{\partial y}\right)$$

可以是线性也可以是非线性．特别地，（6-2）可按如下条件分为椭圆、抛物、双曲偏微分方程三类：

若 $B^2-4AC<0$，称为椭圆方程.

若 $B^2-4AC=0$，称为抛物方程.

若 $B^2-4AC>0$，称为双曲方程.

由于系数 A，B，C 一般情况下可能是独立变量的函数，所以对（6-2）的分类依赖于不同的问题定义域. 首先来研究方程（6-1).

6.2 试射法

由同样的微分方程导出的初值问题和两点边值问题，它们的解可能相同. 例如，考虑如下的微分方程：

$$\frac{d^2y}{dx^2}+y=\cos 2x \tag{6-3}$$ 284

给定初始条件，即当 $x=0$ 时，$y=0$ 且 $dy/dx=1$，方程（6-3）的解为

$$y=(\cos x-\cos 2x)/3+\sin x$$

这个解同时满足方程（6-3）的两点边值问题，边值条件为 $x=0$，$y=0$ 及 $x=\pi/2$，$y=4/3$.

这个事实实际上提供了求解两点边值问题的一个很有用的方法——“试射法”. 考虑如下的方程：

$$x^2\frac{d^2y}{dx^2}-6y=0 \tag{6-4}$$

其中边值条件为当 $x=1$ 时，$y=1$，当 $x=2$ 时，$y=1$. 先将该问题看做是初值问题，条件为当 $x=1$ 时，$y=1$，并假设 dy/dx 在 $x=1$ 处的试验值，记为 s. 图 6-2 描述了取不同 s 值的解. 可以看出，当 $s=-1.516$ 时，解满足边值条件，即当 $x=2$ 时，$y=1$. 方程（6-4）的解可通过将其转化为一对一阶微分方程求解，这可应用第 5 章中的数值方法. 方程(6-4)等价于：

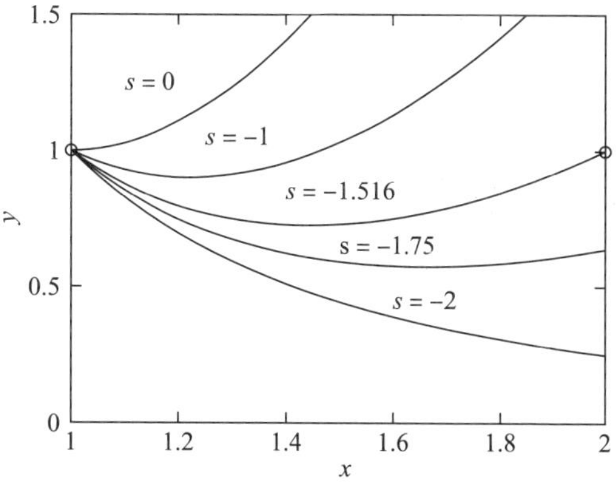

图 6-2 方程 $x^2(d^2y/dx^2)-6y=0$ 的解，当 $x=1$ 时，$y=1$ 且 $dy/dx=1$，试验不同的 s 值

$$\begin{aligned} dy/dx &= z \\ dz/dx &= 6y/x^2 \end{aligned} \tag{6-5}$$

须确定斜率 dy/dx，以满足正确的边值条件. 这可通过反复试验的方法得到，但实际操作起来很繁琐，所以这里采用插值的方法. 下述脚本对 4 个不同的斜率用 MATLAB 函数 ode45 求解方程（6-5). 向量 s 包含在 $x=1$ 处的斜率 dy/dx 的试验值，向量 b 包含对应的在 $x=2$ 处的 y 值（通过 ode45 求得). 从这些 y 值，可用插值方法确定哪个 s 值可使得当 $x=2$ 时 $y=1$. 插值通过函数 aitken 实现（见第 7 章). 最后，使用 ode45 和插值的斜率 s0，求得（6-5）方程的解. 285

```
% e3s601.m
f = @(x,y)[y(2); 6*y(1)/x^2];
option = odeset('RelTol',0.0005);
s = -1.25:-0.25:-2; s0 = [ ];
ncase = length(s); b = zeros(1,ncase);
```

```
for i = 1:ncase
    [x,y] = ode45(f,[1 2],[1 s(i)],option);
    [m,n] = size(y);
    b(1,i) = y(m,1);
end
s0 = aitken(b,s,1)
[x,y] = ode45(f,[1 2],[1 s0],option);
[x y(:,1)]
```

方程（6-5）的右端项在脚本的第一行定义．运行脚本输出如下：

```
s0 =
   -1.5161


ans =
    1.0000    1.0000
    1.0111    0.9836
    1.0221    0.9679
    1.0332    0.9529
    1.0442    0.9386
    1.0692    0.9084
    1.0942    0.8812
    1.1192
```

输出结果很长，这里删除了中间的部分输出．输出的最后部分如下：

```
              0.9293
    1.9442    0.9501
    1.9582    0.9622
    1.9721    0.9745
    1.9861    0.9871
    2.0000    1.0000
```

286 求得的斜率插值为－1.5161．ans 的第 1 列给出了 x 的值，第 2 列给出了对应的 y 值．

虽然试射法不是特别高效，但它能求解非线性边值问题．接下来讨论求解边值问题的另一种方法：有限差分法．

6.3 有限差分法

第 4 章展示了可以使用有限差分估计导数．还可以使用相同的方法来求特定微分方程的解．该方法将求微分方程的解转换为求差分方程组的解．z 关于 x 的一阶和二阶导数，用中心差分估计分别如式（6-6）、（6-7）所示．接下来的方程中，将使用 D_x 表示 $\mathrm{d}/\mathrm{d}x$，$D_x^2=\mathrm{d}^2/\mathrm{d}x^2$，等等．不引起歧义时，将忽略下标 x．则在点 z_i 处，有

$$Dz_i \approx (-z_{i-1}+z_{i+1})/(2h) \tag{6-6}$$

$$D^2 z_i \approx (z_{i-1}-2z_i+z_{i+1})/h^2 \tag{6-7}$$

在式（6-6）、（6-7）中，h 是两个相邻节点的距离（见图 6-3），这些估计的误差阶为 h^2．也可生成更高阶的估计（如误差阶为 h^4），不过这里未使用．想得到更好的精度，可让 h 取得更小一点．

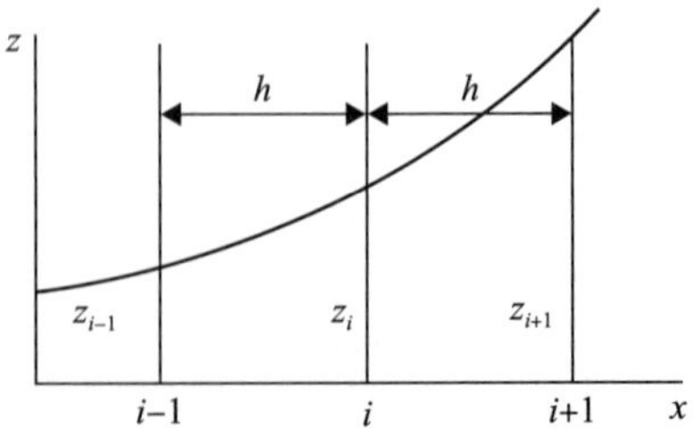

图 6-3 等距节点

也可使用非等距节点的估计．例如，式（6-6）、（6-7）可变为：

$$Dz_i \approx \frac{1}{h\beta(\beta+1)}\{-\beta^2 z_{i-1}-(1-\beta^2)z_i+z_{i+1}\} \tag{6-8}$$

$$D^2 z_i \approx \frac{2}{h^2\beta(\beta+1)}\{\beta z_{i-1}-(1+\beta)z_i+z_{i+1}\} \tag{6-9}$$

其中 $h=x_i-x_{i-1}$ 及 $\beta h=x_{i+1}-x_i$. 注意到当 $\beta=1$ 时，式（6-8）、（6-9）简化为式（6-6）、（6-7）. 估计式（6-8）的误差阶为 h^2，与 β 无关，而估计式（6-9），当 $\beta\neq 1$ 时误差阶为 h，当 $\beta=1$ 时误差阶为 h^2. 287

式（6-6）至（6-9）都是中心差分，即导数在某点估计时使用在该点两侧的函数值. 中心差分通常是最精确的估计，但是在某些情况下，有必要使用向前或向后差分估计. 例如，Dz_i 的向前差分估计为

$$Dz_i \approx (-z_i+z_{i+1})/h \quad \text{误差阶为 } h \tag{6-10}$$

Dz_i 的向后差分估计为

$$Dz_i \approx (-z_{i-1}+z_i)/h \quad \text{误差阶为 } h \tag{6-11}$$

为求解偏微分方程，需要对二维或更高维偏导数进行差分估计. 这些差分估计可组合应用上面的估计式得到. 例如，从差分估计式（6-7）或（6-9）可导出 $\partial^2 z/\partial x^2+\partial^2 z/\partial y^2$（即 $\nabla^2 z$）的有限差分估计式. 为避免出现双下标，这里使用图 6-4 中所示的网格节点记号. 由式（6-7），

$$\begin{aligned}\nabla^2 z_i &\approx (z_l-2z_i+z_r)/h^2+(z_a-2z_i+z_b)/k^2\\ &\approx \{r^2 z_l+r^2 z_r+z_a+z_b-2(1+r^2)z_i\}/(r^2h^2)\end{aligned} \tag{6-12}$$

其中 $r=k/h$. 若 $r=1$，则（6-12）变为：

$$\nabla^2 z_i \approx (z_l+z_r+z_a+z_b-4z_i)/h^2 \tag{6-13}$$

对 $\nabla^2 z_i$ 的这些中心差分估计的误差阶为 $O(h^2)$.

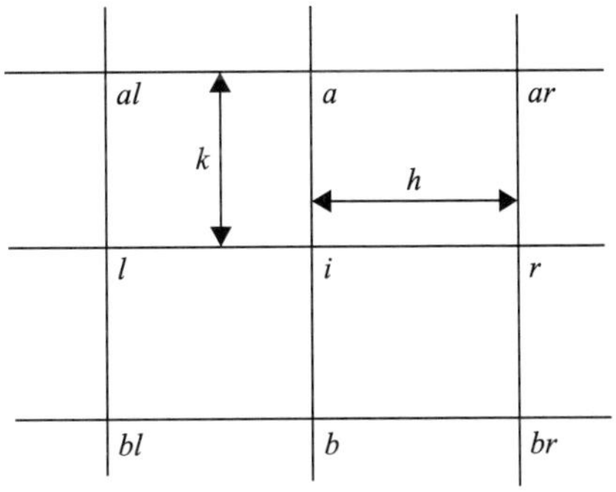

图 6-4 直角坐标下的网格

为导出 z 关于 x 和 y 的混合二阶导数 $\partial^2 z/\partial x\partial y$ 或 D_{xy} 的估计式，可在 y 方向应用（6-6）式，并对其中的每一项在 x 方向应用（6-6）式： 288

$$D_{xy}z_i \approx [(z_r-z_l)_a/(2h)-(z_r-z_l)_b/(2h)]/(2k) \approx (z_{ar}-z_{al}-z_{br}+z_{bl})/(4hk) \tag{6-14}$$

在其他坐标系中（如斜坐标或极坐标），也可以导出相应的有限差分估计，并且在任何方向上都可以使用非等距节点（见 Salvadori 和 Baron，1961）.

6.4 两点边值问题

在开始利用有限差分方法求解偏微分方程之前，先考虑一下解的本质. 如下一个独立变量的二阶非齐次微分方程：

$$(1+x^2)\frac{\mathrm{d}^2 z}{\mathrm{d}x^2}+x\frac{\mathrm{d}z}{\mathrm{d}x}-z=x^2 \tag{6-15}$$

边值条件为当 $x=0$ 时 $z=1$，当 $x=2$ 时 $z=2$. 这个方程的解为：

$$z=-\frac{\sqrt{5}}{6}x+\frac{1}{3}(1+x^2)^{1/2}+\frac{1}{3}(2+x^2) \tag{6-16}$$

这是满足方程及边值条件的唯一解. 作为对比，考虑如下的二阶齐次方程：

$$x\frac{\mathrm{d}^2 z}{\mathrm{d}x^2}+\frac{\mathrm{d}z}{\mathrm{d}x}+\lambda x^{-1}z=0 \tag{6-17}$$

要求满足条件当 $x=1$ 时，$z=0$，当 $x=\mathrm{e}$（$\mathrm{e}=2.7183\cdots$）时，$\mathrm{d}z/\mathrm{d}z=0$. 若 λ 为一给定常数，该齐次方程有平凡解 $z=0$. 但是，若 λ 未知，则可求哪些 λ 能得到 z 的非平凡解. 此时方程（6-17）为一特征值或特征向量问题. 求解（6-17）可得到如下无穷多组 λ 和 z 的解：

$$z_n = \sin\left\{(2n+1)\frac{\pi}{2}\log_e|x|\right\} \quad \lambda_n = \{(2n+1)\pi/2\}^2 \quad n = 0,1,2,\cdots \tag{6-18}$$

满足（6-18）式的 λ 值称为特征值，对应的 z 称为特征函数. 这种特殊类型的边值问题被称为特征值或特征向量问题. 当方程和边值条件都是齐次时，会出现特征值问题.

289 下面通过例 6.1 和 6.2 说明如何使用有限差分方法求解边值问题.

例 6-1 求方程（6-15）的近似解. 首先将（6-15）式乘以 $2h^2$，并将 $\mathrm{d}^2z/\mathrm{d}x^2$ 记为 D^2z 等，得到：

$$2(1+x^2)(h^2D^2z) + xh(2hDz) - 2h^2z = 2h^2x^2 \tag{6-19}$$

利用式（6-6）、（6-7），代入（6-19）后得到：

$$2(1+x_i^2)(z_{i-1} - 2z_i + z_{i+1}) + x_ih(-z_{i-1} + z_{i+1}) - 2h^2z_i = 2h^2x_i^2 \tag{6-20}$$

如图 6-5 所示，沿 x 方向分成 4 段（$h=1/2$），节点编号为 1 至 5. 将（6-20）式应用到节点 2、3、4 得到：

节点 2 处：$2(1+0.5^2)(z_1 - 2z_2 + z_3) + 0.25(-z_1 + z_3) - 0.5z_2 = 0.5(0.5^2)$

节点 3 处：$2(1+1.0^2)(z_2 - 2z_3 + z_4) + 0.50(-z_2 + z_4) - 0.5z_3 = 0.5(1.0^2)$

节点 4 处：$2(1+1.5^2)(z_3 - 2z_4 + z_5) + 0.75(-z_3 + z_5) - 0.5z_4 = 0.5(1.5^2)$

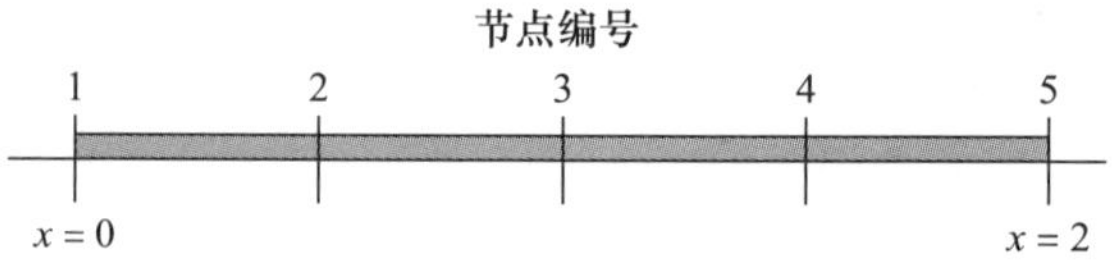

图 6-5　方程（6-15）的节点编号

该问题的边值条件为当 $x=0$ 时，$z=1$ 及当 $x=2$ 时，$z=2$. 即 $z_1=1$，$z_5=2$. 代入这些值，化简方程并以矩阵形式写为：

$$\begin{bmatrix} -44 & 22 & 0 \\ 28 & -68 & 36 \\ 0 & 46 & -108 \end{bmatrix}\begin{bmatrix} z_2 \\ z_3 \\ z_4 \end{bmatrix} = \begin{bmatrix} -17 \\ 4 \\ -107 \end{bmatrix}$$

该方程组用 MATLAB 可轻松解出：

```
>> A = [-44 22 0;28 -68 36;0 46 -108];
>> b = [-17 4 -107].';
>> y = A\b

y =
    0.9357
    1.0987
    1.4587
```

注意到上述矩阵的行可经过缩放，使得系数矩阵是对称的. 这在求解大规模问题时非常

290 重要.

为增加求解精度，可增加节点数目，从而减小 h 的值. 但是，对大规模的节点，手工写下所有的差分估计式将非常繁琐且容易出错. 下面的 MATLAB 函数 twopoint 实现了求解二阶边值问题的过程，这里的二阶微分方程如（6-21）所示，同时需满足一定的边值条件.

$$C(x)\frac{\mathrm{d}^2z}{\mathrm{d}x^2} + D(x)\frac{\mathrm{d}z}{\mathrm{d}x} + E(x)z = F(x) \tag{6-21}$$

用户需要提供节点值的向量. 节点不要求必须是等距分隔的. 用户还需提供 $C(x)$，$D(x)$，$E(x)$，$F(x)$ 在节点处值的向量. 当然，还需要提供边界条件，即 z 或 $\mathrm{d}z/\mathrm{d}x$.

```
function y = twopoint(x,C,D,E,F,flag1,flag2,p1,p2)
% Solves 2nd order boundary value problem
% Example call: y = twopoint(x,C,D,E,F,flag1,flag2,p1,p2)
% x is a row vector of n+1 nodal points.
% C, D, E and F are row vectors
% specifying C(x), D(x), E(x) and F(x).
% If y is specified at node 1, flag1 must equal 1.
% If y' is specified at node 1, flag1 must equal 0.
% If y is specified at node n+1, flag2 must equal 1.
% If y' is specified at node n+1, flag2 must equal 0.
% p1 & p2 are boundary values (y or y') at nodes 1 and n+1.
n = length(x)-1;
h(2:n+1) = x(2:n+1)-x(1:n);
h(1) = h(2); h(n+2) = h(n+1);
r(1:n+1) = h(2:n+2)./h(1:n+1);
s = 1+r;
if flag1==1
    y(1) = p1;
else
    slope0 = p1;
end
if flag2==1
    y(n+1) = p2;
else
    slopen = p2;
end
W = zeros(n+1,n+1);
if flag1==1
    c0 = 3;
    W(2,2) = E(2)-2*C(2)/(h(2)^2*r(2));
    W(2,3) = 2*C(2)/(h(2)^2*r(2)*s(2))+D(2)/(h(2)*s(2));
    b(2) = F(2)-y(1)*(2*C(2)/(h(2)^2*s(2))-D(2)/(h(2)*s(2)));
else
    c0=2;
    W(1,1) = E(1)-2*C(1)/(h(1)^2*r(1));
    W(1,2) = 2*C(1)*(1+1/r(1))/(h(1)^2*s(1));
    b(1) = F(1)+slope0*(2*C(1)/h(1)-D(1));
end
if flag2==1
    c1 = n-1;
    W(n,n) = E(n)-2*C(n)/(h(n)^2*r(n));
    W(n,n-1) = 2*C(n)/(h(n)^2*s(n))-D(n)/(h(n)*s(n));
    b(n) = F(n)-y(n+1)*(2*C(n)/(h(n)^2*s(n))+D(n)/(h(n)*s(n)));
else
    c1 = n;
    W(n+1,n+1) = E(n+1)-2*C(n+1)/(h(n+1)^2*r(n+1));
    W(n+1,n) = 2*C(n+1)*(1+1/r(n+1))/(h(n+1)^2*s(n+1));
    b(n+1) = F(n+1)-slopen*(2*C(n+1)/h(n+1)+D(n+1));
end
for i = c0:c1
    W(i,i) = E(i)-2*C(i)/(h(i)^2*r(i));
    W(i,i-1) = 2*C(i)/(h(i)^2*s(i))-D(i)/(h(i)*s(i));
    W(i,i+1) = 2*C(i)/(h(i)^2*r(i)*s(i))+D(i)/(h(i)*s(i));
    b(i) = F(i);
end
z = W(flag1+1:n+1-flag2,flag1+1:n+1-flag2)\b(flag1+1:n+1-flag2)';
```

291

```
if flag1==1 & flag2==1, y = [y(1); z; y(n+1)]; end
if flag1==1 & flag2==0, y = [y(1); z]; end
if flag1==0 & flag2==1, y = [z; y(n+1)]; end
if flag1==0 & flag2==0, y = z; end
```

选取 9 个节点，利用该函数求解方程（6-15）的脚本如下：

```
% e3s602.m
x = 0:.2:2;
C = 1+x.^2; D = x; E = -ones(1,11); F = x.^2;
flag1 = 1; p1 = 1; flag2 = 1; p2 = 2;
z = twopoint(x,C,D,E,F,flag1,flag2,p1,p2);
B = 1/3; A = -sqrt(5)*B/2;
xx = 0:.01:2;
zz = A*xx+B*sqrt(1+xx.^2)+B*(2+xx.^2);
plot(x,z,'o',xx,zz)
xlabel('x'); ylabel('z')
```

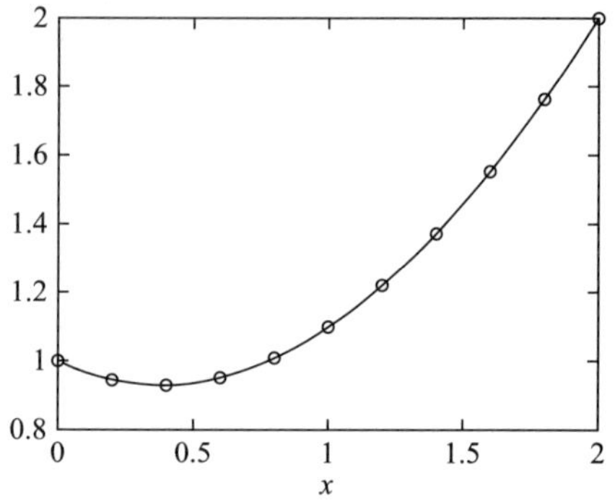

图 6-6　方程 $(1+x^2)(d^2z/dx^2)+xdz/dx-z=x^2$ 的有限差分解. "。"表示有限差分的近似解，连续曲线表示精确解

脚本输出结果为图 6-6.

从有限差分法求得的结果非常精确. 这是因为这个边值问题的解，即（6-16）式，可用低阶多项

292 式很好地逼近. ◀

例 6-2 求方程（6-17）满足边值条件 $x=1$ 时 $z=0$ 及 $x=e$ 时 $dz/dx=0$ 的解. 精确的特征解为 $\lambda_n=\{(2n+1)\pi/2\}^2$ 及 $z_n(x)=\sin\{(2n+1)(\pi/2)\log_e|x|\}$，其中 $n=0$，1，…，∞. 使用图 6-7 所示的节点编号. 为应用在 $x=e$ 处的边值条件，必须考虑 Dz 在节点 5 处（即 $x=e$）的有限差分估计，且令 $Dz_5=0$. 应用（6-6）式，得

$$2hDz_5=-z_4+z_6=0 \tag{6-22}$$

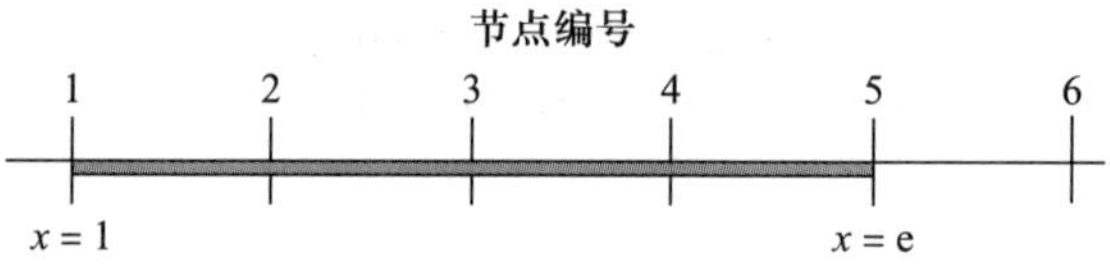

图 6-7　方程（6-17）的节点编号

注意到必须引入一个假想节点 6. 从（6-22）式可知，$z_6=z_4$.

将（6-17）式乘以 $2h^2$，得到

$$2x(h^2D^2z)+h(2hDz)=-\lambda 2x^{-1}h^2z$$

即

293 $$2x_i(z_{i-1}-2z_i+z_{i+1})+h(-z_{i-1}+z_{i+1})=-\lambda 2x_i^{-1}h^2z_i$$

此时有 $L=e-1=1.7183$，则 $h=L/4=0.4296$. 将（6-19）式应用于节点 2 至 5，得到

节点 2 处：$2(1.4296)(z_1-2z_2+z_3)+0.4296(-z_1+z_3)=-2\lambda(1.4296)^{-1}(0.4296)^2z_2$

节点 3 处：$2(1.8591)(z_2-2z_3+z_4)+0.4296(-z_2+z_4)=-2\lambda(1.8591)^{-1}(0.4296)^2z_3$

节点 4 处：$2(2.2887)(z_3-2z_4+z_5)+0.4296(-z_3+z_5)=-2\lambda(2.2887)^{-1}(0.4296)^2z_4$

节点 5 处：$2(2.7183)(z_4-2z_5+z_6)+0.4296(-z_4+z_6)=-2\lambda(2.7183)^{-1}(0.4296)^2z_5$

令 $z_1=0$ 及 $z_6=z_4$，则有

$$\begin{bmatrix}-5.7184 & 3.2887 & 0 & 0\\ 3.2887 & -7.4364 & 4.1478 & 0\\ 0 & 4.1478 & -9.1548 & 5.0070\\ 0 & 0 & 10.8731 & -10.8731\end{bmatrix}\begin{bmatrix}z_2\\ z_3\\ z_4\\ z_5\end{bmatrix}$$

$$=\lambda\begin{bmatrix}-0.2582 & 0 & 0 & 0\\ 0 & -0.1985 & 0 & 0\\ 0 & 0 & -0.1613 & 0\\ 0 & 0 & 0 & -0.1358\end{bmatrix}\begin{bmatrix}z_2\\ z_3\\ z_4\\ z_5\end{bmatrix}$$

用 MATLAB 求解该方程组如下：

```
>> A = [-5.7184 3.2887 0 0;3.2887 -7.4364 4.1478 0;
   0 4.1478 -9.1548 5.0070; 0 0 10.8731 -10.8731];
>> B = diag([-0.2582 -0.1985 -0.1613 -0.1358]);
>> [u lambda] = eig(A,B)

u =
   -0.5424    1.0000   -0.4365    0.0169
   -0.8362    0.1389    1.0000   -0.1331
   -0.9686   -0.6793   -0.3173    0.5265
   -1.0000   -0.9112   -0.8839   -1.0000

lambda =
    2.5110         0         0         0
         0   20.3774         0         0
         0         0   51.3254         0
         0         0         0  122.2197
```

最小的 4 个特征值的精确值为 2.4674、22.2066、61.6850、120.9027. 图 6-8 画出了前两个特征函数 $z_0(x)$ 和 $z_1(x)$，以及从 u 的前两列求出的估计值. 注意到 u 的值经过了缩放，使得对应于节点 z_5 的值是 1 或 −1. 如下的脚本计算并画出了前两个精确的特征函数 $z_0(x)$ 和 $z_1(x)$，并画出了缩放后的特征函数的估计值. 294

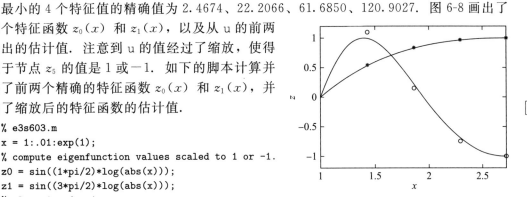

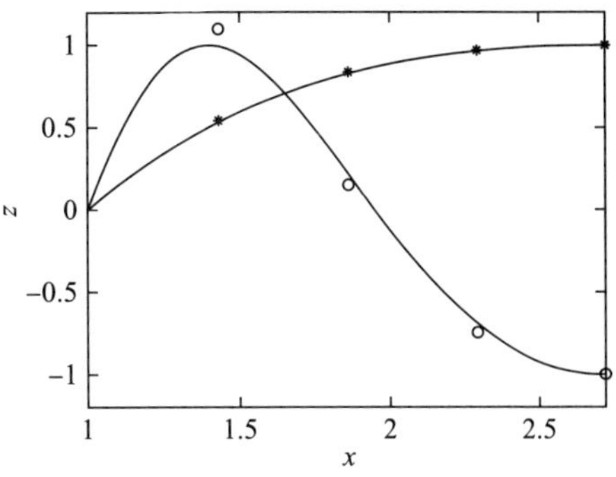

图 6-8 方程 $x(\mathrm{d}^2x/\mathrm{d}x^2)+\mathrm{d}z/\mathrm{d}x+\lambda z/x=0$ 的第一（*）和第二（∘）特征函数的估计值. 实线表示特征函数 $z_0(x)$ 和 $z_1(x)$ 的精确值

```
% e3s603.m
x = 1:.01:exp(1);
% compute eigenfunction values scaled to 1 or -1.
z0 = sin((1*pi/2)*log(abs(x)));
z1 = sin((3*pi/2)*log(abs(x)));
% plot eigenfuctions
plot(x,z0,x,z1), hold on
% Discrete approximations to eigenfunctions
% Scaled to 1 or -1.
u0 = [0.5424 0.8362 0.9686 1];
u1 = (1/0.9112)*[1 0.1389 -0.6793 -0.9112];
% determine x values for plotting
r = (exp(1)-1)/4;
xx = [1+r 1+2*r 1+3*r 1+4*r];
plot(xx,u0,'*',xx,u1,'o'), hold off
axis([1 exp(1) -1.2 1.2])
xlabel('x'), ylabel('z')
```

◀

6.5 抛物偏微分方程

一般的有两个独立变量 x 和 y 的二阶偏微分方程如 (6-2) 式所示. 这里将 y 用 t 替换，方程为：

$$A(x,t)\frac{\partial^2 z}{\partial x^2}+B(x,t)\frac{\partial^2 z}{\partial x\partial t}+C(x,t)\frac{\partial^2 z}{\partial t^2}+f\left(x,t,z,\frac{\partial z}{\partial x},\frac{\partial z}{\partial t}\right)=0 \tag{6-23}$$ 295

若 $B^2-4AC=0$，则该方程为抛物方程．抛物方程的定义域不是封闭区域，而在一个开放区域内传播．例如，不考虑能量产生，一维的热传导问题可用如下方程描述：

$$K\frac{\partial^2 u}{\partial x^2}=\frac{\partial u}{\partial t}\quad 0<x<L\text{ 且 }t>0 \tag{6-24}$$

其中 K 是热扩散系数，u 是材料温度．比较（6-24）和（6-23），可知在（6-23）中，A，B，C 分别为 K，0，0．计算知 $B^2-4AC=0$，所以该方程为抛物方程．

为求解该方程，必须指定在 $x=0$ 和 $x=L$ 处的边值条件以及当 $t=0$ 时的初值条件．为导出差分格式，将求解的空间区域分成 n 段，每段长为 h，即 $h=L/n$，并考虑足够多的时间步，每个时间步长为 k．将 $\partial^2u/\partial x^2$ 替换为中心差分估计式（6-7），替换 $\partial u/\partial t$ 为向前差分估计式（6-10），可得到（6-24）式在节点（i，j）处的有限差分估计

$$K\left(\frac{u_{i-1,j}-2u_{i,j}+u_{i+1,j}}{h^2}\right)=\left(\frac{-u_{i,j}+u_{i,j+1}}{k}\right) \tag{6-25}$$

或

$$u_{i,j+1}=u_{i,j}+\alpha(u_{i-1,j}-2u_{i,j}+u_{i+1,j})\quad i=0,1,\cdots,n;j=0,1,\cdots \tag{6-26}$$

在（6-26）式中，$\alpha=Kk/h^2$．节点（i，j）表示在时间 jk 时的点 $x=ih$．由（6-26）式可确定 $u_{i,j+1}$，即从 u 在时间 j 的值可求出 u 在时间 $j+1$ 的值．$u_{i,0}$ 的值从初值条件得到，$u_{0,j}$ 和 $u_{n,j}$ 的值从边值条件得到．这样的求解方法称为显式方法．

在数值求解抛物偏微分方程时，数值方法的稳定性和收敛性非常重要．可以证明，当使用显式方法时，必须要求 $\alpha\leqslant 0.5$，才能保证解的稳定收敛．这个限制意味着有时候要求网格在时间上的分隔足够小，也就是说需要非常多的时间步．

接下来讨论另一种对（6-24）进行有限差分估计的方法．考虑在节点（i，$j+1$）处的差分估计，依然将 $\partial^2u/\partial x^2$ 替换为中心差分估计式（6-7），不过这次替换 $\partial u/\partial t$ 为向后差分估计式（6-11），可得：

$$K\left(\frac{u_{i-1,j+1}-2u_{i,j+1}+u_{i+1,j+1}}{h^2}\right)=\left(\frac{-u_{i,j}+u_{i,j+1}}{k}\right) \tag{6-27}$$

这个等式和（6-25）式的区别是，此次近似取在（$j+1$）步，而非（6-25）中的 j 步．记 $\alpha=Kk/h^2$，重写（6-27）式得到：

296

$$(1+2\alpha)u_{i,j+1}-\alpha(u_{i+1,j+1}+u_{i-1,j+1})=u_{i,j} \tag{6-28}$$

其中 $i=0$，1，…，n；$j=0$，1，….等式左边的三个变量是未知的．但是，若取 $n+1$ 个空间点的网格，则在 $j+1$ 步时有 $n-1$ 个未知节点值以及 2 个已知边界值．将形如（6-28）的 $n-1$ 个方程放在一起：

$$\begin{bmatrix}\gamma & -\alpha & 0 & \cdots & 0\\ -\alpha & \gamma & -\alpha & \cdots & 0\\ \gamma & -\alpha & \gamma & \cdots & 0\\ \vdots & \vdots & \vdots & & \vdots\\ 0 & 0 & 0 & \cdots & -\alpha\\ 0 & 0 & 0 & \cdots & \gamma\end{bmatrix}\begin{bmatrix}u_{1,j+1}\\ u_{2,j+1}\\ u_{3,j+1}\\ \vdots\\ u_{n-2,j+1}\\ u_{n-1,j+1}\end{bmatrix}=\begin{bmatrix}u_{1,j}+\alpha u_0\\ u_{2,j}\\ u_{3,j}\\ \vdots\\ u_{n-2,j}\\ u_{n-1,j}+\alpha u_n\end{bmatrix}$$

其中 $\gamma=1+2\alpha$．注意 u_0 和 u_n 为已知的边界条件，假设与时间无关．求解该方程组，可从 u_1，u_2，…，u_{n-1} 在时间步 j 的值求出 u_1，u_2，…，u_{n-1} 在时间步 $j+1$ 的值．这个方法称为隐式方法．与显式方法相比，隐式方法在每一个时间步需要更多的计算量．但是，隐式方法的重要之处在于它是无条件稳定的．尽管稳定性不会对 α 造成任何限制，但是 h 和 k

还是要选取得足够小，以获得所需的精度.

下面的函数 heat 实现了用隐式有限差分求解抛物微分方程（6-24）.

```
function [u alpha] = heat(nx,hx,nt,ht,init,lowb,hib,K)
% Solves parabolic equ'n.
% e.g. heat flow equation.
% Example call: [u alpha] = heat(nx,hx,nt,ht,init,lowb,hib,K)
% nx, hx are number and size of x panels
% nt, ht are number and size of t panels
% init is a row vector of nx+1 initial values of the function.
% lowb & hib are boundaries at low and hi values of x.
% Note that lowb and hib are scalar values.
% K is a constant in the parabolic equation.
alpha = K*ht/hx^2;
A = zeros(nx-1,nx-1); u = zeros(nt+1,nx+1);
u(:,1) = lowb*ones(nt+1,1);
u(:,nx+1) = hib*ones(nt+1,1);
u(1,:) = init;
A(1,1) = 1+2*alpha; A(1,2) = -alpha;
for i = 2:nx-2
    A(i,i) = 1+2*alpha;
    A(i,i-1) = -alpha; A(i,i+1) = -alpha;
end
A(nx-1,nx-2) = -alpha; A(nx-1,nx-1) = 1+2*alpha;
b(1,1) = init(2)+init(1)*alpha;
for i = 2:nx-2, b(i,1) = init(i+1); end
b(nx-1,1) = init(nx)+init(nx+1)*alpha;
[L,U] = lu(A);
for j = 2:nt+1
    y = L\b; x = U\y;
    u(j,2:nx) = x'; b = x;
    b(1,1) = b(1,1)+lowb*alpha;
    b(nx-1,1) = b(nx-1,1)+hib*alpha;
end
```

297

下面利用 heat 函数研究砖墙温度随时间的分布. 砖墙厚 0.3 米，初始为均匀的温度 100 摄氏度. 砖的热扩散系数为 $K=5\times10^{-7}\,\mathrm{m/s^2}$，如果两个表面的温度突然降为 20 摄氏度，而后保持在这个温度. 需要画出此后 22 000 秒（366.67 分钟）内每隔 440 秒（7.33 分钟）的温度变化.

为求解该问题，这里将求解网格沿 x 方向分成 15 个区域，沿 t 方向分成 50 个区域.

```
% e3s604.m
K = 5e-7; thick = 0.3; tfinal = 22000;
nx = 15; hx = thick/nx;
nt = 50; ht = tfinal/nt;
init = 100*ones(1,nx+1); lowb = 20; hib = 20;
[u al] = heat(nx,hx,nt,ht,init,lowb,hib,K);
alpha = al, surfl(u)
axis([0 nx+1 0 nt+1 0 120])
view([-217 30]), xlabel('x - node nos.')
ylabel('Time - node nos.'), zlabel('Temperature')
```

运行脚本得到：

```
alpha =
    0.5500
```

并得到图 6-9.

由图 6-9 可以看出，墙的温度随时间递减. 图 6-10 画出了砖墙中心处温度随时间的变化，计算时采用了隐式（使用 MATLAB 函数 heat）和显式两种方法（网格大小一致）. 显式方法的 MATLAB 函数本书并未提供. 可以看出，用显式方法求得的解随时间是不稳
298 定的，因为选择网格大小使 $\alpha=0.55$，所以这和预想的一样.

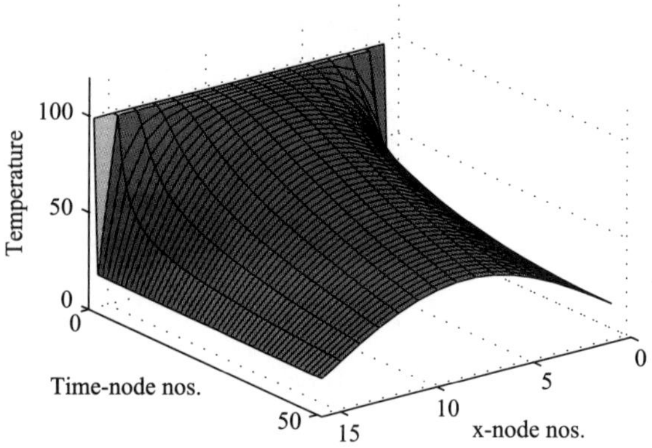

图 6-9 砖墙随时间的温度分布

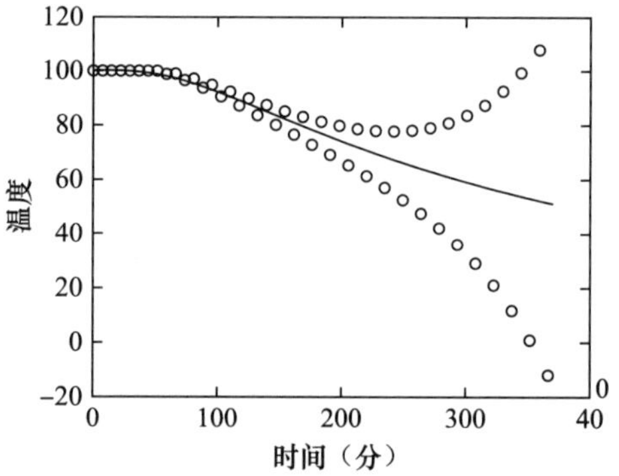

图 6-10 砖墙中心的温度变化. 稳定衰减的解（实线）是用隐式方法求出的，震荡的解（圆圈）是用显式方法求出的

6.6 双曲偏微分方程

考虑如下的方程：

$$c^2\frac{\partial^2 u}{\partial x^2}=\frac{\partial^2 u}{\partial t^2}\quad 0<x<L \text{ 且 } t>0 \tag{6-29}$$

这是一维波动方程. 和 6.5 节中的热传导问题一样，波动方程的解也通常在一个开放区域里传播. (6-29) 式描述了一根紧绷的弦的波动，其中 c 是波的传播速度. 比较 (6-29) 和 (6-23)，可知 $B^2-4AC=-4c^2(-1)$. 因为 c^2 是正的，所以 $B^2-4AC>0$，此方程为双曲
299 方程. 方程 (6-29) 需满足在 $x=0$ 和 $x=L$ 处的边值条件及在 $t=0$ 处的初值条件.

接下来设计求解方程的有限差分格式. 将 L 分成 n 段，即 $h=L/n$，时间步长为 k. 基于 (6-7) 式在节点 (i, j) 处应用中心差分估计，对 (6-29) 式有如下估计：

$$c^2\left(\frac{u_{i-1,j}-2u_{i,j}+u_{i+1,j}}{h^2}\right)=\left(\frac{u_{i,j-1}-2u_{i,j}+u_{i,j+1}}{k^2}\right)$$

或

$$(u_{i-1,j}-2u_{i,j}+u_{i+1,j})-(1/\alpha^2)(u_{i,j-1}-2u_{i,j}+u_{i,j+1})=0$$

其中 $\alpha^2=c^2k^2/h^2(i=0, 1, \cdots, n;\ j=0, 1, \cdots)$. 节点 (i, j) 表示在时间 jk 时的点 $x=ih$. 重写上式得：

$$u_{i,j+1}=\alpha^2(u_{i-1,j}+u_{i+1,j})+2(1-\alpha^2)u_{i,j}-u_{i,j-1} \tag{6-30}$$

当 $j=0$ 时，(6-30) 式变为：

$$u_{i,1}=\alpha^2(u_{i-1,0}+u_{i+1,0})+2(1-\alpha^2)u_{i,0}-u_{i,-1} \tag{6-31}$$

为求解双曲偏微分方程，$u(x)$ 和 $\partial u/\partial t$ 的初值必须给出，记这些值分别为 U_i 和 $V_i(i=0, 1, \cdots, n)$. 基于 (6-6) 式可将 $\partial u/\partial t$ 替换为它的中心差分估计：

$$V_i=(-u_{i,-1}+u_{i,1})/(2k)$$

则

$$-u_{i,-1}=2kV_i-u_{i,1} \tag{6-32}$$

在（6-31）中，将 $u_{i,0}$ 替换为 U_i，将 $u_{i,-1}$ 用（6-32）替换，得到

$$u_{i,1}=\alpha^2(U_{i-1}+U_{i+1})+2(1-\alpha^2)U_i+2kV_i-u_{i,1}$$

即

$$u_{i,1}=\alpha^2(U_{i-1}+U_{i+1})/2+(1-\alpha^2)U_i+kV_i \tag{6-33}$$

由（6-33）式，可计算出在时间步 $j=1$ 时 u 的值. 一旦得到这些值，就可以利用（6-30）式，得到显式的求解方法. 为了保证稳定性，参数 α 应该小于或等于 1. 不过，当 α 小于 1 时，解的精度会降低. 300

下面的函数 fwave 实现了求解（6-29）的显式有限差分方法.

```
function [u alpha] = fwave(nx,hx,nt,ht,init,initslope,lowb,hib,c)
% Solves hyperbolic equ'n, e.g. wave equation.
% Example: [u alpha] = fwave(nx,hx,nt,ht,init,initslope,lowb,hib,c)
% nx, hx are number and size of x panels
% nt, ht are number and size of t panels
% init is a row vector of nx+1 initial values of the function.
% initslope is a row vector of nx+1 initial derivatives of
% the function.
% lowb is a column vector of nt+1 boundary values at the
% low value of x.
% hib is a column vector of nt+1 boundary values at hi value of x.
% c is a constant in the hyperbolic equation.
alpha = c*ht/hx;
u = zeros(nt+1,nx+1);
u(:,1) = lowb; u(:,nx+1) = hib; u(1,:) = init;
for i = 2:nx
    u(2,i) = alpha^2*(init(i+1)+init(i-1))/2+(1-alpha^2)*init(i) ...
    +ht*initslope(i);
end
for j = 2:nt
    for i = 2:nx
        u(j+1,i)=alpha^2*(u(j,i+1)+u(j,i-1))+(2-2*alpha^2)*u(j,i) ...
        -u(j-1,i);
    end
end
```

将一根紧绷的弦的一端沿正向偏移 10 个单位，使用 fwave 函数研究到时间 $t=4$ 时弦的振动情况，时间步长取 $t=0.1$.

```
% e3s605.m
T = 4; L = 1.6;
nx = 16; nt = 40; hx = L/nx; ht = T/nt;
c = 1; t = 0:nt;
hib = zeros(nt+1,1); lowb = zeros(nt+1,1);
lowb(2:5,1) = 10;
init = zeros(1,nx+1); initslope = zeros(1,nx+1);
[u al] = fwave(nx,hx,nt,ht,init,initslope,lowb,hib,c);
alpha = al, surfl(u)
axis([0 16 0 40 -10 10])
xlabel('Position along string')
ylabel('Time'), zlabel('Vertical displacement')
```
301

运行该脚本输出图 6-11 及如下结果：

```
alpha =
     1
```

由图 6-11 中可以看出，在一端边界上的扰动，会传播到整根弦上．在另一端，会被反射回来成为一个负的扰动．在每一端，反射及反向持续发生．扰动以速度 c 传播并且形状不变．类似地，压力扰动在传声筒中传播时不改变．例如代表声音“HELLO”的压力扰动进入传声筒，在另一端将检测到声音“HELLO”．实际中，由于存在能量损耗（本节的模型未考虑这个因素），扰动的振幅经过一段时间会衰减到 0.

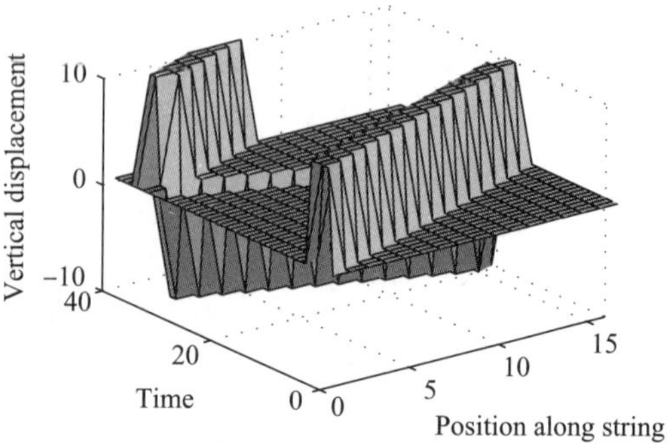

图 6-11 满足给定初边值条件的（6-29）的解

6.7 椭圆偏微分方程

二阶椭圆偏微分方程可以在一个封闭区域内求解，边界的形状及在边界上的值必须指定．在描述物理系统时，自然出现的几类重要的二阶椭圆偏微分方程如下：

$$\text{拉普拉斯(Laplace) 方程}: \nabla^2 z = 0 \tag{6-34}$$

$$\text{泊松(Poisson) 方程}: \nabla^2 z = F(x,y) \tag{6-35}$$

$$\text{亥姆霍兹(Helmholtz) 方程}: \nabla^2 z + G(x,y)z = F(x,y) \tag{6-36}$$

其中$\nabla^2 z=\partial^2 z/\partial x^2+\partial^2 z/\partial y^2$，$z(x, y)$ 为未知函数．注意到拉普拉斯方程和泊松方程是亥姆霍兹方程的特例．一般地，这些方程需要满足一定的边界条件，需要知道函数在边界上的值或函数在垂直边界方向的导数值．进一步，也可以拥有混合边界条件．将(6-34)、

302 (6-35)、(6-36) 与如下标准 2 个变量的二阶偏微分方程进行对比：

$$A(x,y)\frac{\partial^2 z}{\partial x^2}+B(x,y)\frac{\partial^2 z}{\partial x\partial y}+C(x,y)\frac{\partial^2 z}{\partial y^2}+f\left(x,y,z,\frac{\partial z}{\partial x},\frac{\partial z}{\partial y}\right)=0$$

可知，$A=C=1$，$B=0$，所以 $B^2-4AC<0$，故这些方程为椭圆方程．

拉普拉斯方程是齐次的，若边界条件也是齐次的，则解 $z=0$ 是平凡的．(6-35) 与之类似，若 $F(x, y)=0$，且边界条件是齐次的，则 $z=0$．但是，在 (6-36) 中，可将 $G(x, y)$ 用因子 λ 缩放，则 (6-35) 变为：

$$\nabla^2 z + \lambda G(x,y)z = 0 \tag{6-37}$$

这是特征值问题，可以求出 λ 及相应的非平凡解 $z(x, y)$．

椭圆方程 (6-34) 至 (6-37) 只在很少情形下有闭形式解．对大多数情况来说，使用数值方法求近似解就很必要．有限差分方法应用起来很简单，尤其在求解区域是矩形区域时．下面使用$\nabla^2 z$ 的有限差分估计求解矩形区域上的椭圆偏微分方程，有限差分估计见 (6-12) 或 (6-13) 式．

例 6-3 拉普拉斯方程．确定矩形区域内温度分布．边界上的温度分布如下：

$x=0, T=100y$；$x=3, T=250y$；$y=0, T=0$；及 $y=2, T=200+(100/3)x^2$

303 图 6-12 画出了边界形状、边界温度分布及 2 个节点．

温度分布由拉普拉斯方程描述．用有限差分法求解该方程．将式 (6-13) 应用于

图 6-12中网格内的节点 1 和 2，有：

$$(233.33+T_2+0+100-4T_1)/h^2=0$$

$$(333.33+250+0+T_1-4T_2)/h^2=0$$

其中 $h=1$，T_1 和 T_2 分别是节点 1 和 2 处的未知温度. 重写该方程组：

$$\begin{bmatrix}-4 & 1\\ 1 & -4\end{bmatrix}\begin{bmatrix}T_1\\ T_2\end{bmatrix}=\begin{bmatrix}-333.33\\ -583.33\end{bmatrix}$$

求解该方程组，得 $T_1=127.78$，$T_2=177.78$. ◀

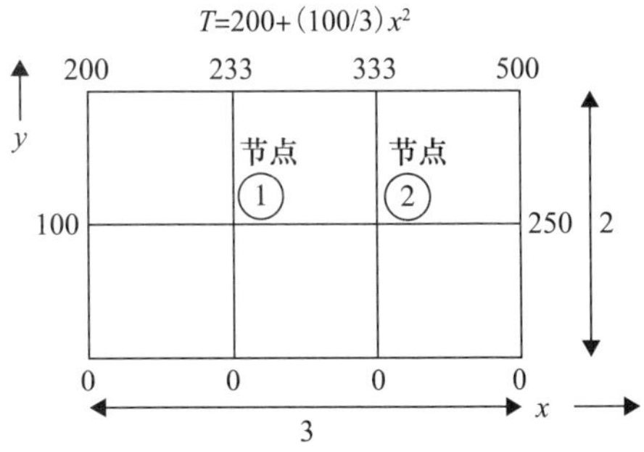

图 6-12 矩形区域中的温度分布. 图中画出了节点 1 和 2

若需更高精度的解，则必须使用更多节点，计算负担会增大. 下面的 MATLAB 函数 ellipgen 使用差分估计式（6-12）求解一般的椭圆微分方程（6-34）至（6-37），定义域必须为矩形区域. 该函数只能求解给定边界值的问题，不能求解给定边界导数的问题. 当用户用 10 个参数调用该函数时，函数可求解方程（6-34）至（6-36），参看例 6.4 和例 6.5；当用户用 6 个参数调用该函数时，函数可求解方程（6-37），参看例 6.6.

```
function [a,om] = ellipgen(nx,hx,ny,hy,G,F,bx0,bxn,by0,byn)
% Function either solves:
% nabla^2(z)+G(x,y)*z = F(x,y) over a rectangular region.
% Function call: [a,om]=ellipgen(nx,hx,ny,hy,G,F,bx0,bxn,by0,byn)
% hx, hy are panel sizes in x and y directions,
% nx, ny are number of panels in x and y directions.
% F and G are (nx+1,ny+1) arrays representing F(x,y), G(x,y).
% bx0 and bxn are row vectors of boundary conditions at x0 and xn
% each beginning at y0. Each is (ny+1) elements.
% by0 and byn are row vectors of boundary conditions at y0 and yn
% each beginning at x0. Each is (nx+1) elements.
% a is an (nx+1,ny+1) array of sol'ns, inc the boundary values.
% om has no interpretation in this case.
% or the function solves
% (nabla^2)z+lambda*G(x,y)*z = 0 over a rectangular region.
% Function call: [a,om]=ellipgen(nx,hx,ny,hy,G,F)
% hx, hy are panel sizes in x and y directions,
% nx, ny are number of panels in x and y directions.
% G are (ny+1,nx+1) arrays representing G(x,y).
% In this case F is a scalar and specifies the
% eigenvector to be returned in array a.
% Array a is an (ny+1,nx+1) array giving an eigenvector,
% including the boundary values.
% The vector om lists all the eigenvalues lambda.
nmax = (nx-1)*(ny-1); r = hy/hx;
a = zeros(ny+1,nx+1); p = zeros(ny+1,nx+1);
if nargin==6
    ncase = 0; mode = F;
end
if nargin==10
    test = 0;
    if F==zeros(nx+1,ny+1), test = 1; end
```
304

```
    if bx0==zeros(1,ny+1), test = test+1; end
    if bxn==zeros(1,ny+1), test = test+1; end
    if by0==zeros(1,nx+1), test = test+1; end
    if byn==zeros(1,nx+1), test = test+1; end
    if test==5
        disp('WARNING - problem has trivial solution, z = 0.')
        disp('To obtain eigensolution use 6 parameters only.')
        return
    end
    bx0 = bx0(1,ny+1:-1:1); bxn = bxn(1,ny+1:-1:1);
    a(1,:) = byn; a(ny+1,:) = by0;
    a(:,1) = bx0'; a(:,nx+1) = bxn'; ncase = 1;
end
for i = 2:ny
    for j = 2:nx
        nn = (i-2)*(nx-1)+(j-1);
        q(nn,1) = i; q(nn,2) = j; p(i,j) = nn;
    end
end
C = zeros(nmax,nmax); e = zeros(nmax,1); om = zeros(nmax,1);
if ncase==1, g = zeros(nmax,1); end
for i = 2:ny
    for j = 2:nx
        nn = p(i,j); C(nn,nn) = -(2+2*r^2); e(nn) = hy^2*G(j,i);
        if ncase==1, g(nn) = g(nn)+hy^2*F(j,i); end
        if p(i+1,j)~=0
            np = p(i+1,j); C(nn,np) = 1;
        else
305             if ncase==1, g(nn) = g(nn)-by0(j); end
        end
        if p(i-1,j)~=0
            np = p(i-1,j); C(nn,np) = 1;
        else
            if ncase==1, g(nn) = g(nn)-byn(j); end
        end
            if p(i,j+1)~=0
                np = p(i,j+1); C(nn,np) = r^2;
            else
            if ncase==1, g(nn) = g(nn)-r^2*bxn(i); end
        end
        if p(i,j-1)~=0
            np = p(i,j-1); C(nn,np) = r^2;
        else
            if ncase==1, g(nn) = g(nn)-r^2*bx0(i); end
        end
    end
end
if ncase==1
    C = C+diag(e); z = C\g;
    for nn = 1:nmax
        i = q(nn,1); j = q(nn,2); a(i,j) = z(nn);
    end
```

```
    else
        [u,lam] = eig(C,-diag(e));
        [om,k] = sort(diag(lam)); u = u(:,k);
        for nn = 1:nmax
            i = q(nn,1); j = q(nn,2);
            a(i,j) = u(nn,mode);
        end
    end
```
下面给出使用函数 ellipgen 的几个例子.

例 6-4 使用函数 ellipgen 求解矩形区域上的拉普拉斯方程，边界条件如图 6-12 所示. 下面的脚本使用 12×12 的网格求解该问题. 本例和例 6.3 一样，区别在于这里使用更精细的网格.

306

```
% e3s606.m
Lx = 3; Ly = 2;
nx = 12; ny = 12; hx = Lx/nx; hy = Ly/ny;
by0 = 0*[0:hx:Lx];
byn = 200+(100/3)*[0:hx:Lx].^2;
bx0 = 100*[0:hy:Ly];
bxn = 250*[0:hy:Ly];
F = zeros(nx+1,ny+1); G = F;
a = ellipgen(nx,hx,ny,hy,G,F,bx0,bxn,by0,byn);
aa = flipud(a); contour(aa,'k')
xlabel('Node numbers in x direction');
ylabel('Node numbers in y direction');
```

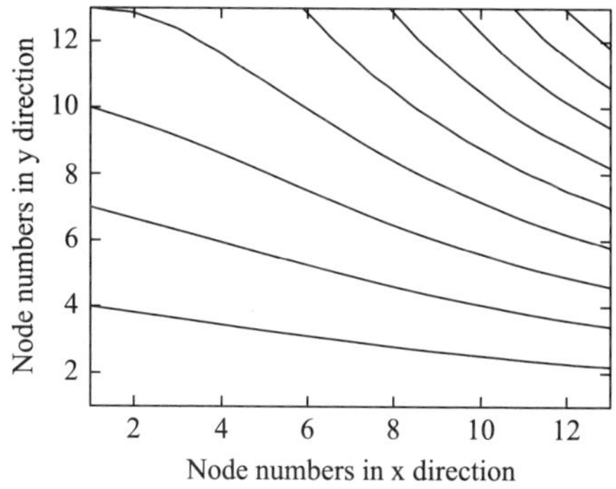

图 6-13 温度分布的有限差分估计，问题见图 6-12

脚本输出等高线图 6-13. 温度并未在等高线图中画出，如果需要，可从 aa 中读出. ◀

例 6-5 泊松方程. 对四边被固定住的均匀方形薄膜，将其置于一个散布的荷载之下，其中每个节点可被近似为一个单位荷载，确定该薄膜的变化. 该问题由泊松方程（6-35）描述，其中 $F(x, y)$ 为加在薄膜上的荷载. 下面的脚本调用 ellipgen 函数求的薄膜的变化.

307

```
% e3s607.m
Lx = 1; Ly = 1;
nx = 18; ny = 18; hx = Lx/nx; hy = Ly/ny;
by0 = zeros(1,nx+1); byn = zeros(1,nx+1);
bx0 = zeros(1,ny+1); bxn = zeros(1,ny+1);
F = -ones(nx+1,ny+1); G = zeros(nx+1,ny+1);
a = ellipgen(nx,hx,ny,hy,G,F,bx0,bxn,by0,byn);
surfl(a)
axis([1 nx+1 1 ny+1 0 0.1])
xlabel('x-node nos.'), ylabel('y-node nos.')
zlabel('Displacement')
max_disp = max(max(a))
```

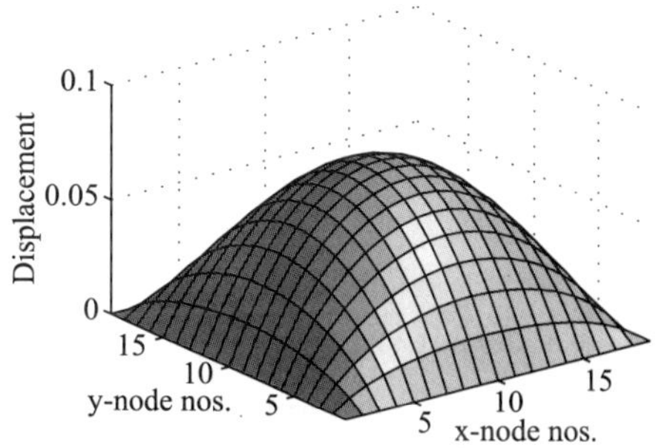

图 6-14 方形薄膜在散布荷载下的变化

运行该脚本输出图 6-14 及如下结果：

```
max_disp =
    0.0735
```
输出结果和精确值 0.0737 相当. ◀

例 6-6 特征值问题. 对四边被固定住的振动的矩形薄膜，求其自然频率及振形. 该问题由特征值问题（6-37）描述. 自然频率和特征值有关，振形为特征向量. 下面的 MATLAB 脚本可求得特征值和特征向量. 脚本调用 ellipgen 函数并输出特征值及图 6-15，在图中画出了薄膜的第 2 个振形.

```
% e3s608.m
Lx = 1; Ly = 1.5;
nx = 20; ny = 30; hx = Lx/nx; hy = Ly/ny;
G = ones(nx+1,ny+1); mode = 2;
[a,om] = ellipgen(nx,hx,ny,hy,G,mode);
eigenvalues = om(1:5), surf(a)
view(140,30)
axis([1 nx+1 1 ny+1 -1.2 1.2])
xlabel('x - node nos.'), ylabel('y - node nos.')
zlabel('Relative displacement')
```

308

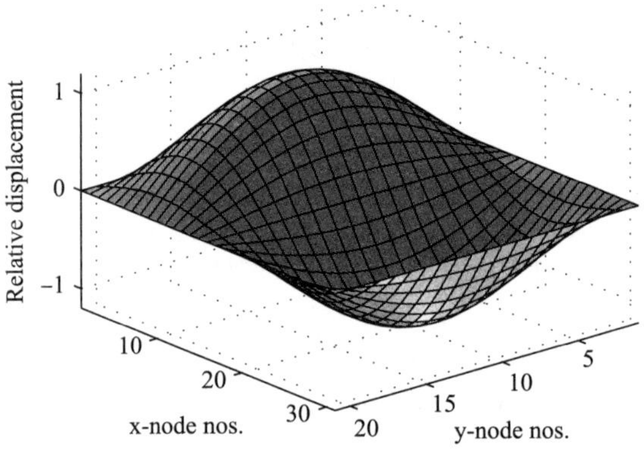

图 6-15 均匀的矩形薄膜第 2 个振形的有限差分估计

运行该脚本输出如下：

```
eigenvalues =
   14.2318
   27.3312
   43.5373
   49.0041
   56.6367
```

这些特征值和表 6-1 中的精确值相当. ◀

表 6-1 均匀矩形薄膜问题的有限差分估计与精确特征值的对比

有限差分估计值	精确值	误差（百分比）
14.2318	14.2561	0.17
27.3312	27.4156	0.31
43.5373	43.8649	0.75
49.0041	49.3480	0.70
56.6367	57.0244	0.70

6.8 小结

本章研究了有限差分方法在求解多种二阶常微分和偏微分方程时的应用. 编写脚本
309 时，一个主要问题是需要考虑许多可能出现的不同边值条件及边界形状. 已有一些软件包可用于求解计算流体力学、连续介质力学等出现的偏微分方程，它们有的使用有限差分方法，有的使用有限元方法. 但是，它们都很复杂且价格不菲，这是因为软件包允许用户有完全控制权，可自由地定义边界形状和边界条件.

习题

6.1 对如下的二阶偏微分方程进行分类：

$$\frac{\partial^2 y}{\partial t^2}+a\frac{\partial^2 y}{\partial x\partial t}+\frac{1}{4}(a^2-4)\frac{\partial^2 y}{\partial x^2}=0$$

$$\frac{\partial u}{\partial t}-\frac{\partial}{\partial x}\left(A(x,t)\frac{\partial u}{\partial x}\right)=0$$

$$\frac{\partial^2 \varphi}{\partial x^2}=k\frac{\partial^2(\varphi^2)}{\partial y^2}\quad 其中\ k>0$$

6.2 使用试射法求解方程 $y''+y'-6y=0$，其中$'$表示对 x 的导数，边值条件为 $y(0)=1$ 及 $y(1)=2$. 在 6.2 节中有试射法的脚本例子. 使用-3:0.5:2 范围内的试验斜率，比较计算结果与使用 10 个网格的有限差分方法得到的结果. 有限差分方法可使用函数 twopoint 实现. 另外，精确解如下：

$$y = 0.2657\exp(2x) + 0.7343\exp(-3x)$$

6.3 (a) 使用试射法求解方程 $y''-62y'+120y=0$，其中$'$表示对 x 的导数，边值条件为 $y(0)=0$ 及 $y(1)=2$. 使用-0.5:0.1:0.5 范围内的试验斜率，用试射法求解该方程. 精确解如下：

$$y = 1.751\,302\,152\,539\,304 \times 10^{-26}\{\exp(60x) - \exp(2x)\}$$

(b) 将 $x=1-p$ 代入到原方程，证明 $y''+62y'+120y=0$，其中$'$表示对 p 的导数，边值条件为 $y(0)=2$ 及 $y(1)=0$. 使用 $p=0$ 时 0:-30:-150 的值作为试验斜率，用试射法求解该方程. 该方程解的一个很好的估计是 $y=2\exp(-60p)$.

比较从 (a) 和 (b) 中得到的结果. 在 6.2 节中有试射法的脚本例子. 再使用有限差分法求解 (a) 310
和 (b)，有限差分法的实现见函数 twopoint. 分别使用 10 个和 50 个网格求解. 将结果与精确解都画出来，并进行对比.

6.4 求解边值问题 $xy''+2y'-xy=e^x$，边值条件为 $y(0)=0.5$ 及 $y(2)=3.694\,528$. 使用有限差分法求解该方程，有限差分法的实现见函数 twopoint. 使用 10 个网格的有限差分法求解，并画出结果，将精确解 $y=\exp(x)/2$ 一并画出.

6.5 求特征值问题 $y''+\lambda y=0$ 的有限差分等价描述，其中边值条件为 $y(0)=0$ 及 $y(2)=0$. 使用 20 个网格的有限差分方法，然后使用 MATLAB 函数 eig 求解该有限差分方程，求得主特征值.

6.6 求解抛物方程 (6-24)，其中 $K=1$，边界条件为：$u(0, t)=0$，$u(1, t)=10$，对所有除去 $x=1$ 的 x，有 $u(x, 0)=0$；当 $x=1$ 时，$u(1, 0)=10$. 使用函数 heat 求 $t=0$:0.01:0.5 时的解，x 方向取 20 个网格. 为便于查看，可将解画出来.

6.7 求解 $c=1$ 时的波动方程 (6-29)，初边值条件为：$u(t, 0)=u(t, 1)=0$，$u(0, x)=\sin(\pi x)+2\sin(2\pi x)$，$u_t(0, x)=0$，其中下标 t 表示对 t 的偏导数. 使用函数 fwave 求 $t=0$:0.05:4.5 时的解，x 方向取 20 个网格. 将结果与精确解画出来，并进行比较，精确解为：

$$u = \sin(\pi x)\cos(\pi t) + 2\sin(2\pi x)\cos(2\pi t)$$

6.8 求解方程

$$\nabla^2 V + 4\pi^2(x^2 + y^2)V = 4\pi\cos\{\pi(x^2 + y^2)\}$$

在方形区域 $0\leqslant x\leqslant 0.5$，$0\leqslant y\leqslant 0.5$ 内求解. 边界条件为：

$$V(x,0) = \sin(\pi x^2) \quad V(x,0.5) = \sin\{\pi(x^2 + 0.25)\}$$

$$V(0,y) = \sin(\pi y^2) \quad V(0.5,y) = \sin\{\pi(y^2 + 0.25)\}$$

在 x 和 y 方向均使用 15 个网格，调用函数 ellipgen 求解该方程. 将结果与精确解画出来，并进行比较，精确解为 $V=\sin\{\pi(x^2+y^2)\}$.

6.9 求解特征值问题$\nabla^2 z+\lambda G(x, y)z=0$，求解区域为矩形区域 $0\leqslant x\leqslant 1$，$0\leqslant y\leqslant 1.5$，边界上有 $z=0$. 两个方向上都取 6 个网格，使用函数 ellipgen 求解该方程，函数 $G(x, y)$ 在网格点上由下述 MATLAB 语句定义：`G = ones(10,7); G(4:7,3:5) = 3 * ones(4,3);`. 这表示一个中心区域比外围厚的薄膜. 特征值和薄膜的自然频率有关. 311

6.10 求解泊松方程$\nabla^2\phi+2=0$，定义域如图 6-16 所示，其中 $a=1$，在所有边界处，$\phi=0$. 必须手工将有限差分方程组整理好，将 (6-13) 式应用到图中的 10 个节点，再使用 MATLAB 求解该线性方程组.

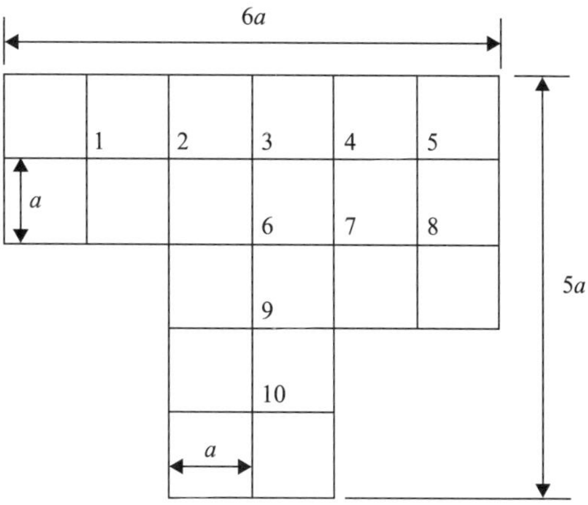

图 6-16 习题 6-10 中的区域 312

第 7 章

Numerical Methods Using MATLAB, Third Edition

用函数拟合数据

本章中将研究用函数拟合数据的多种方法，并描述一些可用于该目的的 MATLAB 函数，还将开发一些新的函数. 这些函数的应用可参考相应的例子.

7.1 引言

一般会拟合两种类型的数据：一种是精确的数据，一种是已知有错误的数据. 当用函数拟合精确数据时，需要精确拟合数据点. 而当用函数拟合已知有错误的数据时，希望使用一些判断准则去拟合数据点的趋势. 读者需要练习选取合理函数来拟合的技巧.

本章首先研究多项式插值，这是用函数拟合精确数据的例子.

7.2 多项式插值

假设 y 是 x 的未知函数，给定 x 和对应 y 值的一个表格，希望得到某个表格中没有的 x 值对应的 y 值. *内插*表示表格中没有的 x 值位于表格中已有数据的范围之内. 若 x 超出了这个范围，则称为*外插*，外插的精度通常差一些.

内插的最简单形式为线性内插. 在这个方法中，只需要用到包含待求数据的一对数据点，即若 (x_0, y_0) 和 (x_1, y_1) 是表格中两个相邻的数据点，为求对应于 x 的 y，其中 $x_0<x<x_1$，可用直线 $y=ax+b$ 拟合，按如下公式计算 y 值：

$$y=[y_0(x_1-x)+y_1(x-x_0)]/(x_1-x_0) \tag{7-1}$$

313 可用 MATLAB 函数 interp1 实现该计算. 例如，考虑函数 $y=x^{1.9}$，表格中数据点取在 $x=1, 2, \cdots, 5$. 若需要估计在 $x=2.5$ 和 3.8 处的 y 值，可用 interp1 函数实现，此时需要把第 3 个参数设置为'linear'以使用线性内插法，代码如下：

```
>> x = 1:5;
>> y = x.^1.9;
>> interp1(x,y,[2.5,3.8],'linear')

ans =
    5.8979   12.7558
```

对应 $x=2.5$ 和 3.8 的精确解分别为 $y=5.7028$ 和 $y=12.6354$. 对一些应用来说输出结果已足够精确.

当使用表格中更多的数据点时，内插法会更加精确，这是因为此时可以使用更高次的多项式来进行拟合. 次数为 n 的多项式可通过 $n+1$ 个数据点来确定. 一般不需要显式写出多项式的系数，常隐式地使用该多项式对给定的 x 值估计其对应的 y 值. 例如，MATLAB 中调用 interp1 时若第 3 个参数置为'cubic'，则可得到三次内插值. 下面的例子使用前一个例子中同样的数据实现了三次内插法求值：

```
>> interp1(x,y,[2.5 3.8],'cubic')

ans =
    5.6938   12.6430
```

可以看出，三次内插值的结果更精确.

艾特肯（Aitken）算法是一个可用任意次数的多项式拟合数据的有效算法. 该算法用一系列多项式函数去拟合数据. 随着多项式次数的增加，该方法使用更多的数据点，相应地，内插的精度也会增加.

艾特肯算法流程如下. 假设有 5 对数据点，标记为 1，2，…，5，问题是确定 y^*，即给定的 x^* 对应的 y 值. 初始时，算法确定通过数据点 1 和 2、1 和 3、1 和 4 以及 1 和 5 的直线（即一次多项式），如图 7-1a 所示. 这 4 条直线求得 4 个 y^* 的可能不太好的近似值.

使用数据表格中的 x_2，x_3，…，x_5 和通过一次多项式得到的 4 个 y^* 的近似值，重复上面的过程，使用的是（4 个）新的数据点，这将确定通过数据点集 {1，2，3}，{1，2，4} 和 {1，2，5} 的二次多项式，如图 7-1b 所示. 从这些二次多项式，可求得 3 个改进的 y^* 的近似值.

使用数据表格中的 x_3，x_4，x_5 和通过二次多项式得到的 3 个 y^* 的近似值，重复上面的过程，该算法将确定通过数据点集 {1，2，3，4} 和 {1，2，3，5} 的三次多项式，如图 7-1c 所示. 从而可求得 2 个改进的 y^* 的近似值. 最后，计算得到一个 4 次多项式，可拟合所有数据点. 由该 4 次多项式可求得 y^* 的最好的近似值，如图 7-1d 所示. 314

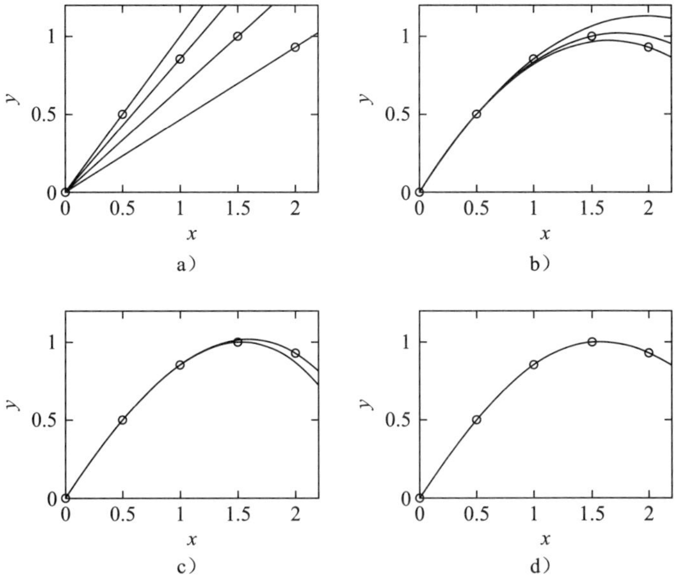

图 7-1　增加拟合多项式的次数：a) 1 次，b) 2 次，c) 3 次和 d) 4 次

艾特肯算法有两个优点. 首先它非常高效. 每个 y^* 的新的近似值只需通过两次乘法和一次除法运算得到. 所以对 $n+1$ 个数据点来说，整个过程需要 $n(n+1)$ 次乘法和 $n(n+1)/2$ 次除法运算. 很有意思的是，若通过联立 $n+1$ 个线性方程来求通过 $n+1$ 个数据点的多项式系数，除形成方程组需要的运算之外，还需要 $(n+1)^3/2$ 次乘法和除法运算来求解. 艾特肯算法的第二个优点是，随着拟合过程中使用越来越高次数的多项式来拟合更多的数据点，若 y^* 的近似值变化很小时，可随时终止该算法.

下面的 MATLAB 函数 `aitken` 实现了艾特肯算法. 用户须提供数据点集，向量 `x` 和 `y` 表示数据点集. 函数可求得对应 `xval` 的 y 的近似值. 该函数不仅能求得最优的近似值，如果需要的话，还能求出所有的中间结果.

```
function [Q R] = aitken(x,y,xval)
% Aitken's method for interpolation.
% Example call: [Q R] = aitken(x,y,xval)
% x and y give the table of values. Parameter xval is
% the value of x at which interpolation is required.
% Q is interpolated value, R gives table of intermediate results.
n = length(x); P = zeros(n);
P(1,:) = y;
for j = 1:n-1
    for i = j+1:n
        P(j+1,i) = (P(j,i)*(xval-x(j))-P(j,j)*(xval-x(i)))/(x(i)-x(j));
    end
end
Q = P(n,n); R = [x.' P.'];
```

315

下面使用该函数计算 1.03 的倒数，提供的数据点 x 的范围是 1 到 2 之间的 6 个等距的数，数据点对应的函数为 $y=1/x$. 脚本调用函数 aitken 来计算该例：

```
% e3s701.m
x = 1:.2:2; y = 1./x;
[interpval table] = aitken(x,y,1.03);
fprintf('Interpolated value= %10.8f\n\n',interpval)
disp('Table = ')
disp(table)
```

运行该脚本得到如下输出结果：

```
interpolated value= 0.97095439

Table =
  1.0000   1.0000        0        0        0        0        0
  1.2000   0.8333   0.9750        0        0        0        0
  1.4000   0.7143   0.9786   0.9720        0        0        0
  1.6000   0.6250   0.9813   0.9723   0.9713        0        0
  1.8000   0.5556   0.9833   0.9726   0.9713   0.9710        0
  2.0000   0.5000   0.9850   0.9729   0.9714   0.9711   0.9710
```

注意到输出表格的第 1 列包含数据点的 x 值，第 2 列包含数据点的 y 值，其余列为艾特肯算法计算得到的更高次多项式拟合的近似值. 表中的 0 为补齐：当使用越多数据点来近似时，每列得到的近似值就越少. 精确值为 $y=0.970\,873\,786$，艾特肯算法内插的结果$y=0.970\,954\,39$ 精确到小数点后 4 位. 线性内插的结果为 0.9750，准确度更差，误差约为 0.2%.

艾特肯算法通过拟合一个多项式来求给定 x 值对应的 y 值，但是该拟合多项式的系数
316 并不需要显式确定. 相反地，可以显式确定拟合数据点的多项式的系数，再通过求多项式的值来确定待求的内插值. 这个方法的计算效率可能更低. MATLAB 函数 polyfit(x,y,n) 可拟合一个 n 次多项式，数据点由向量 x 和 y 给出，该函数返回拟合多项式的系数，以 x 的降幂排列. 若为精确拟合，则 n 必须等于 $m-1$，其中 m 为数据点的个数. 由 p 表示的多项式可用 polyval 函数来计算结果. 例如，为确定 1.03 的倒数，可用如下脚本，其中数据点的 x 的范围是 1 到 2 之间的 6 个等距的数，数据点对应的函数为 $y=1/x$.

```
% e3s702.m
x = 1:.2:2; y = 1./x;
p = polyfit(x,y,5)
interpval = polyval(p,1.03);
fprintf('interpolated value = %10.8f\n',interpval)
```

运行该脚本得到如下输出结果：

```
p =
   -0.1033    0.9301   -3.4516    6.7584   -7.3618    4.2282

interpolated value = 0.97095439
```

即所得多项式为

$$y=-0.1033x^5+0.9301x^4-3.4516x^3+6.7584x^2-7.3618x+4.2282$$

内插结果和艾特肯方法求得的一致，这是必然的（不考虑计算过程中可能存在的舍入误差），因为只有一个多项式拟合所有的 6 个数据点，且两种方法使用的都是该多项式. 在 7.8 节将再次使用 MATLAB 函数 polyfit.

7.3 样条函数内插

无论是设计绘图中可视化的目的，或者是内插，样条函数可用于连接数据点，它使用一条看起来光滑的曲线来拟合. 比起高次多项式倾向于在数据点间振荡，样条函数具有一定的优势.

从一个船舶设计的历史实例说起. 船体在二维上常被设计成复杂的曲线. 图 7-2 表示一艘大约 1813 年的有 74 门火炮的英国战舰的船体截
面图. 数据点表示最初的设计点，样条函数用来 317
光滑地连接这些数据点. 每条线表示船的一个截面；最内的线靠近船尾，最外的线接近船的中部. 该图清晰地表示了船的建造者希望靠近船尾时减小船的横截面.

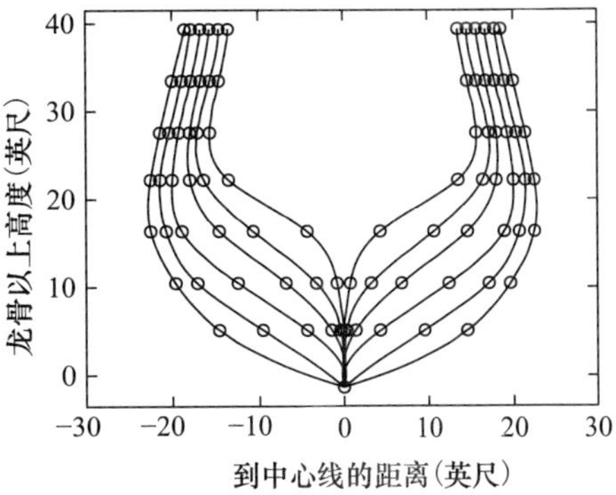

图 7-2 使用样条函数确定船体的横截面

样条函数可使用不同次数的多项式，不过这里仅考虑三次样条函数. 三次样条函数由一系列连接数据点或称为"扭结点"的三次多项式构成. 假设有 n 个数据点，由 $n-1$ 个多项式连接. 每个三次多项式有 4 个未知系数，所以共有 $4(n-1)$ 个系数需要确定. 很明显，每个多项式必须经过所连接的两个点，这提供了 $2(n-1)$ 个要满足的方程. 为使多项式是光滑连接的，可要求相邻多项式在 $n-2$ 个内点处的斜率（y'）和曲率（y''）都是连续的，这又提供给了 $2(n-2)$ 个额外方程，所以一共有 $4n-6$ 个方程. 由这些方程只能确定同样数量的未知系数，所以若需确定所有系数，须进一步提供两个额外的方程. 这两个额外条件可任意选择，不过通常采用如下方式中的一种：

1. 若所求曲线在外端点处的斜率已知，则可引入两个额外条件. 不过更常见的是，斜率是未知的.

2. 可令在外端点处的曲率为 0，即 $y_1''=y_n''=0$.（这被称为自然样条，不过并没有特别优势.）

3. 可令在 x_1 和 x_n 处的曲率分别等于在 x_2 和 x_{n-1} 处的曲率.

4. 可令 x_1 处的曲率等于在 x_2 和 x_3 处曲率的线性外插值. 类似地，可令 x_n 处的曲率等于在 x_{n-1} 和 x_{n-2} 处曲率的线性外插值.

5. 可令 y''' 在 x_2 和 x_{n-1} 处连续. 由于在任意内点处，y，y'，y''，y''' 都是连续的，加上这个条件意味着在靠外的两个区间上使用同样的多项式. 这被称为是"非扭结点"条
件，也是 MATLAB 里函数 spline 的实现所采用方式. 318

表 7-1 样条拟合的数据点

x	0	1	2	3	4
y	3	1	0	2	4

下面通过将 MATLAB 函数 spline 应用于表 7-1 中所示的小数据集来说明 spline 函数的两个用途. 运行如下的脚本

```
% e3s703.m
x = 0:4; y = [3 1 0 2 4];
xval = 1.5; yval = spline(x,y,xval)
p = spline(x,y)
```

将给出如下输出

```
yval =
    0.1719

p =
      form: 'pp'
    breaks: [0 1 2 3 4]
     coefs: [4x4 double]
    pieces: 4
     order: 4
       dim: 1
```

其中 yval 是内插值. 有时候用户可能希望确定多项式的系数，此种情况下，可使用 p－p 形式，这里 p－p 是逐段多项式（piecewise polynomial）的缩写. 变量 p 是一个结构体，包含了所需信息. 特别地，

```
>> c = p.coefs

c =
    0.5417   -1.1250   -1.4167    3.0000
    0.5417    0.5000   -2.0417    1.0000
   -0.7083    2.1250    0.5833         0
   -0.7083   -0.0000    2.7083    2.0000
```

在这个例子中，将多项式的系数和 x 的幂次结合起来，得到如下的多项式：

$$y = c_{11}x^3 + c_{12}x^2 + c_{13}x + c_{14} \qquad 0 \leqslant x \leqslant 1$$

$$y = c_{21}(x-1)^3 + c_{22}(x-1)^2 + c_{23}(x-1) + c_{24} \qquad 1 \leqslant x \leqslant 2$$

$$y = c_{31}(x-2)^3 + c_{32}(x-2)^2 + c_{33}(x-2) + c_{34} \qquad 2 \leqslant x \leqslant 3$$

319

$$y = c_{41}(x-3)^3 + c_{42}(x-3)^2 + c_{43}(x-3) + c_{44} \qquad 3 \leqslant x \leqslant 4$$

MATLAB 用户并不需要了解 p－p 形式插值的细节. MATLAB 提供了函数 ppval，可用于计算已知 p－p 值的可分解的多项式值. 若 x 和 y 是数据点对应的向量，则 y1=spline(x,y,x1) 等价于语句 p=spline(x,y);y1=ppval(p,x1).

下面的脚本画出了拟合表 7-1 中数据点的样条函数图.

```
% e3s704.m
x = 0:4; y = [3 1 0 2 4];
xx = 0:.1:4; yy = spline(x,y,xx);
plot(x,y,'o',xx,yy)
axis([0 4 -1 4])
xlabel('x'), ylabel('y')
```

运行该脚本的输出结果如图 7-3 所示.

7.2 节阐述了多项式在内插中的用法．不过，有时使用多项式拟合并不合适．当数据点间隔较大，且对应 y 值变化剧烈时，多项式插值的结果就很差．例如，图 7-4 中的 9 个数据点是从如下函数计算得到：

$$y=2\{1+\tanh(2x)\}-x/10$$

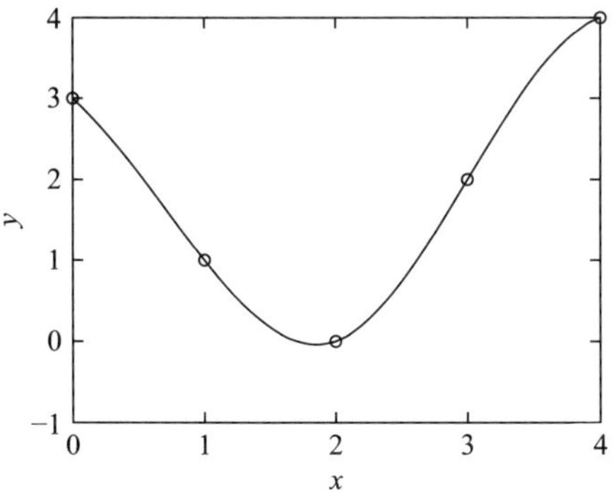

图 7-3　样条函数拟合表 7-1 中的数据点（由 o 标记）

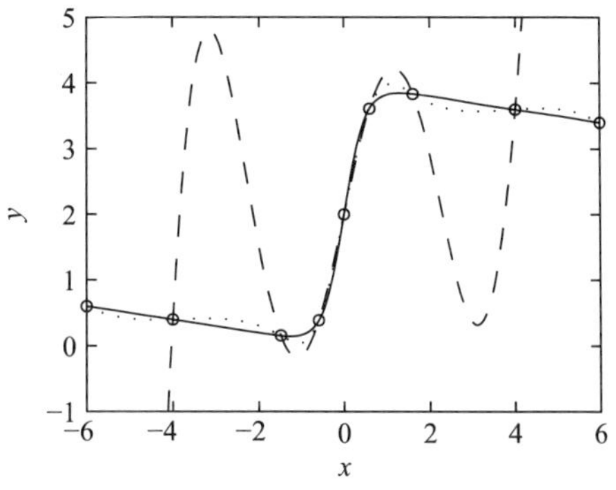

图 7-4　实线表示函数 $y=2\{1+\tanh(2x)\}-x/10$．虚线表示 8 次多项式拟合；点线表示样条拟合

该函数变化剧烈，若使用 8 次多项式来拟合，则拟合所得的多项式在数据点间振荡，对应的曲线和真实曲线差距甚大．作为对比，样条拟合不仅相当光滑而且和真实函数很接近．

需要注意的是，MATLAB 函数 `interp1` 同样可用来进行样条函数拟合．函数调用 `interp1(x,y,xi,'spline')` 与 `spline(x,y,xi)` 是等同的．

另一种特殊的样条函数是贝塞尔（Bézier）曲线．这是由 4 个点定义的三次函数，不仅使用两个端点，还使用两个“控制”点．曲线在一个端点的斜率等于端点和其中一个控制点连线的斜率．相似地，曲线在另一个端点的斜率等于端点和另外一个控制点连线的斜 320
率．在计算机交互式绘图时，控制点通常都可以移动，以此来调整曲线在端点处的斜率．

7.4　离散数据的傅里叶分析

不同形式的傅里叶（Fourier）分析是科学家和工程师手中的重要工具，数据或函数中的频率知识可帮助科学家和工程师洞察其内在的产生机制．对连续周期函数，从熟知的傅里叶级数的各项系数可确定频率内容；对非周期函数，可通过傅里叶积分变换确定频率．类似地，数据序列的频率内容也可通过傅里叶分析得到，不过此时应用的是离散傅里叶变换（DFT）．谐波函数可以精确拟合数据，不过这里的目的更像是确定数据的谐波内容，而非求新的内插值．

数据来源非常广泛．例如，作用在圆柱体周围的离散点上的径向力的数据序列一定是周期的．最常出现的数据形式为时间序列，其中某些量的值以等时间间隔给定——比如从换能器信号得到的数据采样——因此接下来的分析基于表示时间的独立变量 t．必须强调，DFT 可用于任何数据，无需限制数据产生的域．尽管计算非常繁琐，求一列数据的 DFT 是很简单的．

首先定义周期函数．若函数 $y(t)$ 是周期的，则它满足对任意的时间 t，$y(t)=y(t+T)$，其中 T 是时间周期，通常以秒为单位．周期的倒数等于频率，即为 f，以周期/秒为单位．在国际单位制中，1 赫兹定义为 1 周期/秒．若考虑周期函数 $z(x)$，其中 x 是空间 321
变量，则对任意的 x，有 $z(x)=z(x+X)$，其中 X 是空间周期或波长，通常以米为单位．

频率 $f=1/X$ 以周期/米为单位.

接下来考虑如何用有限的三角函数拟合 n 个数据点 $(t_r,\ y_r)$，其中 $r=0,\ 1,\ 2,\ \cdots,\ n-1$. 假设数据点是等距分布的，并且数据点的个数 n 为偶数. 数据点可以是复值，不过大多数实际情形下都是实的. 数据点的标号如图 7-5 所示. 假设第 $n-1$ 个数据点后面的数据点和第 0 个数据点相等，即 DFT 假设数据是周期的，周期 T 等于数据的范围.

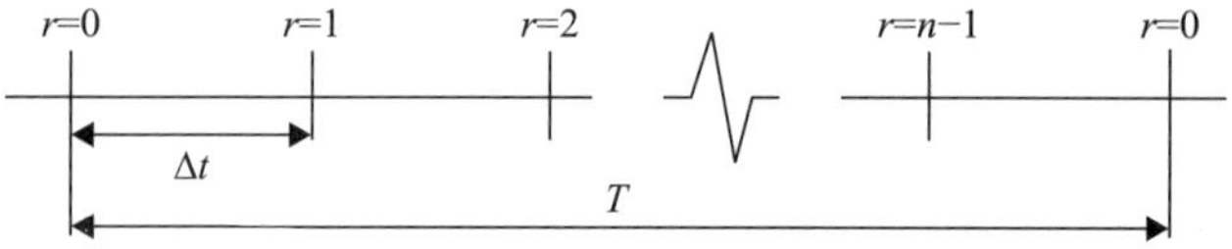

图 7-5　数据点的标号

令 y_r 和 t_r 的关系由有限个正弦和余弦函数如下给出：

$$y_r=\frac{1}{n}\Big[A_o+\sum_{k=1}^{m-1}\{A_k\cos(2\pi kt_r/T)+B_k\sin(2\pi kt_r/T)\}+A_m\cos(2\pi mt_r/T)\Big] \tag{7-2}$$

其中 $r=0,\ 1,\ 2,\ \cdots,\ n-1$，$m=n/2$，$T$ 是数据的范围，如图 7-5 所示. n 个系数 A_0，A_m，A_k，B_k $(k=1,\ 2,\ \cdots,\ m-1)$ 待求. 由于有 n 个数据点和 n 个未知系数，(7-2) 式可精确拟合数据. 有的作者忽略 (7-2) 式中的因子 $1/n$，这样的话，系数 A_0，A_m，A_k，B_k 的大小都减小到原来的 $1/n$. 在 (7-2) 式中，使用了 $m+1$ 个系数乘以余弦函数（包括 cos0，即 1，乘以 A_0）和 $m-1$ 个系数乘以正弦函数，后文将很容易看出原因.

(7-2) 式中的正弦和余弦项表示数据范围 T 上的 k 个完整周期，即每个正弦项的周期为 T/k，其中 $k=1,\ 2,\ \cdots,\ (m-1)$，每个余弦项的周期为 T/k，其中 $k=1,\ 2,\ \cdots,\ m$. 对应的频率为 k/T，即 (7-2) 式中的频率为 $1/T$，$2/T$，$\cdots$，m/T. 记 Δf 为各项间的频率增量，$f_{\max}$为最大频率，则有

$$\Delta f=1/T \tag{7-3}$$

及

322
$$f_{mas}=m\Delta f=(n/2)\Delta f=n/(2T) \tag{7-4}$$

t_r 的值在范围 T 上为等距分布，可表示为

$$t_r=rT/n \quad r=0,1,2,\cdots,n-1 \tag{7-5}$$

记 Δt 表示采样间隔（见图 7-5），则有

$$\Delta t=T/n \tag{7-6}$$

记 T_0 为对应 (7-2) 式中最大频率 $f_{\max}$的周期，则由 (7-4) 式得：

$$f_{\max}=1/T_0=n/(2T)$$

即 $T=T_0n/2$. 代入该式到 (7-6) 式，得 $\Delta t=T_0/2$. 这说明 DFT 中最大频率分量每周期包含两个采样数据. 最大频率 $f_{\max}$被称为奈奎斯特（Nyquist）频率，对应的采样率被称为奈奎斯特采样率.

频率恰等于奈奎斯特频率的谐波不能被正确检测，因为在这个频率下 DFT 只有余弦项，没有对应的正弦项. 当数据点是从连续变化的函数或信号采样得来时，这个结果有很重要的意义. 它表明在函数或信号的最高频率下每个周期必须有多于两个的数据采样点. 若信号中有频率高于奈奎斯特频率，则因为 DFT 本身的周期性，这些频率将在 DFT 结果中以较低的频率出现. 这个现象被称为“混淆”. 例如，若数据点采样间隔为 0.005 秒，即每秒 200 个采样点，也就是说奈奎斯特频率 $f_{\max}$为 100Hz. 信号中频率为 125Hz 的分量将以 75Hz 的分量出现. 信号中频率为 225Hz 的分量将以 25Hz 的分量出现. 信号中频率

和 DFT 中频率分量的关系如图 7-6 所示．频率混淆使得将 DFT 的频率分量与产生信号的物理原因进行关联变得很困难或者不可行，应该避免出现．

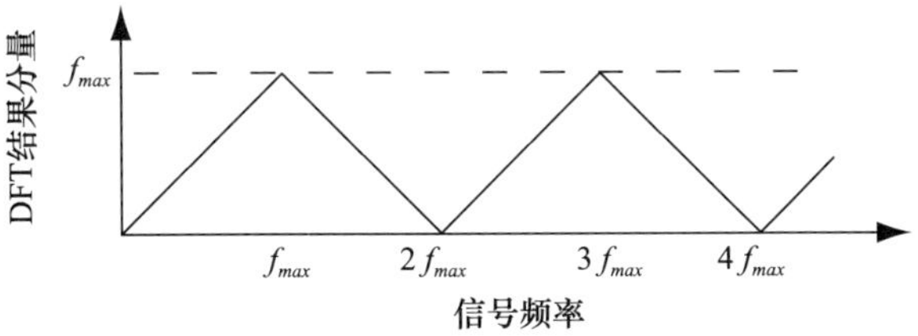

图 7-6　信号频率和 DFT 分量直接的关系，DFT 由采样率为奈奎斯特频率 $f_{\max}$ 的数据计算得到

下面转而计算公式（7-2）中的 n 个系数 A_0，A_m，A_k，B_k．把 $t_r=rT/n$ 代入（7-2）式，得

$$y_r=\frac{1}{n}\Big[A_0+\sum_{k=1}^{m-1}\{A_k\cos(2\pi kr/n)+B_k\sin(2\pi kr/n)\}+A_m\cos(\pi r)\Big] \tag{7-7}$$

其中 $r=0$，1，2，…，$n-1$．之前提到过系数 B_0 和 B_m 在（7-2）式中不存在，现在可以看出是因为这两个系数还要分别乘以 sin（0）和 sin（πr），而这两者均为 0．　323

在（7-7）式中，n 个未知系数为实数．但是，（7-7）式可用复指数和复系数更简洁地表示．考虑到：

$$\cos(2\pi kr/n)=\{\exp(\mathrm{i}2\pi kr/n)+\exp(-\mathrm{i}2\pi kr/n)\}/2$$
$$\sin(2\pi kr/n)=\{\exp(\mathrm{i}2\pi kr/n)-\exp(-\mathrm{i}2\pi kr/n)\}/2\mathrm{i}$$

及

$$\exp\{\mathrm{i}2\pi(n-k)r/n\}=\exp(-\mathrm{i}2\pi kr/n)$$

其中 $k=1$，2，…，$m-1$ 及 $\mathrm{i}=\sqrt{-1}$．（7-7）式可化为

$$y_r=\frac{1}{n}\sum_{k=0}^{n-1}Y_k\exp(\mathrm{i}2\pi kr/n)\quad r=0,1,2,\cdots,n-1 \tag{7-8}$$

其中

$$Y_0=A_0\text{ 和 }Y_m=A_m\quad\text{这里 }m=n/2$$
$$Y_k=(A_k-\mathrm{i}B_k)/2\text{ 和 }Y_{n-k}=(A_k+\mathrm{i}B_k)/2\quad\text{其中 }k=1,2,\cdots,m-1$$

注意到若 y_r 是实数，则 A_k 和 B_k 都是实数，所以 Y_{n-k} 和 Y_k 复共轭（$k=1$，2，…，($n/2-1$)）．为求（7-8）式中的未知复系数，可利用指数函数在 n 个等距点的采样数据的正交性：

$$\sum_{r=0}^{n-1}\exp(\mathrm{i}2\pi rj/n)\exp(\mathrm{i}2\pi rj/n)=\begin{cases}0 & \text{当 }|j-k|\neq 0,n,2n\\ n & \text{当 }|j-k|=0,n,2n\end{cases} \tag{7-9}$$

将式（7-8）乘以 $\exp(-\mathrm{i}2\pi rj/n)$，对 r 的 n 个值计算表达式的和，再利用（7-9）式，可得到未知系数的表达式：

$$Y_k=\sum_{r=0}^{n-1}y_r\exp(\mathrm{i}2\pi kr/n)\quad k=0,1,2,\cdots,n-1 \tag{7-10}$$ 324

若令 $W_n=\exp(-\mathrm{i}2\pi/n)$，其中 W_n 为复常数，则（7-10）式变为：

$$Y_k=\sum_{r=0}^{n-1}y_rW_n^{kr}\quad k=0,1,2,\cdots,n-1 \tag{7-11}$$

需要注意在（7-11）式中，W_n 的幂次为 kr．另外，可将（7-11）式写成矩阵形式，如下所示：

$$\boldsymbol{Y}=\boldsymbol{W}\boldsymbol{y} \tag{7-12}$$

其中 W_n^{kr} 是 $\boldsymbol{W}$ 第（$k+1$）行、（$r+1$）列的元素（因为 k 和 r 都从 0 开始）．注意到 $\boldsymbol{W}$ 是一个 $n\times n$ 的复系数矩阵．$\boldsymbol{Y}$ 是复傅里叶系数的向量，在这里，并未采用约定常用记号，黑体大写字母并不表示矩阵．

可用公式（7-10）、（7-11）或（7-12）来计算等距数据点（t_r，y_r）对应的系数 Y_k，这些公式都是 DFT 的不同描述形式．进一步，将（7-10）式中的 k 替换为 $k+np$，其中 p 是任意整数，可证明 $Y_{k+np}=Y_k$．即 DFT 是以 n 为周期的．DFT 的逆变换被称为逆离散傅里叶变换（IDFT），由（7-8）式计算得到．将（7-8）式中的 r 替换为 $r+np$，其中 p 是任意整数，可证明 IDFT 也是以 n 为周期的．y_r 和 Y_k 可能都是复的，不过如前所述采样数据 y_r 通常是实数．这两个变换组成一对变换：若数据经过 DFT 后得到系数 Y_k，则可通过 IDFT 整体恢复．

为计算 DFT 的系数，看起来使用公式（7-12）更方便．尽管对小的数据序列来说，这些公式都适用，但计算 n 个实数点的 DFT 需要 $2n^2$ 次乘法运算．即，对 4096 个点进行变换则需要大约 3 千 3 百万次乘法运算．在 1965 年，随着快速傅里叶变换（FFT）算法（Cooley 和 Tukey）的发表，这种情况产生了巨变．FFT 算法异常高效，只需要约 $2n\log_2 n$ 次乘法即可计算出 n 个实数点的 DFT．有了 FFT，再加上近 40 多年来计算机硬件技术的发展，现在可在个人计算机上计算相当大规模数据点的 FFT．

自从 FFT 算法首次提出后，人们对基本的 FFT 算法做了很多改进．这里仅介绍该算法的最简单形式．

为阐述基本的 FFT 算法，可对数据加一个额外限制．不仅要求数据是等距分布的，还要求数据点的个数是 2 的整数次幂．这样数据序列可被依次分割．例如，16 个数据点可被分成 2 组 8 个数据点的序列，4 组 4 个数据点的序列，最后为 8 组只有 2 个数据点的序
325 列. FFT 算法基于一个关键的关系式，可由（7-10）式如下导出．令 y_r 是 n 个数据点的序列，求该序列的 DFT．可将 y_r 分成如下 2 组 $n/2$ 个数据点的序列 u_r 和 v_r：

$$\left.\begin{aligned}u_r&=y_{2r}\\v_r&=y_{2r+1}\end{aligned}\right\} \tag{7-13}$$

注意到原始数据中交替的点被分到不同的序列中．由公式（7-10）确定数据集 u_r 和 v_r 的 DFT，其中需将 n 替换为 $n/2$：

$$\left.\begin{aligned}U_k&=\sum_{r=0}^{n/2-1}u_r\exp\{-\mathrm{i}2\pi kr/(n/2)\}\\V_k&=\sum_{r=0}^{n/2-1}v_r\exp\{-\mathrm{i}2\pi kr/(n/2)\}\end{aligned}\right\}\quad k=0,1,2,\cdots,n/2-1 \tag{7-14}$$

则原始数据 y_r 的 DFT 结果 Y_k 可由（7-10）式如下计算：

$$\begin{aligned}Y_k&=\sum_{r=0}^{n-1}y_r\exp(-\mathrm{i}2\pi kr/n)\\&=\sum_{r=0}^{n/2-1}y_{2r}\exp(-\mathrm{i}2\pi k2r/n)+\sum_{r=0}^{n/2-1}y_{2r+1}\exp(-\mathrm{i}2\pi k(2r+1)/n)\end{aligned}$$

其中 $k=0$，1，2，…，n．根据（7-13）式将 y_{2r} 和 y_{2r+1} 替换，则有

$$Y_k=\sum_{r=0}^{n/2-1}u_r\exp\{-\mathrm{i}2\pi kr/(n/2)\}+\exp(-\mathrm{i}2\pi k/n)\sum_{r=0}^{n/2-1}v_r\exp\{-\mathrm{i}2\pi kr/(n/2)\}$$

将上式与（7-14）式比较，可得

$$Y_k = U_k + \exp(-\mathrm{i}2\pi k/n)V_k = U_k + (W_n^k)V_k \tag{7-15}$$

其中 $W_n^k = \exp(-\mathrm{i}2\pi k/n)$，其中 $k=0，1，2，\cdots，n/2-1$.

公式（7-15）只计算了待求 DFT 的一半. 但是由于 U_k 和 V_k 都是周期为 k 的，可证明：

$$Y_{k+n/2} = U_k - \exp(-\mathrm{i}2\pi k/n)V_k = U_k - (W_n^k)V_k \tag{7-16}$$

利用公式（7-15）和（7-16）可有效地根据原始数据集生成的交错数据集的 DFT 结果求得原始数据的 DFT 结果. 当然，还可进一步划分每个交错数据集，直到最后的数据集只包含一个数据点. 对只有一个数据点的数据集做 DFT，由（7-10）式令 $n=1$，可知 DFT 的结果即为该数据点的值. 此即为 FFT 算法的本质.

前面的讨论从一个数据序列出发，对该序列进行不断划分（交错点在不同的子集），直到子集只含有一个数据点为止. 而需要的方法是从单点开始，将其排序使得可持续进 326
行 DFT 的合并，最终形成原始数据的 DFT. 这可通过“位倒序算法”实现. 下面以 8 个数据点 y_0 到 y_7 来说明该算法以及随后进行的 FFT. 为确定正确的顺序以便合并操作，这里将数据点原始位置的下标以二进制数表示，并将数字（比特）逆序. 该逆序的二进制数确定了每个数据点在排序后序列中的位置，8 个数据点的情形如图 7-7 所示. 该图同时也说明了 FFT 算法的各个阶段（重复使用公式（7-15）和（7-16）），过程说明如下：

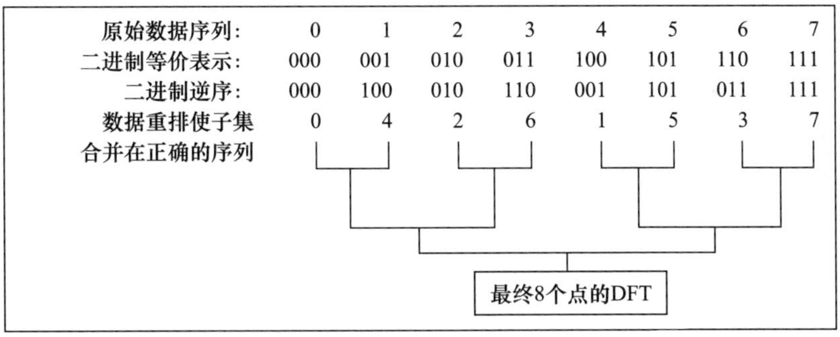

图 7-7 FFT 算法的各阶段

阶段 1. 由 Y_0 和 Y_4 确定 $\mathbf{Y}_{04}$，由 Y_2 和 Y_6 确定 $\mathbf{Y}_{26}$，由 Y_1 和 Y_5 确定 $\mathbf{Y}_{15}$，由 Y_3 和 Y_7 确定 $\mathbf{Y}_{37}$.

阶段 2. 由 $\mathbf{Y}_{04}$ 和 $\mathbf{Y}_{26}$ 确定 $\mathbf{Y}_{0246}$，由 $\mathbf{Y}_{15}$ 和 $\mathbf{Y}_{37}$ 确定 $\mathbf{Y}_{1357}$.

阶段 3. 由 $\mathbf{Y}_{0246}$ 和 $\mathbf{Y}_{1357}$ 确定 $\mathbf{Y}_{01234567}$.

注意到整个过程有 3 个阶段. 对 n 个点的 DFT，需要 $\log_2 n$ 个阶段. 在这个小例子中，$n=8$，于是 $\log_2 8 = \log_2 2^3 = 3$. 所以需要 3 个阶段.

基于 FFT 算法，MATLAB 提供了函数 `fft` 用于求数据点序列的 DFT. 将 FFT 算法进行小的改动，MATLAB 基于此提供了函数 `ifft` 用于求序列的 IDFT. 如下脚本所示，可用 `fft` 函数确定 `y` 中数据的 DFT：

```
% e3s705.m
v = 0:15;
y = [2.8 -0.77 -2.2 -3.1 -4.9 -3.2 4.83 -2.5 3.2 ...
     -3.6 -1.1 1.2 -3.2 3.3 -3.4 4.9];
s = sum(y), Y = fft(y);
[v' Y.']
```
327

运行该脚本输出结果为:

```
s =
   -7.7400

ans =
         0            -7.7400
    1.0000             3.2959 + 8.3851i
    2.0000            13.9798 +10.9313i
    3.0000             8.0796 - 6.6525i
    4.0000            -0.2300 + 4.7700i
    5.0000             4.3150 + 6.8308i
    6.0000            14.2202 + 1.4713i
    7.0000           -17.2905 +15.0684i
    8.0000            -0.2000
    9.0000           -17.2905 -15.0684i
   10.0000            14.2202 - 1.4713i
   11.0000             4.3150 - 6.8308i
   12.0000            -0.2300 - 4.7700i
   13.0000             8.0796 + 6.6525i
   14.0000            13.9798 -10.9313i
   15.0000             3.2959 - 8.3851i
```

前面曾指出对实数数据集来说，Y_{n-k}是 Y_k 的复共轭，其中 $k=1$，2，…，$(n/2-1)$. 这个结果说明了这个关系，即 Y_{15}，Y_{14}，…，Y_9 分别是 Y_1，Y_2，…，Y_7 的复共轭，并未提供额外信息. 注意到其中 Y_0 等于原始数据 y_r 的和.

接下来将给出使用 fft 函数研究数据的频率内容的几个例子，数据点由连续函数采样得到.

例 7-1 求 64 个等距数据点序列的 DFT，采样间隔为 0.05s，采样自函数 $y=0.5+2\sin(2\pi f_1 t)+\cos(2\pi f_2 t)$，其中 $f_1=3.125\text{Hz}$，$f_2=6.25\text{Hz}$. 下面的脚本调用了 fft 函数，并以多种形式显示 DFT 的结果:

328

```
% e3s706.m
clf
nt = 64; dt = 0.05; T = dt*nt
df = 1/T, fmax = (nt/2)*df
t = 0:dt:(nt-1)*dt;
y = 0.5+2*sin(2*pi*3.125*t)+cos(2*pi*6.25*t);
f = 0:df:(nt-1)*df;  Y = fft(y);
figure(1)
subplot(121), bar(real(Y),'r')
axis([0 63 -100 100])
xlabel('Index k'), ylabel('real(DFT)')
subplot(122), bar(imag(Y),'r')
axis([0 63 -100 100])
xlabel('Index k'), ylabel('imag(DFT)')
fss = 0:df:(nt/2-1)*df;
Yss = zeros(1,nt/2); Yss(1:nt/2) = (2/nt)*Y(1:nt/2);
figure(2)
subplot(221), bar(fss,real(Yss),'r')
axis([0 10 -3 3])
xlabel('Frequency (Hz)'), ylabel('real(DFT)')
subplot(222), bar(fss,imag(Yss),'r')
axis([0 10 -3 3])
```

```
    xlabel('Frequency (Hz)'), ylabel('imag(DFT)')
    subplot(223), bar(fss,abs(Yss),'r')
    axis([0 10 -3 3])
    xlabel('Frequency (Hz)'), ylabel('abs(DFT)')
```

运行该脚本，输出结果为：

```
    T =
        3.2000

    df =
        0.3125

    fmax =
        10
```

程序还输出了图 7-8 和图 7-9. 注意到在脚本中使用 bar 而非 plot 函数来画图，这是为了强调 DFT 的离散本质. 图 7-8 画出了 DFT 结果中 64 个分量的实部和虚部，横坐标为索引数 k. 可以看出，分量 63 到 33 分别是分量 1 到 31 的复共轭. 虽然画出了 DFT，但从图中并不容易看出原始信号的谐波振幅和频率. 为此，需要将 DFT 结果进行缩放，并如图 7-9 所示地绘图. DFT 中实数部分在索引 $k=0$，20，44 处有分量，每个振幅均为 32，而虚数部分在索引 $k=10$，54 处有分量，振幅分别为 64 和 -64. 由于后一半并未包含额外信息，所以可忽略大于$k=32$ 的分量（即 $k=44$ 和 54），只考虑范围 $k=0$，1，…，31 的分量. 在这个例子中为$k=0$，10，20. 可将 DFT 的索引乘以 $\Delta f(=0.3125\text{Hz})$ 得到频率，分别给出在 0Hz，3.125Hz 和 6.25Hz 处的分量. 再将 DFT 在范围 $k=1$，2，…，31 的分量除以 $(n/2)$，即本例中为 32.

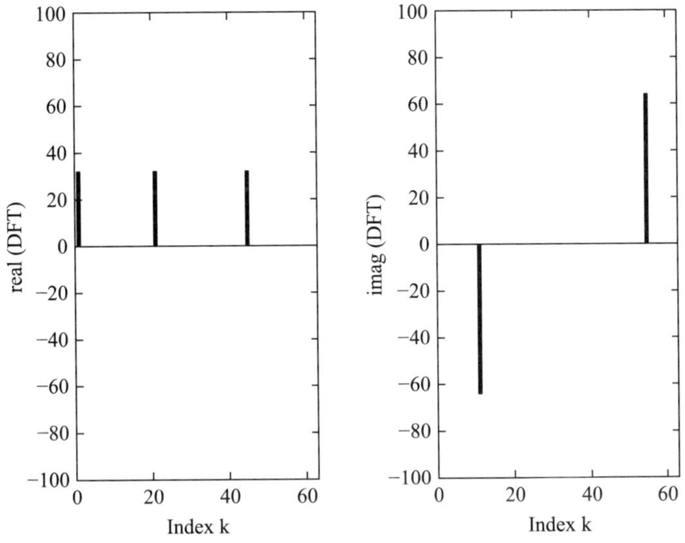

图 7-8 DFT 的实部和虚部

31 个缩放后的 DFT 分量（大部分为 0）对应的频率范围为 0 到 9.6875Hz，如图 7-9所示. 由此可以看出，在 6.25Hz 处有实部分量，振幅为 1，在 3.125Hz 处有虚部分量，振幅为-2. 这些分量分别对应数据采样的原始信号中的余弦分量和负的正弦 329
分量. 如果只希望确定频率分量的振幅，则可画出 DFT 缩放后分量的绝对值. 在 $f=0\text{Hz}$ 处的分量等于两倍的数据平均值，本例中即为 $2\times0.5=1$. 这些图被称为是频率谱或周期图. 若采样范围是信号中谐波周期的整数倍，则 DFT 缩放后分量的振幅等于对 330

应谐波的振幅. 若采样范围不是信号中谐波周期的整数倍，则 DFT 中最接近信号中谐波频率的分量的振幅变小，并散布到其他频率中. 这个现象称为“模糊化”或“泄漏”，在习题 7-15 中将进一步讨论.

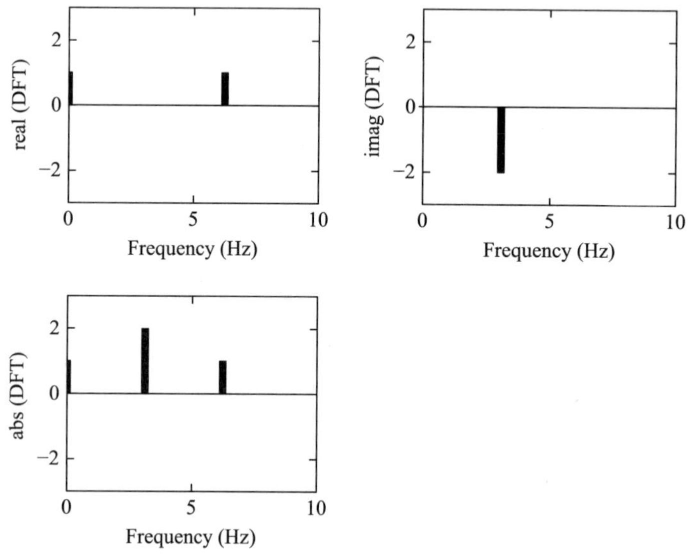

图 7-9 频率谱

例 7-2 在 2 秒的时间内，采样 512 个数据点，求其频率谱. 数据点采样自如下函数：

$$y=0.2\cos(2\pi f_1 t)+0.35\sin(2\pi f_2 t)+0.3\sin(2\pi f_3 t)+\text{随机噪声}$$

其中 $f_1=20\text{Hz}$，$f_2=50\text{Hz}$，$f_3=70\text{Hz}$. 随机噪声由标准差为 0.5、均值为 0 的正态分布生成. 下面的脚本画出了采样的时间序列及 DFT 分量除以缩放因子 $n/2$ 后的图.

```
% e3s707.m
clf
f1 = 20; f2 = 50; f3 = 70;
nt = 512; T = 2; dt = T/nt
t_final = (nt-1)*dt; df = 1/T
fmax = (nt/2)*df;
t = 0:dt:t_final;
dt_plt = dt/25;
t_plt = 0:dt_plt:t_final;
y_plt = 0.2*cos(2*pi*f1*t_plt)+0.35*sin(2*pi*f2*t_plt) ...
                                +0.3*sin(2*pi*f3*t_plt);
y_plt = y_plt+0.5*randn(size(y_plt));
y = y_plt(1:25:(nt-1)*25+1); f = 0:df:(nt/2-1)*df;
figure(1);
subplot(211), plot(t_plt,y_plt)
axis([0 0.04 -3 3])
xlabel('Time (sec)'), ylabel('y')
yf = fft(y);
yp(1:nt/2) = (2/nt)*yf(1:nt/2);
subplot(212), plot(f,abs(yp))
axis([0 fmax 0 0.5])
xlabel('Frequency (Hz)'), ylabel('abs(DFT)');
```

运行该脚本，输出结果如下：

```
dt =
    0.0039

df =
    0.5000
```
331

该脚本还画出了图 7-10. 由图 7-10 的下图可看出，信号中的随机噪声并不影响从频率谱中观测到在 20、50 和 70Hz 处有频率分量. 由图 7-10 的上图，这些频率分量在原始的时间序列数据中并不容易看出.

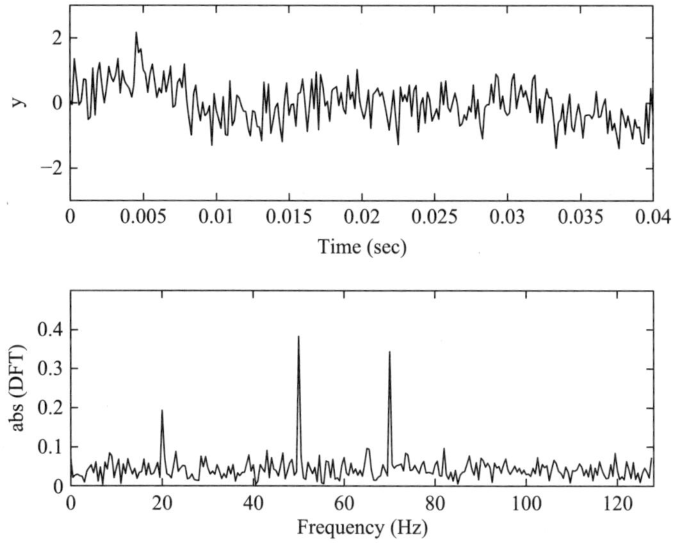

图 7-10 原始信号与频率谱，可看出在 20、50 和 70Hz 处有频率分量 ◀

例 7-3 确定振幅为±1、周期为 1 的三角波的频率谱，采样自一个完整周期，间隔为 1/32 秒，下面的脚本输出了 DFT 分量除以缩放因子 $n/2$ 后的结果.

```
% e3s708.m
nt = 32; T = 1, dt = T/nt
t = 0:dt:(nt-1)*dt;
df = 1/T, fmax = nt/(2*T)
f = 0:df:df*(nt/2-1);
y = 0.125*[8 7 6 5 4 3 2 1 0 -1 -2 -3 -4 -5 -6 -7 -8 ...
    -7 -6 -5 -4 -3 -2 -1 0 1 2 3 4 5 6 7];
Yss = zeros(1,nt/2); Y = fft(y);
Yss(1:nt/2) = (2/nt)*Y(1:nt/2);
[f' abs(Yss)']
```
332

运行该脚本，输出结果如下：

```
T =
     1

dt =
    0.0313

df =
     1

fmax =
    16
```

```
ans =
         0         0
    1.0000    0.8132
    2.0000         0
    3.0000    0.0927
    4.0000         0
    5.0000    0.0352
    6.0000         0
    7.0000    0.0194
    8.0000         0
    9.0000    0.0131
   10.0000         0
   11.0000    0.0100
   12.0000         0
   13.0000    0.0085
   14.0000         0
   15.0000    0.0079
```

本例中的三角波的傅里叶级数为

$$f(t)=\frac{8}{\pi^2}\left(\cos(2\pi t)+\frac{1}{3^2}\cos(6\pi t)+\frac{1}{5^2}\cos(10\pi t)+\frac{1}{7^2}\cos(14\pi t)+\cdots\right)$$

DFT 结果缩放后，前 8 个频率分量在频率 1、3、5Hz 等处并不等于 $8/\pi^2$，$8/(3\pi)^2$，$8/(5\pi)^2$（即 0.8106，0.0901，0.0324）等. 这是由于频率“混淆”的结果. 三角波包含无穷多个谐波，因为混淆效应，它们对应到 DFT 中的分量如表 7-2 所示. 即 DFT 中在 3Hz 处的分量等于 $(8/\pi^2)(1/3^2+1/29^2+1/35^2+1/61^2+\cdots)$. 对表 7-2 中每列求足够多项的和，可得对应的 DFT 分量. 前面输出的 DFT 结果是对的，经过逆 DFT 可变为原始
333 数据. 但若使用这些分量表示原始数据中频率分量的贡献，则必须小心解释 DFT 的结果.

表 7-2 混淆谐波的系数

f	$3f$	$5f$	$7f$	$9f$	$11f$	$13f$	$15f$
$8/\pi^2$	$8/(3)\pi^2$	$8/(5)\pi^2$	$8/(7)\pi^2$	$8/(9)\pi^2$	$8/(11)\pi^2$	$8/(13)\pi^2$	8/(15)2
$8/(31)\pi^2$	$8/(29)\pi^2$	$8/(27)\pi^2$	$8/(25)\pi^2$	$8/(23)\pi^2$	$8/(21)\pi^2$	$8/(19)\pi^2$	8/(17)2
$8/(33)\pi^2$	$8/(35)\pi^2$	$8/(37)\pi^2$	$8/(39)\pi^2$	$8/(41)\pi^2$	$8/(43)\pi^2$	$8/(45)\pi^2$	8/(47)2
$8/(63)\pi^2$	$8/(61)\pi^2$	$8/(59)\pi^2$	$8/(57)\pi^2$	$8/(55)\pi^2$	$8/(53)\pi^2$	$8/(51)\pi^2$	8/(49)2
$8/(65)\pi^2$	$8/(67)\pi^2$	等					

◀

例 7-4 求 128 个数据点序列的 DFT，数据点采样自一个信号，采样间隔为 0.0625 秒. 信号初始振幅为常量 1，经过 10 次采样后，振幅变为 0.

下面的脚本可确定数据的 DFT.

```
% e3s709.m
clf
nt = 128; nb = 10;
y = [ones(1,nb) zeros(1,nt-nb)];
dt = 0.0625; T = dt*nt
df = 1/T, fmax = (nt/2)*df;
f = 0:df:(nt/2-1)*df;
yf = fft(y);
yp = (2/nt)*yf(1:nt/2);
figure(1), bar(f,abs(yp),'w')
```

```
axis([0 fmax 0 0.2])
xlabel('Frequency (Hz)'), ylabel('abs(DFT)')
```

运行脚本输出结果如下：

```
T =
     8

df =
    0.1250
```

脚本还输出图 7-11. 从图中可以看出，频率谱是连续的，且最大分量在 0 频率处聚集. 这和例 7.1 和例 7.2 中的频率谱不同，在那两个例子中都有一个尖峰，这是由于原始数据有周期分量. 而本例中的原始数据是"一个台阶"，没有周期存在，DFT 的振幅取决于采样周期. 334

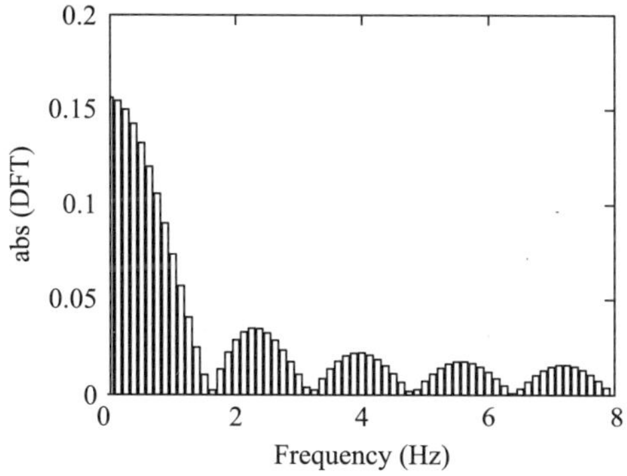

图 7-11 数据的频率谱 ◀

本节中给出了如何使用 DFT（通过 FFT 计算）研究数据中频率分布的例子. DFT 还有其他的应用. 与任何拟合数学函数到数据序列的过程类似，DFT 也可用作内插求值. MATLAB 提供了函数 `interpft`，可通过 DFT 来求内插值.

计算机硬件的发展使 DFT 能用来求解更大范围的问题，反过来又促进了各种新的、更强大的 FFT 算法变种的出现. FFT 算法的详细描述可参看 Brigham (1974)，若需要了解有关此类分析能解决的实际问题的简明介绍，可参看 Ramirez (1985).

7.5 多重回归：最小二乘原则

接下来考虑拟合函数到一个很大的包含误差的数据集. 使用非常高次数的多项式来拟合大量实验数据（如内插法），既无意义而且计算上也不可行. 更合适的方法是找到一个函数，平滑抹掉数据中的振荡（由误差产生），再现数据的内在趋势. 因此可调整函数的未知系数，根据一定的判别原则，使之"最佳拟合"原始数据. 例如，判别原则可取为所选函数与实际数据间的最大误差、误差的模的和或误差的平方和等最小. 其中最小二乘法用途最广，本节将研究它的具体步骤. 335

假设有一个包含 n 个分量的观测向量 $\boldsymbol{y}$，及 p 个单独的解释变量的向量 $\boldsymbol{x}_1$，$\boldsymbol{x}_2$，…，$\boldsymbol{x}_p$. 一般地，变量 $\boldsymbol{x}_1$，$\boldsymbol{x}_2$，…，$\boldsymbol{x}_p$ 是独立的，并可忽略测量误差，甚至可由实验控制，$\boldsymbol{y}$ 是单个的因变量，不受控制且包含随机测量误差. 在有些情况下，$\boldsymbol{x}_1$，$\boldsymbol{x}_2$ 等可为某个解释变量的函数——此时称它们为预测子（见 7.8 节和 7.9 节）. 基本模型包括一个*回归方程*，被称为 $\boldsymbol{y}$ 对解释变量 $\boldsymbol{x}_1$，$\boldsymbol{x}_2$，…，$\boldsymbol{x}_p$ 的一个回归. 假设使用简单的线性回归模型，即对第 i 个观测值，有

$$y_i = \beta_0 + \beta_1 x_{1i} + \beta_2 x_{2i} + \cdots + \beta_p x_{pi} + \varepsilon_i \quad i = 1,2,\cdots,n \tag{7-17}$$

其中 β_j（$j=0$，1，2，…，p）是未知系数，ε_i 是随机误差．初始可简单假设这些随机误差是独立同分布的，均值为 0，未知的共同方差为 σ^2．此即意味着

$$\beta_0 + \beta_1 x_{1i} + \beta_2 x_{2i} + \cdots + \beta_p x_{pi}$$

表示 y_i 的均值．

主要任务是求每个未知量 β_j 的近似值 b_j，使得可通过拟合如下形式的函数估计 y_i 的均值

$$\hat{y}_j = b_0 + b_1 x_{1i} + b_2 x_{2i} + \cdots + b_p x_{pi} \quad i = 1,2,\cdots,n \tag{7-18}$$

第 i 个观测值和拟合值的偏差：

$$e_i = y_i - \hat{y}_i \tag{7-19}$$

被称为**残差**，为对应 ε_i 的近似．判别原则为：选择 b_j，使得所有残差的平方和最小．通常称为**误差的平方和**，记为 SSE．即有

$$SSE = \sum_{i=1}^{n} e_i^2 = \sum_{i=1}^{n} (y_i - \hat{y}_i)^2 \tag{7-20}$$

为更方便地进行计算，可将模型以矩阵形式重写．定义 $\boldsymbol{b}$ 为一个（$p+1$）×1 的向量，使得

336

$$\boldsymbol{b} = [b_0 \quad b_1 \quad \cdots \quad b_p]^{\mathrm{T}}$$

类似地，可如下定义 $\boldsymbol{e}$，$\boldsymbol{y}$，$\boldsymbol{u}$，$\boldsymbol{x}_j$ 为 $n\times 1$ 的向量：

$$\boldsymbol{e} = [e_1 \quad e_2 \quad \cdots \quad e_n]^{\mathrm{T}}$$
$$\boldsymbol{y} = [y_1 \quad y_2 \quad \cdots \quad y_n]^{\mathrm{T}}$$
$$\boldsymbol{u} = [1 \quad 1 \quad \cdots \quad 1]^{\mathrm{T}}$$
$$\boldsymbol{x}_j = [x_{j1} \quad x_{j2} \quad \cdots \quad x_{jn}]^{\mathrm{T}} \quad j = 1,2,\cdots,p$$

由这些向量，可定义如下的 $n\times$（$p+1$）矩阵 $\boldsymbol{X}$：

$$\boldsymbol{X} = [\boldsymbol{u} \quad \boldsymbol{x}_1 \quad \boldsymbol{x}_2 \quad \cdots \quad \boldsymbol{x}_p]$$

该矩阵对应于方程组（7-18）的系数．由（7-19）式可将残差重写为

$$\boldsymbol{e} = \boldsymbol{y} - \boldsymbol{X}\boldsymbol{b}$$

由公式（7-20），SSE 即为

$$SSE = \boldsymbol{e}^{\mathrm{T}}\boldsymbol{e} = (\boldsymbol{y} - \boldsymbol{X}\boldsymbol{b})^{\mathrm{T}}(\boldsymbol{y} - \boldsymbol{X}\boldsymbol{b}) \tag{7-21}$$

将 SSE 对 $\boldsymbol{b}$ 求导，得到偏导数的一个向量，即

$$\frac{\partial}{\partial \boldsymbol{b}}(SSE) = -2\boldsymbol{X}^{\mathrm{T}}(\boldsymbol{y} - \boldsymbol{X}\boldsymbol{b})$$

矩阵求导在附录 A 中描述．令导数为 0 可得 $\boldsymbol{X}\boldsymbol{b} = \boldsymbol{y}$，直接使用 MATLAB 运算符“\”求解该超定方程组，从而得到系数 $\boldsymbol{b}$．但是，这里更方便的是采用如下的处理．将 $\boldsymbol{X}^{\mathrm{T}}$ 左乘 $\boldsymbol{X}\boldsymbol{b} = \boldsymbol{y}$，得到如下的**正规方程**：

$$\boldsymbol{X}^{\mathrm{T}}\boldsymbol{X}\boldsymbol{b} = \boldsymbol{X}^{\mathrm{T}}\boldsymbol{y}$$

该方程的形式解为

$$\boldsymbol{b} = (\boldsymbol{X}^{\mathrm{T}}\boldsymbol{X})^{-1}\boldsymbol{X}^{\mathrm{T}}\boldsymbol{y} = \boldsymbol{C}\boldsymbol{X}^{\mathrm{T}}\boldsymbol{y} \tag{7-22}$$

其中

$$\boldsymbol{C} = (\boldsymbol{X}^{\mathrm{T}}\boldsymbol{X})^{-1} \tag{7-23}$$

这里 $\boldsymbol{C}$ 是（$p+1$）×（$p+1$）的方阵．

使用（7-22）式中 $\boldsymbol{b}$ 的表达式，对应 $\boldsymbol{y}$ 的拟合值的向量为

$$\hat{\boldsymbol{y}}=\boldsymbol{X}\boldsymbol{b}=\boldsymbol{X}\boldsymbol{C}\boldsymbol{X}^{\mathrm{T}}\boldsymbol{y}$$ 337

若定义 $\boldsymbol{H}=\boldsymbol{X}\boldsymbol{C}\boldsymbol{X}^{\mathrm{T}}$，则上式可写为

$$\hat{\boldsymbol{y}}=\boldsymbol{H}\boldsymbol{y} \tag{7-24}$$

矩阵 $\boldsymbol{H}$ 将 $\boldsymbol{y}$ 转换为 $\hat{\boldsymbol{y}}$，被称为帽子矩阵，它在回归模型的解释中具有重要作用. 它有许多重要的性质，比如它是幂等矩阵（见附录 A).

由（7-22）式可知 SSE 的最小值为

$$SSE=\boldsymbol{y}^{\mathrm{T}}(\boldsymbol{I}-\boldsymbol{H})\boldsymbol{y} \tag{7-25}$$

其中 $\boldsymbol{I}$ 是 $n\times n$ 单位矩阵. 原始数据包含 n 个观测值，这里在系统中又引入了 $p+1$ 个约束去估计参数 β_0，β_1，…，β_p，所以有（$n-p-1$）个自由度. 统计学理论表明，将（7-25）式中最小的 SSE 除以自由度的个数，可得到误差方差 σ^2 的一个无偏估计，即

$$s^2=\frac{SSE}{n-p-1}=\frac{\boldsymbol{y}^{\mathrm{T}}(\boldsymbol{I}-\boldsymbol{H})\boldsymbol{y}}{n-p-1} \tag{7-26}$$

就其本身来说，拟合一个模型得到 s 值的意义不大. 但还可使用 $\boldsymbol{H}$ 计算绝对尺度意义下的整体拟合优度，可检查 b_j 作为 β_j 近似值的好坏.

应用最广泛的整体拟合优度的度量为*决定系数*，R^2，定义如下：

$$R^2 = \sum_{i=1}^{n}(\hat{y}_i-\overline{y})^2 \Big/ \sum_{i=1}^{n}(y_i-\overline{y})^2$$

其中

$$\overline{y} = \frac{1}{n}\sum_{i=1}^{n} y_i$$

即 $\overline{y}$ 为观测值 y 的均值. 用矩阵记号，可用如下的等价定义计算 R^2：

$$R^2=\frac{\boldsymbol{y}^{\mathrm{T}}(\boldsymbol{H}-\boldsymbol{u}\boldsymbol{u}^{\mathrm{T}}/n)\boldsymbol{y}}{\boldsymbol{y}^{\mathrm{T}}(\boldsymbol{I}-\boldsymbol{u}\boldsymbol{u}^{\mathrm{T}}/n)\boldsymbol{y}} \tag{7-27}$$

R^2 的值介于 0 和 1 之间，表示 $\boldsymbol{y}$ 的总观测方差中解释变量占的比例. 该值接近 1 表明几乎所有的观测方差是由解释变量引起的，也就是拟合得很好. 但是，只有这一个量并不意味着模型是合适的，因为 R^2 总能通过引入更多的解释变量而增加，而这些变量的引入可能 338
会造成其他问题. 下一节将简要讨论模型中应该包含哪些解释变量的方法.

7.6 模型改进的诊断

为确定移除哪些变量可改进初始模型，下面更详细地研究近似值 b_j，检查对应的 β_j 系数是否为 0，不为 0 则可知对应的 x_j 确实对解释 y 有贡献；若是 b_0 的情形，则对应是否应该在模型中包含常数项 β_0.

若假设随机误差 ε_i 是正态分布的，则每个近似值 b_j 就像从一个正态随机变量中观测到的一样，该正态随机变量的均值为 β_j，它们的协方差矩阵为 $s^2\boldsymbol{C}$，其中 $\boldsymbol{C}$ 定义如（7-23）式. 则协方差矩阵为

$$s^2\boldsymbol{C}=s^2\begin{pmatrix} c_{00} & c_{01} & c_{02} & \cdots & c_{0p} \\ & c_{11} & c_{12} & \cdots & c_{1p} \\ & & & & \vdots \\ & & & & c_{pp} \end{pmatrix}$$

注意这里 $\boldsymbol{C}$ 的行列标号为从 0 到 p. 矩阵 $\boldsymbol{C}$ 是对称的，所以这里没有显示对角线以下的元素.

b_j 的分布的方差为 s^2 乘以 $\boldsymbol{C}$ 的对应对角元，则 b_j 的标准误差（SE）为该方差的平方根：

$$SE(b_j)=s\sqrt{c_{jj}}$$

若 β_j 确实等于 0，则统计量

$$t=b_j/SE(b_j)$$

满足 $n-p-1$ 个自由度的 t-分布．所以可进行形式化的假设检验，来检查假设 β_j 为 0 是否合理，β_j 为 0 时表示预测子 x_j 对解释 y 的贡献不大．但是，作为检查 x_j 是否应该被包含在回归模型中的初始方针，通常可检查对应的 t-统计量是否数值大于 2．若 $|t|>2$，则 x_j 应该包含在模型里；否则，须进一步考虑是否移除该变量．

若在初始的回归模型中，有多于一个的解释变量或预测子，则有可能其中两个或更多
339 个变量高度相关．这被称为*多重共线性*；此时 $\boldsymbol{X}$ 中对应那些相关变量的列是几乎线性相关的，这将使 $\boldsymbol{X}^{\mathrm{T}}\boldsymbol{X}$ 及其逆 $\boldsymbol{C}$ 是病态的．尽管只要 $\boldsymbol{X}^{\mathrm{T}}\boldsymbol{X}$ 不为奇异矩阵，就可以求解正规方程得到 $\boldsymbol{b}$，但求得的解对数据的微小改变非常敏感，且 $\boldsymbol{C}$ 的某些非对角线元素将非常大，意味着 b_j 的估计值高度相关．由此看到，计算*相关矩阵*是有意义的．相关矩阵表示 y 和每个解释变量之间以及每对解释变量之间的相关性．与协方差矩阵的情形类似，将相关矩阵的行列标号记为 0 到 p．即相关矩阵为

$$\begin{array}{c} \\ y \\ x_1 \\ x_2 \\ \\ \end{array}\begin{array}{c} \begin{array}{cccc} y & x_1 & x_2 & \end{array} \\ \begin{pmatrix} r_{00} & r_{01} & r_{02} & \cdots \\ r_{10} & r_{11} & r_{12} & \cdots \\ r_{20} & r_{21} & r_{22} & \cdots \\ \cdots & \cdots & \cdots & \cdots \end{pmatrix} \end{array}$$

其中相关矩阵的典型元素 r_{ij} 表示 x_i 和 x_j 之间的相关性，r_{0j} 表示 y 和 x_j 之间的相关性．

当考虑*多项式回归*的情形（见 7.8 节）时，预测子之间总是高度相关的，但由 t-统计量的值可确定某些预测子对解释 y 的贡献不大．有最小的 $|t|$ 值和最小 $|r_{0j}|$ 值的变量是最明显需要移除的变量．

另一个有用的统计量是*方差膨胀因子*（*VIF*）．为求 x_j 的 VIF，将 x_j 对其余 $p-1$ 个解释变量进行回归，并计算决定系数 R_j^2．则对应的 VIF 为：

$$VIF_j=\frac{1}{1-R_j^2}$$

若 x_j 几乎可由其他变量解释，则 R_j^2 将接近 1，VIF_j 将非常大．一个好的原则是将 $VIF_j>10$ 的 x_j 视为待移除变量．

需要注意的是，若只有两个解释变量，它们的方差膨胀因子总是相同的；若都大于 10，则最好移除和 y 有最小相关性的变量．当模型中的一些预测子为某些共同解释变量的不同函数时，对应的 VIF 值可能很大，这和 7.8 节中的多项式回归情形类似．当此种类型的预测子可证明和 y 有因果关系时，这样的模型通常可用来拟合实际数据．

下面的 MATLAB 函数 mregg2 实现了多重回归，同时也计算了对模型改进的必
340 要诊断．

```
function [s_sqd R_sqd b SE t VIF Corr_mtrx residual] = mregg2(Xd,con)
% Multiple linear regression, using least squares.
% Example call:
%    [s_sqd R_sqd bt SEt tt VIFt Corr_mtrx residual] = mregg2(Xd,con)
```

```
% Fits data to y = b0 + b1*x1 + b2*x2 + ... bp*xp
% Xd is a data array. Each row of X is a set of data.
% Xd(1,:) = x1(:), Xd(2,:) = x2(:), ... Xd(p+1,:) = y(:).
% Xd has n columns corresponding to n data points and p+1 rows.
% If con = 0, no constant is used, if con ~= 0, constant term is used.
% Output arguments:
% s_sqd = Error variance, R_Sqd = R^2.
% b is the row of coefficients b0 (if con~=0), b1, b2, ... bp.
% SE is the row of standard error for the coeff b0 (if con~=0),
%  b1, b2, ... bp.
% t is the row of the t statistic for the coeff b0 (if con~=0),
%  b1, b2, ... bp.
% VIF is the row of the VIF for the coeff b0 (if con~=0), b1, b2, ... bp.
% Corr_mtrx is the correlation matrix.
% residual is an arrray of 4 columns and n rows.
% For each row i, the residual
% array contains the value of y(i), the residual(i), the standardized
% residual(i) and the Cook distance(i) where i is the ith data value.
if con==0
    cst = 0;
else
    cst = 1;
end
[p1,n] = size(Xd);
p = p1-1;  pc = p+cst;
y = Xd(p1,:)';
if cst==1
    w = ones(n,1);
    X = [w Xd(1:p,:)'];
else
    X = Xd(1:p,:)';
end
C = inv(X'*X);  b = C*X'*y; b = b.';
H = X*C*X';  SSE = y'*(eye(n)-H)*y;
s_sqd = SSE/(n-pc); Cov = s_sqd*C;
Z = (1/n)*ones(n);
num = y'*(H-Z)*y; denom = y'*(eye(n)-Z)*y;
R_sqd = num/denom;
SE = sqrt(diag(Cov)); SE = SE.';
t = b./SE;
% Compute correlation matrix
V(:,1) = (eye(n)-Z)*y;
for j = 1:p
    V(:,j+1) = (eye(n)-Z)*X(:,j+cst);
end
SS = V'*V; D = zeros(p+1,p+1);
for j=1:p+1
    D(j,j) = 1/sqrt(SS(j,j));
end
Corr_mtrx = D*SS*D;
% Compute VIF
```

341

```
for j = 1+cst:pc
    ym = X(:,j);
    if cst==1
        Xm = X(:,[1 2:j-1,j+1:p+1]);
    else
        Xm = X(:,[1:j-1,j+1:p]);
    end
    Cm = inv(Xm'*Xm); Hm = Xm*Cm*Xm';
    num = ym'*(Hm-Z)*ym; denom = ym'*(eye(n)-Z)*ym;
    R_sqr(j-cst) = num/denom;
end
VIF = 1./(1-R_sqr); VIF = [0 VIF];
% Analysis of residuals
ee = zeros(length(y),1);  sr = zeros(length(y),1);
cd = zeros(length(y),1);
if nargout>7
    ee = (eye(n)-H)*y;
    s = sqrt(s_sqd);
    sr = ee./(s*sqrt(1-diag(H)));
    cd = (1/pc)*(1/s^2)*ee.^2.*(diag(H)./((1-diag(H)).^2));
    residual = [y ee sr cd];
end
```

为使用 mregg2 函数，需要提供（$p+1$）$\times n$ 的数据矩阵 Xd，这里 p 是解释变量的数目，n 为数据点的个数. 第 1 行到第 p 行包含解释变量 x_1 到 x_p 的值，第 $p+1$ 行包含对应的 y 值. 若参数 con 置为 0，则从回归模型中移除常数项；否则包含常数项. 函数
342 mregg2 的使用见 7.7 节和 7.8 节.

多重回归模型应用广泛. 例如：

1. *多项式回归*. 这里 y 是单个变量 x 的多项式函数，即在一般模型中的 x_j 替换为 x^j，有

$$y_i=\beta_0+\beta_1 x_i+\beta_2 x_i^2+\cdots+\beta_P x_i^p+\varepsilon_i \quad i=1,2,\cdots,n \tag{7-28}$$

尽管关于解释变量 x 不是线性的，但关于系数 β_j 仍是线性的，所以可应用线性回归模型. 可应用 mregg2 计算多项式回归，其中行数据为 x，x^2，x^3，…，最后一行数据为 y.（见例 7.7，7.8 和 7.9）.

2. *多重多项式回归*. 假设希望拟合数据到如下的回归模型：

$$y_i=\beta_0+\beta_1 x_1+\beta_2 x_2+\beta_3 x_1^2+\beta_4 x_2^2+\beta_5 x_1 x_2+\varepsilon_i \quad i=1,2,\cdots,n$$

在这里，有 5 个预测子分别为 x_1，x_2，x_1^2，x_2^2，x_1x_2. 这些预测子依然关于系数 β_j 是线性的. 为使用函数 mregg2，数据矩阵的 6 行必须分别包含 x_1，x_2，x_1^2，x_2^2，x_1x_2，y 的值.

7.7 残差分析

除考虑每个解释变量或预测子的贡献度之外，考虑模型对每个数据点的适应度以及关于误差分布的假设是否合理，这些也是非常重要的.

回顾（7-24）式，

$$\hat{\boldsymbol{y}}=\boldsymbol{H}\boldsymbol{y}$$

可将残差向量写为

$$\boldsymbol{e}=\boldsymbol{y}-\boldsymbol{H}\boldsymbol{y}=(\boldsymbol{I}-\boldsymbol{H})\boldsymbol{y}$$

可证明 $s^2(\boldsymbol{I}-\boldsymbol{H})$ 的对角元素表示各自残差的方差，所以 e_i 的标准差为 $s\sqrt{1-h_{ii}}$. 由于标准差随着数据点而改变，直接比较不同点处的残差很困难. 但是，若将残差除以各自标准差可将残差标准化，得到与 t-比值类似的统计量，可用来分析 $\boldsymbol{b}$. 即标准化残差 r_i 为

$$r_i=\frac{e_i}{s\sqrt{1-h_{ii}}}\quad i=1,2,\cdots,n$$

为与其他标准化残差进行区分，有时称之为学生化残差（Studentized residual）. 若模型背后的假设正确，则标准化残差的平均值应接近 0. 但若 $|r_i|$ 大约大于 2 时，则表示发生了 343
以下一种或多种情形：

1. 发生该情形对应的点为异常值（outlier）.
2. 关于所有点处的误差的方差相等这个假设不正确.
3. 指定模型时有错误.

在这里，异常值表示相同条件下不能得到的观测值. 因观测错误得到的值，和那些与其他观测时的解释变量偏离很大的值对应的观测值，这两者通常并不容易区分. 这些点常对拟合过程有较大影响.

衡量特定点影响的一个很有用的统计量是库克（Cook）距离，它结合了残差平方的大小和点到均值的距离，称为杠杆. 这是 $\boldsymbol{H}$ 的对应对角元素，$\boldsymbol{H}$ 由解释变量的值确定.

$$\text{库克距离 } di=\left(\frac{1}{p+1}\right)\frac{e_i^2}{s^2}\left[\frac{h_{ii}}{(1-h_{ii})^2}\right]\quad i=1,2,\cdots,n$$

任何点若满足 $d_i>1$ 将会对回归造成大的影响，需要仔细检查. 这样的点可能是正确的观测值，它提供的信息在创建模型时很有用，但建模人员需了解它的影响.

例 7-5 拟合如下的数据到回归模型. 为节省空间，数据以 mregg2 函数所需的形式给出. 矩阵的第 1、2、3 行分别为解释变量 x_1，x_2，x_3 的值，第 4 行包含对应的 y 值. 实现的脚本如下：

```
% e3s710.m
X0 = [1.00 1.00 1.00 1.00 1.00 2.00 2.00 2.00;
      2.00 2.00 4.00 4.00 6.00 2.00 2.00 4.00;
         0 1.00 0 1.00 2.00 0 1.00 0;
     -2.52 -2.71 -8.34 -8.40 -14.60 -0.62 -0.47 -6.49];
X1 = [2.00 3.00 3.00 3.00 3.00 3.00 3.00 3.00;
      6.00 2.00 2.00 2.00 4.00 6.00 6.00 6.00;
         0 0 1.00 2.00 1.00 0 1.00 2.00;
    -12.46 1.36 1.40 1.60 -4.64 -10.34 -10.43 -10.30];
Xd = [X0 X1];
[s_sqd R_sqd b SE t VIF Corr_mtrx res] = mregg2(Xd,1);
```
344
```
fprintf('Error variance = %7.4f     R_squared = %7.4f \n\n',s_sqd,R_sqd)
fprintf('                      Coeff     SE      t_ratio      VIF \n')
fprintf('Constant    :      %7.4f %7.4f %8.2f \n',b(1),SE(1),t(1))
fprintf('Coeff x1    :      %7.4f %7.4f %8.2f %8.2f\n',b(2),SE(2),t(2),VIF(2))
fprintf('Coeff x2    :      %7.4f %7.4f %8.2f %8.2f\n',b(3),SE(3),t(3),VIF(3))
fprintf('Coeff x3    :      %7.4f %7.4f %8.2f %8.2f\n\n',b(4),SE(4),t(4),VIF(4))
fprintf('Correlation matrix \n')
disp(Corr_mtrx)
fprintf('\n         y          Residual   St Residual    Cook dist\n')
for i = 1:length(Xd)
    fprintf('%12.4f %12.4f %12.4f %12.4f\n',res(i,1), ...
                                  res(i,2), res(i,3), res(i,4))
end
```

运行脚本输出结果如下：

```
Error variance =  0.0147     R_squared =  0.9996

                   Coeff      SE     t_ratio     VIF
Constant    :     1.3484  0.1006     13.40
Coeff x1    :     2.0109  0.0358     56.10      1.03
Coeff x2    :    -2.9650  0.0179   -165.43      1.03
Coeff x3    :    -0.0001  0.0412     -0.00      1.04

Correlation matrix
    1.0000    0.2278   -0.9437   -0.0944
    0.2278    1.0000    0.1064    0.1459
   -0.9437    0.1064    1.0000    0.1459
   -0.0944    0.1459    0.1459    1.0000

         y          Residual    St Residual     Cook dist
     -2.5200         0.0508        0.4847        0.0196
     -2.7100        -0.1390       -1.3223        0.1426
     -8.3400         0.1609        1.5062        0.1617
     -8.4000         0.1010        0.9274        0.0507
    -14.6000        -0.1688       -1.9402        0.8832
     -0.6200        -0.0601       -0.5458        0.0157
     -0.4700         0.0901        0.8035        0.0270
     -6.4900         0.0000        0.0002        0.0000
    -12.4600        -0.0399       -0.3835        0.0130
      1.3600        -0.0909       -0.8808        0.0730
      1.4000        -0.0508       -0.4736        0.0154
      1.6000         0.1493        1.5774        0.3958
     -4.6400        -0.1607       -1.4227        0.0755
    -10.3400         0.0692        0.6985        0.0602
    -10.4300        -0.0206       -0.1930        0.0026
345 -10.3000         0.1095        1.1123        0.1589
```

x_3 的系数很小，更重要的是，对应的 t-比值的绝对值也非常小（实际上非 0，为−0.0032）. 这表明 x_3 对模型的贡献不明显，可以移除.

若将 y 最后的值改为−8.3（只列出残差分析的结果），则有：

```
      y          Residual    St Residual     Cook dist
   -2.5200        0.3499        0.7758        0.0503
   -2.7100       -0.0756       -0.1670        0.0023
   -8.3400        0.3095        0.6735        0.0323
   -8.4000        0.0140        0.0300        0.0001
  -14.6000       -0.6418       -1.7153        0.6903
   -0.6200        0.1361        0.2876        0.0044
   -0.4700        0.0507        0.1052        0.0005
   -6.4900        0.0457        0.0941        0.0003
  -12.4600       -0.1447       -0.3232        0.0093
    1.3600        0.0024        0.0054        0.0000
    1.4000       -0.1930       -0.4184        0.0120
    1.6000       -0.2284       -0.5610        0.0501
   -4.6400       -0.4534       -0.9331        0.0325
  -10.3400       -0.1384       -0.3247        0.0130
  -10.4300       -0.4638       -1.0077        0.0713
   -8.3000        1.4308        3.3791        1.4664
```

对观测值 $y=-8.3$，可以看出残差、标准化残差、库克距离和其他数据点相比都很大. 要么这次特定的观测记录有错误，要么数据是正确的，但所使用的模型在该点处拟合得

很差. ◀

例 7-6 使用例 7.5 中的数据，只用解释变量 x_1 和 x_2，拟合数据到回归模型. 数据矩阵 Xd 在下面的脚本中未显示.

```
% e3s711.m
X0 ....
X1 ....
Xd ....
Xd = [X0 X1];
[s_sqd R_sqd b SE t VIF Corr_mtrx] = mregg2(Xd([1 2 4],:),1);
fprintf('Error variance = %7.4f     R_squared = %7.4f \n\n',s_sqd,R_sqd)
fprintf('                     Coeff     SE      t_ratio      VIF \n')
fprintf('Constant    :      %7.4f %7.4f  %8.2f \n',b(1),SE(1),t(1))
fprintf('Coeff x1    :      %7.4f %7.4f  %8.2f %8.2f\n',b(2),SE(2),t(2),VIF(2))
fprintf('Coeff x2    :      %7.4f %7.4f  %8.2f %8.2f\n\n',b(3),SE(3),t(3),VIF(3))
fprintf('Correlation matrix \n')
disp(Corr_mtrx)
```

346

运行该脚本，输出结果为

```
Error variance =  0.0135     R_squared =  0.9996

                  Coeff      SE      t_ratio      VIF
Constant    :     1.3483  0.0960      14.04
Coeff x1    :     2.0109  0.0341      58.91      1.01
Coeff x2    :    -2.9650  0.0171    -173.71      1.01

Correlation matrix
    1.0000    0.2278   -0.9437
    0.2278    1.0000    0.1064
   -0.9437    0.1064    1.0000
```

这个模型相较于例 7.5 中的模型更好，因为各个 t-比值的绝对值都大于 2. 实际上，原始数据是由如下的模型产生的

$$y=1.5+2x_1-3x_2+\text{随机误差}$$

即 x_3 与生成数据的模型无关，x_3 的变化只会影响 y 的值，这是因为 y 的测量值存在随机误差. ◀

注意到标准误差（SE）可用来对 b_j 构建置信区间. 在此情形下，每个 β_j 的真实值位于 95%的置信区间内：即如果不知道真实值的话，β_j 位于该区间的概率为 0.95. 95%置信区间的精确宽度依赖于自由度的个数（见 7.5 节），但作为一个合理的近似，它位于 $b_j-2SE(b_j)$ 和 $b_j+2SE(b_j)$ 之间.

有关多重回归、模型改进和回归分析等更全面的内容，可参考 Draper 和 Smith (1998)，Walpole 和 Myers (1993)，Anderson、Sweeney 和 Williams (1993).

7.8 多项式回归

多项式回归模型由（7-28）式给出，即：

$$y_i=\beta_0+\beta_1x_i+\beta_2x_i^2+\cdots+\beta_px_i^p+\varepsilon_i \quad i=1,2,\cdots,n$$

尽管关于解释变量 x 不再是线性的，但关于系数 β_j 仍是线性的，所以仍可应用线性回归模型理论. 347

数据拟合、检查 b_j 估计值以及确定是否移除某些预测子都可按 7.5 节中描述的一般情形进行计算，模型改进的诊断及残差分析也仿照 7.6 节和 7.7 中描述的一般情形. 因为此

时的预测子都是相同解释变量的幂次，必然在预测子之间存在很高的相关性．如 7.6 节的讨论，这些预测子之间的高相关性会导致系数矩阵 $\boldsymbol{X}^{\mathrm{T}}\boldsymbol{X}$ 是病态的．对大量的数据点，该矩阵趋向于希尔伯特（Hilbert）矩阵．

第 2 章中已经指出希尔伯特矩阵是非常病态的．为说明在计算精度上的影响，注意到病态矩阵 $\boldsymbol{A}$ 参与计算时造成的十进制位数精度损失，近似可由 MATLAB 表达式 `log10(cond(A))` 给出，即若需拟合一个 5 次多项式，约损失 `log10(cond(hilb(5)))` 个十进制位数，这个值约为 5.6782；也就是说，MATLAB 使用的 16 位有效数字中有 5 到 6 位将损失掉．避免这个困难的一种方法是重新描述该问题，使之不需要求解线性方程组．一个精巧的方法是利用正交多项式．这里不对此进行详述，读者可参考 Lindfield 和 Penny（1989）．不过，当 p（此时表示拟合多项式的次数）保持足够小时，病态的最坏影响也可以避免．

若需要使用 7.5、7.6 和 7.7 节讨论的模型改进诊断，则可调用 7.6 节中的函数 `mregg2` 计算多项式回归．数据须按如下要求准备好．矩阵 `Xd` 的第 1 行包含 x 的值，第 2 行包含 x^2 的值，等等．最后一行包含对应的 y 值．解释 `mregg2` 的输出时，须注意所有的 VIF 不可避免地都很大，这是因为 x 的幂次彼此相关性很高．这里应该忽略通常遇到 $VIF>10$ 就考虑移除预测子的规则，因为有很好的理由假设多项式模型是合适的．

若不需要诊断，则 b_j 近似值的计算可使用 MATLAB 函数 `polyfit` 得到．该函数使用最小二乘原则拟合给定次数的多项式到给定数据．下面的例子展示了上面提到的一些问题．

例 7-7 拟合三次多项式到下面的数据，数据由 $y=2+6x^2-x^3$ 加上一些随机误差生成．随机误差由均值为 0、标准差为 1 的正态分布生成．下面的脚本调用 MATLAB 函数 `polyfit` 求出三次多项式的系数，再用 `polyval` 计算值进而绘图．然后脚本调用函数 `mregg2` 使用 x，x^2，x^3 作为解释变量拟合一个回归模型．

348

```
% e3s712.m
x = 0:.25:6;
y = [1.7660 2.4778 3.6898 6.3966 6.6490 10.0451 12.9240 15.9565 ...
     17.0079 21.1964 24.1129 25.5704 28.2580 32.1292 32.4935 34.0305 ...
     34.0880 32.9739 31.8154 30.6468 26.0501 23.4531 17.6940 9.4439 ...
     1.7344];
xx = 0:.02:6;
p = polyfit(x,y,3), yy = polyval(p,xx);
plot(x,y,'o',xx,yy)
axis([0 6 0 40]), xlabel('x'), ylabel('y')
Xd = [x; x.^2; x.^3; y];
[s_sqd R_sqd b SE t VIF Corr_mtrx] = mregg2(Xd,1);
fprintf('Error variance = %7.4f      R_squared = %7.4f \n\n',s_sqd,R_sqd)
fprintf('                        Coeff       SE       t_ratio       VIF \n')
fprintf('Constant    :      %7.4f %7.4f %8.2f \n',b(1),SE(1),t(1))
fprintf('Coeff x     :      %7.4f %7.4f %8.2f %8.2f\n',b(2),SE(2),t(2),VIF(2))
fprintf('Coeff x^2   :      %7.4f %7.4f %8.2f %8.2f\n',b(3),SE(3),t(3),VIF(3))
fprintf('Coeff x^3   :      %7.4f %7.4f %8.2f %8.2f\n\n',b(4),SE(4),t(4),VIF(4))
fprintf('Correlation matrix \n')
disp(Corr_mtrx)
```

运行该脚本，输出结果如下．同时脚本还输出了图 7-12．由 `polyfit` 得到的多项式系数按 x 的降幂排列．函数 `mregg2` 的诊断输出是自解释的．

```
p =
   -0.9855    5.8747    0.1828    2.2241

Error variance =  0.5191     R_squared =  0.9966

                    Coeff      SE      t_ratio     VIF
Constant    :      2.2241  0.4997      4.45
Coeff x     :      0.1828  0.7363      0.25      84.85
Coeff x^2   :      5.8747  0.2886     20.36     502.98
Coeff x^3   :     -0.9855  0.0316    -31.20     202.10
Correlation matrix
    1.0000    0.4917    0.2752    0.1103
    0.4917    1.0000    0.9659    0.9128
    0.2752    0.9659    1.0000    0.9858
    0.1103    0.9128    0.9858    1.0000
```

349

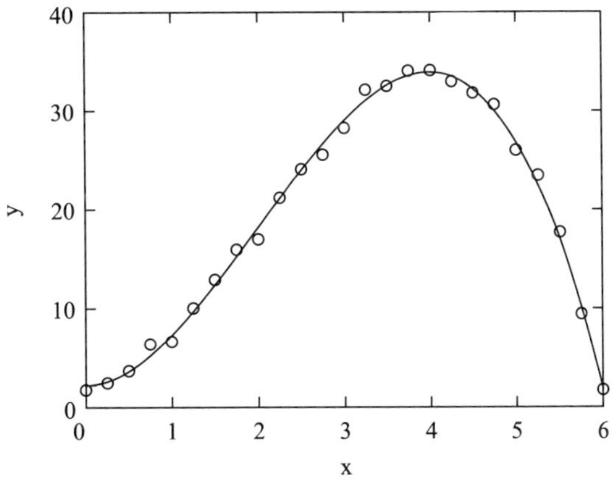

图 7-12　拟合三次多项式到数据. 数据点由 o 标记

注意解释变量 x 的 t -比值的绝对值小于 2，意味着 x 应该被移除（见例 7.8）.

拟合数据的三次多项式为

$$\hat{y}=2.2241+0.1828x+5.8747x^2-0.9855x^3$$

◀

例 7-8 使用例 7.7 中的数据，拟合一个三次多项式，不过这个例子中只使用 x^2 和 x^3 两个解释变量. 求解该例题的脚本为：

```
% e3s713.m
x = 0:.25:6; y = 2+6*x.^2-x.^3;
y = y+randn(size(x)); Xd = [x.^2; x.^3; y];
[s_sqd R_sqd b SE t VIF Corr_mtrx] = mregg2(Xd,1);
fprintf('Error variance = %7.4f      R_squared = %7.4f \n\n',s_sqd,R_sqd)
fprintf('                          Coeff      SE      t_ratio      VIF \n')
fprintf('Constant    :        %7.4f %7.4f %8.2f \n',b(1),SE(1),t(1))
fprintf('Coeff x^2   :        %7.4f %7.4f %8.2f %8.2f\n',b(2),SE(2),t(2),VIF(2))
fprintf('Coeff x^3   :        %7.4f %7.4f %8.2f %8.2f\n\n',b(3),SE(3),t(3),VIF(3))
fprintf('Correlation matrix \n')
disp(Corr_mtrx)
```

运行脚本输出结果为

```
Error variance =  0.4970     R_squared =  0.9965

                    Coeff      SE      t_ratio      VIF
Constant    :      2.3269  0.2741      8.49
Coeff x^2   :      5.9438  0.0750     79.21      35.52
```

```
Coeff x^3  :      -0.9926  0.0130   -76.61    35.52

Correlation matrix
    1.0000     0.2752     0.1103
350 0.2752     1.0000     0.9858
    0.1103     0.9858     1.0000
```

即改进的模型（相比于例 7.7 中的模型）是

$$\hat{y}=2.1793+6.0210x^2-1.0084x^3$$

真实的 β_j 位于由改进模型给出的 95%置信区间内. 误差的方差是 0.4970，略小于最初加在数据上的随机误差的方差 1. ◀

例 7-9 拟合一个 3 次和一个 5 次多项式到给定数据，数据由如下函数

$$y=\sin\{1/(x+0.2)\}+0.2x$$

加上一些随机噪声生成，随机噪声的分布是标准差为 0.06 的正态分布，模拟测量误差的代码如下：

```
>> xs = [0:0.05:0.25 0.25:0.2:4.85];
>> us = sin(1./(xs+1))+0.2*xs+0.06*randn(size(xs));
>> save testdata1 xs us
```

30 个数据点存储在文件 testdata1 中，这样也可用在 7.9 节中的例子里. 下面的脚本先加载数据，再拟合并画出最小二乘多项式.

```
% e3s714.m
load testdata
xx = 0:.05:5;
t1 = 'Error variance = %7.4f     R_squared = %7.4f \n\n';
t2 = '                   Coeff     SE     t_ratio       VIF \n';
t3 = 'Constant    :      %7.4f %7.4f %8.2f \n';
t4 = 'Coeff x     :      %7.4f %7.4f %8.2f %12.2f\n';
t4a = 'Coeff x     :      %7.4f %7.4f %8.2f \n';
t5 = 'Coeff x^2   :      %7.4f %7.4f %8.2f %12.2f\n';
t6 = 'Coeff x^3   :      %7.4f %7.4f %8.2f %12.2f\n';
t7 = 'Coeff x^4   :      %7.4f %7.4f %8.2f %12.2f\n';
t8 = 'Coeff x^5   :      %7.4f %7.4f %8.2f %12.2f\n';
t9 = 'Correlation matrix \n';
p = polyfit(xs,us,3), yy = polyval(p,xx);
Xd = [xs; xs.^2; xs.^3; us];
[s_sqd R_sqd b SE t VIF Corr_mtrx] = mregg2(Xd,1);
fprintf(t1,s_sqd,R_sqd), fprintf(t2)
fprintf(t3,b(1),SE(1),t(1))
fprintf(t4,b(2),SE(2),t(2),VIF(2))
fprintf(t5,b(3),SE(3),t(3),VIF(3))
fprintf([t6 '\n'],b(4),SE(4),t(4),VIF(4))
351 fprintf(t9), disp(Corr_mtrx)
[s_sqd R_sqd b SE t VIF Corr_mtrx] = mregg2(Xd,0);
fprintf(t1,s_sqd,R_sqd), fprintf(t2)
fprintf(t4a,b(1),SE(1),t(1))
fprintf(t5,b(2),SE(2),t(2),VIF(2))
fprintf([t6 '\n'],b(3),SE(3),t(3),VIF(3))
fprintf(t9), disp(Corr_mtrx)
plot(xs,us,'ko',xx,yy,'k'), hold on
axis([0 5 -2 2])
p = polyfit(xs,us,5), yy = polyval(p,xx);
Xd = [xs; xs.^2; xs.^3; xs.^4; xs.^5; us];
[s_sqd R_sqd b SE t VIF Corr_mtrx] = mregg2(Xd,1);
```

```
fprintf(t1,s_sqd,R_sqd), fprintf(t2)
fprintf(t3,b(1),SE(1),t(1))
fprintf(t4,b(2),SE(2),t(2),VIF(2))
fprintf(t5,b(3),SE(3),t(3),VIF(3))
fprintf(t6,b(4),SE(4),t(4),VIF(4))
fprintf(t7,b(5),SE(5),t(5),VIF(5))
fprintf([t8 '\n'],b(6),SE(6),t(6),VIF(6))
fprintf(t9)
disp(Corr_mtrx)
plot(xx,yy,'k--'), xlabel('x'), ylabel('y'), hold off
```

图 7-13 画出了用 3 次和 5 次多项式拟合数据的结果，很明显可以看出多项式近似的不足．拟合的多项式在数据点间振荡，拟合结果不理想．在 7.9 节可以看到可用不同的函数改进拟合结果．脚本生成如下：

```
p =
    0.0842   -0.6619    1.5324   -0.0448

Error variance =  0.0980     R_squared =  0.6215
                    Coeff      SE      t_ratio       VIF
Constant    :      -0.0448  0.1402    -0.32
Coeff  x    :       1.5324  0.3248     4.72        79.98
Coeff  x^2  :      -0.6619  0.1708    -3.87       478.23
Coeff  x^3  :       0.0842  0.0239     3.52       193.93

Correlation matrix
    1.0000    0.5966    0.4950    0.4476
    0.5966    1.0000    0.9626    0.9049
    0.4950    0.9626    1.0000    0.9847
    0.4476    0.9049    0.9847    1.0000
```

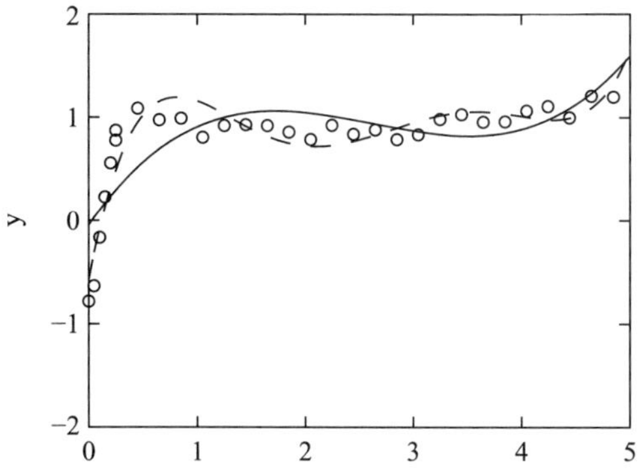

图 7-13　拟合 3 次和 5 次多项式（分别为实线和虚线）到数据序列．数据点由 o 标记 352

常数项对应的 t-比值的绝对值较小，意味着常数项不应该包含在三次模型中．脚本也拟合了一个不含常数项的三次多项式，输出结果如下：

```
Error variance =  0.0947     R_squared =  0.6200

                    Coeff      SE      t_ratio       VIF
Coeff  x    :       1.4546  0.2116     6.87
Coeff  x^2  :      -0.6285  0.1329    -4.73        35.13
Coeff  x^3  :       0.0801  0.0199     4.02       299.50

Correlation matrix
```

```
1.0000     0.5966     0.4950     0.4476
0.5966     1.0000     0.9626     0.9049
0.4950     0.9626     1.0000     0.9847
0.4476     0.9049     0.9847     1.0000
```

这是一个更健壮的模型. 最后，该脚本拟合了一个五次多项式，最后的输出结果为：

```
p =
    0.0434   -0.5856    2.8998   -6.3340    5.7099   -0.5789

Error variance =  0.0341     R_squared =  0.8783

                  Coeff      SE      t_ratio       VIF
Constant    :    -0.5789  0.1122     -5.16
Coeff x     :     5.7099  0.6443      8.86       904.01
Coeff x^2   :    -6.3340  0.9052     -7.00     38560.71
Coeff x^3   :     2.8998  0.4918      5.90    234903.50
Coeff x^4   :    -0.5856  0.1137     -5.15    262672.06
Coeff x^5   :     0.0434  0.0094      4.62     38084.24
Correlation matrix
    1.0000    0.5966    0.4950    0.4476    0.4172    0.3942
    0.5966    1.0000    0.9626    0.9049    0.8511    0.8041
    0.4950    0.9626    1.0000    0.9847    0.9555    0.9232
    0.4476    0.9049    0.9847    1.0000    0.9918    0.9742
    0.4172    0.8511    0.9555    0.9918    1.0000    0.9949
    0.3942    0.8041    0.9232    0.9742    0.9949    1.0000
```

353

注意到其中的 VIF 值很大，这是由于模型中的预测子是基于单个解释变量的不同函数. ◀

下面解释试图拟合多项式到数据有时可能会产生困难. 为说明该问题，考虑基于如下关系式模拟得到的实验数据：

$$y=\frac{1}{\sqrt{0.02+(4-x^2)^2}} \tag{7-29}$$

数据点采样自该函数，采样范围是 $x=1$ 到 $x=3$，步长为 0.05，另外再加上一些随机误差用于模拟测量误差. 试图用多项式去拟合这些数据的结果如图 7-14 所示. 由图中可以看出，随着多项式次数的增加，由 4 次到 8 次，最后到 12 次，在总的最小二乘误差越来越小的意义下，拟合结果越来越好，但是高次多项式在数据点间振荡. 即便是 12 次多项式也不能精确表示数据，同时也不能给出任何 x 和 y 的内在数学关系. 在 7.11 节中将再次讨论这个问题.

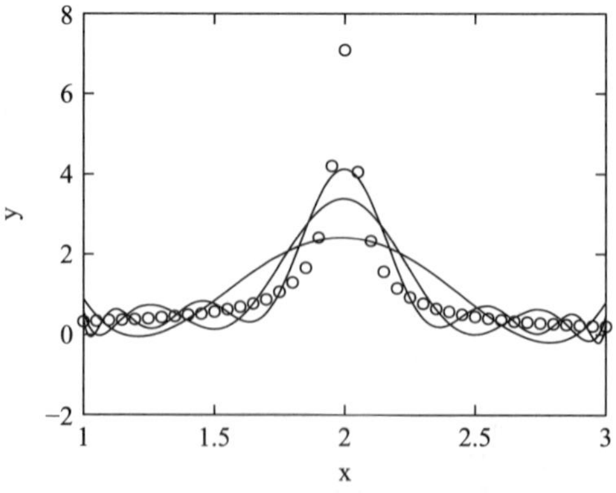

354

图 7-14　用 4 次、8 次和 12 次多项式拟合图中的数据点（由圆圈标记）

7.9　用一般函数拟合数据

考虑基于（7-17）式的回归模型，将其中独立的解释变量 x_j 替换为预测子 ϕ_j，即单个

解释变量 x 的函数：

$$y_i=\beta_0+\beta_1\varphi_1(x_i)+\beta_2\varphi_2(x_i)+\cdots+\beta_p\varphi_p(x_i)+\varepsilon_i$$

7.5 节的分析可直接扩展到该回归模型，所以可用 MATLAB 函数 mregg2 去拟合任意指定的函数到数据.

再次考虑 7.8 节中的例 7.9. 用下面的函数（或模型）去拟合数据：

$$\hat{y}=b_1\sin\{1/(x+0.2)\}+b_2x$$

选取该函数是因为原始数据是由它产生的，其中取 $b_1=1$ 和 $b_2=0.2$，再加上一个正态分布的随机噪声. 注意到该模型中没有常数项. 下面的脚本调用函数 mregg2. 注意 mregg2 需要的矩阵第一行包含 $\sin(1/(x+0.2))$ 的值，第二行包含 x 的值.

```
% e3s715.m
load testdata
Xd = [sin(1./(xs+0.2)); xs; us];
[s_sqd R_sqd b SE t VIF Corr_mtrx] = mregg2(Xd,0);
fprintf('Error variance = %7.4f\n\n',s_sqd)
fprintf('                         Coeff      SE     t_ratio\n')
fprintf('sin(1/(x+0.2)):     %7.4f %7.4f %8.2f \n',b(1),SE(1),t(1))
fprintf('Coeff x        :     %7.4f %7.4f %8.2f \n\n',b(2),SE(2),t(2))
fprintf('Correlation matrix \n')
disp(Corr_mtrx)
xx = 0:.05:5; yy = b(1)*sin(1./(xx+0.2))+b(2)*xx;
plot(xs,us,'o',xx,yy,'k')
axis([0 5 -1.5 1.5]), xlabel('x'), ylabel('y')
```

运行该脚本，输出结果如下

```
Error variance =  0.0044

                          Coeff      SE     t_ratio
sin(1/(x+0.2)):          0.9354  0.0257     36.46
Coeff x        :          0.2060  0.0053     38.55

Correlation matrix
    1.0000    0.7461    0.5966
    0.7461    1.0000   -0.0734
    0.5966   -0.0734    1.0000
```

355

脚本同时还画出了图 7-15. 以最小二乘原则拟合数据得到的函数为 $\hat{y}=0.9354\sin\{1/(x+0.2)\}+0.2060x$. 这和原始函数非常接近. 注意到误差的方差 0.0044 和用来模拟测量误差而添加的噪声的方差 0.0036 基本相当. 若在模型中包含常数项，则可得它对应的 t-比值的绝对值非常小，这意味着它应该从模型中移除.

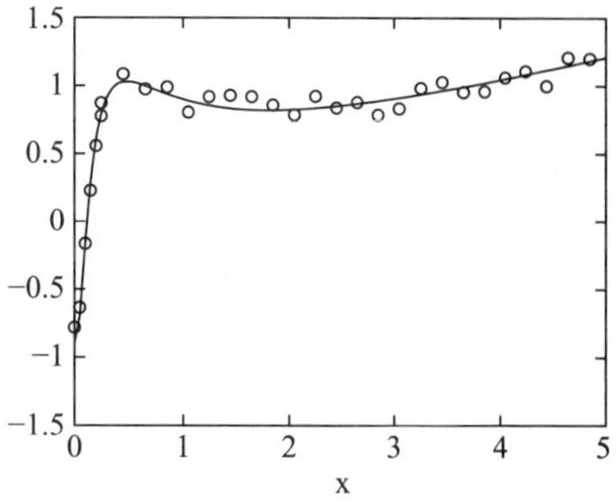

图 7-15 数据采样自函数 $y=\sin(1/(x+0.2))+0.2x$. 数据点由圆圈标记

7.10 非线性最小二乘回归

下面考虑用函数拟合数据时，函数的未知系数之间的关系是非线性的情形. 仍然使用最小二乘判别原则，有很多方法可用于拟合数据到这类模型，本节仅讨论其中非常简单的基于泰勒（Taylor）级数的迭代法.

令 $y=f(x, \boldsymbol{a})$，其中 f 是未知系数 $\boldsymbol{a}$ 的非线性函数. 为求这些系数，记初始的试验系数为 $\boldsymbol{a}^{(0)}$. 即

$$y = f(x, \boldsymbol{a}^{(0)})$$

该试验解并不满足要求，即误差的平方和最小. 但是，可通过调整系数 $\boldsymbol{a}^{(0)}$ 使得误差的平方和最小. 记改进的系数为 $\boldsymbol{a}^{(1)}$，则有

$$\boldsymbol{a}^{(1)}=\boldsymbol{a}^{(0)}+\Delta\boldsymbol{a}$$

代入得

356 $$y = f(x, \boldsymbol{a}^{(1)}) = f(x, \boldsymbol{a}^{(0)}+\Delta\boldsymbol{a})$$

将函数按泰勒级数展开，只保留一阶导数项，得到

$$y \approx f(x,\boldsymbol{a}^{(0)}) + \sum_{k=0}^{m}\Delta a_k[\partial f/\partial a_k]^{(0)}$$

令 $f_i^{(0)}=f(x_i, \boldsymbol{a}^{(0)})$. 函数和 y_i 之间的误差由下式给出

$$\varepsilon_i = y_i - f_i^{(0)} - \sum_{k=0}^{m}\Delta a_k[\partial f_i/\partial a_k]^{(0)} \quad i = 1,2,\cdots,n$$

即，误差的平方和为

$$S = \sum_{i=0}^{n}\left\{y_i - f_i^{(0)} - \sum_{k=0}^{m}\Delta a_k\left[\frac{\partial f_i}{\partial a_k}\right]^{(0)}\right\}^2$$

为求误差平方和的极小值，有

$$\frac{\partial S}{\partial(\Delta a_p)} = -2\sum_{i=0}^{n}\left\{y - f_i^{(0)} - \sum_{k=0}^{m}\Delta a_k\left[\frac{\partial f_i}{\partial a_k}\right]^{(0)}\right\}\left[\frac{\partial f_i}{\partial a_p}\right]^{(0)} = 0 \quad .p = 0,1\cdots,m$$

也即为

$$\sum_{i=0}^{n}(y - f_i^{(0)})\left[\frac{\partial f_i}{\partial a_p}\right]^{(0)} = \sum_{k=0}^{m}\Delta a_k\left\{\sum_{i=0}^{n}\left[\frac{\partial f_i}{\partial a_k}\right]^{(0)}\left[\frac{\partial f_i}{\partial a_p}\right]^{(0)}\right\} \quad p = 0,1,\cdots,m$$

这些等式可用矩阵记号表示为：

$$\boldsymbol{K}\ (\Delta\boldsymbol{a})=\boldsymbol{b}$$

其中 $\Delta\boldsymbol{a}$ 的元素为 $\Delta a_p(p=0, 1, \cdots, m)$，且

$$K_{pk} = \sum_{i=0}^{n}\left[\frac{\partial f_i}{\partial a_k}\right]^{(0)}\left[\frac{\partial f_i}{\partial a_p}\right]^{(0)}$$

$$b_p = \sum_{i=0}^{n}(y - f_i^{(0)})\left[\frac{\partial f_i}{\partial a_P}\right]^{(0)} \quad p,k = 0,1,\cdots,m$$

解得 $\Delta\boldsymbol{a}$，进而可求得新的系数值：

357 $$\boldsymbol{a}^{(1)}=\boldsymbol{a}^{(0)}+\Delta\boldsymbol{a}$$

因为扔掉了泰勒级数的高阶项，$\boldsymbol{a}^{(1)}$ 并不是精确解，但是它是比 $\boldsymbol{a}^{(0)}$ 更好的解. 可重复此过程，直到 $\Delta\boldsymbol{a}$ 的范数小于一个指定的阈值.

下面的函数 `nlls` 实现了前面的方法，可用给定非线性函数拟合数据.

```
function [a iter] = nlls(f,df,x,y,a0,err)
% Data given by vectors x and y are to be fitted to the function f(a)
% with an error of err. Function f(a) has n variables, a(1) ... a(n).
% a0 is a vector of n trial values for the unknown paramenters a.
% Function df is a column vector [df/da(1); df/da(2); .... df/da(n)].
iter = 0;  n = length(a0); a = a0;
v = 10*err*ones(1,n);
```

```
    while norm(v,2) > err
        p = feval(df,x,a);  q = y-feval(f,x,a);
        A = p*p'; b = q*p'; v = A\b';
        a = a + v';  iter = iter+1;
    end
```

接下来的脚本调用函数 nlls 拟合函数 $y=a_1\mathrm{e}^{a_2x}+a_3\mathrm{e}^{a_4x}$ 到 16 个数据点.

```
% e3s718
p = @(x,a) a(1)*exp(a(2)*x)+a(3)*exp(a(4)*x);
dp = @(x,a) [exp(a(2)*x); a(1)*x.*exp(a(2)*x);
             exp(a(4)*x); a(3)*x.*exp(a(4)*x)];
x = [-10:2:0  1:1:10]; xn = length(x);
xp = -10:0.05:10;
y = [26.56 21.60 18.14 17.00 14.46 17.38 15.07 16.76 ...
    16.90 17.32 18.61 20.79 21.65 25.22 26.16 27.84];
a = [7 -0.3 7 0.3];
[a iter] = nlls(p,dp,x,y,a,1e-5)
plot(x,y,'o',xp,p(xp,a))
xlabel('x'), ylabel('y')
```

运行该脚本，输出结果如下

```
a =
    5.4824   -0.1424   10.0343    0.0991

iter =
     7
```

脚本同时还画出了图 7-16. 358

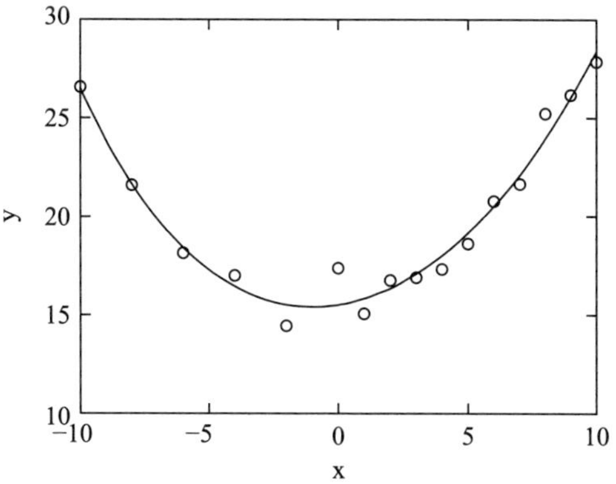

图 7-16 用函数 $y=a_1\mathrm{e}^{a_2x}+a_3\mathrm{e}^{a_4x}$ 拟合数据点（由圆圈标记）

7.11 变换数据

接下来考虑另一种数据和函数拟合的方法，其中函数的未知系数之间的关系是非线性的. 该方法对数据和函数同时进行变换，使得等价的函数中的 y 值和未知系数之间是线性关系. 该方法的唯一困难是没有通用的规则帮助选择合适的变换，实际上，这样的变换甚至可能不存在. 考虑用下面的函数拟合数据：

$$\hat{y}=\frac{1}{\sqrt{a_0+(a_1-a_2x^2)^2}} \tag{7-30}$$

令 $\hat{Y}=1/\hat{y}^2$ 和 $X=x^2$，则有

$$\hat{Y}=1/\hat{y}^2=a_0+(a_1-a_2x^2)^2=(a_0+a_1^2)-2a_1a_2x^2+a_2^2x^4$$
$$\hat{Y}=a_0+a_1^2-2a_1a_2X+a_2^2X^2 \tag{7-31}$$
$$\hat{Y}=b_0+b_1X+b_2X^2$$

即$\hat{Y}$是 X 的二次式．若数据值的变换为 $Y_i=1/y_i^2$，$X_i=x_i^2$，则用变换后的数据拟合 $Y=f(X)$ 的问题将是一个标准的最小二乘多项式拟合，参数为 b_0，b_1，b_2．因此 a_0，a_1，a_2 的近似值可容易求得．但是要注意，由于变换的存在，误差的残差 $e_i=Y_i-\hat{Y}_i$ 将可能不再是测量误差 $y_i-\hat{y}_i$ 的一个好的近似．

下面通过具体拟合的例子说明前述过程．数据值由（7-29）式产生，再加上一个正态分布的随机误差，其中正态分布均值为 0、标准差为 1%．可使用（7-31）式对数据进行变换，下面的脚本先生成所需数据，再对数据点进行变换，然后用一个多项式对其拟合．

```
% e3s716.m
```

359

```
x = 1:.05:3; xx = 1:.005:3;
y = [0.3319   0.3454   0.3614   0.3710   0.3857   0.4030   0.4372 ...
     0.4605   0.4971   0.5232   0.5753   0.6363   0.6953   0.7782 ...
     0.8793   1.0678   1.3024   1.6688   2.4233   4.2046   7.0961 ...
     4.0581   2.3354   1.5663   1.1583   0.9278   0.7764   0.6480 ...
     0.5741   0.4994   0.4441   0.4005   0.3616   0.3286   0.3051 ...
     0.2841   0.2645   0.2407   0.2285   0.2104   0.2025];
Y = 1./y.^2; X = x.^2; XX = xx.^2;
p = polyfit(X,Y,2)
YY = polyval(p,XX);
for i = 1:length(xx)
    if YY(i)<0
        disp('Transformation fails with this data set');
        return
    end
end
figure(1), plot(X,Y,'o',XX,YY)
axis([1 9 0 25]), xlabel('X'), ylabel('Y')
yy = 1./sqrt(YY);
figure(2), plot(x,y,'o',xx,yy)
axis([1 3 -2 8]), xlabel('x'), ylabel('y')
```

运行该脚本的输出结果为

```
p =
    0.9944   -7.9638   15.9688
```

脚本还画出了图 7-17 和图 7-18．从脚本的输出中可以看出 X 和$\hat{Y}$的关系为

360 $$\hat{Y}=0.9944X^2-7.9638X+15.9688$$

通过对比上式与（7-31）式，可求出未知系数的值：

$$a_2^2=0.9944\text{，所以 } a_2=\pm 0.9972\text{（如（7-29）中取正值）}$$
$$-2a_1a_2=7.9748\text{，所以 } a_1=3.9931$$
$$a_1^2+a_o=15.9688\text{，所以 } a_0=0.0149$$

取初始函数（7-30）式中的这些值，可将其用于拟合原始数据．如图 7-18 所示．该函数拟合的结果要远远好于前述多项式拟合的结果（图 7-14)．但是，这个拟合函数也没有经过数据的峰值，这是因为该过程对数据的微小随机误差敏感导致的．若移除随机误差，则拟合是精确的．若脚本用新的随机误差再次运行，拟合结果有可能变差；若增大随机误差的

大小，拟合还可能失败．这是因为在 $x=2$ 的区域附近，y 的值本质上只依赖于 a_0 的值．这是一个非常小的值，它的符号可能改变．

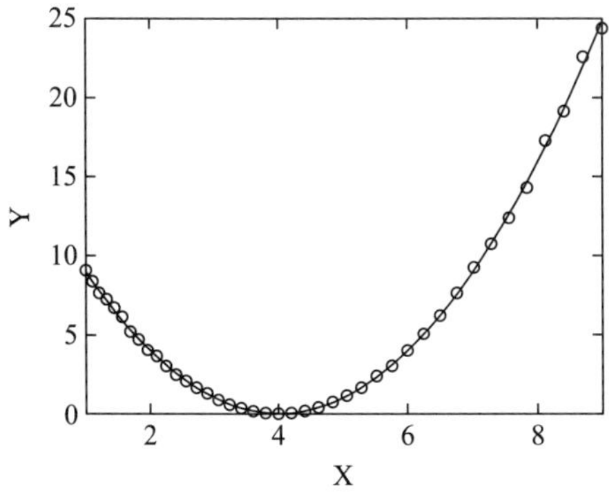

图 7-17　拟合变换后的数据（由圆圈标记）到一个二次函数

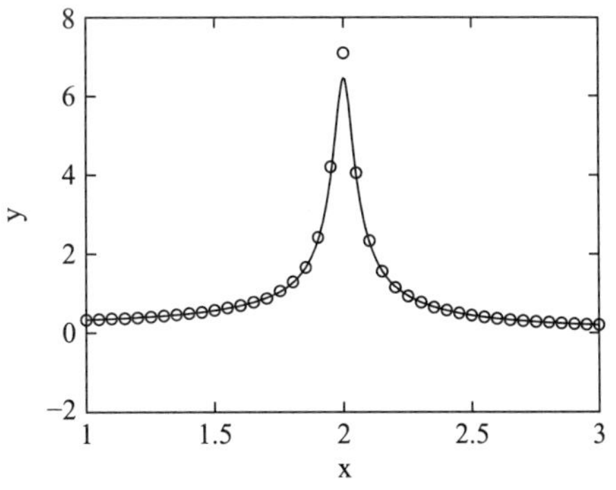

图 7-18　用（7-30）式拟合图中圆圈标记的数据

表 7-3 列出了一些函数，这些函数的 y 值和未知系数之间是非线性关系．同时该表还列出了对应的变换，可将它们之间的关系线性化，即形如 $\hat{Y}=BX+C$.

下面的脚本实现了表 7-3 中的前两个关系．脚本还求出了原始关系中误差的平方和，并画图表示数据和拟合函数．

```
% e3s717.m
x = 0.2:0.2:4;
y = 2*exp(0.5*x).*(1+0.2*rand(size(x)));
X = log(x);  Y = log(y);
% Case 1: Fit y = a*x^b
v = polyfit(X,Y,1);
A1 = v(2); b1 = v(1); a1 = exp(A1);
e1 = y-a1*x.^b1; s1 = e1*e1';
fprintf('\n y = %8.4f*x^(%8.4f): SSE = %8.4f',a1,b1,s1)
% case 2: Fit y = a*exp(b*x)
v = polyfit(x,Y,1);
A2 = v(2); b2 = v(1); a2 = exp(A2);
e2 = y-a2*exp(b2*x); s2 = e2*e2';
fprintf('\n y = %8.4f*exp(%8.4f*x): SSE = %8.4f \n',a2,b2,s2)
% Plotting
n = length(x);
r = x(n)-x(1); inc = r/100;
xp = [x(1):inc:x(n)];
yp1 = a1*xp.^b1;  yp2 = a2*exp(b2*xp);
plot(x,y,'ko',xp,yp1,'k:',xp,yp2,'k')
xlabel('x'), ylabel('f(x)')
```

361

表 7-3　具有非线性关系的函数

初始等式	替换规则	变换后等式
$y=ax^b$	$Y=\log_e(y)$，$X=\log_e(x)$	$Y=A+bX$ 满足 $a=e^A$
$y=ae^{bx}$	$Y=\log_e(y)$	$Y=A+bx$ 满足 $a=e^A$
$y=axe^{bx}$	$Y=\log_e(y/x)$.	$Y=A+bx$ 满足 $a=e^A$
$y=a+\log_e(bx)$	$Y=e^y$	$Y=A+bx$ 满足 $a=\log_e(A)$

（续）

初始等式	替换规则	变换后等式
$y=1/(a+bx)$	$Y=1/y$	$Y=a+bx$
$y=1/(a+bx)^2$	$Y=1/\sqrt{(y)}$，$X=1/x$	$Y=a+bx$
$y=x/(b+ax)$	$Y=1/y$，$X=1/x$	$Y=a+bX$
$y=ax/(b+x)$	$Y=1/y$，$X=1/x$	$Y=A+BX$ 满足 $a=1/A$，$b=B/A$

运行该脚本输出：

```
y =   4.5129*x^(  0.6736): SSE =  78.3290
y =   2.2129*exp(  0.5021*x): SSE =   2.0649
```

由图 7-19 及程序输出可知，最好的拟合是指数函数，这也是预料之中的. 这个例子也告诫我们在选择拟合函数时不要带有偏好，调整 MATLAB 函数，可拟合数据到各种类型的
362 数学函数.

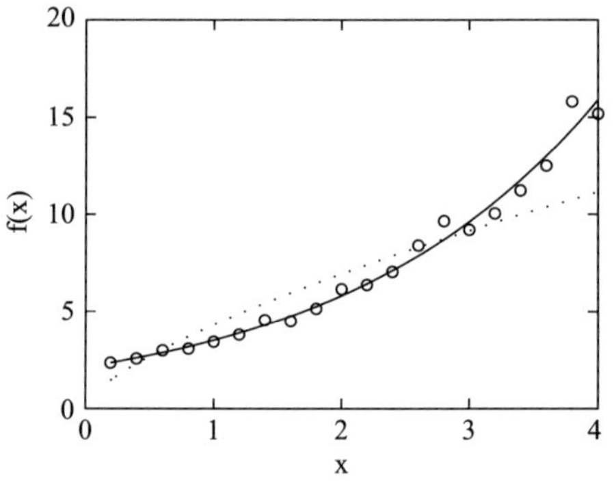

图 7-19 该图画出了原始数据（以圆圈标记），以及使用 $y=be^{(ax)}$ 拟合（实线）和使用 $y=ax^b$（点线）拟合的结果

7.12 小结

本章描述了用于内插的几种函数拟合数据的方法，包括艾特肯（Aitken）算法和样条函数拟合. 对周期数据，可通过快速傅里叶变换对其进行研究. 最后，还讨论了基于最小二乘原则，使用多项式和更一般的函数对实验数据进行拟合的方法.

对希望研究样条函数应用的读者来说，Mathworks Spline toolbox 非常有用.

习题

7.1 下面的表格列出了如下的完全椭圆积分的值

$$E(\alpha)=\int_0^{\pi/2}\sqrt{(1-\sin^2\alpha\sin^2\theta)}\,\mathrm{d}\theta$$

α	0°	5°	10°	15°	20°	25°	30°
$E(\alpha)$	1.570 79	1.567 80	1.558 88	1.544 15	1.523 79	1.498 11	1.467 46

使用 MATLAB 函数 `aitken` 求当 $\alpha=2°$，13°，27°时，$E(\alpha)$ 的值.

7.2 对 $x=20:2:30$ 生成 $f(x)=x^{1.4}-\sqrt{x}+1/x-100$ 的值. 使用 MATLAB 函数 `aitken` 求 x 使得对应的 $f(x)=0$. 由于是对给定的 $f(x)$ 的值求 x，所以这是逆内插的一个例子. 特别地，这给出了

方程 $f(x)=0$ 根的近似值. 比较结果和第 3 章习题 3.2 的不同. 363

7.3 给定 $x=-1:0.2:1$，由 $y=\sin^2(\pi x/2)$ 计算 y 的值. 使用这些数据计算：

(a) 基于最小二乘原则，利用 MATLAB 函数 polyfit 对数据进行二次多项式和四次多项式拟合. 画出数据点和拟合的曲线. 提示：可参考 7.7 节的例 7.6.

(b) 使用 MATLAB 函数 spline 对数据进行三次样条函数拟合. 画出数据点和拟合的样条函数. 比较样条拟合的结果和 (a) 中的图.

7.4 对习题 7.3 中的数据，求对应 $x=0.85$ 时 y 的值. 要求使用 MATLAB 函数 interp1 分别拟合线性、样条和三次内插函数. 再使用 MATLAB 函数 aitken.

7.5 用三次样条函数和五次多项式拟合下列数据.

x	−2	0	2	3	4	5
y	4	0	−4	−30	−40	−50

在同一张图中画出数据点、样条函数以及多项式函数. 对数据可能出自的内在函数来说，哪条曲线给出的结果更合理?

7.6 数据由向量 $x=0:0.25:3$ 和

$$y=[6.3806\quad 7.1338\quad 9.1662\quad 11.5545\quad 15.6414\quad 22.7371\quad 32.0696\cdots$$
$$47.0756\quad 73.1596\quad 111.4684\quad 175.9895\quad 278.5550\quad 446.4441]$$

给出，用下述函数拟合该数据：

(a) $f(x)=a+be^x+ce^{2x}$，使用 MATLAB 函数 mregg2.

(b) $f(x)=a+b/(1+x)+c/(1+x)^2$，使用 MATLAB 函数 mregg2.

(c) $f(x)=a+bx+cx^2+dx^3$，使用 MATLAB 函数 polyfit 或 mregg2.

要画出三个试验函数和数据点. 这些函数拟合的结果如何? 实际的数据点是由函数 $f(x)=3+2e^x+e^{2x}$ 外加小的随机噪声生成的.

7.7 下列 x 值和对应的 y_u 和 y_l 定义了一个机翼的截面：

$$x=[0\quad 0.005\quad 0.0075\quad 0.0125\quad 0.025\quad 0.05\quad 0.1\quad 0.2\quad 0.3\quad 0.4\quad\cdots$$
$$0.5\quad 0.6\quad 0.7\quad 0.8\quad 0.9\quad 1]$$
$$y_u=[0\quad 0.0102\quad 0.0134\quad 0.0170\quad 0.0250\quad 0.0376\quad 0.0563\quad 0.0812\quad\cdots$$
$$0.0962\quad 0.1035\quad 0.1033\quad 0.0950\quad 0.0802\quad 0.0597\quad 0.0340\quad 0]$$
$$y_l=[0\quad -0.0052\quad -0.0064\quad -0.0063\quad -0.0064\quad -0.0060\quad -0.0045\quad\cdots$$
$$-0.0016\quad 0.0010\quad 0.0036\quad 0.0070\quad 0.0121\quad 0.0170\quad 0.0199\quad 0.0178\quad 0]$$ 364

坐标 (x, y_u) 定义上曲面，坐标 (x, y_l) 定义下曲面. 使用 MATLAB 函数 spline 分别对上下曲面进行样条函数拟合，并在一张图中画出结果.

7.8 考虑如下的估计式

$$\prod_{p<P}\left(1+\frac{1}{p}\right)\approx C_1+C_2\log_e P$$

其中乘积取遍所有不大于素数 P 的素数 p. 编写脚本，从提供的素数列表中计算这些乘积，并用函数 $C_1+C_2\log_e P$ 拟合这些由素数 P 及相应的乘积构成的数据点，要求使用 MATLAB 函数 polyfit 进行拟合. 可用 MATLAB 函数 primes(103) 来生产素数序列.

7.9 伽马 (gamma) 函数可用如下的五次多项式来近似

$$\Gamma(x+1)=a_0+a_1x+a_2x^2+a_3x^3+a_4x^4+a_5x^5$$

使用 MATLAB 函数 gamma 对 $x=0:0.1:1$ 生成 $\Gamma(x+1)$ 的值. 然后调用 MATLAB 函数 polyfit 对数据进行五次多项式拟合. 比较结果与 Abramowitz 和 Stegun (1965) 给出的伽马函数的近似，即 $a_0=1$，$a_1=-0.5748666$，$a_2=0.9512363$，$a_3=-0.6998588$，$a_4=0.4245549$，$a_5=-0.1010678$. 由这些系数计算得到的伽马函数值在范围 $0\leqslant x\leqslant 1$ 内精度小于等于 5×10^{-5}.

7.10 由如下的函数生成 z 的值的表：

$$z(x,\ y)=0.5(x^4-16x^2+5x)+0.5(y^4-16y^2+5y)$$

其中 $x=-4:0.2:4$，$y=-4:0.2:4$. 使用这些数据及 MATLAB 函数 interp2 求当 $x=y=-2.9035$ 时 z 的值. 使用线性和三次内插两种方法求解，比较结果与直接代入函数计算有何不同. 该点为该函数的全局极小点.

7.11 平均太阳时和实际太阳时的差被称为时间等式. 即时间等式为：

$$E=(\text{平均太阳时}-\text{实际太阳时})$$

从 1 月 1 日起，将一年分成 20 个等距区间，下列值表示 E 在这些区间上的值，以分钟为单位：

$E=[-3.5\quad -10.5\quad -14.0\quad -14.25\quad -9.0\quad -4.0\quad 1.0\quad 3.5\quad 3.0\quad \cdots$

365 $-0.25\quad -3.5\quad -6.25\quad -5.5\quad -1.75\quad 4.0\quad 10.5\quad 15.0\quad 16.25\quad 12.75\quad 6.5]$

画出 E 的值对时间（年）的图. 再使用 MATLAB 函数 interpft 内插出 300 个点，并画出 E 的值在一年各个时间段的图.（使用 MATLAB 函数 help 获取关于 interpft 的信息.）最后，使用命令 [x,y]=ginput(4) 从图中读取 E 的两个极大值和两个极小值. 在什么时候出现极大和极小值？

7.12 使用 MATLAB 函数 fft 确定数据的 DFT 结果的实部和虚部，数据为由下式给出的周期数据，这里 32 个数据点是在 0.1 秒的时间间隔采样出来的. 检查各分量的振幅和频率. 从这些结果能得出什么结论？

$y=[2\quad -0.404\quad 0.2346\quad 2.6687\quad -1.4142\quad -1.0973\quad 0.8478\quad -2.37\quad 0\quad \cdots$

$2.37\quad -0.8478\quad 1.0973\quad 1.4142\quad -2.6687\quad -0.2346\quad 0.404\quad -2\quad \cdots$

$1.8182\quad 1.7654\quad -1.2545\quad 1.4142\quad -0.3169\quad -2.8478\quad 0.9558\quad \cdots$

$0\quad -0.9558\quad 2.8478\quad 0.3169\quad -1.4142\quad 1.2545\quad -1.7654\quad -1.8182]$

7.13 当 $f=30\text{Hz}$ 时，求 $y=32\sin^5(2\pi ft)$ 的 DFT. 数据为 1 秒内采样的 512 个点. 从 DFT 结果的虚部，估计下面关系式中的系数 a_0，a_1，a_2：

$$32\sin^5(2\pi ft)=a_0\sin[2\pi ft]+a_1\sin[2\pi(3f)t]+a_2\sin[2\pi(5f)t]$$

对 $f=30\text{Hz}$，$y=32\sin^6(2\pi ft)$ 重复该过程. 数据为 1 秒内采样的 512 个点. 从 DFT 结果的实部，估计下面关系式中的系数 b_0，b_1，b_2，b_3：

$$32\sin^6(2\pi ft)=b_0+b_1\cos[2\pi(2f)t]+b_2\cos[2\pi(4f)t]+b_3\cos[2\pi(6f)t]$$

7.14 确定 1 秒内采样的 512 个数据点的 DFT，数据采样自函数

$$y=\sin(2\pi f_1t)+2\sin(2\pi f_2t)$$

其中 $f_1=30\text{Hz}$ 和 $f_2=400\text{Hz}$. 解释频率谱在 112Hz 处出现一个大的分量的原因.

7.15 确定 1 秒内采样得到的 256 个点的 DFT，采样自函数 $y(t)=\sin(2\pi ft)$，其中 $f=25$，30.27，35.49Hz. 在同一张图中，画出 DFT 的绝对值关于频率对所有 3 个 f 值的图. 需要指出的是，即使数据采样的正弦函数的振幅都相同，对应 f 的频率分量也有不同的振幅. 这是因为，在 30.27Hz 和 35.49Hz 的情形，采样不是在 y 的周期的整数倍上进行. 这个现象被称为“泄漏”或“模糊化”，部分正弦波看起来泄漏到相邻的频率里. 可通过对数据应用“窗口”函数减弱这个效

366 应. 汉宁（Hanning）窗口函数 $w(t)=0.5\{1-\cos(2\pi t/T)\}$，其中 T 是采样周期. 将 $y(t)$ 乘以 $w(t)$，然后对结果值求 DFT. 在同一张图中，画出 DFT 的绝对值关于频率对所有 3 个 f 值的图. 注意对应 f 的频率分量的振幅变化，泄漏效应被大幅减弱了.

7.16 下面是在 0.0625 秒的一个周期内采样的 32 个数据点：

$y=[0\quad 0.9094\quad 0.4251\quad -0.6030\quad -0.6567\quad 0.2247\quad 0.6840\quad 0.1217\quad \cdots$

$-0.5462\quad -0.3626\quad 0.3120\quad 0.4655\quad -0.0575\quad -0.4373\quad -0.1537\quad \cdots$

$0.3137\quad 0.2822\quad -0.1446\quad -0.3164\quad -0.0204\quad 0.2694\quad 0.1439\quad -0.1702\quad \cdots$

$-0.2065\quad 0.0536\quad 0.2071\quad 0.0496\quad -0.1594\quad -0.1182\quad 0.0853\quad \cdots$

$0.1441\quad -0.0078]$

(a) 求 DFT，并估计数据中最重要的频率分量. DFT 的频率增量是多少？

(b) 在现有数据的最后，添加 480 个 0 值，即将数据点个数增加到 512. 这个过程被称为“零填

充”，常被用来在 DFT 中改善频率分辨率．求新的数据集的 DFT，并估计其最重要的频率分量．在这个 DFT 中，频率增量是多少？

7.17 在 4 年的时间里，生成一个电子配件的成本变化如下表所示：

年	0	1	2	3
成本	\$30.2	\$25.8	\$22.2	\$20.2

假设生产成本和时间的关系是（a）三次函数和（b）二次多项式，估算第 6 年的生产成本．现又在数据中发现一处小错误．第 2 年的生产成本应为 22.5 美元，第 3 年的成本应为 20.5 美元．再次利用三次函数和二次多项式估算第 6 年的生产成本．从这些结果能得出什么结论？

7.18 利用下面的 gamma 函数值的表，使用逆内插法在区间 $x=2$ 到 $x=3$ 内求满足 $\Gamma(x)=1.3$ 的 x 的值．使用 MATLAB 函数 `interp1`，选取三次函数选项，另使用 `aitken` 函数求解．

x	2	2.2	2.4	2.6	2.8	3
$\Gamma(x)$	1.0000	1.1018	1.2422	1.4296	1.6765	2.0000

367

7.19 对不同的 α 的值，下面的表格给出了下述积分的值

$$I=\int_0^{\pi/2}\frac{\mathrm{d}\varphi}{\sqrt{1-\sin^2\alpha\sin^2\varphi}}$$

（这个积分即为第一类完全椭圆积分.）

α	0	5°	10°	15°	20°	25°
I	1.570 80	1.573 79	1.582 84	1.598 14	1.620 03	1.649 00

使用多项式内插，求当 $\alpha=2°$ 时的 I 值．再使用逆内插法求 α 的值，使得 $I=1.58$．两种情形均使用 `interp1` 函数，选择三次函数选项．另使用 `aitken` 函数求解．

7.20 寻找立方体一个角处的节点个数的公式．记 n 表示立方体一条边上的等距分布的节点个数，f_n 表示该角处的三个半表面上的节点个数，其中包括面的对角线上的节点，下面的表格列出了某些 n 对应的 f_n 值：

n	1	2	3	4
f_n	1	4	10	20

使用一个三次函数拟合这些数据（利用 `polyfit` 函数），求 f_n 和 n 的一般关系式，并验证当 $n=5$，$f_n=35$．

7.21 对下列数据用形如 $z=f(x, y)$ 的回归模型进行拟合：

x	0.5	1.0	1.0	2.0	2.5	2.0	3.0	3.5	4.0
y	2.0	4.0	5.0	2.0	4.0	5.0	2.0	4.0	5.0
z	−0.19	−0.32	−1.00	3.71	4.49	2.48	6.31	7.71	8.51

（a）使用函数 `mregg2` 构建形如 $z=a+bx+cy$ 和 $z=a+bx+cy+dxy$ 的模型．哪个模型拟合这些数据更好？很重要的一点是需要考虑误差方差的不同．

（b）通过残差分析（特别是库克距离），确定哪些数据点可被认为是异常值．

7.22 习题 7.21 中的数据点中有一个被发现有错误，对应 $x=4$，$y=5$ 的 z 值应该是 9.51，而非 8.51，这是很常见的错误．使用函数 `mregg2` 构建形如 $z=a+bx+cy$ 和 $z=a+bx+cy+dxy$ 的模型．再一次评价模型的好坏． 368

7.23 使用下面的数据表，求当上游马赫数是 4.4 时，对应冲击波上的压力是多少. 分别使用如下几种方法

(a) 线性内插.

(b) 艾特肯 (Aitken) 算法.

(c) 样条插值.

马赫数	1.00	2.00	3.00	4.00	5.00
p_2/p_1	1.00	4.50	10.33	18.50	29.00

7.24 MATLAB 提供了一些测试数据集，包括太阳黑子活动的数据. 可通过如下的 MATLAB 语句加载

```
load sunsport.dat
```

数据集中 `sunspot(:,1)` 表示观测太阳黑子活动的年份，`sunspot(:,2)` 为沃尔费 (Wolfer) 数，表示当年太阳黑子活动的水平. 令 `wolfer=sunspot(:,2)`. 画出沃尔费数和年份的简单图. 为进一步分析该数据，可对变量 `wolfer` 进行快速傅里叶变换. 对结果进行缩放可有助于解释，这可通过变换 `Power=abs(Y(1:N/2)).^2` 和 `freq=(1:N/2)/N;` 来实现，其中 N 是向量 Y 的长度.

369 画出 Power 对 freq 的图.

优 化 方 法

本章的目的是汇集一些精选算法，用于优化线性和非线性函数，这些函数在科学和工程上有大量应用. 本章将处理带约束的线性优化问题，以及带约束和无约束的非线性优化问题.

8.1 引言

本章中考虑的主要优化方法有：

1. 用内点法求线性规划问题的解.
2. 单变量非线性函数的优化.
3. 用共轭梯度法求非线性优化问题和线性方程组的解.
4. 用顺序无约束极小化方法（SUMT）求带约束的非线性优化问题的解.
5. 用遗传算法和模拟退火法求非线性优化问题的解.

这里并非意图详述方法的理论基础，而是要给出一些基本理念. 首先讨论线性规划问题.

8.2 线性规划问题

线性规划通常被认为是一种运筹学（OR）方法，它具有非常广泛的应用. 该问题的详细描述和相关理论超出了本书的范围，读者可以从 Dantzig（1963）和 Sultan（1993）的工作中获得这些信息. 该问题可以表述为以下标准形式

$$\begin{aligned} &\text{最小化 } f = \boldsymbol{c}^{\mathrm{T}}\boldsymbol{x} \\ &\text{满足 } \boldsymbol{A}\boldsymbol{x} = \boldsymbol{b} \\ &\text{且 } \boldsymbol{x} \geqslant \boldsymbol{0} \end{aligned} \tag{8-1}$$

其中 $\boldsymbol{x}$ 待确定，它是有 n 个分量的列向量. 需要注意，$\boldsymbol{x}$ 的每个元素都限定大于零. 这是该类型优化问题的共同要求，因为大多数实际优化问题都需要 $\boldsymbol{x}$ 具有非负值. 例如，如果 $\boldsymbol{x}$ 的每个元素代表机构雇用的具有特殊技能的工人数，那么任何一组的工人数都不能是负的. 该系统中的常数为，有 m 个分量的列向量 $\boldsymbol{b}$，$m\times n$ 的矩阵 $\boldsymbol{A}$ 和有 n 个分量的列向量 $\boldsymbol{c}$. 显然，所有方程和要最小化的函数都是以线性形式给出的. 这是一个优化问题，一般地，它表示在满足一些线性等式的条件下，求线性函数 $\boldsymbol{c}^{\mathrm{T}}\boldsymbol{x}$ 的最小值，其中 $\boldsymbol{c}^{\mathrm{T}}\boldsymbol{x}$ 称为目标函数.

这类问题的重要性在于，它对应于优化稀缺资源的使用，使之达到特定的目标. 这里只给出了标准形式，很多该问题的其他形式很容易转化成这个标准形式. 例如，约束条件最初可能是不等式关系，可以通过在该问题中添加或减去额外引入的变量，把它们转换为等式. 也可能是要最大化目标函数而非最小化它，这也很容易通过改变 $\boldsymbol{c}$ 的符号转化为标准形式.

一些实际中的例子，已经应用到了线性规划：

1. 医院饮食问题，要求膳食足够的条件下食品的成本最低.

2. 最小化剪裁损耗问题.

3. 优化利润问题，利润受指定材料的可用性条件限制.

4. 优化电话呼叫路由问题.

解该问题的一个重要的数值算法称为单纯形法；参见 Dantzig（1963）. 它被用于战时部队和物资分配问题. 不过，这里考虑一种最近发展起来的新算法，它在理论上更完善. 这些都基于 Karmarkar（1984）的工作，他提出了一种原则上与丹齐克（Dantzig）差异很大的算法. 丹齐克方法理论上的复杂性是问题中变量数目的指数阶，而某些版本的卡玛卡（Karmarkar）算法的复杂性是变量数的立方阶. 已经发现，对某些问题这会节省巨大的计算量. 这里描述的是 Barnes（1986）提出的一种卡玛卡算法，它对原算法做了一个精妙的修改，又保留了其基本原理.

这里没有描述这些复杂算法的理论细节，不过从广义上讲，它对比较卡玛卡和丹齐克算法的性质很有用. 通过考虑下述这个简单的线性规划问题，可以给出丹齐克单纯形法最好的解释. 在一个制造电子元件的工厂里，令 x_1 表示生产的电阻的批数，x_2 表示电容器的批数. 每制造一批电阻可获得 7 个单位的利润，每批电容可获得 13 个单位的利润. 每种元件的生
372 产都要经过两个阶段. 阶段 1 限定每周工作 18 个单位的时间，阶段 2 限定每周工作 54 个单位时间. 制造一批电阻需要阶段 1 里的 1 个单位时间，阶段 2 里的 5 个单位时间；制造一批电容器，需要阶段 1 里的 3 个单位时间，阶段 2 里的 6 个单位时间. 制造商的目标是，在满足时间约束的条件下最大化利润. 这就导致了下述线性规划问题.

$$\text{最大化 } z = 7x_1 + 13x_2 (\text{其中 } z \text{ 是利润})$$

满足

$$x_1 + 3x_2 \leqslant 18 \quad (\text{阶段 } 1)$$
$$5x_1 + 6x_2 \leqslant 54 \quad (\text{阶段 } 2)$$
$$\text{且 } x_1, x_2 \geqslant 0$$

为了解单纯形法的工作原理，图 8-1 给出了该问题的几何解释. 图中，阴影线下方且由 x_1 和 x_2 轴围成的区域表示可行域. 这个问题所有可能的解都在这个区域里. 显然，这里有无穷多个点. 幸运的是，可以证明唯一真正的最优解是可行域的顶点. 事实上，可以用简单的几何原理找到这个最优解. 图 8-1 中的虚线表示目标函数，它有固定的斜率，且截距与目标函数的值成比例变化. 如果平行移动这条线，直到它刚好离开可行域，它最后经过的顶点，就是使目标函数取最大值的点. 显然，超过这个点，x_1 和 x_2 的值就不再满足约束条件. 对于这个问题的最优解是$x_1=6$，$x_2=4$，所以利润为 $z=94$.

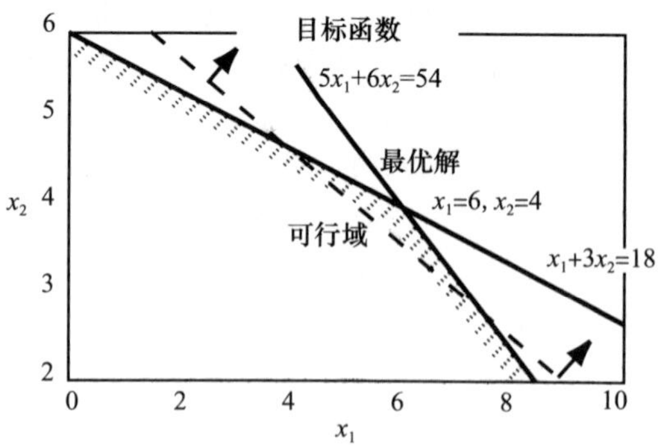

图 8-1 优化问题的图像表示. 虚线代表目标函数，实线代表限制条件

虽然这个方法给出了简单双变量问题的最优解，但是线性优化问题常常涉及数千或数十万的变量. 对于实际问题需要一个易操
373 作的数值算法. 这时就要用到丹齐克的单纯形算法. 这里不详述细节，只是介绍它的一般工作原理. 它会产生一系列点，数学上对应于多维可行域的顶点. 该算法执行时从一个顶点到另一个顶点，每次都对目标函数的值做一点改进，直到找到最优解. 这些点都在可行域的表面上，对于大的问题来说点的数目

可能是巨大的.

卡玛卡提出了另一种不同的算法来处理线性规划问题. 该算法被 AT&T 用来解决太平洋盆地电话呼叫路由相关的大型线性规划问题. 这个算法把问题转换成更方便的形式，然后在可行域的内部，选一个好的方向，向表面展开搜索. 因为这种算法使用的是内点，所以通常称为内点（interior point）法. 这种算法发明以后，大家又对它做了很多改进和修改. 这里要介绍的就是其中之一，它虽然概念复杂，但却是一个非常简单优雅的线性规划算法. 它由 Branes（1986）提出.

任何线性规划问题一旦转换为（8-1）的形式，就可以使用巴恩斯算法. 无论如何，必须要做一个重要的初始变形，确保算法从内点$\boldsymbol{x}^0>\mathbf{0}$开始. 这个修改引入附加的一列，作为矩阵 $\boldsymbol{A}$ 新的最后一列，列的元素是向量 $\boldsymbol{b}$ 减去 $\boldsymbol{A}$ 的列和. 与这个附加列相关的，还要引入一个附加变量，即向量 $\boldsymbol{c}$ 的额外分量，以确保解中没有多余的变量. 这个量必须很大，因为只有这样当达到最优解时，这个新变量才趋于零. 可以找到$\boldsymbol{x}^0=[1\ 1\ 1\ \cdots\ 1]^{\mathrm{T}}$ 满足约束条件，并显然有$\boldsymbol{x}^0\geqslant\mathbf{0}$. 下面描述巴恩斯算法.

- **第 0 步：** 假定初始问题中的 n 个变量

$$\text{设 } a(i,n+1)=b(i)-\sum_j a(i,j) \text{ 和 } c(n+1)=10\,000$$

$$\boldsymbol{x}^0=[1\quad 1\quad 1\quad \cdots\quad 1],k=0$$

- **第 1 步：** 令 $\boldsymbol{D}^k=\operatorname{diag}(\boldsymbol{x}^k)$，并用下述公式计算改进的点

$$\boldsymbol{x}^{k+1}=\boldsymbol{x}^k-\frac{s\,(\boldsymbol{D}^k)^2(\boldsymbol{c}-\boldsymbol{A}^{\mathrm{T}}\boldsymbol{\lambda}^k)}{\operatorname{norm}(\boldsymbol{D}^k(\boldsymbol{c}-\boldsymbol{A}^{\mathrm{T}}\boldsymbol{\lambda}^k))}$$

其中向量 λ^k 由

$$\lambda^k=(\boldsymbol{A}\,(\boldsymbol{D}^k)^2\boldsymbol{A}^{\mathrm{T}})^{-1}\boldsymbol{A}\,(\boldsymbol{D}^k)^2\boldsymbol{c}$$ 374

给出，步长 s 选成

$$s=\min\left\{\frac{\operatorname{norm}((\boldsymbol{D}^k)(\boldsymbol{c}-\boldsymbol{A}^{\mathrm{T}}\boldsymbol{\lambda}^k))}{x_j^k(c_j-\boldsymbol{A}_j^{\mathrm{T}}\boldsymbol{\lambda}^k)}\right\}-\alpha$$

其中$\boldsymbol{A}_j$ 是矩阵 $\boldsymbol{A}$ 的第 j 列，α 是预设的一个很小的常数. 只有当

$$(c_j-\boldsymbol{A}_j^{\mathrm{T}}\boldsymbol{\lambda}^k)>0$$

时，取极小值. 注意到，λ^k 同时也给出了对偶问题的近似解（请见习题 8.1 和 8.2).

- **第 2 步：** 如果目标函数的主值和对偶值近似相等，程序停止，否则的话，令 $k=k+1$，并从步骤 1 开始重复.

请注意，在路德维格（Ludwig）步骤 2 中使用了一个重要的线性规划结果. 即每一个主问题（即原来的问题），都有一个相应的对偶问题，如果对偶问题的解存在，那么目标函数的最优解和对偶问题的解是相等的. 还可以采用一些其他的终止标准，巴恩斯就提出了一个更复杂的，但更可靠的标准.

这种算法给出了一个迭代的改进，从初始点$\boldsymbol{x}^0$ 开始，在由$(\boldsymbol{D}^k)^2(\boldsymbol{c}-\boldsymbol{A}^{\mathrm{T}}\boldsymbol{\lambda}^k)$ 给出的标准化方向上，取最大步长，并保证$\boldsymbol{x}^k>\mathbf{0}$. 这个方向是该算法的关键. 它是目标函数的系数在约束空间的投影. 关于证明该方向可以约化目标函数，同时满足约束条件，读者可以参考 Barnes（1986).

读者应注意，这个算法只是看似简单. 事实上，对于大规模的问题，计算这个方向是非常困难的. 因为该算法是在求一个极其病态的方程组的解. 目前已经提出了很多替代方案用于寻找搜索方向，包括 8.6 节中讨论的共轭梯度法. 这里给出 MATLAB 函数 `barnes`，它可以直接用 MATLAB 的“\”算符求解病态方程组. 很容易用 8.6 节的共

轭梯度求解器修改 barnes 函数.

```
function [xsol,basic,objective] = barnes(A,b,c,tol)
% Barnes' method for solving a linear programming problem
% to minimize c'x subject to Ax = b. Assumes problem is non-degenerate.
% Example call: [xsol,basic]=barnes(A,b,c,tol)
% A is the matrix of coefficients of the constraints.
375 % b is the right-hand side column vector and c is the row vector of
% cost coefficients. xsol is the solution vector, basic is the
% list of basic variables.
x2 = [ ];  x = [ ];
[m n] = size(A);
% Set up initial problem
aplus1 = b-sum(A(1:m,:)')';
cplus1 = 1000000;
A = [A aplus1]; c = [c cplus1]; B = [ ];
n = n+1;
x0 = ones(1,n)'; x = x0;
alpha = .0001; lambda = zeros(1,m)';
iter = 0;
% Main step
while abs(c*x-lambda'*b)>tol
    x2 = x.*x;
    D = diag(x); D2 = diag(x2); AD2 = A*D2;
    lambda = (AD2*A')\(AD2*c');
    dualres = c'-A'*lambda;
    normres = norm(D*dualres);
    for i = 1:n
        if dualres(i)>0
            ratio(i) = normres/(x(i)*(c(i)-A(:,i)'*lambda));
        else
            ratio(i)=inf;
        end
    end
    R = min(ratio)-alpha;
    x1 = x-R*D2*dualres/normres;
    x = x1;
    basiscount = 0;
    B = [ ]; basic = [ ];
    cb = [ ];
    for k = 1:n
        if x(k)>tol
            basiscount = basiscount+1;
            basic = [basic k];
        end
    end
    % Only used if problem non-degenerate
    if basiscount==m
        for k = basic
            B = [B A(:,k)];   cb = [cb c(k)];
376     end
```

```
        primalsol = b'/B';
        xsol = primalsol;
        break
    end
    iter = iter+1;
end
objective = c*x;
```

下面解这个线性规划问题

$$最大化\ z = 2x_1 + x_2 + 4x_3$$

满足

$$x_1 + x_2 + x_3 \leqslant 7$$
$$x_1 + 2x_2 + 3x_3 \leqslant 12$$
$$x_1, x_2, x_3 \geqslant 0$$

x_1，x_2，$x_3 \geqslant 0$ 称为非负性约束．可以通过在不等式左侧增加一个正值变量，称为松弛变量，并改变目标函数系数的符号，轻易地把这个线性规划问题转化为标准形式，即满足等式约束的最小化问题，如下所示：

$$最小化\ -z = -(2x_1 + x_2 + 4x_3)$$

满足

$$x_1 + x_2 + x_3 + x_4 = 7$$
$$x_1 + 2x_2 + 3x_3 + x_5 = 12$$
$$x_1, x_2, x_3, x_4, x_5 \geqslant 0$$

x_4，x_5 称为松弛变量，它们表示可用资源与使用资源之间的差．需要注意，如果约束条件是大于等于零的形式，则需要减去松弛变量，产生等式．这些减去的变量有时称为盈余变量．这样就有

$$\boldsymbol{c} = [-2 \quad -1 \quad -4 \quad 0 \quad 0]$$

用下面的脚本求解这个问题． 377

```
% e3s801.m
c = [-2 -1 -4 0 0];
A = [1 1 1 1 0;1 2 3 0 1 ]; b = [7 12]';
[xsol,ind,object] = barnes(A,b,c,0.00005);
fprintf('objective = %8.4f', object)
i = 1;
fprintf('\nSolution is:');
for j = ind
    fprintf('\nx(%1.0f) =%8.4f',j,xsol(i))
    i = i+1;
end;
fprintf('\nAll other variables are zero\n')
```

运行这个脚本给出下面的结果

```
objective = -19.0000
Solution is:
x(1) =  4.5000
x(3) =  2.5000
All other variables are zero
```

因为原来的问题是要求目标函数的最大值，所以它的值是 19．这个解说明了一个重要的线性规划定理．非零的原始变量数至多等于独立约束（不包括非负性约束）的数目．这个问题中，只

有两个主要约束，因此只有两个非零变量 x_1 和 x_3. 松弛变量 x_4，x_5 是零，x_2 也为零.

2.12 节讨论过 lsqnonneg 函数，它可以用来求方程系统的所有非负解. 这对应于系统的基本可行解，但它一般不是特定目标函数的最优解.

既然已经了解了求解线性优化问题的过程，下面来考虑求解非线性优化问题的方法.

8.3 单变量函数的优化

有时需要确定一个单变量非线性函数的最大值或最小值. 在整个讨论的过程中，假设要寻找的是函数的最小值. 如果要求最大值，那么只需要改变原来函数的符号.

确定函数极小值的最直接的方法是，对自变量求微分，使导数为零. 但是，在有些情况下，直接求导数是不实际的，例如习题 8.4. 这里给出一种求近似极小值的方法，它可以精确到任何所需精度.

考虑函数 $y=f(x)$，并假设它在 $[x_a, x_b]$ 中只有一个极小值，如图 8-2 所示. 任意选择额外两个点 x_1 和 x_2，把 $[x_a, x_b]$ 分成三个区间. 假设 $x_a<$
378 $x_1<x_2<x_b$.

如果 $f(x_1)<f(x_2)$，则极小值一定位于 $[x_a, x_2]$ 内.

如果 $f(x_1)>f(x_2)$，则极小值一定位于 $[x_1, x_b]$ 内.

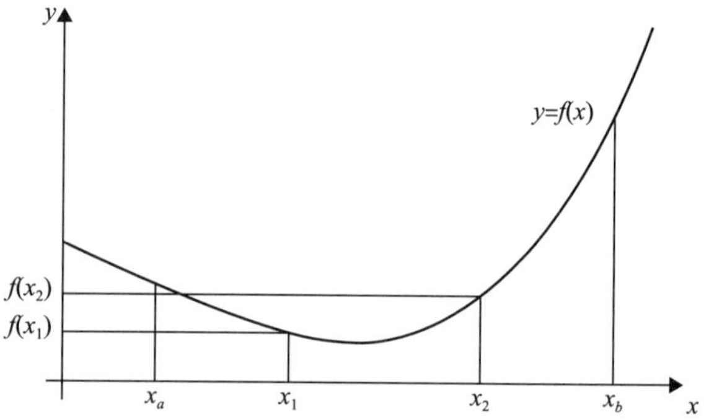

图 8-2　$[x_a, x_b]$ 内具有极小值的函数的图像

无论是上述哪个区间，都给出了比原先 $[x_a, x_b]$ 更小的区间，而且极小值在这个区间内. 这个缩小区间的过程可以一直不断地重复进行下去，直到区间小到所求的极小值是可以接受的.

一种被认为特别高效的处理方法是，选择 x_1 和 x_2，把 $[x_a, x_b]$ 分成三个相等的区间. 其实不然，这里采取一种更有效的方法

$$x_1 = x_a + r(1-g) \quad x_2 = x_a + rg$$

其中 $r=x_b-x_a$，且

$$g = \frac{1}{2}(-1+\sqrt{5}) \approx 0.618\,03$$

g 称为黄金比例. 它有很多有趣的性质. 例如，它是下述这个方程的根

$$x^2 + x + 1 = 0$$

这个黄金比例还和著名的斐波那契（Fibonacci）数列有关. 这个数列是 1，1，2，3，5，8，13，…它由公式

$$N_{k+1} = N_k + N_{k-1} \quad k = 2,3,4,\cdots$$

生成，其中 $N_2=N_1=1$，N_k 是数列的第 k 项. 当 k 趋向于无穷时，N_k/N_{k+1} 趋向于黄金
379 比例.

上述算法在 MATLAB 中执行如下：

```
function [f,a,iter] = golden(func,p,tol)
% Golden search for finding min of one variable nonlinear function.
% Example call: [f,a] = golden(func,p,tol)
% func is the name of the user defined nonlinear function.
% p is a 2 element vector giving the search range.
```

```
% tol is the tolerance. a is the optimum value of the function.
% f is the minimum of the function. iter is the number of iterations
if p(1)<p(2)
    a = p(1);  b = p(2);
else
    a = p(2);  b = p(1);
end
g = (-1+sqrt(5))/2;
r = b-a;  iter = 0;
while r>tol
    x = [a+(1-g)*r a+g*r];
    y = feval(func,x);
    if y(1)<y(2)
        b = x(2);
    else
        a = x(1);
    end
    r = b-a; iter = iter+1;
end
f = feval(func,a);
```

可以用函数 golden，搜索阶为 2 的第二类贝塞尔（Bessel）函数的极小值. 函数 bessely(2,x)由 MATLAB 给出. 下面的命令给出了输出：

```
>> format long
>> [f,x,iter] = golden(@(x) bessely(2,x),[4 10],0.000001)

f =
  -0.279275263440711


x =
   8.350724427010965


iter =
    33
```

380

需要注意的是，如果把搜索区间分成三个相等的部分，而不是使用黄金比例，那么需要 39 次迭代.

设计搜索算法的时候，假设了函数在搜索范围内只有唯一一个极小值. 如果在搜索范围内有好几个极小值，则搜索过程会找到其中一个，但它不一定是全局范围内的最小. 例如，第二类的 2 阶贝塞尔函数在 4 到 25 内有三个极小值，如图 8-3.

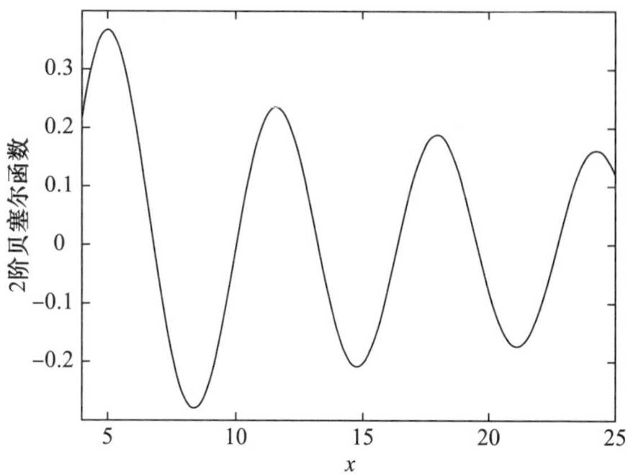

图 8-3　有三个极小值的第二类贝塞尔函数

如果用函数 golden 在 4 至 24，4 至 25，和 4 至 26 内进行搜索，会得到表 8-1 中的结果. 从这个表中可以看到，尽管每个搜索范围内都含有全部的三个极小值，但使用不同的搜索范围得到不同的极小值. 理想的情况下，通常要搜索并确定函数的全局最小，而 golden 函数在三分之二的试验中都无法完成. 获得全局解是最小化过程中的一个主要问题.

表 8-1 不同搜索范围的结果

搜索范围	$f(x)$ 的极小值	极小值点
4 至 24	−0.208 445 765 037 64	14.760 851 447 794 31
4 至 25	−0.174 045 482 131 16	21.092 847 299 916 96
4 至 26	−0.279 275 263 238 41	8.350 685 496 808 69

在这个特殊的例子中，可以通过计算来验证解的正确性. 第二类 n 阶贝塞尔函数的导数由下式给出

$$\frac{\mathrm{d}}{\mathrm{d}x}\{Y_n(x)\} = \frac{1}{2}\{Y_{n-1}(x) - Y_{n+1}(x)\}$$

381 其中 $Y_n(x)$ 是阶为 n 的第二类贝塞尔函数.（有时采用符号 $N_n(x)$，而非 $Y_n(x)$）

当函数的导数为零时，函数取极小（或极大）值. 因此，当 $n=2$ 时，极小（或极大）值出现在

$$Y_1(x) - Y_3(x) = 0$$

这里无法逃避数值方法的使用，因为求解这个方程根的唯一途径，就是采用数值程序，如 MATLAB 函数 fzero（见第 3 章）. 利用 fzero 函数确定在 8 附近的根，就有

```
>> format long
>> fzero(@(x) bessely(1,x)-bessely(3,x),8)

ans =
   8.350724701413078
```

也可以使用 fzero 找到根 14.760 909 306 207 68 和 21.092 894 504 412 74. 这些结果与使用函数 golden 找到的极小值完全吻合.

8.4 共轭梯度法

首先这里限定要解决问题为

$$\text{最小化 } f(\boldsymbol{x}) \text{ 对所有 } \boldsymbol{x} \in \mathbf{R}^n$$

其中，$f(\boldsymbol{x})$ 是 $\boldsymbol{x}$ 的非线性函数，$\boldsymbol{x}$ 是具有 n 个分量的列向量. 这就是所谓的非线性无约束优化问题. 这类问题在很多应用中会遇到，例如，神经网络问题. 神经网络问题的一个重要目的就是要找到某个网络的权重，最大限度地减少网络实际输出和期望输出之间的差.

有一种解决该问题的标准方法，即假定一个初始近似$\boldsymbol{x}^0$，然后通过以下迭代公式改进近似

$$\boldsymbol{x}^{k+1} = \boldsymbol{x}^k + s\boldsymbol{d}^k \quad k = 0,1,2,\cdots \tag{8-2}$$

显然要使用这个公式，必须确定标量 s 和向量$\boldsymbol{d}^k$ 的值. 向量$\boldsymbol{d}^k$ 表示搜索的方向，标量 s 决定在该方向上走多远. 已有大量的文献研究如何选择最佳方向和最佳步长，从而有效地解决问题. 例如，可参见 Adby 和 Dempster（1974）的讨论. 一个简单的选择搜索方向的办
382 法是，把$\boldsymbol{d}^k$ 取成在点$\boldsymbol{x}^k$ 处的负梯度向量. 对足够小的步长，这可以保证函数值不断减小. 这就产生了一个如下形式的算法

$$\boldsymbol{x}^{k+1} = \boldsymbol{x}^k - s\nabla f(\boldsymbol{x}^k) \quad k = 0,1,2,\cdots \tag{8-3}$$

其中$\nabla f(\boldsymbol{x}) = (\partial f/\partial x_1, \partial f/\partial x_2, \cdots, \partial f/\partial x_n)$，$s$ 是一个很小的常数. 这称为最速下降法. 和通常的微积分结果一样，当梯度为零时，达到最小值. 这里也假设了在考虑范围内，只存在一个局部极小. 这种方法的问题是，虽然它让函数值不断变小，但步长可能很

小，所以导致算法很慢．另一种方法是选择当前方向的步长，这个步长可以使函数最大程度地减小．规范化的描述如下

$$\text{对每个 } k\text{，找到使 } f(\boldsymbol{x}^k - s\,\nabla f(\boldsymbol{x}^k)) \text{ 最小的 } s \tag{8-4}$$

这个过程称为线搜索．读者会注意到，这也是一个最小化问题．不过由于$\boldsymbol{x}^k$是已知的，所以这是一个关于步长 s 的单变量最小化问题．虽然这个问题比较难，但是仍可以用数值程序来求解，如 8.3 节中给出的搜索方法．方程（8-3）和（8-4）提供了一种可行的算法，但它仍然很慢．执行不力的一个原因在于选择的方向$-\nabla f(\boldsymbol{x}^k)$．

考虑（8-4）中要最小化的函数．显然，要使 s 的取值最小化 $f(\boldsymbol{x}^k - s\,\nabla f(\boldsymbol{x}^k))$，只需 $f(\boldsymbol{x}^k - s\,\nabla f(\boldsymbol{x}^k))$ 关于 s 的导数为零．取 $f(\boldsymbol{x}^k - s\,\nabla f(\boldsymbol{x}^k))$ 关于 s 的导数，得

$$\frac{\mathrm{d}f(\boldsymbol{x}^k - s\,\nabla f(\boldsymbol{x}^k))}{\mathrm{d}s} = -(\nabla f(\boldsymbol{x}^{k+1}))^{\mathrm{T}}\,\nabla f(\boldsymbol{x}^k) = 0 \tag{8-5}$$

这说明连续搜索的方向是正交的．这并非最佳方式，因为从初始近似到最优解，变化方向太大了．

共轭梯度方法将前一方向和新方向组合起来，更直接逼近最优解．它采用与（8-4）相同的步长，所以现在必须考虑共轭梯度法如何选择方向向量．令$\boldsymbol{g}^{k+1} = \nabla f(\boldsymbol{x}^{k+1})$，则共轭梯度方向的基本公式为

$$\boldsymbol{d}^{k+1} = -\boldsymbol{g}^{k+1} + \beta\boldsymbol{d}^k \tag{8-6}$$

即当前搜索方向是当前的负梯度加上 β 倍的前一步搜索方向．关键问题是：如何确定 β 的值？衡量的标准是，连续的搜索方向应该是共轭的．这意味着，对某个指定的 $\boldsymbol{A}$，$(\boldsymbol{d}^{k+1})^{\mathrm{T}}\boldsymbol{A}\,\boldsymbol{d}^k = 0$.

可以证明，这个看起来复杂的选择，可以保证共轭梯度法的收敛性．特别地，它有这样一个性质，具有 n 个变量的正定二次函数的最优解，可在 n 步或更少步中找到．在二次的情况下，$\boldsymbol{A}$ 是平方项和交叉项的系数矩阵．可以证明共轭的要求导致 β 的值为 383

$$\beta = \frac{(\boldsymbol{g}^{k+1})^{\mathrm{T}}\boldsymbol{g}^{k+1}}{(\boldsymbol{g}^k)^{\mathrm{T}}\boldsymbol{g}^k} \tag{8-7}$$

这样式（8-2）（8-4）（8-6）和（8-7）构成了共轭梯度算法，它由 Fletcher 和 Reeves（1964）给出，形式如下：

- **步骤 0**：输入 $\boldsymbol{x}^0$ 和精度 ε．令 $k=0$，计算$\boldsymbol{d}^k = -\nabla f(\boldsymbol{x}^k)$.
- **步骤 1**：确定 s_k，它是使 $f(\boldsymbol{x}^k + s\,\boldsymbol{d}^k)$ 最小化的 s 的值．通过$\boldsymbol{x}^{k+1} = \boldsymbol{x}^k + s_k\,\boldsymbol{d}^k$ 计算 $\boldsymbol{x}^{k+1}$，并计算$\boldsymbol{g}^{k+1} = \nabla f(\boldsymbol{x}^{k+1})$，如果 $\mathrm{norm}(\boldsymbol{g}^{k+1}) < \varepsilon$，程序结束，解为$\boldsymbol{x}^{k+1}$，否则进行步骤 2.
- **步骤 2**：计算新的共轭方向$\boldsymbol{d}^{k+1}$，其中
$$\boldsymbol{d}^{k+1} = -\boldsymbol{g}^{k+1} + \beta\boldsymbol{d}^k \text{ 且 } \beta = (\boldsymbol{g}^{k+1})^{\mathrm{T}}\boldsymbol{g}^{k+1}/\{(\boldsymbol{g}^k)^{\mathrm{T}}\boldsymbol{g}^k\}$$
- **步骤 3**：$k = k+1$，执行步骤 1.

注意在该算法的其他形式中，步骤 1、2、3 重复 n 次后，再从步骤 0 重新开始一步最速下降法．以下是实现这个方法的 MATLAB 函数.

```
function [x1,df,noiter] = mincg(f,derf,ftau,x,tol)
% Finds local min of a multivariable nonlinear function in n variables
% using conjugate gradient method.
% Example call: res = mincg(f,derf,ftau,x,tol)
% f is a user defined multi-variable function,
% derf a user defined function of n first order partial derivatives.
```

```
% ftau is the line search function.
% x is a col vector of n starting values, tol gives required accuracy.
% x1 is solution, df is the gradient,
% noiter is the number of iterations required.
% WARNING. Not guaranteed to work with all functions. For difficult
% problems the linear search accuracy may have to be adjusted.
global p1 d1
n = size(x);  noiter = 0;
% Calculate initial gradient
df = feval(derf,x);
```

384

```
% main loop
while norm(df)>tol
    noiter = noiter+1;
    df = feval(derf,x);
    d1 = -df;
    %Inner loop
    for inner = 1:n
        p1 = x;  tau = fminbnd(ftau,-10,10);
        % calculate new x
        x1 = x+tau*d1;
        % Save previous gradient
        dfp = df;
        % Calculate new gradient
        df = feval(derf,x1);
        % Update x and d
        d = d1; x = x1;
        % Conjugate gradient method
        beta = (df'*df)/(dfp'*dfp);
        d1 = -df+beta*d;
    end
end
```

请注意，在函数 migcg 中调用了 MATLAB 函数 fminbnd，它可以求单变量最小化问题中的最佳步长．很重要的一点是函数 mincg 需要三个输入函数，它们必须由用户提供．它们分别是要最小化的函数，该函数的偏导数，以及线搜索函数．算法实现的时候，mincg 要求输入函数是用户定义的函数，而非匿名函数．使用 mincg 的例子如下．

这个最小化函数，取自 Styblinski 和 Tang（1990），为

$$f(x_1,x_2) = (x_1^4 - 16x_1^2 + 5x_1)/2 + (x_2^4 - 16x_2^2 + 5x_2)/2$$

最小化函数 f01 和它的导数 f01d 定义如下：

```
function f = f01(x)
f = 0.5*(x(1)^4-16*x(1)^2+5*x(1)) + 0.5*(x(2)^4-16*x(2)^2+5*x(2));

function f = f01d(x)
f = [0.5*(4*x(1)^3-32*x(1)+5); 0.5*(4*x(2)^3-32*x(2)+5)];
```

MATLAB 线搜索函数 ftau2cg 定义如下

```
function ftauv = ftau2cg(tau);
global p1 d1
q1 = p1+tau*d1;
```

385

```
ftauv = feval('f01',q1);
```

用下述简单的 MATALB 命令，测试 mincg 函数

```
>> [sol,grad,iter] = mincg('f01','f01d','ftau2cg',[1 -1]', .000005)
```

这些语句的执行结果为

```
sol =
   -2.9035
   -2.9035

grad =
  1.0e-006 *
    0.0156
   -0.2357

iter =
     3
```

注意到

```
>> f = f01(sol)

f =
  -78.3323
```

这是由 mincg 确定的函数的最小值. 有趣的是，可以看到函数已经达到最优解，同时图 8-4 和图 8-5 中还提供了函数的三维和等高图. 后者还画出了迭代曲线，标示了从特定起点达到最优解的路径. 画图脚本为

```
% e3s802.m
clf
[x,y] = meshgrid(-4.0:0.2:4.0,-4.0:0.2:4.0);
z = 0.5*(x.^4-16*x.^2+5*x)+0.5*(y.^4-16*y.^2+5*y);
figure(1)
surfl(x,y,z)
axis([-4 4 -4 4 -80 20])
xlabel('x1'), ylabel('x2'), zlabel('z')
x1=[1 2.8121 -2.8167 -2.9047 -2.9035];
y1=[0.5 -2.0304 -2.0295 -2.9080 -2.9035];
figure(2)
contour(-4.0:0.2:4.0,-4.0:0.2:4.0,z,15);
xlabel('x1'), ylabel('x2')
hold on                                              386
plot(x1,y1,x1,y1,'o')
xlabel('x1'), ylabel('x2')
hold off
```

脚本中的向量 x1 和 y1，包含了给定函数的共轭梯度迭代解. 它们的值分别通过运行修改过的 mincg 函数获得. 这里所得的最小值，实际上是该函数存在的四个局部极小中最小的一个. 不过，这个结果是偶然的. 共轭梯度法能做到的是找到四个局部极小中的一 387
个，它甚至不能保证对所有问题都是有效的. 由于共轭梯度法的存储需要很小，所以它作为反向传播算法的一部分，是一种在神经网络问题中使用的关键算法，除此之外它还有很多其他应用.

需要指出，这里可以使用 MATLAB 优化工具箱，它提供了一系列的优化程序.

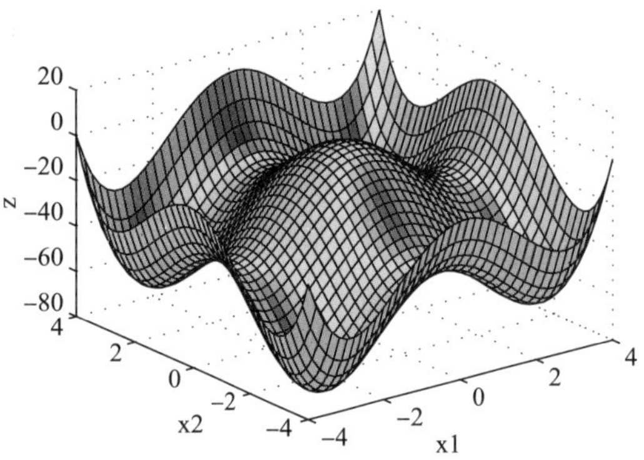

图 8-4 $f(x_1,\ x_2)=(x_1^4-16x_1^2+5x_1)/2+(x_2^4-16x_2^2+5x_2)/2$ 的三维图像

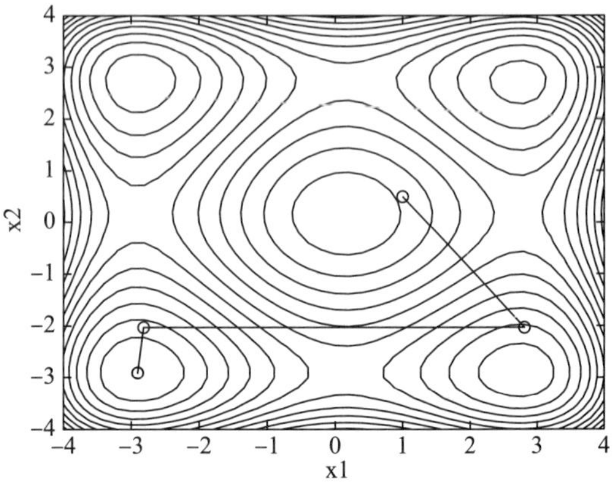

图 8-5 函数 $f(x_1,\ x_2)=(x_1^4-16x_1^2+5x_1)/2+(x_2^4-16x_2^2+5x_2)/2$ 的等高图. 图中显示了四个局部极小值的位置. 共轭梯度法找到了左下角的一个. 同时标示出了算法的搜索路径

8.5 莫勒缩放共轭梯度法

1993 年莫勒（Moller）在研究神经网络的优化方法时，引入了一个改进的弗莱彻（Fletcher）共轭梯度法. 弗莱彻共轭梯度方法使用线搜寻程序，求解单变量的最小化问题，并将其用于寻找选定搜索方向的最佳步长. 弗莱彻程序在迭代和计算密集型的过程中，显得比较脆弱. 此外，用户必须自己估计搜索依赖的参数数目. 莫勒的文章中介绍了一种方法，他用一个相对简单的方法估计了可接受的步长，从而替代线搜索程序. 但是，使用步长的简单估计常常失败，并导致非稳定点. 莫勒指出，这个简单方法失败的原因是，它仅适用于具有正定矩阵的函数. 因此，莫勒建议将利文贝格-马夸特（Levenberg-Marquardt）算法和共轭梯度算法相结合. 该算法的概要描述如下，至于细节，读者可参阅最初的论文.

考虑 n 个变量的非线性函数 $f(\boldsymbol{x})$. 莫勒引入了一个标量参数 λ_k，它在每个迭代 k 中考虑了 δ_k 的符号后做调整，这里 δ_k 为

$$\delta_k = \boldsymbol{p}_k^{\mathrm{T}}\boldsymbol{H}_k\boldsymbol{p}_k$$

其中$\boldsymbol{p}_k$，$k=1,\ 2,\ \cdots,\ n$ 是一组共轭方向，$\boldsymbol{H}_k$ 是函数 $f(\boldsymbol{x})$ 的黑塞（Hessian）矩阵. 如果$\delta_k\geqslant 0$ 则$\boldsymbol{H}_k$是正定的. 因为共轭梯度法的每一步只需要知道一阶导数的信息，所以莫勒建议黑塞矩阵乘以$\boldsymbol{p}_k$ 可由下式近似

$$\boldsymbol{s}_k = \frac{f'(\boldsymbol{x}_k+\sigma_k\boldsymbol{p}_k)-f'(\boldsymbol{x}_k)}{\sigma_k} \quad 0<\sigma_k<1$$

实际中，为取得好的近似，σ_k 的值应尽可能小. 这个表达式的极限趋于黑塞矩阵乘以$\boldsymbol{p}_k$. 现在可以引入标量 λ_k，它用来控制逼近的黑塞矩阵是正定的，具体方程如下

388

$$\boldsymbol{s}_k = \frac{f'(\boldsymbol{x}_k+\sigma_k\boldsymbol{p}_k)-f'(\boldsymbol{x}_k)}{\sigma_k}+\lambda_k\boldsymbol{p}_k \quad 0<\sigma_k<1$$

λ_k 的值是可调节的，然后就可以检查用近似黑塞矩阵定义的 δ_k. 如果 δ_k 的值是负的，则黑塞矩阵不是正定的，增加 λ_k 的值，再次检查s_k. 反复进行该过程，直到估计出当前的黑塞矩阵是正定的. 关键问题是，如何调整 λ_k 的值，使其保证黑塞矩阵为正定. 若令 λ_k 增加到$\bar{\lambda}_k$，则

$$\bar{\boldsymbol{s}}_k = \boldsymbol{s}_k + (\bar{\lambda}_k - \lambda_k)\boldsymbol{p}_k$$

这时，在任意迭代 k 中新的 δ_k，表示成 $\bar{\delta}_k$，可以从下式计算

$$\bar{\delta}_k = \boldsymbol{p}_k^{\mathrm{T}}\bar{\boldsymbol{s}}_k = \boldsymbol{p}_k^{\mathrm{T}}(\boldsymbol{s}_k + (\bar{\lambda}_k - \lambda_k)\boldsymbol{p}_k) = \boldsymbol{p}_k^{\mathrm{T}}\boldsymbol{s}_k + (\bar{\lambda}_k - \lambda_k)\boldsymbol{p}_k^{\mathrm{T}}\boldsymbol{p}_k$$

$\boldsymbol{p}_k^{\mathrm{T}}\boldsymbol{s}_k$ 是 λ_k 增加前 δ_k 的值．所以有

$$\bar{\delta}^k = \delta^k + (\bar{\lambda}_k - \lambda_k)\boldsymbol{p}_k^{\mathrm{T}}\boldsymbol{p}_k$$

显然，现在需要新的 $\bar{\delta}_k$ 值为正的，也就是要求

$$\delta_k + (\bar{\lambda}_k - \lambda_k)\boldsymbol{p}_k^{\mathrm{T}}\boldsymbol{p}_k > 0$$

当有下述条件时，上式成立．

$$\bar{\lambda}_k > \lambda_k - \frac{\delta_k}{\boldsymbol{p}_k^{\mathrm{T}}\boldsymbol{p}_k}$$

莫勒建议 $\bar{\lambda}_k$ 的一个较好的取值为

$$\bar{\lambda}_k = 2\left(\lambda_k - \frac{\delta^k}{\boldsymbol{p}_k^{\mathrm{T}}\boldsymbol{p}_k}\right)$$

把这个 $\bar{\lambda}_k$ 的值回代到 $\bar{\delta}_k$ 的表达式中，有

$$\bar{\delta}_k = -\delta_k + \lambda_k\boldsymbol{p}_k^{\mathrm{T}}\boldsymbol{p}_k$$

因为 δ_k 是负的，λ_k 是正的，$\boldsymbol{p}_k^{\mathrm{T}}\boldsymbol{p}_k$ 是平方和，所以上式显然是正的．步长估计是基于对当前步的待优化函数的二次逼近，可以由

$$\alpha_k = \frac{\mu_k}{\delta_k} = \frac{\mu_k}{\boldsymbol{p}_k^{\mathrm{T}}\boldsymbol{s}_k + \lambda_k\boldsymbol{p}_k^{\mathrm{T}}\boldsymbol{p}_k}$$ 389

计算．其中 μ_k 是当前的负梯度乘以当前的搜索方向 $\boldsymbol{p}_k$．这就给出了基本的算法．不过一个重要的问题有待解决，即如何安全地、系统地改变 λ_k 的值．莫勒提出了一种方法，这种方法基于衡量在指定点处，对原来函数的二次近似 f_q 有多好．他通过以下定义来完成：

$$\Delta_k = \frac{f(\boldsymbol{x}_k) - f(\boldsymbol{x}_k + \alpha_k\boldsymbol{p}_k)}{f(\boldsymbol{x}_k) - f_q(\alpha_k\boldsymbol{p}_k)}$$

因为 $f_q(\alpha_k\boldsymbol{p}_k)$ 是当前迭代的二次近似，所以可以证明上式等价于

$$\Delta_k = \frac{\delta_k^2(f(\boldsymbol{x}_k) - f(\boldsymbol{x}_k + \alpha_k\boldsymbol{p}_k))}{\mu_k^2}$$

现在，如果 Δ_k 接近 1，则二次近似 $f_q(\alpha_k\boldsymbol{p}_k)$ 必然接近于 $f(\boldsymbol{x}_k + \alpha_k\boldsymbol{p}_k)$，从而是一个好的局部近似．这就给出了关于调整 λ_k 的以下步骤．利用之前的 Δ_k 的定义作为二次逼近的度量，更多细节请参见莫勒（1993）．λ_k 的调整如下：

$$\text{若 } \Delta_k > 0.75\text{，则 } \lambda_k = \lambda_k/4$$

$$\text{若 } \Delta_k < 0.75\text{，则 } \lambda_k = \lambda_k + \frac{\delta_k(1 - \Delta_k)}{\boldsymbol{p}_k^{\mathrm{T}}\boldsymbol{p}_k}$$

这些步骤与产生搜索的共轭梯度方向的任何方法相结合，就给出了一种简单的线搜索算法．现在给出莫勒算法的主要步骤：

- **步骤 1**：选择初始近似 $\boldsymbol{x}_0$ 和 $\sigma_i < 10^{-4}$，$\lambda_i < 10^{-4}$ 的初始值，令 $\bar{\lambda}_i = 0$．这些都是莫勒建议的取值．计算初始的负梯度，赋值给 $\boldsymbol{r}_1$，并将 $\boldsymbol{r}_1$ 赋给初始的搜索方向 $\boldsymbol{p}_1$．设定 $k=1$．
- **步骤 2**：计算二阶信息．具体来说，计算 σ_k，$\bar{\boldsymbol{s}}_k$ 和 δ_k 的值．
- **步骤 3**：利用下式缩放标量 δ_k．

$$\bar{\delta}^k = \delta^k + (\bar{\lambda}_k - \lambda_k)\boldsymbol{p}_k^{\mathrm{T}}\boldsymbol{p}_k$$

- **步骤 4**：如果 $\delta_k<0$，为使黑塞矩阵正定，利用

$$\bar{\delta}_k = -\delta_k + \lambda_k \boldsymbol{p}_k^{\mathrm{T}}\boldsymbol{p}_k$$

令

$$\bar{\lambda}_k = 2\left(\lambda_k - \frac{\delta^k}{\boldsymbol{p}_k^{\mathrm{T}}\boldsymbol{p}_k}\right)$$

且

390 $$\bar{\lambda}_k = \lambda_k$$

- **步骤 5**：从式

$$\alpha_k = \frac{\mu_k}{\delta_k}$$

计算步长.

- **步骤 6**：用下式计算测试二次拟合 Δ_k 的良性因子

$$\Delta_k = \frac{\delta_k^2(f(\boldsymbol{x}_k) - f(\boldsymbol{x}_k + \alpha_k\boldsymbol{p}_k))}{\mu_k^2}$$

- **步骤 7**：如果 $\Delta_k \geqslant 0$，则函数可以沿着最小化的方向减少，所以用

$$\boldsymbol{x}_{k+1} = \boldsymbol{x}_k + \alpha_k\boldsymbol{p}_k$$

计算新的梯度

$$\boldsymbol{r}_{k+1} = -\nabla f(\boldsymbol{x}_{k+1})$$

设 $\bar{\lambda}_k=0$，若 $k \bmod N=0$，则令

$$\boldsymbol{p}_{k+1} = \boldsymbol{r}_{k+1}$$

重启算法，否则计算新的共轭梯度方向.

可以用某些方法来计算一组共轭梯度方向，例如请见 Fletcher-Reeves（1964）. 这里有一些其他方法可用.

$$\text{如果 } \Delta_k \geqslant 0.75\text{，则 } \lambda_k = 0.25\lambda_k$$

否则

$$\bar{\lambda}_k = \lambda_k$$

- **步骤 8**：如果 $\Delta_k<0.25$，则增加这个标量参数

$$\lambda_k = \lambda_k + (\delta_k(1-\Delta_k)/\boldsymbol{p}_k^{\mathrm{T}}\boldsymbol{p}_k$$

- **步骤 9**：如果梯度 r_k 仍然不足够接近 0，则令 $k=k+1$，并跳至步骤 2；否则的话结束程序，返回最优解.

下面是执行该方法的 MATLAB 函数.

```
function [res, noiter] = minscg(f,derf,x,tol)
% Conjugate gradient optimization by Moller
% Finds local min of a multivariable nonlinear function in n variables
% Example call: [res, noiter] = minscg(f,derf,x,tol)
391 % f is a user defined multi-variable function,
% derf a user defined function of n first order partial derivatives.
% x is a col vector of n starting values, tol gives required accuracy.
% res is solution, noiter is the number of iterations required.
lambda = 1e-8; lambdabar = 0; sigmac = 1e-5; sucess = 1;
deltastep = 0; [n m] = size(x);
% Calculate initial gradient
```

```
noiter = 0;
pv = -feval(derf,x); rv = pv;
while norm(rv)>tol
    noiter = noiter+1;
    if deltastep==0
        df = feval(derf,x);
    else
        df = -rv;
    end
    deltastep = 0;
    if sucess==1
        sigma = sigmac/norm(pv);
        dfplus = feval(derf,x+sigma*pv);
        stilda = (dfplus-df)/sigma;
        delta = pv'*stilda;
    end
    % Scale
    delta = delta+(lambda-lambdabar)*norm(pv)^2;
    if delta<=0
        lambdabar = 2*(lambda-delta/norm(pv)^2);
        delta = -delta+lambda*norm(pv)^2;
        lambda = lambdabar;
    end
    % Step size
    mu = pv'*rv; alpha = mu/delta;
    fv = feval(f,x);
    fvplus = feval(f,x+alpha*pv);
    delta1 = 2*delta*(fv-fvplus)/mu^2;
    rvold = rv; pvold = pv;
    if delta1>=0
        deltastep = 1;
        x1 = x+alpha*pv;
        rv = -feval(derf,x1);
        lambdabar = 0; sucess = 1;
        if rem(noiter,n) == 0
            pv = rv;
    else
        %Alternative conj grad direction generators may be used here
        % beta = (rv'*rv)/(rvold'*rvold);
        rdiff = rv-rvold;
        beta = (rdiff'*rv)/(rvold'*rvold);
        pv = rv+beta*pvold;
    end
    if delta1>=0.75
        lambda = 0.25*lambda;
    end
else
    lambdabar = lambda;
    sucess = 0;
    x1 = x+alpha*pv;
end
```

392

```
        if delta1<0.25
            lambda = lambda+delta*(1-delta1)/norm(pvold)^2;
        end
        x = x1;
    end
    res = x1;
```

现在对下面两个例子应用缩放共轭梯度法：

$$\text{最小化 } f(x_1,x_2)=(x_1^4-16x_1^2+5x_1)/2+(x_2^4-16x_2^2+5x_2)/2$$

和

$$\text{最小化 } f(x_1,x_2)=100\,(x_2-x_1^2)^2+(1-x_1)^2 \quad \text{(罗森布罗克(Rosenbrock) 函数)}$$

第一个问题用 mincg 求解过，用户定义的函数 f01 和 f01d 在 8.4 节已给出. 这样就有

```
>> [x, iterns] = minscg('f01','f01d',[1 -1]',.000005)

x =
    2.7468
   -2.9035

iterns =
```
393
```
     8
```

这与 mincg 确定的不是同一个解. 它是函数的局部极小值而非整体最小值. 其他的初始值将会导致计算出全局最小值.

为找到罗森布罗克函数的最小值，需定义必要的匿名函数，然后求解问题如下：

```
>> fr = @(x) 100*(x(2)-x(1).^2).^2+(1-x(1)).^2;
>> frd = @(x) [-400*x(1).*(x(2)-x(1).^2)-2*(1-x(1)); 200*(x(2)-x(1).^2)];
>> [x, iterns] = minscg(fr,frd,[-1.2 1]',.0005)

x =
    1.0000
    1.0000

iterns =
   135
```

请注意，需要进行大量的迭代来解决这一难题.

8.6 共轭梯度法解线性方程组

接下来应用共轭梯度法来最小化一个正定二次函数，该函数具有标准形式

$$f(\boldsymbol{x})=(\boldsymbol{x}^{\mathrm{T}}\boldsymbol{A}\boldsymbol{x})/2+\boldsymbol{p}^{\mathrm{T}}\boldsymbol{x}+q \tag{8-8}$$

这里 $\boldsymbol{x}$ 和 $\boldsymbol{p}$ 是具有 n 个分量的列向量，$\boldsymbol{A}$ 是 $n\times n$ 的正定对称矩阵，q 是标量. $f(\boldsymbol{x})$ 的最小值取在 $f(\boldsymbol{x})$ 的梯度为零处. 而梯度可以通过微分轻易求出，为

$$\nabla f(\boldsymbol{x})\boldsymbol{A}\boldsymbol{x}+\boldsymbol{p}=0 \tag{8-9}$$

那么找这个极小值等价于求解上述线性方程组，若令 $\boldsymbol{b}=-\boldsymbol{p}$，这就变成

$$\boldsymbol{A}\boldsymbol{x}=\boldsymbol{b} \tag{8-10}$$

既然可以用共轭梯度法来求 (8-8) 的最小值，自然可以用它来求解与之等价的线性方程组 (8-10). 共轭梯度法为求解具有正定对称矩阵的线性方程组，提供了一种强大的
394 方法，它与之前描述的求解非线性优化问题的算法密切相关. 只是线搜索大大简化，而且这种情况下梯度值可以在算法里计算. 该算法的形式如下

- **步骤 0**：令 $k=0$，$\boldsymbol{x}^k=\boldsymbol{0}$，$\boldsymbol{g}^k=\boldsymbol{b}$，$\mu^k=\boldsymbol{b}^{\mathrm{T}}\boldsymbol{b}$，$\boldsymbol{d}^k=-\boldsymbol{g}^k$.
- **步骤 1**：只要系统不满足

$$
\begin{aligned}
\boldsymbol{q}^k &= \boldsymbol{A}\boldsymbol{d}^k, r^k = (\boldsymbol{d}^k)^{\mathrm{T}}\boldsymbol{q}^k, s^k = \mu^k/r^k \\
\boldsymbol{x}^{k+1} &= \boldsymbol{x}^k + s^k\boldsymbol{d}^k, \boldsymbol{g}^{k+1} = \boldsymbol{g}^k + s^k\boldsymbol{q}^k \\
t^k &= (\boldsymbol{g}^{k+1})^{\mathrm{T}}\boldsymbol{q}^k, b^k = t^k/r^k \\
\boldsymbol{d}^{k+1} &= -\boldsymbol{g}^{k+1} + \beta^k\boldsymbol{d}^k, \mu^{k+1} = \beta^k\mu^k \\
k &= k+1, \text{结束}
\end{aligned}
$$

就一直循环.

注意，梯度 $\boldsymbol{g}$ 和步长 s 可以直接计算，不需要 MATLAB 函数或用户定义的函数.

MATLAB 函数 `solvercg` 可以实现这个算法，并采用了 Karmarkar 和 Ramakrishnan（1991）提出的终止条件. 详细信息，请参阅上述以及 Golub 和 Van Loan（1989）的文章.

```
function xdash = solvercg(a,b,n,tol)
% Solves linear system ax = b using conjugate gradient method.
% Example call: xdash = solvercg(a,b,n,tol)
% a is an n x n positive definite matrix, b is a vector of n
% coefficients. tol is accuracy to which system is satisfied.
% WARNING Large, ill-cond. systems will lead to reduced accuracy.
xdash = [ ];  gdash = [ ];
ddash = [ ];  qdash = [ ];
q=[ ];
mxitr = n*n;
xdash = zeros(n,1);  gdash = -b;
ddash = -gdash; muinit = b'*b;
stop_criterion1 = 1;
k = 0;
mu = muinit;
% main stage
while stop_criterion1==1
    qdash = a*ddash;
    q = qdash; r = ddash'*q;
    if r==0
        error('r=0, divide by 0!!!')
    end
    s = mu/r;
    xdash = xdash+s*ddash;
    gdash = gdash+s*q;
    t = gdash'*qdash;  beta = t/r;
    ddash = -gdash+beta*ddash;
    mu = beta*mu; k = k+1;
    val = a*xdash;
    if ((1-val'*b/(norm(val)*norm(b)))<=tol) & (mu/muinit<=tol)
        stop_criterion1 = 0;
    end
    if k>mxitr
        stop_criterion1 = 0;
    end
end
```

395

下述脚本用随机元素生成 10 个方程的方程组. 用这个方程组来测试该算法.

```
% e3s803.m
n = 10; tol = 1e-8;
A = 10*rand(n); b = 10*rand(n,1);
ada = A*A';
% To ensure a symmetric positive definite matrix.
sol = solvercg(ada,b,n,tol);
disp('Solution of system is:')
disp(sol)
accuracy = norm(ada*sol-b);
fprintf('Norm of residuals =%12.9f\n',accuracy)
```

运行上述脚本，给出以下结果：

```
Solution of system is:
    0.2527
   -0.2642
   -0.1706
    0.4284
    0.0017
   -0.1391
   -0.0231
   -0.0109
   -0.2310
    0.2928

Norm of residuals = 0.000000008
```

396 注意到残差的范数很小. 对于病态矩阵，有必要采用某种预条件，降低矩阵的条件数；否则方法会变得特别慢. Karmarkar 和 Ramakrishnan（1991）采用预处理共轭梯度法作为内点算法的一部分，求解了 5000 行 333000 列的线性规划问题.

MATLAB 提供了一系列基于共轭梯度法，求解 $\boldsymbol{Ax}=\boldsymbol{b}$ 的迭代程序. 比如 MATLAB 函数 pcg，bicg 和 cgs.

8.7 遗传算法

本节将介绍遗传算法的基本思想，并提供一组实现遗传算法主要特征的 MATLAB 函数. 它们可以应用于一些优化问题的求解. 考虑到这一研究领域的迅速发展，本书中不给出讨论的细节，读者可以参考 Goldberg（1989）的优秀教材.

遗传算法是一个近年来备受关注的主题，因为它为求解困难问题提供了强大的搜索程序. 该算法的显著特点是，基于遗传科学和自然选择过程中的想法. 这种从一个学科到另一个学科的交叉孵化，在很多领域尤其是计算机科学中，已经有很多卓有成效的应用.

将要描述的遗传算法就是该领域中的术语，稍后将会解释它和优化问题是如何联系起来的. 遗传算法作用在一个初始的种群上，例如，这个种群可以对应于一个特定的变量值. 种群的大小可能变化，并且通常与所考虑的问题相关. 种群的成员通常是 0 和 1 的字符串，也就是二进制字符串. 例如，小规模的初值或第一代种群可能具有形式

1000010

1110000

1010101

1111001

1000001

在实践中，种群大小可能远远大于这个，字符串更长．字符串本身可能是待研究的一个或一些变量的编码值．该初始种群是随机生成的，这里可以用遗传学术语来描述它．种群中的每个字符串对应于染色体，字符串的每个二进制元素对应于基因．接下来新的种群必须从这个初始种群发展起来．为做到这点，需要模拟具体的基本遗传过程．这个过程如下：

1. 基于适应度的选择．

2. 交叉．

3. 变异． 397

在繁殖阶段基于自然选择选择了一组染色体．这样根据它们对应于某种标准的适应度，选择了种群繁殖的成员．最适应的具有更大的繁殖概率，这个概率与它们的适应度值成比例．

实际的配对过程，可以使用简单的交叉的想法来实现．这意味着，种群的两个成员交换基因．有很多方法实现交叉，例如只有一个交叉点或有很多交叉点．这些交叉点是随机选择的．对于下面两个被选出的满足适应度的染色体，简单的交叉方法解释如下．这里随机选择了第四个数字后作为交叉点．

1110 | 000

1010 | 101

交叉后给出新的染色体

1110 | 101

1010 | 000

将这个过程应用于初始种群，就可以产生新的一代．最后的过程是变异．这里随机地在一个特定的染色体上改变一个特定的基因．这样某个 0 可能变成 1，或者相反．遗传算法中的变异过程非常罕见，所以字符变化的概率很低．

既然已经讨论了遗传算法的基本原则，现在通过考虑一个简单的优化问题，来解释它如何应用，并填充一些细节来展示遗传算法如何实现．制造商想生产一个容器，它由固定高度的圆柱和其上的一个半球构成．圆柱的高是固定的，但圆柱和半球的共同半径可以在 2 到 4 个单位之间改变．制造商希望找到一个半径值，使容器的体积最大．这个问题很简单，最佳半径是 4 个单位．不过这个问题可以用来说明遗传算法是如何应用的．

取 r 作为圆柱和半球的共同半径，h 作为圆柱的高，将这个优化问题公式化．取 $h=2$ 个单位，则有公式

$$\text{最大化 } v = 2\pi r^3/3 + 2\pi^2 \tag{8-11}$$

其中 $2\leqslant r\leqslant 4$． 398

要考虑的第一个问题是，如何把它转化为遗传算法可以直接应用的问题．首先，必须生成一组初始的字符串构成初始种群．每个字符串中二进制数的个数，即字符串的长度，限制了可以找到的解的精度，所以必须小心选择．此外，也必须谨慎选择初始种群的大小，因为较大的初始种群会增加实现算法所花费的时间．大规模的种群可能不是必须的，因为算法在搜索区域的过程中，会自动生成新的种群成员．MATLAB 函数 genbin 可以用来生成这样的初始种群，它的形式为

```
function chromosome = genbin(bitl,numchrom)
% Example call: chromosome=genbin(bitl, numchrom)
% Generates numchrom chromosomes of bitlength bitl.
% Called by optga.m.
maxchros = 2^bitl;
if numchrom>=maxchros
  numchrom = maxchros;
end
for k = 1:numchrom
    for bd = 1:bitl
        if rand>=0.5
            chromosome(k,bd) = 1;
        else
            chromosome(k,bd) = 0;
        end
    end
end
```

这个函数可以利用 MATLAB 的 round 函数更简洁地定义如下：

```
function chromosome = genbin(bitl,numchrom)
% Example call: chromosome = genbin(bitl,numchrom)
% Generates numchrom chromosomes of bitlength bitl.
% Called by optga.m
maxchros=2^bitl;
if numchrom>=maxchros
    numchrom = maxchros;
end
chromosome = round(rand(numchrom,bitl));
```

399 为产生 5 个染色体、每个上面有 6 个基因的初代种群，可以如下调用函数：

```
>> chroms = genbin(6,5)

chroms =
     0     1     1     1     0     0      [Population member #1]
     1     1     1     1     0     1      [Population member #2]
     1     0     0     1     0     0      [Population member #3]
     0     0     0     0     1     1      [Population member #4]
     0     1     1     1     0     1      [Population member #5]
```

为方便读者进行下面的讨论，这里标记了种群的成员 ♯1 到 ♯5. 当然，这些标记不是 MATLAB 输出的一部分.

因为感兴趣的 r 值在 2 到 4 范围内，所以必须得把这些二进制字符串转化到 2 到 4 范围内的值. 可以用 MATLAB 函数 binvreal 来完成，binvreal 将一个二进制值转换为所要求范围内的实值.

```
function rval = binvreal(chrom,a,b)
% Converts binary string chrom to real value in range a to b.
% Example call rval=binvreal(chrom,a,b)
% Normally called from optga.
[pop bitlength] = size(chrom);
maxchrom = 2^bitlength-1;
realel = chrom.*((2*ones(1,bitlength)).^fliplr([0:bitlength-1]));
tot = sum(realel);
rval = a+tot*(b-a)/maxchrom;
```

现在调用该函数转化之前生成的种群：

```
>> for i = 1:5, rval(i) = binvreal(chroms(i,:),2,4); end
>> rval

rval =
    2.8889    3.9365    3.1429    2.0952    2.9206
```

正如预期，这些值位于 2 到 4 范围内，给出了 r 的初始种群. 不过，这些值没有告知任何关于适应度的信息，为查明这点，必须针对某个适应度标准判断它们. 在本例中选择比较容易，因为目标是最大化函数 (8-11). 对 r 值，可以简单地求得目标函数 (8-11) 的值. 首先必须把目标函数定义为 MATLAB 函数，它的形式为

```
>> g = @(x) pi*(0.66667*x+2).*x.^2;
```

然后用它来计算适应度，用 rval 的值替换 x

```
>> fit = g(rval)
```

400

```
fit =
  102.9330  225.1246  127.0806   46.8480  105.7749
```

注意这一阶段的总适应度为

```
>> sum(fit)

ans =
  607.7611
```

所以最适应的值是 3.9365，它具有适应度 225.1246，对应字符串或种群成员 ♯2. 偶然间就得到了一个非常好的结果. 用函数 fitness 执行上述过程如下：

```
function [fit,fitot] = fitness(criteria,chrom,a,b)
% Example call: [fit,fitot] = fitness(criteria,chrom,a,b)
% Calculates fitness of set of chromosomes chrom in range a to b,
% using the fitness criterion given by the parameter criteria.
% Called by optga.
[pop bitl] = size(chrom);
for k = 1:pop
    v(k) = binvreal(chrom(k,:),a,b);
    fit(k) = feval(criteria,v(k));
end
fitot = sum(fit);
```

重复上述计算，有

```
>> [fit, sum_fit] = fitness(g,chroms,2,4)

fit =
  102.9330  225.1246  127.0806   46.8480  105.7749

sum_fit =
  607.7611
```

和之前一样.

下一阶段是繁殖，按照适应度复制字符串. 因此交配库中的最适应的染色体具有更高的概率. 这个选择的过程比较复杂，它基于模拟轮盘赌的过程. 分配给一个特定字符串的轮盘的百分比正比于字符串的适应度. 对上述的适应度向量 fit，这个百分比可由下式计算 401

```
>> percent = 100*fit/sum_fit

percent =
   16.9364   37.0416   20.9096    7.7083   17.4040

>> sum(percent)

ans =
  100.0000
```

因此，从概念上讲，旋转轮盘，轮盘上的字符串 1 到 5 分别占面积的 16.9364，37.0416，20.9096，7.7083 和 17.4040 个百分比．这些染色体或字符串有这么大的几率被选中．这由函数 selectga 实现如下：

```
function newchrom = selectga(criteria,chrom,a,b)
% Example call: newchrom = selectga(criteria,chrom,a,b)
% Selects best chromosomes from chrom for next generation
% using function criteria in range a to b.
% Called by function optga.
% Selects best chromosomes for next generation using criteria
[pop bitlength] = size(chrom);
fit = [ ];
% calculate fitness
[fit,fitot] = fitness(criteria,chrom,a,b);
for chromnum = 1:pop
    sval(chromnum) = sum(fit(1,1:chromnum));
end
% select according to fitness
parname = [ ];
for i = 1:pop
    rval = floor(fitot*rand);
    if rval<sval(1)
        parname = [parname 1];
    else
        for j = 1:pop-1
            sl = sval(j);  su = sval(j)+fit(j+1);
            if (rval>=sl) & (rval<=su)
                parname = [parname j+1];
            end
        end
    end
end
newchrom(1:pop,:) = chrom(parname,:);
```

402

上述函数实现选择如下：

```
>> matepool = selectga(g,chroms,2,4)

matepool =
     1     1     1     1     0     1     [Population member #2]
     1     1     1     1     0     1     [Population member #2]
     0     1     1     1     0     0     [Population member #1]
     0     1     1     1     0     1     [Population member #5]
     0     1     1     1     0     0     [Population member #1]
```

注意到成员＃1 和＃2 总是优先被选中和复制. 因为选择过程的随机性，成员＃3 没有被选中，尽管它是第二适应的成员. 接下来用 fitness 函数获得新种群的适应度:

```
>> fitness(g,matepool,2,4)

ans =
  225.1246  225.1246  102.9330  105.7749  102.9330

>> sum(ans)

ans =
  761.8902
```

注意整体的适应度显著增加.

接下来配对这个种群的成员，但只配对它们的一部分，该情况下配对 60％或 0.6. 本例中种群的大小是 5，0.6×5＝3. 从这个数字向下舍入得到一个偶数，即 2，因为只有偶数个种群成员才可以配对. 这样，随机选择种群的 2 个成员进行配对. 实现这一过程的函数是 matesome，定义如下:

```
function chrom1 = matesome(chrom,matenum)
% Example call: chrom1 = matesome(chrom,matenum)
% Mates a proportion, matenum, of chromosomes, chrom.
mateind = [ ]; chrom1 = chrom;
[pop bitlength] = size(chrom);
ind = 1:pop;
u = floor(pop*matenum);
if floor(u/2)~=u/2
    u = u-1;
end                                                          403
% select percentage to mate randomly
while length(mateind)~=u
    i = round(rand*pop);
    if i==0
        i = 1;
    end
    if ind(i)~=-1
        mateind = [mateind i];
        ind(i) = -1;
    end
end
% perform single point crossover
for i = 1:2:u-1
    splitpos = floor(rand*bitlength);
    if splitpos==0
        splitpos = 1;
    end
    i1 = mateind(i); i2 = mateind(i+1);
    tempgene = chrom(i1,splitpos+1:bitlength);
    chrom1(i1,splitpos+1:bitlength) = chrom(i2,splitpos+1:bitlength);
    chrom1(i2,splitpos+1:bitlength) = tempgene;
end
```

现在用该函数在新的种群 matepool 中配对字符串:

```
>> newgen = matesome(matepool,0.6)

newgen =
     1     1     1     1     0     1     [Population member #2]
     1     1     1     1     0     0     [Created from #2 and #1]
     0     1     1     1     0     1     [Created from #1 and #2]
     0     1     1     1     0     1     [Population member #5]
     0     1     1     1     0     0     [Population member #1]
```

可以看到，初始种群的两个成员 ♯1 和 ♯2，通过在第二个数字后交叉，创造了两个新的种群成员.

计算新的种群适应度，有

```
>> fitness(g,newgen,2,4)

ans =
  225.1246  220.4945  105.7749  105.7749  102.9330

>> sum(ans)

ans =
  760.1018
```

404

请注意，事实上在这个阶段，总适应度并没有得到改善，当然也不能期望每次都会改善.

最后执行突变，然后再重复相同的循环步骤. 实现变异的函数 mutate 如下：

```
function chrom = mutate(chrom,mu)
% Example call: chrom = mutate(chrom,mu)
% mutates chrom at rate given by mu
% Called by optga
[pop bitlength] = size(chrom);
for i = 1:pop
    for j = 1:bitlength
        if rand<=mu
            if chrom(i,j)==1
                chrom(i,j) = 0;
            else
                chrom(i,j) = 1;
            end
        end
    end
end
```

调用这个函数时 mu 要取非常小的值，这种规模的种群不可能在一代中就发生改变. 该函数调用如下：

```
>> mutate(newgen,0.05)

ans =
     1     1     0     1     0     1
     1     1     1     1     0     0
     0     1     1     1     0     1
     0     1     1     1     0     1
     0     1     1     1     1     0
```

注意到这个例子中发生了两个突变；第一条染色体的第三个元素从 1 变到 0，最后一条染色体的第五个元素从 0 到 1. 有时也不会发生变异. 以上过程就产生了新的一代. 这个基于适应度的选择、复制和变异的过程将重复用在新一代上，并随后重复很多代.

optga 在一个函数中包含了所有这些步骤，它的定义如下：

```
function [xval,maxf] = optga(fun,range,bits,pop,gens,mu,matenum)
% Determines maximum of a function using the Genetic algorithm.
% Example call: [xval,maxf] = optga(fun,range,bits,pop,gens,mu,matenum)
% fun is name of a one variable user defined positive valued function.
% range is 2 element row vector giving lower and upper limits for x.
% bits is number of bits for the variable, pop is population size.
% gens is number of generations, mu is mutation rate,
% matenum is proportion mated in range 0 to 1.
% WARNING. Method is not guaranteed to find global optima.
newpop = [ ];
a = range(1); b = range(2);
newpop = genbin(bits,pop);
for i = 1:gens
    selpop = selectga(fun,newpop,a,b);
    newgen = matesome(selpop,matenum);
    newgen1 = mutate(newgen,mu);
    newpop = newgen1;
end
[fit,fitot] = fitness(fun,newpop,a,b);
[maxf,mostfit] = max(fit);
xval = binvreal(newpop(mostfit,:),a,b);
```

405

现在，应用这个函数来解决最初的问题，指定 x 的范围从 2 到 4，使用 8 位染色体，且初始种群数为 10，这个过程连续进行 20 代，突变概率为 0.005，配对比例为 0.6. 需注意，matenum 必须大于零且小于等于 1. 从而有

```
>> [x f] = optga(g,[2 4],8,10,20,0.005,0.6)

x =
    3.8980

f =
  219.5219
```

由于精确解是 $x=4$，所以这是一个合理的结果. 图 8-6 给出了遗传算法进展的图形表示. 需要注意，由于该过程的随机性，每次运行遗传算法都会产生不同的结果. 此外，搜索空间内不同的值的数量受染色体长度的限制. 在这个例子中，染色体长度是 8 位，这就给出了 2^8 或 256 个划分. 所以，r 从 2 到 4 被划分成 256 个分区，每个长为 0.007 812 5.

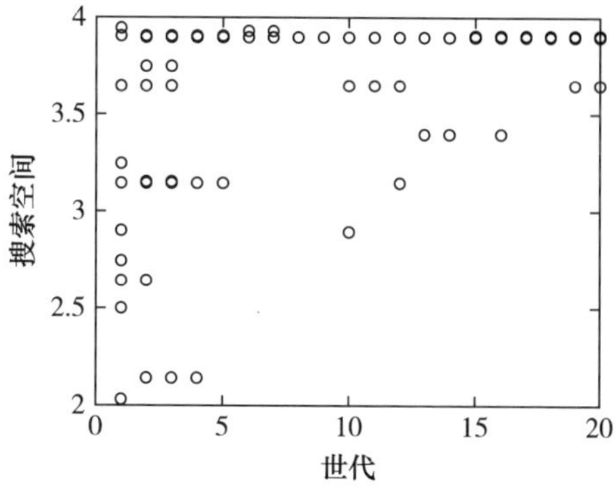

图 8-6 种群的每个成员用 o 表示，种群的连续几代集中趋向近似 4 的值

现在讨论这一过程背后的理念和理论，以及遗传算法可以应用到哪类实际问题. 遗传算法不同于简单的直接搜索过程的原因是，它具有两个特点：交叉和变异. 也就是说，从初始种群开始，算法发展了新的世代，从而迅速探索到所关注的区域. 这对复杂的优化问题非常有用，特别是当

406

函数有很多局部极大和极小，又希望找到函数的全局最大或最小时.

在这种情况下，标准的优化方法如弗莱彻（Fletcher）和里维斯（Reeves）的共轭梯度法，只能找到局部最优解. 而遗传算法虽然不能完全保证，但可能找到全局最优解. 这是因为它探究所关注区域的方式，避免了卡在某个局部极小. 这里不详细介绍理论依据，只描述关键结果.

首先介绍模式的概念. 如果研究遗传算法产生的字符串的结构，就会发现某些行为模式. 具有高适应度值的字符串通常具有一些共同的特征，如二进制元素的特定组合. 例如，最适应的字符串都有这些共同特征，它们都以 11 开头以 0 结尾，或中间总有三个 0. 可以通过 11 ***** 0 和 *** 000 ** 表示具有这种结构的字符串，星号代表“外卡”元素，它可以是 0 或 1. 这些结构称为模式，本质上它们确定了一组字符串的共同特征. 对某一特殊模式感兴趣，是因为在研究它们的繁殖过程中，具有这种结构的字符串和高适应度值有关. 一个模式的长度是最外面的特定基因值之间的距离. 模式的阶是指定为 0 或 1 的位置数. 例如，

字符串	阶	长度
*********** 1	1	1
****** 10 * 1 **	3	4
10 ******	2	2
00 ****** 101	5	11
11 ** 00	4	6

407 显然由较短的子串定义的模式不太可能受到交叉的影响，所以下一代不会改变.

接下来陈述遗传算法的基本定理，它由奥兰（Holland）用模式术语描述. 长度短和阶低的模式有高于平均水平的适应度，在整个世代繁殖中数目成指数增加. 低于适应度平均水平的将会以指数的速度消亡. 这是一个关键结果，它解释了遗传算法成功的主要原因.

现在进一步给出一些例子，这些例子应用了 MATLAB 的遗传算法函数 optga 来处理具体的优化过程.

例 8-1 求以下函数在 $x=0$ 到 $x=1$ 范围内的最大值

$$f(x) = e^x + \sin(3\pi x)$$

设函数 h 定义为

```
h = @(x) exp(x)+sin(3*pi*x);
```

对 h 调用 optga，有

```
>> [x f] = optga(h,[0 1],8,40,50,0.005,0.6)

x =
    0.8627


f =
    3.3315
```

再用 MATLAB 提供的 fminsearch 函数解决该问题. 注意，若要使用 fminsearch 函数，h(x)需要做点修改，需包含一个减号，使它变成负函数，因为 fminsearch 适用于解决最小化问题.

```
>> h1 = @(x) -(exp(x)+sin(3*pi*x));
>> fminsearch(h1,0,1)

ans =
     0.1802

>> h1(ans)

ans =
   -2.1893
```

这里 fminsearch 找到了该函数的最优解，不过它只是一个局部最优. 遗传算法（GA）找到了一个对全局最优解很好的近似. ◀ 408

例 8-2 一个更困难的问题是求下述函数的最大值

$$f(x) = 10 + \left[\frac{1}{(x-0.16)^2+0.1}\right]\sin(1/x)$$

定义匿名函数 phi，然后调用 optga 如下：

```
>> phi = @(x) 10+(1./((x-0.16).^2+0.1)).*sin(1./x);
>> [x f] = optga(phi,[0.001 0.3],8,10,40,0.005,0.6)

x =
     0.1288

f =
   19.8631
```

图 8-7 解释了这个问题的难度，并表明该结果是合理的.

种群变化的多样性可以用图形来说明，请见图 8-8 和图 8-9. 这些图显示对应每个种群成员的二进制数（0 或 1）. 矩形对应于某个指定种群成员中的一个二进制位，如果它是阴影的，表示二进制中的 1；如果是白色的，表示该二进制位为 0. 图 8-8 画出了初始随机选择的种群，可以看到，白色和阴影的矩形是随机的. 图 8-9 显示了 50 代以后的最终种群情况，可以看到，每个群体成员都有很多相同的二进制值.

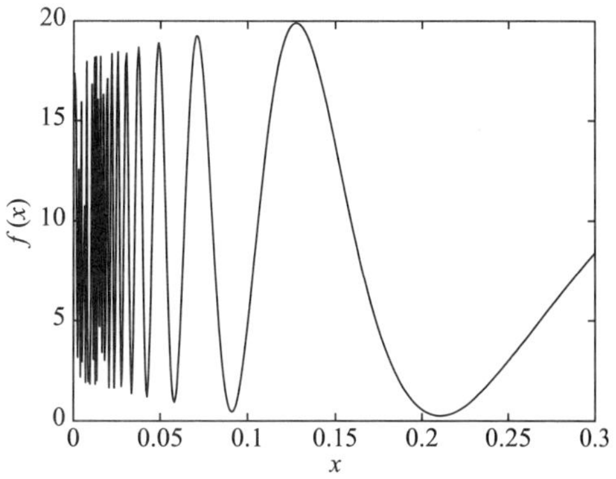

图 8-7 函数 $10+[1/\{(x-0.16)^2+0.1\}]\sin(1/x)$ 的图像，该图像显示有很多个局部极大和极小值 409

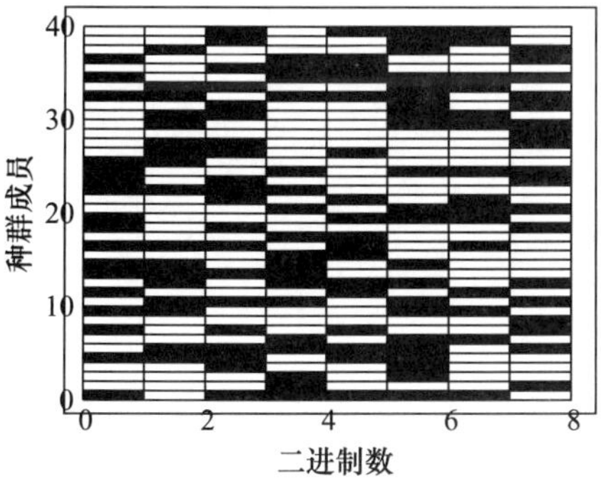

图 8-8 初始二进制数的随机分布

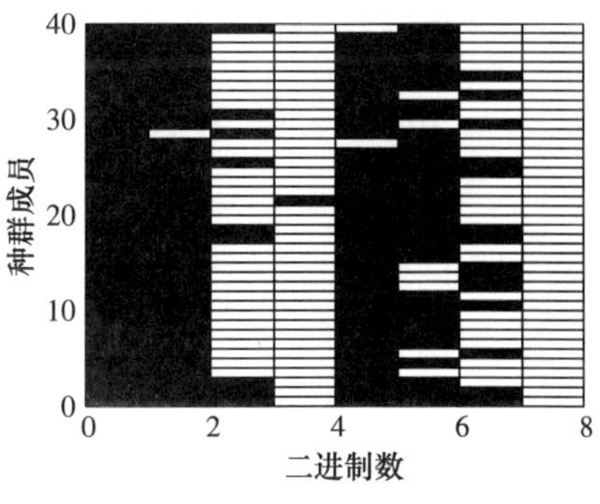

图 8-9 50 代以后的二进制数分布 ◀

遗传算法是一个不断发展的研究领域，这里允许对函数做很多修改，然后再执行遗传算法. 例如可以用格雷（Gray）码代替二进制编码；可以用多种不同的方式实现轮盘选择；交叉可改为多点交叉或其他. 人们常觉得遗传算法执行缓慢，但要牢记，遗传算法最好应用在难题上，比如有多个优化解但需要求全局最优解的那些问题. 因为这种情况下，标准算法通常会失效，用遗传算法耗费一点额外时间也是值得的. 还有很多没有考虑到的遗传算法的应用. 函数 optga 只对含一个自变量的正值函数有用，可以轻易地把它扩展到能够处理双变量函数，这个任务就交给读者作为练习（习题 8.8).

现在考虑另一种策略，即使用格雷码替换遗传算法中的标准二进制编码. 这里，把
410 每个字符串解释为一个格雷码. 格雷码是一个二进制数系统，其中两个相邻的代码只有一位二进制数不同. 该代码最初由格雷开发，目的是使机械开关系统的操作更加可靠. 从这一点来看，定义汉明（Hamming）距离还是很有用的. 汉明距离是两个二进制向量之间对应位不同的数量. 因此，两个连续的格雷码之间的汉明距离通常小于两个连续二进制码.

下面展示了三位格雷码和三位二进制码的对比

十进制	0	1	2	3	4	5	6	7
二进制	000	001	010	011	100	101	110	111
格雷码	000	001	011	010	110	111	101	100

对于遗传算法，须把格雷码转换成十进制. 为此，需采取两个阶段：先把格雷码转换为二进制，然后再把二进制转换为十进制. 把格雷码转换为二进制，这个简单的算法是

对第 1 位(最高位)$b(1) = g(1)$

对第 i 位,其中 $i = 2,\cdots,n$,

若 $b(i-1) = g(i)$ 则 $b(i) = 0$,否则 $b(i) = 1$

其中 $b(i)$ 是二进制数，$g(i)$ 是等价的格雷码. 该算法可用下述函数 grayvreal 来实现.

```
function rval = grayvreal(gray,a,b)
% Converts gray string to real value in range a to b.
% Example call rval = grayvreal(gray,a,b)
% Normally called from optga.
[pop bitlength] = size(gray);
maxchrom = 2^bitlength-1;
% Converts gray to binary
bin(1) = gray(1);
for i = 2:bitlength
    if bin(i-1) == gray(i)
        bin(i) = 0;
    else
        bin(i) = 1;
    end
end
% Converts binary to real
realel = bin.*((2*ones(1,bitlength)).^fliplr([0:bitlength-1]));
tot = sum(realel);
rval = a+tot*(b-a)/maxchrom;
```

这个函数可以替代 MATLAB 函数 fitness（重命名为 fitness_g）中的 binvreal，

然后在 selectga（重命名为 selectga_g）中使用．最后，函数 optga_g 中会使用 fitness_g 和 select_g．下面的例子解释了如何使用 optga_g 函数． 411

```
>> g = @(x) exp(x)+sin(3*pi*x);
>> [x f] = optga_g(g,[0 1],8,40,50,0.005,0.6)

x =
    0.8588


f =
    3.3317
```

这里给出了和通常的二进制算法类似精度的结果．

虽然有些研究人员没有发现使用格雷码的优势，但是其他人，如 Caruana 和 Schaffer (1988)，声称格雷码的 GA 有时具有显著的价值．

遗传算法解决的优化问题，它的解可以是一组离散值，而不一定是定义在某范围内的连续值．例如，型钢轧制成特定的大小可能不太经济．但对一个框架来说，它就是由标准大小的梁和截面构成的．这同样适用于电子电路元件，如电阻器，它也要在一组标准值下制造．如果希望优化只包含八种尺寸的组件的设计，那么可以假设一个具有离散值的向量 [10 15 24 36 50 75 90 120]，这个向量给出八个可能组件的性能值．可以用二进制数 000 到 111 来表示这八个性能值的索引．这个 GA 优化过程照常进行．只是，要计算二进制数的适应度，需以该二进制数作为性能向量的索引，从而获得相应的性能值．例如，假设需要与二进制数 100 对应（即十进制 4）的适应度．对应于该数的性能值是 36，就把这个数用到适应度计算中．如果可能的组件数，即性能集的成员数不是 2 的整数次幂，那么就比较难办．例如，若只有 6 个可能的部件尺寸和相应的性能值，[10 15 24 36 50 75]．要表示这个向量的 6 个索引，在二进制码中至少要用 3 个数字．但是，在交叉和变异的过程中，可能产生任意的 8 个二进制数，而只有 6 个有对应的属性．为克服这一困难，复制两个性能值，以便属性可以对应 8 个二进制数，从 000 到 111，例如 [10 10 15 24 36 50 75 75]．这种调整会多少影响过程中的一些统计信息，但通常效果还是令人满意的．虽然在该讨论中假设了 6 个或 8 个元件尺寸的集合，但实际问题中，元件的集合可能多达 32 或 64 个． 412

8.8 连续遗传算法

连续遗传算法在结构上与 8.7 节讨论的二进制形式的遗传算法类似，在感兴趣的区域中随机地生成初始种群，从当前种群中按适应度选择成对的并配对，然后按照一定概率进行染色体交叉和变异．但是，这些步骤在连续 GA 算法中实现时，具有显著不同．基于描述的优化问题，需要随机生成一组染色体．这个初始种群是一组随机实数而非二进制数．关键的特征就在于，初始种群值可以是感兴趣区域内任意连续的集合，而不是在二进制形式算法中使用的二进制值的离散集．

若假设待优化的函数有四个变量．则初始的每条染色体都是由四个随机产生的十进制数构成的向量，每个数都位于变量的搜索范围内．如果选择有 20 条染色体的种群，那么对应于适应标准，每条染色体都可以计算出它们的适应度，选择若干最适应的进行配对过程．例如，从 20 条中选择了最适应的 8 条染色体构成一个组作为交配库．从这组中，选择随机对用来交叉和配对．

配对过程还是大致类似于二进制形式的遗传算法，即选择一个用于交叉的随机点，通过简单交换两个染色体上的实变量值，使得父母染色体在该点处混合．不过，这里引入了一个重要的差别，由于这种形式的交叉，只是简单地交换了初始的一组随机生成的实值，没有产生该区域内的新值．因此，为了有助于探索整个区域，需要引入新的值．例如，假设要最小化的函数有四个变量，u，v，w，x，两个要配对的染色体 r_1 和 r_2 由下式给出

$$r_1=[u_1 \quad v_1 \quad w_1 \quad x_1] \quad r_2=[u_2 \quad v_2 \quad w_2 \quad x_2]$$

当然，这两个染色体是从符合适应度的交配库中，随机选择出来的．可以通过在随机点处，用一对染色体元素的线性随机组合，创建出两个新值．然后这些新值就可以取代原染色体交叉点处的值．一般建议生成新数据值的公式形式为

$$x_a=x_1-\beta(x_1-x_2) \quad x_b=x_2+\beta(x_1-x_2)$$

类似的公式可以应用到变量 u，v 和 w 上．在每一代 β，交叉点以及先前种群中成对的适
413 应成员都可以重新选择．

交叉点可以在随机点 1，2，3，4 处随机出现．根据交叉点的选择，配对后的新染色体为

$$\text{交叉点为 } 1: r_1=[u_a \quad v_2 \quad w_2 \quad x_2], r_2=[u_b \quad v_1 \quad w_1 \quad x_1]$$
$$\text{交叉点为 } 2: r_1=[u_1 \quad v_a \quad w_2 \quad x_2], r_2=[u_2 \quad v_b \quad w_1 \quad x_1]$$
$$\text{交叉点为 } 3: r_1=[u_1 \quad v_1 \quad w_a \quad x_2], r_2=[u_2 \quad v_2 \quad w_b \quad x_1]$$
$$\text{交叉点为 } 4: r_1=[u_1 \quad v_1 \quad w_1 \quad x_a], r_2=[u_2 \quad v_2 \quad w_2 \quad x_b]$$

也可以使用其他交叉规则．注意，一维问题无法用这个特定的配对算法求解．

变异过程执行的方式也类似二进制遗传算法．选择一个变异率，则变异数可以通过染色体数目和染色体上元素的数目计算出来．然后随机选择染色体上的位置，用某区域内随机选出的值替换染色体上的这些值．这提供了算法搜索该区域的另一种方式，它增加了找到整个区域内全局最小的几率．这里用 contgaf 函数实现连续遗传算法．在下面的具体例子中用它来找函数的最小值．

```
function [x,f] = contgaf(func,nv,range,pop,gens,mu,matenum)
% function for continuous genetic algorithm
% func is the multivariable function to be optimised
% nv is the number of variables in the function (minimum = 2)
% range is row vector with 2 elements. i.e [lower bound upper bound]
% pop is the number of chromosomes, gens is the number of generations
% mu is the mutation rate in range 0 to 1.
% matenum is the proportion of the population mated in range 0 to 1.
pops = [ ];  fitv = [ ]; nc = pop;
% Generate chromosomes as uniformly distributed sets of random decimal
% numbers in the range 0 to 1
chrom = rand(nc,nv);
% Generate the initial population in the range a to b
a = range(1); b = range(2);
pops = (b-a)*chrom+a;
for MainIter = 1:gens
    % Calculate fitness values
    for i = 1:nc
        fitv(i) = feval(func, pops(i,:));
    end
```

414

```
    % Sort fitness values
    [sfit,indexf] = sort(fitv);
```

```
% Select only the best matnum values for mating
% ensure an even number of pairs is produced
nb = round(matenum*nc);
if nb/2~=round(nb/2)
    nb = round(matenum*nc)+1;
end
fitbest = sfit(1:nb);
% Choose mating pairs use rank weighting
prob = @(n) (nb-n+1)/sum(1:nb);
rankv = prob([1:nb]);
for i = 1:nb
    cumprob(i) = sum(rankv(1:i));
end
% Choose two sets of mating pairs
mp = round(nb/2);
randpm = rand(1,mp);  randpd = rand(1,mp);
mm = [ ];
for j = 1:mp
    if randpm(j)<cumprob(1)
        mm = [mm,1];
    else
        for i = 1:nb-1
            if (randpm(j)>cumprob(i)) && (randpm(j)<cumprob(i+1))
                mm = [mm i+1];
            end
        end
    end
end
% The remaining elements of nb = [1 2 3,...] are the other ptnrs
md = [ ];
md = setdiff([1:nb],mm);
% Mating between mm and md. Choose crossover
xp = ceil(rand*nv);
addpops = [ ];
for i = 1:mp
    % Generate new value
    pd = pops(indexf(md(i)),:);
    pm = pops(indexf(mm(i)),:);
    % Generate random beta
    beta = rand;
    popm(xp) = pm(xp)-beta*(pm(xp)-pd(xp));
    popd(xp) = pd(xp)+beta*(pm(xp)-pd(xp));
if xp==nv
    % Swap only to left
    ch1 = [pm(1:nv-1),pd(nv)];
    ch2 = [pd(1:nv-1),pm(nv)];
else
    ch1 = [pd(1:xp),pm(xp+1:nv)];
    ch2 = [pm(1:xp),pd(xp+1:nv)];
end
% New values introduced
```

415

```
            ch1(xp) = popm(xp);
            ch2(xp) = popd(xp);
            addpops = [addpops;ch1;ch2];
        end
        % Add these ofspring to the best to obtain a new population
        newpops = [ ];   newpops = [pops(indexf(1:nc-nb),:); addpops];
        % Calculate number of mutations, mutation rate mu
        Nmut = ceil(mu*nv*(nc-1));
        % Choose location of variables to mutate
        for k = 1:Nmut
            mui = ceil(rand*nc);  muj = ceil(rand*nv);
            if mui~=indexf(1)
                newpops(mui,muj) = (b-a)*rand+a;
            end
        end
        pops = newpops;
    end
    f = sfit(1);  x = pops(indexf(1),:);
```

现在可以通过一个本章中讨论过的例子来测试这个函数：Styblinski 和 Tang（1990）提出的一个双变量函数. 该函数为

$$f(x_1,x_2)=(x_1^4-16x_1^2+5x_1)/2+(x_2^4-16x_2^2+5x_2)/2$$

用 MATLAB 中的匿名函数定义它如下：

```
>> tf=@(x) 0.5*(x(1).^4-16*x(1).^2+5*x(1))+0.5*(x(2).^4- ...
16*x(2).^2+5*x(2));
```

这个函数有若干局部极小，但全局最优解是（−2.9035，−2.9035）. 执行三次连续遗传算法：

```
>> [x,f] = contgaf(tf,2,[-4 4],50,50,0.2,0.6)

x =
   -2.9036   -2.9032
f =
  -78.3323

>> [x,f] = contgaf(tf,2,[-4 4],50,50,0.2,0.6)

x =
   -2.9035   -2.9037

f =
  -78.3323

>> [x,f] = contgaf(tf,2,[-4 4],50,50,0.2,0.6)

x =
   -2.9035   -2.8996

f =
  -78.3321
```

416

注意 $\boldsymbol{x}$ 值之间的差别. 因为这个方法涉及随机元素，所以每次不会产生完全一样的结果.

进一步的例子，求下述函数的最小值

$$f(x)=\sum_{n=1}^{4}[100\,(x_{n+1}-x_n^2)^2+(1-x_n)^2]$$

显然，这个函数的最小值是零. 这样就有

```
ff = @(x)(1-x(4))^2+(1-x(3))^2+(1-x(2))^2+(1-x(1))^2+ ...
    100*((x(5)-x(4)^2)^2+(x(4)-x(3)^2)^2+(x(3)-x(2)^2)^2+(x(2)-x(1)^2)^2);
>> [x,f] = contgaf(ff,5,[-5 5],20,100,0.15,0.6)

x =
    0.7617    0.6677    0.6392    0.5876    0.3435


f =
    8.1752
```

这是一个不错的结果. 实际最小值为零，在［1 1 1 1 1］处取得. 而这个函数在［－5 －5 －5 －5 －5］处的取值为360 144. 如果要找函数每个维度上从－5到5，靠近整数的最小值，需要计算161 051次. 若要找到精度为0.1的解，需要做1.051×10^{10}次函数计算——这并非一个现实的办法. 417

关于连续遗传算法效率的讨论，请参阅 Chelouah 和 Siarry（2000）. 一些学者对二进制和连续遗传算法进行了比较. 连续遗传算法的优势是，运行起来具有更高的一致性和精度（Michalewicz，1996）.

8.9 模拟退火

这里简要介绍一下基于模拟退火的优化方法的思想. 该方法一般在需要求全局最优解的情况下使用，由于问题规模大，难度高，且其他方法都不太适合. 对相对简单的问题该方法可能很慢.

如果允许金属冷却得足够缓慢（冶金上称为后退火），它的冶金结构自然能够找到系统的最小能量态. 然而，如果金属快速冷却，比如说水淬，则无法找到这个最小能量态. 寻找最小能量态的这一自然过程的概念，可以用来找既定非线性函数的全局最优解. 这种优化方法称为模拟退火.

这个比方可能不太合适，快速冷却过程可以等价地看成，找到既定非线性函数对应于某个能量水平的局部极小值，而缓慢冷却则对应于理想的能量态，即找到函数的一个全局最小值. 这种缓慢冷却过程可以用能量态的玻尔兹曼概率分布来体现，这个分布函数在热力学中起着重要作用，它具有如下形式

$$P(E)=\exp(-E/kT)$$

其中，E是指定的能量态，$P(E)$是E的概率，k是玻尔兹曼常数，T是温度. 这个函数反映了冷却过程中能量水平的变化，开始可能处于不太合适的能量态，但最终会找到全局的最小能量态.

它对应于这样的问题，在搜索非线性函数的全局解时，可以从局部极小值逃离. 这有可能需要暂时增加目标函数的值，爬出局部极小值的山谷，尽管如果把温度调整得足够慢，最终仍可能收敛到全局最优解. 这些想法引出了 Kirkpatrick（1983）使用的优化算法，它具有以下一般结构.

设$f(\boldsymbol{x})$是需要最小化的非线性函数，其中$\boldsymbol{x}$是具有n分量的向量. 则

- **步骤 1**：令 $k=0$，$p=0$. 选择初始解$\boldsymbol{x}^k$ 和任意初始温度 T_p.
- 418 **步骤 2**：$\boldsymbol{x}$ 的新值$\boldsymbol{x}^{k+1}$引起的变化为 $\Delta f=f(\boldsymbol{x}^{k+1})-f(\boldsymbol{x}^k)$；则
  若 $\Delta f<0$，以概率 1 接受这个变化，用$\boldsymbol{x}^{k+1}$替换$\boldsymbol{x}^k$，$k=k+1$.
  若 $\Delta f>0$，以概率 $\exp(-\Delta f/T_p)$ 接受这个变化，用$\boldsymbol{x}^{k+1}$替换$\boldsymbol{x}^k$，$k=k+1$.
- **步骤 3**：从步骤 2 开始重复，直到函数值没有明显变化.
- **步骤 4**：用适当的降温过程 $T_{p+1}=g(T_p)$ 降低温度，令 $p=p+1$，从步骤 2 开始重复，直到函数值对降温没有明显的变化.

这个算法的关键难点是，选择初始温度和降温策略. 很多研究论文讨论了这点，在此就不再赘述细节了.

MATLAB 函数 `asaq` 实现了上述算法的一个改进. 它是基于由 Lester Ingber (1993) 描述的算法的修改和简化. 它使用一个带有某种淬火的指数冷却策略，加速算法的收敛. 关键参数，如 `qf`、`tinit` 和 `maxstep` 以及变量的上下限都可以调整，并可能导致收敛速度上的一些改进. 可以做的一个较大的改动是，采取不同的温度调节策略，关于这个策略有很多其他的备选方案. 读者可以通过改变参数来实践模拟退火.

```
function [fnew,xnew] = asaq(func,x,maxstep,qf,lb,ub,tinit)
% Determines optimum of a function using simulated annealing.
% Example call: [fnew,xnew]=asaq(func,x,maxstep,qf,lb,ub,tinit)
% func is the function to be minimized, x the initial approx.
% given as a column vector, maxstep the maximum number of main
% iterations, qf the quenching factor in range 0 to 1.
% Note: small value gives slow convergence, value close to 1 gives
% fast convergence, but may not supply global optimum.
% lb and ub are lower and upper bounds for the variables,
% tinit is the intial temperature value
% Suggested values for maxstep = 200, tinit = 100, qf = 0.9
% Initialisation
xold = x;  fold = feval(func,x);
n = length(x);  lk = n*10;
% Quenching factor q
q = qf*n;
% c values estimated
nv = log(maxstep*ones(n,1));
mv = 2*ones(n,1);
c = mv.*exp(-nv/n);
% Set values for tk
```

419

```
t0 = tinit*ones(n,1);  tk = t0;
% upper and lower bounds on x variables
% variables assumed to lie between -100 and 100
a = lb*ones(n,1);  b = ub*ones(n,1);
k = 1;
% Main loop
for mloop = 1:maxstep
    for tempkloop = 1:lk
        % Choose xnew as random neighbour
        fold = feval(func,xold);
        u = rand(n,1);
        y = sign(u-0.5).*tk.*((1+ones(n,1)./tk).^(abs((2*u-1))-1));
```

```
        xnew = xold+y.*(b-a);
        fnew = feval(func,xnew);
        % Test for improvement
        if fnew <= fold
            xold = xnew;
        elseif exp((fold-fnew)/norm(tk))>rand
            xold = xnew;
        end
    end
    % Update tk values
    tk = t0.*exp(-c.*k^(q/n));
    k = k+1;
end
tf = tk;
```

现在运行脚本，优化下面这个源自 Styblinski 和 Tang（1990）的函数，在 8.4 节中用共轭梯度法求解过它：

$$f(x_1,x_2) = (x_1^4 - 16x_1^2 + 5x_1)/2 + (x_2^4 - 16x_2^2 + 5x_2)/2$$

结果如下：

```
>> fv = @(x) 0.5*(x(1)^4-16*x(1)^2+5*x(1)) +...
        0.5*(x(2)^4-16*x(2)^2+5*x(2));
>> [fnew,xnew] = asaq(fv,[0 0].',200,0.9,-10,10,100)

fnew =
  -78.3323

xnew =
   -2.9018
   -2.9038
```

420

注意每次运行都给出不同的结果，对具体的问题，除非适当调节参数，否则并不能保证总给出全局最优解. 图 8-10 画出了在最后 40 次迭代中函数值的变化图. 它解释了算法既允许函数值增加也允许函数值减少.

作为进一步说明，图 8-11 中用等高线图标示了迭代的最后阶段.

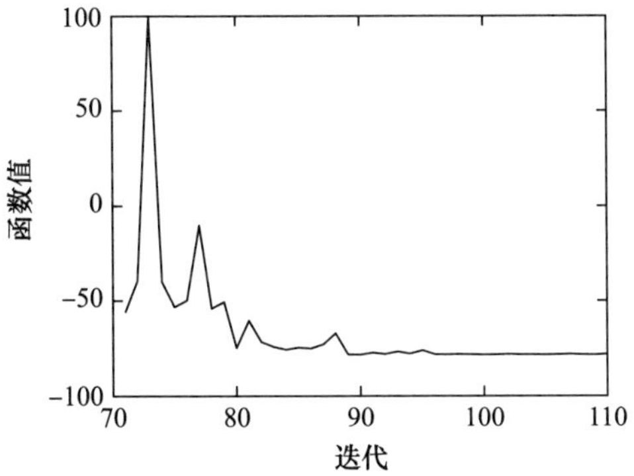

图 8-10　函数 $f(x_1, x_2)=(x_1^4-16x_1^2+5x_1)/2+(x_2^4-16x_2^2+5x_2)/2$ 最后 40 步迭代的值

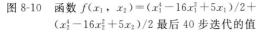

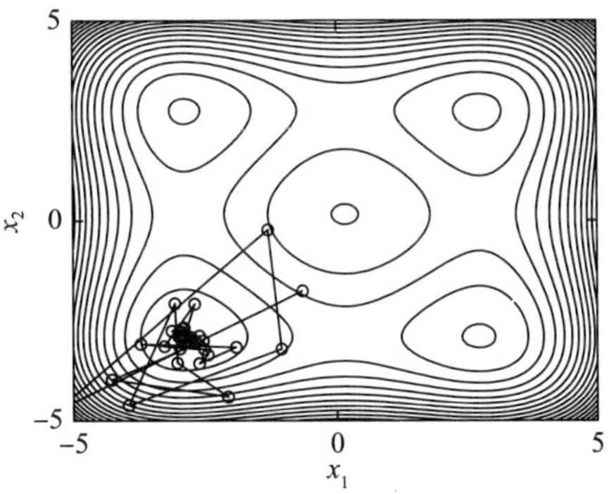

图 8-11　函数 $f(x_1, x_2)=(x_1^4-16x_1^2+5x_1)/2+(x_2^4-16x_2^2+5x_2)/2$ 的等高线图. 显示了模拟退火的最后阶段. 注意这些值如何集中在左下角，逼近全局最优解

8.10 带约束的非线性优化

本节考虑的非线性函数的优化问题，都带有一个或多个非线性约束．这样的问题可用
421 数学表达如下

$$\text{最小化 } f=f(\boldsymbol{x}) \quad \text{其中 } \boldsymbol{x}^{\mathrm{T}}=[x_1\ x_2\ \cdots\ x_n] \tag{8-12}$$

满足条件

$$h_i(\boldsymbol{x})=0 \quad \text{其中 } i=1,\cdots,p \tag{8-13}$$

有时，最小化问题可能有额外的或另一种约束，其形式为

$$g_j(\boldsymbol{x})\geqslant b_j \quad \text{其中 } j=1,\cdots,q \tag{8-14}$$

可以用拉格朗日乘子法来解决这个问题．这种方法不是一个纯粹的数值方法，它需要用户通过微积分求得方程，然后再数值求解．对于大规模的问题，用户的工作过于繁重，因此它并非解决这类问题的一个实际方法．不过，它在理论上对于发展其他更加实用的方法很重要．

如果出现（8-14）形式的约束，须用下述方法，把它们转换成（8-13）的形式．令 $\theta_j^2=g_j(\boldsymbol{x})-b_j$．如果不满足约束 $g_j(\boldsymbol{x})\geqslant b_j$，则 θ_j^2 为负，θ_j 就是虚数．所以，要满足约束条件，θ_j 必须是实数．这样约束方程（8-14）就变成

$$\theta_j^2-g_j(\boldsymbol{x})+b_j=0 \quad \text{其中 } j=1,\cdots,q \tag{8-15}$$

这个约束方程具有一般形式，和（8-13）是相同的．

为求解（8-12），先列出下述表达式，从它开始着手

$$L(\boldsymbol{x},\theta,\lambda)=f(\boldsymbol{x})+\sum_{i=1}^{p}\lambda_i h_i(\boldsymbol{x})+\sum_{j=1}^{q}\lambda_{p+j}[\theta_j^2-g_j(\boldsymbol{x})+b_j]=0 \tag{8-16}$$

函数 L 称为拉格朗日函数，标量 λ_i 称为拉格朗日乘子．现在利用微积分最小化这个函数；也就是取下述偏导数，并令它们为零．

$$\partial L/\partial x_k=0 \quad k=1,\cdots,n$$
$$\partial L/\partial \lambda_r=0 \quad r=1,\cdots,p+q$$
$$\partial L/\partial \theta_s=0 \quad s=1,\cdots,q$$

大家会发现，当令关于 λ_r 的偏导数为零，其实就迫使 $h_i(\boldsymbol{x})(i=1, 2, \cdots, n)$ 和 $\theta_j^2-g_j(\boldsymbol{x})+b_j(j=1, 2, \cdots, q)$ 都为零．这样，约束条件就满足了．如果这些项都为零，则最小化（8-16）就等价于最小化（8-12）且满足（8-13）和（8-14）的限制．如果处理的
422 是具有线性约束的二次函数，那么得到的方程将都是线性的，比较容易求解．

例 8-3 考虑求解带有二次约束的三次函数问题．

$$\text{最小化 } f=2x+3y-x^3-2y^2$$

满足

$$x+3y-x^2/2\leqslant 5.5$$
$$5x+2y+x^2/10\leqslant 10$$
$$x\geqslant 0,y\geqslant 0$$

为使用拉格朗日方法，先将约束条件改写成等式的形式，如下：

$$\text{最小化 } f=2x+3y-x^3-2y^2$$

满足

$$\theta_1^2+x+3y-x^2/2-5.5=0$$
$$\theta_2^2+5x+2y+x^2/10-10=0$$

$$x \geqslant 0, y \geqslant 0$$

故 L 的形式为

$$L = 2x + 3y - x^3 - 2y^2 + \lambda_1(\theta_1^2 + x + 3y - x^2/2 - 5.5) + \lambda_2(\theta_2^2 + 5x + 2y + x^2/10 - 10)$$

取 L 的偏导数，并令它们都为零，得

$$\partial L/\partial x = 2 - 3x^2 + \lambda_1(1 - x) + \lambda_2(5 + x/5) = 0 \tag{8-17}$$

$$\partial L/\partial y = 3 - 4y + 3\lambda_1 + 2\lambda_2 = 0 \tag{8-18}$$

$$\partial L/\partial \lambda_1 = \theta_1^2 + x + 3y - x^2/2 - 5.5 = 0 \tag{8-19}$$

$$\partial L/\partial \lambda_2 = \theta_2^2 + 5x + 2y + x^2/10 - 10 = 0 \tag{8-20}$$

$$\partial L/\partial \theta_1 = 2\lambda_1\theta_1 = 0 \tag{8-21}$$

$$\partial L/\partial \theta_2 = 2\lambda_2\theta_2 = 0 \tag{8-22}$$

如果要满足（8-21）和（8-22）则要考虑四种情况：

情况 1：$\theta_1^2 = \theta_2^2 = 0$. 经过重新整理，（8-17）到（8-20）变为，

$$2 - 3x^2 + \lambda_1(1 - x) + \lambda_2(5 + x/5) = 0$$

$$3 - 4y + 3\lambda_1 + 2\lambda_2 = 0$$

$$x + 3y - x^2/2 - 5.5 = 0$$

$$5x + 2y + x^2/10 - 10 = 0$$

423

情况 2：$\lambda_1 = \theta_2^2 = 0$. 经过重新整理，（8-17）到（8-20）变为，

$$2 - 3x^2 + \lambda_2(5 + x/5) = 0$$

$$3 - 4y + 2\lambda_2 = 0$$

$$\theta_1^2 + x + 3y - x^2/2 - 5.5 = 0$$

$$5x + 2y + x^2/10 - 10 = 0$$

情况 3：$\theta_1^2 = \lambda_2 = 0$. 经过重新整理，（8-17）到（8-20）变为，

$$2 - 3x^2 + \lambda_1(1 - x) = 0$$

$$3 - 4y + 3\lambda_1 = 0$$

$$x + 3y - x^2/2 - 5.5 = 0$$

$$\theta_2^2 + 5x + 2y + x^2/10 - 10 = 0$$

情况 4：$\lambda_1 = \lambda_2 = 0$. 经过重新整理，（8-17）到（8-20）变为，

$$2 - 3x^2 = 0$$

$$3 - 4y = 0$$

$$\theta_1^2 + x + 3y - x^2/2 - 5.5 = 0$$

$$\theta_2^2 + 5x + 2y + x^2/10 - 10 = 0$$

需要用某些迭代程序求这些非线性方程组的解. 给出一个初始估计，MATLAB 函数 `fminsearch` 可以用来求若干变量的标量函数的最小值. 该函数应用到这个问题的情况 1 上，脚本如下. 由于每个方程的右端都是零，所以当找到解时，函数

$$[2 - 3x^2 + \lambda_1(1 - x) + \lambda_2(5 + x/5)]^2 + [3 - 4y + 3\lambda_1 + 2\lambda_2]^2 + \cdots$$

$$[x + 3y - x^2/2 - 5.5]^2 + [5x + 2y + x^2/10 - 10]^2$$

应等于零. `fminsearch` 会选择 x，y，λ_1，λ_2 的值，最小化上述函数，使其值很接近零. 这就是通常提到的无约束非线性优化问题. 从而就把一个带约束的优化问题转化成了一个无约束的优化问题.

```
% e3s820.m
g = @(X) sqrt((2-3*X(1).^2+X(3).*(1-X(1))+X(4).*(5+X(1)/5)).^2 ...
    +(3-4*X(2)+3*X(3)+2*X(4)).^2+(X(1)+3*X(2)-X(1).^2/2-5.5).^2 ...
    +(5*X(1)+2*X(2)+X(1).^2/10-10).^2);
X = fminsearch(g, [1 1 1 1]);
x = X(1); y = X(2); f = 2*x+3*y-x^3-2*y^2;
lambda_1 = X(3); lambda_2 = X(4);
disp('Case 1')
disp(['x = ' num2str(x) ', y = ' num2str(y) ', f = ' num2str(f)])
disp(['lambda_1 = ' num2str(lambda_1) ...
    ', lambda_2 = ' num2str(lambda_2)])
[xx,yy] = meshgrid(0:0.1:2,0:0.1:2);
ff = 2*xx+3*yy-xx.^3-2*yy.^2;
contour(xx,yy,ff,20,'k'), hold on
x1 = 0:0.1:2;
y1 = (5.5-(x1-x1.^2/2))/3;
y2 = (10-(5*x1+x1.^2/10))/2;
plot(x1,y1,'k',x1,y2,'k')
plot(xp1,yp1,'ok',xp2,yp2,'ok',xp3,yp3,'ok',xp4,yp4,'ok')
hold off
xlabel('x'), ylabel('y')
```

424

执行脚本给出

```
Case 1
x = 1.2941, y = 1.6811, f = -0.18773
lambda_1 = 0.82718, lambda_2 = 0.62128
```

比较每种情况下计算出的 f 的值（见表 8-2），显然，情况 1 给出了最小解. 该脚本还给出了图 8-12. 这个图显示了函数、约束条件和四个可能的解.

表 8-2　最小化问题的可能解

情况	θ_1^2	θ_1^2	λ_1	λ_2	x	y	f
1	0	0	0.8272	0.6213	1.2941	1.6811	−0.1877
2	1.5654	0	0	0.8674	1.4826	1.1837	0.4552
3	0	2.3236	1.2270	0	0.8526	1.6703	0.5166
425 4	2.7669	4.3508	0	0	0.8165	0.7500	2.2137

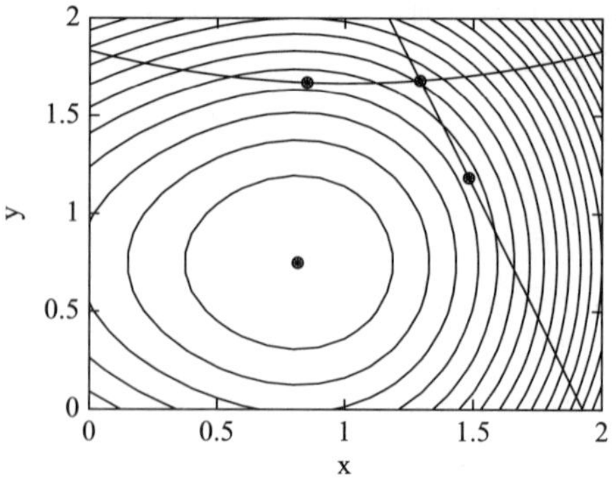

图 8-12　函数及其约束. 同时标示出了四个解

由于这是一个线性系统，所以最优解不一定非要在约束边界的交点上. 所有的解都是可行的，但只有情况 1 的解是全局最小. 情况 2 和情况 3 在约束边界上，且是局部极小，情况 4 是一个局部极大. 需要指出，通常会有一个或多个解是不可行的，即它们不满足约束条件. ◀

8.11 顺序无约束极小化方法

现在简要介绍处理带约束的优化问题的标准方法. 关于带约束的优化问题，顺序无约束极小化方法（SUMT）把带约束的优化问题的解转化为一列无约束问题的解. 这种方法由菲亚科（Fiacco）和麦考密克斯（McCormicks）等人在20世纪60年代提出. 参见Fiacco和McCormicks（1964,1990）的文章.

考虑下述优化问题：

$$\begin{aligned}&\text{最小化 } f(\boldsymbol{x})\text{，满足}\\&g_i(\boldsymbol{x}) \geqslant 0 \quad i = 1,2,\cdots,p\\&h_j(\boldsymbol{x}) = 0 \quad j = 1,2,\cdots,s\end{aligned}$$

其中 $\boldsymbol{x}$ 是一个分向量. 利用闸函数和罚函数，使最小化函数包含约束条件，从而把问题转化为无约束问题：

$$\text{最小化 } f(\boldsymbol{x}) - r_k \sum_{i=1}^{p} \log_e(g_i(\boldsymbol{x})) + \frac{1}{r_k}\sum_{j=1}^{s} h_j(\boldsymbol{x})^2$$

注意添加项的作用. 第一项是关于不等式约束在零处加了一个闸，当 $g_i(\boldsymbol{x})$ 趋于零时，函数趋于负无穷，这就强加了一个很大的惩罚. 图8-13说明了这一点. 最后一项是为了满足等式约束 $h_j(\boldsymbol{x})=0$，因为当所有约束都为零时，加上的是最小的量；否则的话，就增加了一个很大的惩罚. 这意味着如果开始的时候，初始解在不等式约束的可行域内，该方法会保持解的可行性. 这种方法有时称为内点法.

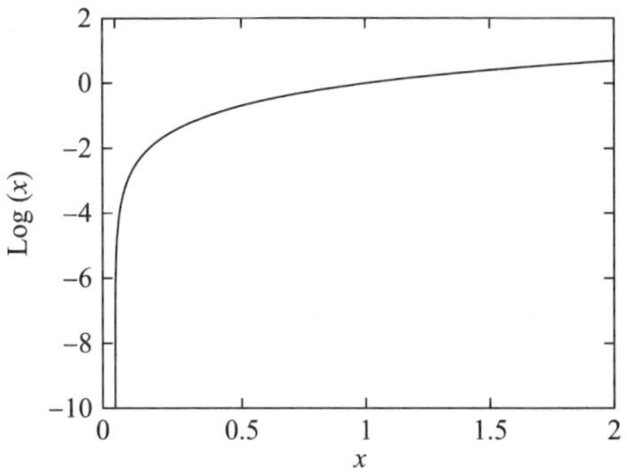

图 8-13　$\log_e(x)$ 的图像

开始的时候取任意大的一个 r_0，再利用 $r_{k+1}=r_k/c$(其中 $c>1$) 这就产生了一列问题，然后求解这一列无约束优化问题. 当然，对某些问题无约束极小化的步骤可能会出现巨大的困难. 一个简单的终止标准是，考察连续的两个无约束优化中 $f(\boldsymbol{x})$ 值的差. 如果这个差低于指定的容许误差，则停止程序. 426

也有各种替代该算法的方案. 例如，可以用倒数闸函数来代替前面的对数函数. 闸这一项可用形式如下的罚函数项来替换

$$\sum_{i=1}^{p} \max(0, g_i(\boldsymbol{x}))^2$$

如果 $g_i(\boldsymbol{x})<0$，这一项将添加一个很大的惩罚；否则，无需惩罚. 这种方法的优点是，不对可行性作要求，也被称为外点法. 然而，得到的无约束问题可能会在无约束极小化过程中产生额外的问题. 有关这些方法的更多细节，请参阅Lesdon等人（1996）的文章.

虽然对于该方法有专门的软件可用，但这里简单地解释一下它的操作过程. 下面的程序展示了用该方法解带约束的最小化问题的一些步骤. 请注意，必须小心选择初始的 r 值和它的约化因子. 为避免使用导数，先用MATLAB的函数 `fminsearch`，通过内点法求解下面的无约束问题.

$$\text{最小化 } x_1^2 + 100x_2^2$$

满足

$$4x_1 + x_2 \geqslant 6 \tag{8-23}$$

$$x_1 + x_2 = 3 \tag{8-24}$$

427

$$x_1, x_2 \geqslant 0 \tag{8-25}$$

```
% e3s810.m
r = 10; x0 = [5 5]
while r>0.01
    fm = @(x) x(1).^2+100*x(2).^2-r*log(-6+4*x(1)+x(2)) ...
        +1/r*(x(1)+x(2)-3).^2-r*log(x(1))-r*log(x(2));
    x1 = fminsearch(fm,x0);
    r = r/5;
    x0 = x1
end
optval = x1(1).^2+100*x1(2).^2

x0 =
     5     5

x0 =
    3.6097    0.2261

x0 =
    2.1946    0.1035

x0 =
    2.2084    0.0553

x0 =
    2.7463    0.0377

x0 =
    2.9217    0.0317

optval =
    8.6366
```

结果显示收敛到最优解（3，0），而且满足约束条件．使用外点法解决同一问题有：

```
% e3s811.m
r = 10; x0 = [5 5]
while r>0.01
    fm = @(x) x(1).^2+100*x(2).^2+1/r*min(0,(6+4*x(1)+x(2))).^2 ...
     +1/r*(x(1)+x(2)-3).^2+1/r*min(0,x(1)).^2+1/r*min(0,x(2)).^2;
    x1 = fminsearch(fm,x0);
    r = r/5;
    x0 = x1
end
```

428

```
optval = x1(1).^2+100*x1(2).^2
```

程序的结果为

```
x0 =
     5     5

x0 =
```

```
        0.2725    0.0027

    x0 =
        0.9967    0.0100

    x0 =
        2.1276    0.0213

    x0 =
        2.7523    0.0275

    x0 =
        2.9240    0.0292

    optval =
        8.6352
```

显然，这些结果很相似.

8.12 小结

本章介绍了一些数值分析中更为先进的领域. 遗传算法和模拟退火目前仍在积极研究和发展中，它们主要用于解决较困难的优化问题. 共轭梯度法比较成熟，已被广泛用于一系列难题. MATLAB 提供了一些函数，让读者可以更加深入地进行实验和探讨. 然而，需要记住，没有哪种优化方法可以保证能够解决所有问题. 通常 MATLAB 函数的结构就体现了算法的结构. MathWorks 优化工具箱（Optimization Toolbox）提供了一个优化函数集，它在教育和研究领域都非常有用.

习题

8.1 利用函数 barnes 最小化 $z=5x_1+7x_2+10x_3$，满足约束条件

$$x_1+x_2+x_3\geqslant 4, x_1+2x_2+4x_3\geqslant 5, \text{且 } x_1, x_2, x_3\geqslant 0$$ 429

8.2 最大化 $p=4y_1+5y_2$，满足约束条件 $y_1+y_2\leqslant 5$，$y_1+2y_2\leqslant 7$，$y_1+4y_2\leqslant 10$，且 y_1，$y_2\geqslant 0$.
通过从各式中减去引入的松弛变量，把约束条件写成等式. 然后用函数 barnes 求解该问题. 注意，这个问题中 p 的最优解等于习题 8.1 中 z 的最优解. 习题 8.2 称为 8.1 的对偶问题. 有个重要的定理是说，一个问题和它对偶问题的目标函数的最优解是相等的. 以上就是一个例子.

8.3 最大化 $z=2u_1-4u_2+4u_3$，满足约束条件 $u_1+2u_2+u_3\leqslant 30$，$u_1+u_2=10$，$u_1+u_2+u_3\geqslant 8$，且 u_1，u_2，$u_3\geqslant 0$.
提示：请记得使用松弛变量，以确保主要约束条件为等式.

8.4 设定容许误差为 0.005，用函数 mincg 最小化罗森布罗克（Rosenbrock）函数

$$f(x,y)=100(x^2-y)^2+(1-x)^2$$

初始值为 $x=0.5$，$y=0.5$，采用的线搜索精度 10 倍于 MATLAB 函数 fminsearch 的默认精度. 为得到函数如何变化，在范围 $0\leqslant x\leqslant 2$，$0\leqslant y\leqslant 2$ 中绘图.

8.5 设定容许误差为 0.000 05，用函数 mincg 最小化以下五个变量的函数

$$z=0.5(x_1^4-16x_1^2+5x_1)+0.5(x_2^4-16x_2^2+5x_2)+(x_3-1)^2+(x_4-1)^2+(x_5-1)^2$$

mincg 的初始值为 $x_1=1$，$x_2=2$，$x_3=0$，$x_4=2$，$x_5=3$. 可用其他初始值做进一步实验.

8.6 用函数 solvercg 求解矩阵方程 $\boldsymbol{Ax}=\boldsymbol{b}$，其中

$$\boldsymbol{A}=\begin{bmatrix}5&4&1&1\\4&5&1&1\\1&1&4&2\\1&1&2&4\end{bmatrix}\quad \boldsymbol{b}=\begin{bmatrix}1\\2\\3\\4\end{bmatrix}$$

利用 norm(b- Ax)的值，检验解的精度.

8.7 利用函数 optga 在 $x=0$ 到 2 内，最大化函数 $y=1/\{(x-1)^2+2\}$. 使用不同的初始种群规模、变异率和繁衍代数. 注意，这并非一个简单的练习，因为对每组条件求解若干次该问题，都要考虑到
430 该过程的随机性. 这个函数的最优解是 0.5，画出这个最优解在每组参数下的误差. 然后改变其中的一个参数，再重复这个过程. 这些图中的差别可能看得出来也可能看不出来.

8.8 在 $0\leqslant x\leqslant 2$ 和 $0\leqslant y\leqslant 2$ 内画出函数 $z=x^2+y^2$. 8.6 节的遗传算法可用于最大化多个变量的函数. 用 MATLAB 函数 optga 求上述函数的最大值. 为此须修改 fitness 函数，使染色体的前半部分对应于 x 的值，后半部分对应于 y 的值，从而使染色体和 x，y 值建立映射. 例如一个 8 位的染色体 10010111，可以分成两部分，1001 和 0111，它可以转化成 $x=9$ 和 $y=7$.

8.9 利用 8.3 节的函数 golden，最小化单变量函数 $y=\mathrm{e}^{-x}\cos(3x)$，$x$ 位于 0 到 2，容许误差为 0.000 01. 可以用 MATLAB 函数 fminsearch 在相同范围内最小化同一函数，来检验所得结果. 为进一步确认，可用 MATLAB 函数 fplot 画出 0 到 4 范围内该函数的图像.

8.10 利用模拟退火法 asaq（采用 8.9 节中调用函数时相同的参数值）最小化双变量函数 f，其中

$$f=(x_1-1)^2+4(x_2+3)^2$$

跟精确解 $x_1=1$，$x_2=3$ 比较. 该函数值在所选区域内只有一个最小值. 然后做一个更难的测试，采用与上述函数相同的命令，最小化函数 f，其中

$$f=0.5(x_1^4-16x_1^2+5x_1)+0.5(x_2^4-16x_2^2+5x_2)-10\cos\{4(x_1+2.9035)\}\cos\{4(x_2+2.9035)\}$$

这个问题的全局最优解为 $x_1=-2.9035$，$x_2=-2.9035$. 试着对这个问题多运行几次 asaq. 由于该问题有很多个局部极值，可能所有运行的结果都不是全局最优解.

8.11 一个求解非线性方程组的方法，就是把它们重新表示成优化问题. 考虑方程组

$$2x-\sin((x+y)/2)=0$$
$$2y-\cos((x-y)/2)=0$$

它可以重新写成

431 $$\text{最小化 } z=(2x-\sin((x+y)/2))^2+(2y-\cos((x-y)/2))^2$$

利用 MATLAB 函数 minscg 最小化该函数，起点设为 $x=10$，$y=-10$.

8.12 写一个 MATLAB 脚本，画出函数 $z=f(x, y)$ 的三维图像，函数定义如下：

$$z=f(x,y)=(1-x)^2\mathrm{e}^{-p}-p\mathrm{e}^{-p}-\mathrm{e}^{(-(x+1)^2-y^2)}$$

其中 p 为

$$p=x^2+y^2$$

x，y 的范围分别是 $x=-4:0.1:4$，$y=-4:0.1:4$. 脚本应使用 MATLAB 函数 surf 和 contour，分别画出三维图和等高线图. 在等高线图上用 MATLAB 函数 ginput，找到最优的三个点，并把它们分配给合适的矩阵. 利用函数 $z=f(x, y)$ 的定义，求出对应这些点的 z 值. 然后用 MATLAB 函数 max 和 min 求出这些 z 值中的最大和最小. 最终就给出该函数近似的全局最小值和最大值.

另外一种找最小值的方法是，利用形如 x= fminsearch (funxy, xv) 的 MATLAB 函数 fminsearch，其中 funxy 是匿名函数或用户定义的函数，xv=[-4 4]是局部极小值的初始近似向量. 试验不同的初始近似，看看结果有怎样的不同.

8.13 用连续遗传算法求解习题 8.12 中的最小值问题. 利用 MATLAB 函数 contgaf.

8.14 写一个 MATLAB 函数，求函数 $f(x)=x_1^4+x_2^2+x_1$ 的最小值，满足约束条件 $4x_1^3+x_2>6$，$x_1+x_2=3$，且 x_1，$x_2>0$. 采用顺序无约束极小化方法，设置对数闸函数，初始近似向量为 $x=[5, 5]$. 初始参数值 r_0 为 10，约化参数 $c=5$，且 $r_{k+1}=r_k/c$. 当 r_k 大于 0.0001 时进行迭代.

8.15 写一个 MATLAB 脚本，求解习题 8.14 中带约束的优化问题. 用形如 $[\min(0, g_i(\boldsymbol{x}))]^2$ 的罚函数代替对数闸函数，其中 $g_i(\boldsymbol{x})$ 大于等于约束条件. 采用相同的初始点和 r_0，c 的值. 把用这种方法找到的解与习题 8.14 的解做比较.

8.16 求解罗森布罗克（Rosenbrock）双变量优化问题

$$\text{最小化 } f(x)=100(x_2-x_1^2)^2+(1-x_1)^2$$

利用 MATLAB 函数 asaq，初始近似为 [−1.2 1]. 设置淬火因子为 0.9，变量的上下界分别为
432 −10 和 10，初始温度为 100，最大主迭代数为 800. 该问题的解为 [1 1].

符号工具箱的应用

符号工具箱为符号表达式和方程的运算提供了一个广泛的列表. 符号函数及其分析操作通常对数值算法大有帮助. 在这些算法中, 将标准的数值函数与符号工具箱结合是特别有利的, 因为它可以把用户从繁冗易错的符号运算任务中解放出来. 这方便算法设计者提出更加人性化、更完备的函数.

最初的 MATLAB 符号工具箱采用的是 Maplesoft 符号软件进行符号运算, 然后再将结果显示给 MATLAB. 不过, 从 MATLAB 2008 以后的版本, 都采用 Mupad 作为符号引擎. 这种改变在显示结果中会有些微的差别, 但结果一般是等价的.

9.1 符号工具箱的介绍

由于主要是在数值分析领域内使用符号工具箱, 所以先给出工具箱中的一些比较有用的例子. 它提供了

1. 求已知的单变量非线性函数的一阶符号导数, 这在用牛顿法解单变量非线性方程时会用到 (见第 3 章)。

2. 求非线性联立方程组的雅可比矩阵 (见第 3 章)。

3. 求已知非线性函数的符号梯度向量, 这在用共轭梯度法求非线性函数的极小值问题中会用到 (见第 8 章)。

符号工具箱的一个重要特征就是给予实验额外的空间. 例如, 用户可以用符号求解某个已知数值算法的测试问题, 给出一个封闭形式的精确解, 以便与数值解比较. 此外, 可以使用符号工具箱的变量精度计算, 增加运算的精度. 这一特点可以让用户执行某些无限精度的计算.

9.2 到 9.14 节, 将介绍符号工具箱的一些功能, 不过并非试图提供所有功能的详细信息. 9.15 节将描述符号工具箱在具体数值算法中的应用.

9.2 符号变量和表达式

这里要注意的第一个关键点是, 符号变量和表达式与 MATLAB 的标准变量和表达式有所不同, 必须明确区分它们. 符号变量和符号表达式没有数值的值, 只是定义了符号变量之间的一个结构关系, 即一个代数表达式.

可以用 sym 函数把任何变量定义成一个符号变量, 使用形式如下:

```
>> x = sym('x')

x =
x

>> d1 = sym('d1')

d1 =
d1
```

或者，可以用 syms 语句定义任意多个符号变量

```
>> syms a b c d3
```

给出了四个符号变量：a,b,c,d3. 注意到这里没有屏幕输出. 这是一个很有用的定义变量的快捷方式，本书中就使用这种方式. 如果要检查哪些变量已经声明为符号变量，可以使用标准命令 whos. 这样，有了前面的 syms 声明后，再使用此命令，就得到

```
>> whos
  Name        Size              Bytes  Class     Attributes

  a           1x1                  60  sym
  ans         1x19                 38  char
  b           1x1                  60  sym
  c           1x1                  60  sym
  d1          1x1                  60  sym
  d3          1x1                  60  sym
  x           1x1                  60  sym
```

一旦定义了符号变量，就可以直接用它们在 MATLAB 中写表达式，这些表达式也将看成
434 是符号表达式. 例如，一旦 x 被定义成一个符号变量，语句

```
>> syms x
>> 1/(1+x)
```

就产生了一个符号表达式

```
ans =
1/(x + 1)
```

若要建立一个符号矩阵，需要先定义矩阵中所包含的每一个符号变量. 然后，采取通常的方式，用这些符号变量输入定义矩阵的语句. 执行时会显示如下结果：

```
>> syms x y
>> d = [x+1 x^2 x-y;1/x 3*y/x 1/(1+x);2-x x/4 3/2]

d =
[ x + 1,      x^2,      x - y]
[   1/x, (3*y)/x, 1/(x + 1)]
[ 2 - x,      x/4,        3/2]
```

注意到，d 因为被指定为一个符号表达式，所以是自动生成的符号. 可以用如下方法取它的各个元素或指定的行和列：

```
>> d(2,2)

ans =
(3*y)/x

>> c = d(2,:)

c =
[ 1/x, (3*y)/x, 1/(x + 1)]
```

接下来考虑符号表达式的操作. 首先建立一个如下的符号表达式：

```
>> e = (1+x)^4/(1+x^2)+4/(1+x^2)

e =
(x + 1)^4/(x^2 + 1) + 4/(x^2 + 1)
```

435 为了能更清楚地识别这个表达式，可以使用函数 pretty 得到一个布局更为传统的函数

```
>> pretty(e)

           4
   (x + 1)       4
   -------- + ------
      2         2
     x  + 1    x  + 1
```

也没有特别好看！可以用函数 simplify 化简这个符号表达式 e：

```
>> simplify(e)

ans =
x^2 + 4*x + 5
```

可以用 expand 展开表达式

```
>> p = expand((1+x)^4)

p =
x^4 + 4*x^3 + 6*x^2 + 4*x + 1
```

请注意从一个计算机平台到另一个计算机平台，这个布局和其他表达式可能会略有不同. p 的表达式可以通过函数 horner 依次重排为嵌套形式：

```
>> horner(p)

ans =
x*(x*(x*(x + 4) + 6) + 4) + 1
```

可以用函数 factor 因式分解一个表达式. 假定 a，b，c 都已经声明为符号变量，则

```
>> syms a b c
>> factor(a^3+b^3+c^3-3*a*b*c)

ans =
(a + b + c)*(a^2 - a*b - a*c + b^2 - b*c + c^2)
```

处理复杂表达式的时候它很有用，它可以尽可能并尽快地化简表达式. 不过，这也并不总是快速简洁的，因为简化程序不知道应该采取哪种路线. 函数 simple 会尝试用各种方 436
法简化表达式，并显示各种结果. 某些函数操作方法不作为独立的函数使用，例如，radsimp 和 combine(trig). 下面举例说明函数 simple 的用法：

```
>> syms x; y = sqrt(cos(x)+i*sin(x));
>> simple(y)

simplify:
(cos(x) + sin(x)*i)^(1/2)

radsimp:
(cos(x) + sin(x)*i)^(1/2)

simplify(100):
exp(x*i)^(1/2)

..................
..................
```

```
rewrite(exp):
exp(x*i)^(1/2)

rewrite(sincos):
(cos(x) + sin(x)*i)^(1/2)

rewrite(sinhcosh):
(cosh(x*i) + sinh(x*i))^(1/2)

rewrite(tan):
((tan(x/2)*2*i)/(tan(x/2)^2 + 1)
                - (tan(x/2)^2 - 1)/(tan(x/2)^2 + 1))^(1/2)

mwcos2sin:
(sin(x)*i - 2*sin(x/2)^2 + 1)^(1/2)

collect(x):
(cos(x) + sin(x)*i)^(1/2)

ans =
exp(x*i)^(1/2)
```

437 在这个例子中，符号引擎尝试了不下 15 种方法来简化原始表达式（这里没有把所有结果都显示出来）——很多都没有什么用. 不过，给出的这些多样的方法可以用来对不同的代数和超越函数进行化简. 最终的答案最简短，就判定它最易于接受. 可以用如下命令得到这一结果的紧凑版本：

```
>> [r,how] = simple(y)

r =
exp(x*i)^(1/2)

how =
simplify(100)
```

当操作代数、三角和其他表达式时，有一点很重要，就是可以把任意已知变量替换成一个表达式或常数. 例如，

```
>> syms u v w
>> fmv = pi*v*w/(u+v+w)

fmv =
(pi*v*w)/(u + v + w)
```

现在替换这个表达式中的各变量. 下述语句把变量 u 替换成符号表达式 2 * v

```
>> subs(fmv,u,2*v)

ans =
(pi*v*w)/(3*v + w)
```

接下来的语句把上述结果中的变量 v 替换成符号常数 1：

```
>> subs(ans,v,1)

ans =
(pi*w)/(w + 3)
```

最后把 w 替换成符号常数 1，给出

```
>> subs(ans,w,1)

ans =
    0.7854
```

再举一个使用函数 subs 的例子，考虑语句 438

```
>> syms y
>> f = 8019+20412*y+22842*y^2+14688*y^3+5940*y^4 ...
                                    +1548*y^5+254*y^6+24*y^7+y^8;
```

现在把 y 替换成 x-3

```
>> subs(f,y,x-3)

ans =
20412*x + 22842*(x - 3)^2 + 14688*(x - 3)^3 + 5940*(x - 3)^4
   + 1548*(x - 3)^5 + 254*(x - 3)^6 + 24*(x - 3)^7 + (x - 3)^8 - 53217
```

使用 collect 函数，合并 x 的相同幂次项，得到主要简化如下：

```
>> collect(ans)

ans =
x^8 + 2*x^6
```

重新整理或化简代数和超越表达式是比较困难的，符号工具箱有时强大，有时又令人沮丧. 正如前面所见，强大是因为它能够简化很复杂的表达式，令人沮丧是因为它有时会在相对简单的问题上失效.

目前已经明白了如何操作符号表达式，现在可能还需要一个图形表示. 画符号函数的一个简单的方法是使用 MATLAB 函数 ezplot，不过要强调这个函数仅限于单变量函数. 下面的函数给出了一条位于 −5 和 5 之间的正态曲线图，请见图 9-1.

```
>> syms x
>> ezplot(exp(-x*x/2),-5,5); grid
```

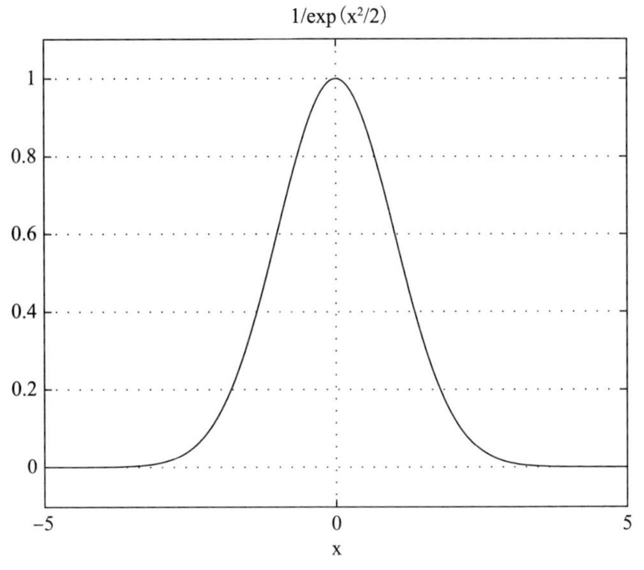

图 9-1 用函数 ezplot 绘制的正态函数曲线

另一种使用 ezplot 的方法是，利用 subs 函数把数值替换到符号表达式中，然后使用传统的绘图函数.

9.3 符号计算中的变量精度计算

若符号计算中涉及数值，可能用到函数 vpa，它可以获得任意小数位的精度. 应当注意的是，使用该函数产生的结果是一个符号常数，而非数值. 如计算$\sqrt{6}$到 100 位小数，可
439 以写成 vpa(sqrt(6),100). 此处的精度不限于普通算术运算中的 16 位小数.

关于这个特点，可以在下述例子中给予很好的解释. 这个例子实现了博温（Borweins）的著名算法，它可以惊人地在每次迭代中对 π 增加四倍小数位的精度！该脚本仅作为说明，其实 MATLAB 可以给出 π 的值到任何想要的小数位数，例如，vpa(pi,100).

```
% Script e3s901.m  Borwein iteration for pi
n = input('enter n')
y0 = sqrt(2)-1; a0 = 6-4*sqrt(2);
np = 4;
for k = 0:n
    yv = (1-y0^4)^0.25; y1 = (1-yv)/(1+yv);
    a1 = a0*(1+y1)^4-2.0^(2*k+3)*y1*(1+y1+y1^2);
    rpval = a1;  pval = vpa(1/rpval,np)
    a0 = a1; y0 = y1; np = 4*np;
end
```

三次迭代的结果如下：

```
enter n 3

n =
     3

pval =
```

440

```
3.142
pval =
3.141592653589793

pval =
3.141592653589793238462643383279502884197169399375105820974944592

pval =
3.141592653589793238462643383279502884197169399375105820974944592
30781640628620899862803482534211706798214808651328230664709384460
95505822317253594081284811174502841027019385211055596446229489549
3038196442881097566593344612847564823378678316527120190914564
9
```

理论上，函数 vpa 可以用于得到任意多小数位数的结果. Bailey（1988）曾给出一个特别优秀的计算 π 的介绍.

9.4 级数展开及求和

本节将同时考虑函数的级数近似和级数求和.

先来说明如何用 MATLAB 函数 taylor(f,n) 把符号函数展开成泰勒级数的形式. 对于定义的符号函数 f，它给出了（$n-1$）阶多项式的近似. 如果函数 taylor 只有一个参数，那么它给出的是对该函数的五阶多项式近似.

请看下面的例子：

```
>> syms x
>> taylor(cos(exp(x)),4)

ans =
- (cos(1)*x^3)/2 + (- cos(1)/2 - sin(1)/2)*x^2 - sin(1)*x + cos(1)

>> s = taylor(exp(x),8)

s =
x^7/5040 + x^6/720 + x^5/120 + x^4/24 + x^3/6 + x^2/2 + x + 1
```

指数函数在 $x=0.1$ 处的级数展开，可用函数 symsum 求和．为使用该函数，必须知道它的一般形式．这里，该级数的定义为

$$e^{0.1}=\sum_{r=1}^{\infty}\frac{0.1^{r-1}}{(r-1)!}\quad 或 \quad \sum_{r=1}^{\infty}\frac{0.1^{r-1}}{\Gamma(r)}$$ 441

这样一来，求前 8 项的和就是

```
>> syms r
>> symsum((0.1)^(r-1)/gamma(r),1,8)

ans =
55700614271/50400000000
```

然后可以用函数 double 求值：

```
>> double(ans)

ans =
    1.1052
```

在这个例子中还有一种简单的做法，就是用函数 subs 把符号函数 s 中的 x 替换成 0.1，然后再用 double 求值，过程如下：

```
>> double(subs(s,x,0.1))

ans =
    1.1052
```

这给出了一个很好的近似，因为可以看到

```
>> exp(0.1)

ans =
    1.1052
```

函数 symsum 可以通过使用不同的参数组合来执行各种不同的求和．下面的例子说明了各种情况．对如下级数求和

$$S=1+2^2+3^2+4^2+\cdots+n^2 \tag{9-1}$$

执行下列程序：

```
>> syms r n
>> symsum(r*r,1,n)

ans =
(n*(2*n + 1)*(n + 1))/6
```

另一个例子是求级数

$$S=1+2^3+3^3+4^3+\cdots+n^3 \tag{9-2}$$ 442

的和。利用

```
>> symsum(r^3,1,n)

ans =
(n^2*(n + 1)^2)/4
```

也可以用无穷作为上限. 像这样的例子，考虑如下的无穷和：

$$S = 1 + \frac{1}{2^2} + \frac{1}{3^2} + \frac{1}{4^2} + \cdots + \frac{1}{r^2} + \cdots$$

对无限项求和，有

```
>> symsum(1/r^2,1,inf)

ans =
pi^2/6
```

还有一个有趣的级数，它是黎曼 ζ 函数的特殊情况（在 MATLAB 中用 zeta(k) 执行），它是下述级数的和：

$$\zeta(k) = 1 + \frac{1}{2^k} + \frac{1}{3^k} + \frac{1}{4^k} + \cdots + \frac{1}{r^k} + \cdots \tag{9-3}$$

例如：

```
>> zeta(2)

ans =
    1.6449

>> zeta(3)

ans =
    1.2021
```

另一个有趣的例子是关于伽玛函数（Γ）求和，$\Gamma(r) = 1 \cdot 2 \cdot 3 \cdots (r-2)(r-1) = (r-1)!$，其中 r 为正整数. 该函数可以用 MATLAB 函数 gamma(r) 执行. 例如，求无穷项级数

$$S = 1 + \frac{1}{1} + \frac{1}{2!} + \frac{1}{3!} + \cdots + \frac{1}{r!} + \cdots$$

443 的和，使用 MATLAB 语句

```
>> symsum(1/gamma(r),1,inf)

ans =
exp(1)

>> vpa(ans,100)

ans =
2.718281828459045235360287471352662497757247093699959574966967627
724076630353547594571382178525166427
```

请注意，用 vpa 函数可以计算 e 到任意多小数位.

进一步给出例子

$$S = 1 + \frac{1}{1!} + \frac{1}{(2!)^2} + \frac{1}{(3!)^2} + \frac{1}{(4!)^2} + \cdots$$

在 MATLAB 中，即为

```
>> symsum(1/gamma(r)^2,1,inf)

ans =
sum(1/gamma(r)^2, r = 1..inf)
```

在这个例子中 symsum 并没有起作用.

9.5 符号矩阵的操作

某些 MATLAB 函数，如 eig，可以作用在数值矩阵上，也可以直接作用在符号矩阵上. 不过，必须小心使用这些功能，原因有两个：首先，操作大型符号矩阵可能是一个非常慢的过程；其次，从这些操作中得到的符号结果，可能代数形式特别复杂，很难或者几乎不可能获得有意义的方程.

首先来找一个简单的 4×4 矩阵的特征值，该矩阵含有两个符号变量.

```
>> syms a b
>> Sm = [a b 0 0;b a b 0;0 b a b;0 0 b a]

Sm =
[ a, b, 0, 0]
[ b, a, b, 0]
[ 0, b, a, b]
[ 0, 0, b, a]
>> eig(Sm)

ans =
 a - b/2 - (5^(1/2)*b)/2
 a - b/2 + (5^(1/2)*b)/2
 a + b/2 - (5^(1/2)*b)/2
 a + b/2 + (5^(1/2)*b)/2
```

444

这个问题中，特征值的表达式还是相当简单的. 对应地，接下来考虑的例子，形式上同样很简单，但考察其特征值却要复杂得多.

```
>> syms A p
>> A = [1 2 3;4 5 6;5 7 9+p]

A =
[ 1, 2,     3]
[ 4, 5,     6]
[ 5, 7, p + 9]
```

若 $p=0$，考察这个矩阵，它是奇异的. 计算矩阵的行列式，有

```
>> det(A)

ans =
-3*p
```

从这个简单结果可以立即看出，当 p 趋于 0，矩阵的行列式趋于 0，这表明该矩阵是奇异的. 可以给出逆矩阵

```
>> B = inv(A)

B =
[    -(5*p + 3)/(3*p), (2*p - 3)/(3*p),  1/p]
[ (2*(2*p + 3))/(3*p),  -(p - 6)/(3*p), -2/p]
[                -1/p,            -1/p,  1/p]
```

这个结果更加难以解释，不过它可以看成是当 p 趋于 0，逆矩阵的每个元素都趋于无穷，也就是说逆矩阵不存在. 注意到，这个逆矩阵的每个元素都是 p 的函数，而原矩阵只有一个元素是 p 的函数. 最后，可以用语句 v=eig(A) 计算出原矩阵的特征值. 这里没有显示
445 符号对象 v 的值，因为它特别长且复杂. 可以求出用符号表示这三个特征值需要多少个字符（包括空格)，命令如下：

```
>>n = length(char(v))

n =
1720
```

这个输出非常难读，更不用说理解了. 用漂亮一点的打印工具 (pretty) 改善一下，但输出的每行仍需要 106 个字符，远远超过这个页面可以显示的范围.

下面的脚本用来计算符号特征值和数值特征值. 每种情况下，参数 p 从 0 开始，以 0.1 的步长变化到 2. 不过，这里只显示了对应于 $p=0.9$ 和 1.9 时的特征值. 接下来的脚本计算符号特征值，然后把 p 的值用函数 subs 代入符号特征值表达式中，再用函数 double 给出数值结果.

```
% e3s902.m
disp('Script 1; Symbolic - numerical solution')
c = 1; v = zeros(3,21);
tic
syms a p u w
a = [1 2 3;4 5 6;5 7 9+p];
w = eig(a);  u = [ ];
for s = 0:0.1:2
    u = [u,subs(w,p,s)];
end
v = sort(real(double(u)));
toc
v(:,[10 20])
```

运行该脚本给出

```
Script 1; Symbolic - numerical solution
Elapsed time is 2.108940 seconds.

ans =
   -0.4255   -0.4384
    0.3984    0.7854
   15.9270   16.5530
```

446 找同一矩阵特征值的另外一种做法是，把 p 的数值代入数值矩阵中，然后再求特征值. 执行该过程的脚本如下. 同样，只显示 $p=0.9$ 和 1.9 时的特征值.

```
% e3s903
disp('Script 2: Numerical solution')
c = 1; v = zeros(3,21);
tic
for p = 0:.1:2
    a = [1 2 3;4 5 6;5 7 9+p];
    v(:,c) = sort(eig(a));
    c = c+1;
end
toc
v(:,[10 20])
```

运行该脚本给出

```
Script 2: Numerical solution
Elapsed time is 0.000934 seconds.

ans =
   -0.4255   -0.4384
    0.3984    0.7854
   15.9270   16.5530
```

正如预期的那样，这两个方法得到相同的结果，而且显示特征值都是实数. 请注意符号法要慢得多.

用一个例子来结束本节，该例子说明了符号法对于某些问题的优势. 用 MATLAB 语句 `gallery(5)`生成一个矩阵，希望找到它的特征值. 先通过非符号的方式找这个矩阵的特征值.

```
>> B = gallery(5)

B =
          -9          11         -21          63        -252
          70         -69         141        -421        1684
        -575         575       -1149        3451      -13801
        3891       -3891        7782      -23345       93365
        1024       -1024        2048       -6144       24572
>> format long e
>> eig(B)

ans =
    -4.052036755439267e-002
    -1.177933343414123e-002 +3.828611372186529e-002i
    -1.177933343414123e-002 -3.828611372186529e-002i
     3.203951721060507e-002 +2.281159217067240e-002i
     3.203951721060507e-002 -2.281159217067240e-002i
```

这些特征值看起来都很小，有一个是实数，其余的形成共轭复数对. 而使用符号方法，则有

```
>> A = sym(gallery(5))

A =
[   -9,    11,   -21,     63,   -252]
[   70,   -69,   141,   -421,   1684]
[ -575,   575, -1149,   3451, -13801]
[ 3891, -3891,  7782, -23345,  93365]
[ 1024, -1024,  2048,  -6144,  24572]

>> eig(A)

ans =
 0
 0
 0
 0
 0
```

447

如何验证这两个解的正确性呢？如果把特征值问题重新排列成（2-38）的形式，即

$$(\boldsymbol{A}-\lambda \boldsymbol{I})x=0$$

则特征值就是 $|\boldsymbol{A}-\lambda \boldsymbol{I}|=0$ 的根．MATLAB 可以通过如下程序用符号求解它的根．

```
>> syms lambda
>> D = A-lambda*sym(eye(5));
>> det(D)

ans =
-lambda^5
```

448 已经显示 $|\boldsymbol{A}-\lambda \boldsymbol{I}|=-\lambda^5$，因此特征值是 $-\lambda^5=0$ 的根，即零．符号工具箱解出的是正确的解．

9.6 符号法求解方程

在 MATLAB 中可用函数 solve 来求解符号方程．这个函数在解多项式时最好用，因为它可以给出所有根的表达式．要使用 solve，必须用符号变量设定好待求解方程的表达式．例如，

```
>> syms x
>> f = x^3-7/2*x^2-17/2*x+5

f =
x^3 - (7*x^2)/2 - (17*x)/2 + 5

>> solve(f)

ans =
   5
  -2
 1/2
```

下面的例子说明了如何求解两个变量两个方程的系统．这个例子通过将两个方程放在引号中，直接输入它们．

```
>> syms x y
>> [x y] = solve('x^2+y^2=a','x^2-y^2=b')
```

它给出四个解：

```
x =
  (2^(1/2)*(a + b)^(1/2))/2
 -(2^(1/2)*(a + b)^(1/2))/2
  (2^(1/2)*(a + b)^(1/2))/2
 -(2^(1/2)*(a + b)^(1/2))/2

y =
  (2^(1/2)*(a - b)^(1/2))/2
  (2^(1/2)*(a - b)^(1/2))/2
 -(2^(1/2)*(a - b)^(1/2))/2
 -(2^(1/2)*(a - b)^(1/2))/2
```

449 验证解的一个简单方法就是把这些解回代到原方程中：

```
>> x.^2+y.^2, x.^2-y.^2

ans =
 a
 a
 a
 a

ans =
 b
 b
 b
 b
```

所有四个解同时满足原方程.

需要指出的是，如果 solve 无法用符号求解给定的方程或方程组，它将尝试使用适当的标准数值程序. 在实践中鲜少能确定一般的单变量或多变量非线性方程组的符号解.

9.7 特殊函数

MATLAB 符号工具箱为用户提供了超过 50 个特殊函数和多项式，它们可以作为符号使用. 这些函数不是 m 文件，标准的 MATLAB help 命令无法获得它们的信息. 可以通过命令 help mfunlist 来获得这些函数的列表. 函数 mfun 允许这些函数进行数值计算.

这些函数之一就是菲涅耳（Fresnel）正弦积分. 在 mfunlist 中函数 FresnelS 定义了关于 x 的菲涅耳正弦积分. 计算 $x=4.2$ 时它的值，只需输入

```
>> x = 4.2; y = mfun('FresnelS',x)

y =
    0.5632
```

请注意 FresnelS 的第一个字母和最后一个字母必须是大写的. 可以用下述脚本画出该函数（请见图 9-2）：

```
>> x=1:.01:3; y = mfun('FresnelS',x);
>> plot(x,y)
>> xlabel('x'), ylabel('Fresnel sine integral')
```
450

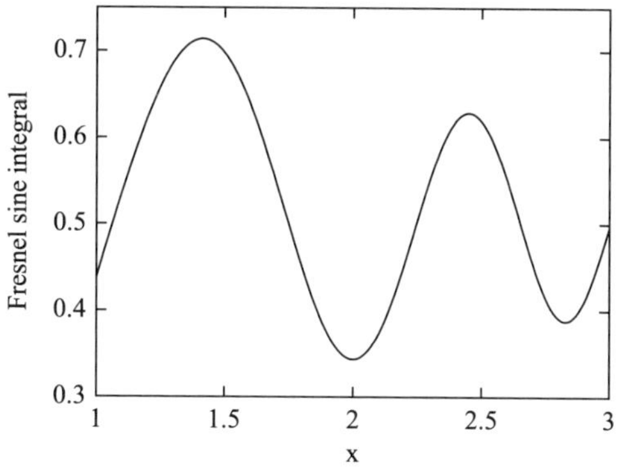

图 9-2　Fresnel 正弦积分

另一个可在 mfunlist 中使用的有趣函数是对数积分 Li，例如，

```
>> y = round(mfun('Li',[1000 10000 100000]))

y =
          178          1246          9630
```

对数积分可用于预测小于某特定值的素数的个数，而且这个预测会随着素数数量的增加而更为精确. 找到位于 1000，10 000 和 100 000 以下的素数的个数，有

```
>> p1 = length(primes(1000)); p2 = length(primes(10000));
>> p3 = length(primes(100000)); p = [p1 p2 p3]

p =
          168          1229          9592
```

取对数积分值 y 和素数的个数 p 的比值，有

```
>> p./y

ans =
    0.9438    0.9864    0.9961
```

注意到，对数积分值和素数个数的比小于 N，且在 N 趋于无穷时趋于 1.

有两个重要的函数——狄拉克 δ 函数和赫维赛德（Heaviside）函数. 这两个函数不属于
451 mfunlist，关于它们的信息可用命令 help 以通常的方式获得.

狄拉克 δ 函数或脉冲函数 $\delta(x)$，定义如下：

$$\delta(x-x_0)=0 \quad x\neq x_0 \tag{9-4}$$

$$\int_{-\infty}^{\infty} f(x)\delta(x-x_0)\mathrm{d}x = f(x_0) \tag{9-5}$$

如果 $f(x)=1$，则

$$\int_{-\infty}^{\infty} \delta(x-x_0)\mathrm{d}x = 1 \tag{9-6}$$

由（9-4）可知，狄拉克 δ 函数只在 $x=x_0$ 处有值. 而且从（9-6）知，在狄拉克 δ 函数之下的区域面积是单位的. 这个函数通过 MATLAB 命令 dirac(x)来实现.

赫维赛德或称单位阶跃函数定义如下：

$$u(x-x_0)=\begin{cases}1 & x-x_0>0\\ 0.5 & x-x_0=0\\ 0 & x-x_0<0\end{cases} \tag{9-7}$$

该函数可通过 MATLAB 命令 heaviside(x)来实现. 如

```
heaviside(2)

ans =
     1
```

9.8、9.10 和 9.14 节将介绍这些函数的一些性质.

9.8 符号微分

本质上，任何函数都可以进行符号微分，但这个过程并不总是容易的. 例如，下述 Swift（1977）定义的函数的微分就很繁琐：

$$f(x)=\sin^{-1}\left(\frac{\mathrm{e}^{x}\tan x}{\sqrt{x^2+4}}\right)$$

用 MATLAB 函数 diff 对该函数进行微分，给出 452

```
>> syms x
>> diff(asin(exp(x)*tan(x)/sqrt(x^2+4)))

ans =
((exp(x)*(tan(x)^2 + 1))/(x^2 + 4)^(1/2) +
(exp(x)*tan(x))/(x^2 + 4)^(1/2) -
(x*exp(x)*tan(x))/(x^2 + 4)^(3/2))/
(1 - (exp(2*x)*tan(x)^2)/(x^2 + 4))^(1/2)

>> pretty(ans)
                   2
  exp(x) (tan(x)  + 1)   exp(x) tan(x)   x exp(x) tan(x)
  -------------------- + ------------- - ---------------
       2     1/2             2     1/2        2     3/2
     (x  + 4)              (x  + 4)         (x  + 4)
  -----------------------------------------------------
                /                   2 \1/2
                |     exp(2 x) tan(x)  |
                | 1 - ---------------- |
                |           2          |
                \          x  + 4      /
```

现在详细解释它是如何实现的．微分是对某个具体函数关于某个特定变量进行的．若要使用符号工具箱，这个变量和变量表达式都必须定义为符号．一旦完成定义，表达式就可以看成是符号表达式，继而可进行微分．考虑下面的例子：

```
>> syms z k
>> f = k*cos(z^4);
>> diff(f,z)

ans =
-4*k*z^3*sin(z^4)
```

注意这里是相对 z 的微分，这个微分变量在第二个参数中设置．也可以相对 k 微分，用如下命令执行：

```
>> diff(f,k)

ans =
cos(z^4)
```

如果微分过程中微分变量没有明确指出，MATLAB 会按字母顺序选择最接近 x 的变量名． 453

也可以进行高阶微分，只需要额外包含一个整数参数，它用来表示微分的阶，形式如下：

```
>> syms n
>> diff(k*z^n,4)

ans =
k*n*z^(n - 4)*(n - 1)*(n - 2)*(n - 3)
```

下面的例子说明了如何从符号微分得到标准的数值：

```
>> syms x
>> f = x^2*cos(x);
>> df = diff(f)

df =
2*x*cos(x) - x^2*sin(x)
```

接下来可以把 x 替换成一个数值

```
>> subs(df,x,0.5)

ans =
    0.7577
```

最后，考虑赫维赛德或单位阶跃函数的符号微分：

```
 diff(heaviside(x))

ans =
dirac(x)
```

这也在预料之中，因为赫维赛德函数的导数，除了 $x=0$ 外其他都是 0.

9.9 符号偏微分

可以通过依次对每个变量求导数，来求任意多变量函数的偏微分. 作为例子，这里先
454 创建如下三个变量的符号函数，指定它为 fmv：

```
>> syms u v w
>> fmv =u*v*w/(u+v+w)

fmv =
(u*v*w)/(u + v + w)

>> pretty(fmv)
    u v w
  ---------
  u + v + w
```

接下来依次关于 u，v，w 求导

```
>> d = [diff(fmv,u) diff(fmv,v) diff(fmv,w)]

d =
[ (v*w)/(u + v + w) - (u*v*w)/(u + v + w)^2,
      (u*w)/(u + v + w) - (u*v*w)/(u + v + w)^2,
                 (u*v)/(u + v + w) - (u*v*w)/(u + v + w)^2]
```

为获得混合偏导数，先对第一个变量微分，然后再简单地将所得结果对第二个变量求微分. 例如，

```
>> diff(d(3),u)

ans =
v/(u + v + w) - (u*v)/(u + v + w)^2
                   - (v*w)/(u + v + w)^2 + (2*u*v*w)/(u + v + w)^3
```

为看清上述表达式的结构，使用函数 pretty：

```
>> pretty(ans)
      v             u v               v w             2 u v w
  --------- - ------------ - ------------ + ------------
  u + v + w              2              2              3
             (u + v + w)    (u + v + w)    (u + v + w)
```

该表达给出了相对于 w 和 u 的混合二阶偏导. 455

9.10 符号积分

积分过程要比微分更加困难，因为不是所有的函数都可以积分成一个封闭的形式，并用符号的代数表达式表示. 即使函数可以积分成一个封闭的形式，通常也需要相当的积分技巧和经验.

通过符号工具箱可以先定义一个符号表达式 f. 然后用函数 int(f,a,b)来执行符号积分，其中 a 和 b 分别是积分的下限和上限. 结果是一个符号常数. 如果积分上下限省略了，结果就是一个公式，它是一个不定积分的表达式. 在这两种情况下，如果积分无法计算，当然这也经常发生，就会返回一个原始的函数. 必须强调的是，很多积分只能用数值积分计算.

考虑下面的不定积分：

$$I = \int u^2 \cos u \mathrm{d}u$$

在 MATLAB 中这就是

```
>> syms u
>> f = u^2*cos(u); int(f)

ans =
sin(u)*(u^2 - 2) + 2*u*cos(u)
```

注意到，正如预期，该结果是一个公式而非数值. 不过，如果指定了积分的上下限，就会得到一个符号常数. 例如，考察

$$y = \int_0^{2\pi} \mathrm{e}^{-x/2} \cos(100x) \mathrm{d}x$$

这样就有

```
>> syms x, res = int(exp(-x/2)*cos(100*x),0,2*pi)

res =
2/40001 - 2/(40001*exp(pi))
```

可以通过下面的 vpa 函数得到一个数值：

```
>> vpa(res)

ans =
0.000047838108134108034810408852920091
```

这一结果证实了 4.11 节给出的数值解. 456

以下例子需要无穷限. 这类限制很容易通过使用符号 inf 和- inf 来设定. 考虑下面的积分：

$$y = \int_0^{\infty} \log_e(1 + \mathrm{e}^{-x}) \mathrm{d}x \quad 和 \quad y = \int_{-\infty}^{\infty} \frac{\mathrm{d}x}{(1 + x^2)^2}$$

它可以用如下形式计算：

```
>> syms x, int(log(1+exp(-x)),0,inf)

ans =
pi^2/12

>> syms x, f = 1/(1+x^2)^2;
>> int(f,-inf,inf)
```

```
ans =
pi/2
```

这些结果验证了 4.8 节给出的数值积分.

接下来考虑积分无法由符号工具计算的情况. 这时必须求助数值方法，以此找到待求积分的近似.

```
>> p = sin(x^3);
>> int(p)
Warning: Explicit integral could not be found.

ans =
int(sin(x^3), x)
```

注意这个积分无法通过符号计算出来. 如果给该积分加入上下限，则有

```
>> int(p,0,1)

ans =
hypergeom([2/3], [3/2, 5/3], -1/4)/4
```

这是一个超几何函数，请参见 Abramowitz 和 Stegun (1965) 或 Olver 等人 (2010) 的工作. 它在一定条件下是可积的，见 MATLAB help hypergeom.

显然这个结果无法化简为一个数值，不过这种情况，可用如下的数值方法来求解：

```
>> fv = @(x) sin(x.^3);
```

457

```
>> quad(fv,0,1)

ans =
    0.2338
```

下面考虑两个有趣的例子，这将引出符号处理中的一些新问题. 考虑两个积分

$$\int_0^\infty e^{-x}\log_e(x)\,dx \quad 和 \quad \int_0^\infty \frac{\sin^4(mx)}{x^2}dx$$

可以计算第一个积分如下：

```
>> syms x; int(exp(-x)*log(x),0,inf)

ans =
-eulergamma

y = vpa('-eulergamma',10)

y =
-0.5772156649
```

在 MATLAB 中 eulergamma 是一个欧拉常数，定义如下

$$C=\lim_{p\to\infty}\left[-\log_e p+\frac{1}{2}+\frac{1}{3}+\cdots+\frac{1}{p}\right]=0.577\,215\cdots$$

这显示了欧拉常数是如何引入的，而且 MATLAB 能将欧拉常数计算到任意指定的精度.

下面考虑第二个积分

```
>> syms m, int(sin(m*x)^4/x^2,0,inf)
Warning: Explicit integral could not be found.

ans =
piecewise([0 < m, (pi*m)/4], [m in R_, (pi*abs(m))/4],
                [not m in R_, int(sin(x*m)^4/x^2, x = 0..Inf)])
```

这个复杂的 MATLAB 结果试图给出，在可能的情况下，对不同范围内的 m 计算出来的积分值. 最后从 $-\infty$ 到 ∞ 积分狄拉克 δ 函数

```
>> int(dirac(x),-inf, inf)

ans =
1
```

这一结果完全符合狄拉克 δ 函数的定义. 下面考虑赫维赛德函数从 −5 到 3 的积分： 458

```
>> int(heaviside(x),-5,3)

ans =
3
```

该结果符合预期.

通过反复应用 int 函数，符号积分可用于双变量函数. 为方便起见，考虑（4-48）定义的重积分：

$$\int_{x^2}^{x^4} \mathrm{d}y \int_1^2 x^2 y \mathrm{d}x$$

它可以通过如下的符号计算得到结果：

```
>> syms x y; f = x^2*y;
>> int(int(f,y,x^2,x^4),x,1,2)

ans =
6466/77
```

这也验证了 4.14.2 节中给出的数值结果.

9.11 常微分方程组的符号解

符号工具箱可以用符号来求解一阶微分方程和带有任意初始条件的一阶微分方程组或高阶微分方程组. 在 MATLAB 中可以用函数 dsolve 来求微分方程的符号解，这里会用一些例子来说明它的使用方法.

要重点注意的是，该方法只对解存在的情况给出符号解，如果解不存在的话，用户需使用 MATLAB 提供的某些数值技巧，如 ode45 等来求解.

调用函数 dsolve 求解微分方程系统的一般形式为

```
sol = dsolve('de1, de2, de3, ... , den, in1, in2, in3, ... , inn');
```

如果 dsolve 的最后一个可选参数没有给出，就假定自变量为 t. 参数 de1, de2, de3 直到 den 每一个代表一个微分方程. 这些必须分别用符号变量、标准的 MATLAB 运算，以及符号 D, D2, D3 等写成符号表达式，其中 D, D2, D3 等代表了一阶，二阶，三阶等高阶微分算子. 如果微分方程需要初始条件，参数 in1, in2, in3, in4 等就表示该微分方程的初始条件. 下面这个例子说明了这些初始条件该怎么写，假设对函数 y，有 459

```
y(0) = 1,  Dy(0) = 0,  D2y(0) = 9.1
```

这意味着当 $t=0$ 时，y 的值是 1，$\mathrm{d}y/\mathrm{d}t=0$，且 $\mathrm{d}^2y/\mathrm{d}t^2=9.1$. 需要特别注意的是 dsolve 最多接受 12 个输入参数. 如果需要初始条件的话，这是一个很严格的限制！

返回的解 sol 是 MATLAB 的一个结构，并且须用函数名指示出这个结构的分量. 例如，若 g 和 y 是微分方程的两个因变量，sol.y 给出函数 y 的解，sol.g 给出函数 g 的解.

为了具体说明这些，先来看一些例子. 考虑下面的一阶微分方程：

$$(1+t^2)\frac{\mathrm{d}y}{\mathrm{d}t}+2ty=\cos t$$

可以不使用初始条件，求解该方程如下：

```
>> s = dsolve('(1+t^2)*Dy+2*t*y=cos(t)')

s =
-(C3 - sin(t))/(t^2 + 1)
```

注意该解中含有任意常数 C3. 如果使用初始条件求解同一方程，执行如下：

```
>> s = dsolve('(1+t^2)*Dy+2*t*y=cos(t),y(0)=0')

s =
sin(t)/(t^2 + 1)
```

注意这里不再有任意常数.

下面求解一个二阶系统

460

$$\frac{\mathrm{d}^2y}{\mathrm{d}x^2}+y=\cos 2x$$

初始条件为，在 $x=0$ 处 $y=0$，$\mathrm{d}y/\mathrm{d}x=1$. 用 dsolve 求解这个微分方程，形式如下

```
>> dsolve('D2y+y=cos(2*x), Dy(0)=1, y(0)=0','x')

ans =
(2*cos(x))/3 + sin(x) + sin(x)*(sin(3*x)/6 + sin(x)/2) -
  (2*cos(x)*(6*tan(x/2)^2 - 3*tan(x/2)^4 + 1))/(3*(tan(x/2)^2 + 1)^3)

>> simplify(ans)

ans =
sin(x) + (2*sin(x)^2)/3 - (2*sin(x/2)^2)/3
```

注意由于自变量为 x，所以 dsolve 参数列表的最后一个参数必须指明自变量为 x.

接下来求解一个四阶微分方程

$$\frac{\mathrm{d}^4y}{\mathrm{d}t^4}=y$$

初始条件为

$$y=1,\quad \mathrm{d}y/\mathrm{d}t=0,\quad \mathrm{d}^2y/\mathrm{d}t^2=-1,\quad \mathrm{d}^3y/\mathrm{d}t^3=0\quad (t=\pi/2)$$

仍然用 dsolve. 在该例中 D4 表示相对 t 的四阶导数算子，以此类推.

```
>> dsolve('D4y=y, y(pi/2)=1, Dy(pi/2)=0, D2y(pi/2)=-1, D3y(pi/2)=0')

ans =
sin(t)
```

不过注意到，若试图求解一个看似简单的问题

$$\frac{\mathrm{d}y}{\mathrm{d}x}=\frac{\mathrm{e}^{-x}}{x}$$

初始条件为当 $x=1$ 时 $y=1$，就会出现困难. 应用 dsolve，有

```
>> dsolve('Dy=exp(-x)/x, y(1)=1', 'x')

ans =
1 - Ei(1, x) - Ei(-1)
```

注意到 Ei(-1)=-Ei(1,1). 显然这个结果不是一个显式解. 函数 Ei(1,x)是指数积分，

它可以在 mfunlist 中找到. 这一数学函数的细节请参见 Abramowitz 和 Stegun（1965）以及 Olver 等人（2010）的工作. 可以用 mfun 函数计算具有任意参数的 Ei 函数值. 461
例如

```
>> y = mfun('Ei',1,1)

y =
    0.2194
```

如果需要解具有更高的精度，则有

```
vpa('Ei(1,1)',20)

ans =
0.21938393439552027368
```

接下来尝试求解下面这个微分方程，它看起来很简单：

$$\frac{dy}{dx}=\cos(\sin x)$$

利用 dsolve，有

```
>> dsolve('Dy=cos(sin(x))','x')

ans =
C17 + int(cos(sin(x)), x, IgnoreAnalyticConstraints)
```

在这里 dsolve 没能解出这个方程.

微分方程也可以包含符号常数. 例如，如果要解这个方程

$$\frac{d^2x}{dt^2}+\frac{a}{b}\sin t=0$$

它具有初始条件，当 $t=0$ 时，$x=1$，$dx/dt=0$，只需输入以下命令：

```
>> syms x t a b
>> x = dsolve('D2x+(a/b)*sin(t)=0,x(0)=1,Dx(0)=0')

x =
(a*sin(t))/b - (a*t)/b + 1
```

注意到，正如预想的那样，解中出现了变量 a 和 b.

再举一个求解联立微分方程组的例子，注意到，上面的微分方程可以改写为

$$\frac{du}{dt}=-\frac{a}{b}\sin t$$

$$\frac{dx}{dt}=u$$ 462

并使用相同的初始条件，dsolve 可用于求解这个方程组，使用如下脚本

```
>> syms u
>> [u x] = dsolve('Du+(a/b)*sin(t)=0,Dx=u,x(0)=1,u(0)=0')

u =
(a*cos(t))/b - a/b

x =
(a*sin(t))/b - (a*t)/b + 1
```

这与用 dsolve 直接求解二阶微分方程的结果相比，得到了同样的解.

下面的例子给出了符号和数值方法的一个有趣对比. 它给出了脚本和脚本的输出. 该脚

本比较了使用 dsolve 求微分方程的符号解和使用 ode45 求同一个微分方程的数值解. 请注意, 符号解可以从两种方式获得: 直接求解二阶方程和将它分成两个一阶联立方程组. 这两种方法都给出相同的结果.

```
% e3s904.m  Simultaneous first order differential equations
% dx/dt = y, Dy = 3*t-4*x.
% Using dsolve this becomes
syms y t x
x = dsolve('D2x+4*x=3*t','x(0)=0', 'Dx(0)=1')
tt = 0:0.1:5; p = subs(x,t,tt); pp = double(p);
% Plot the symbolic solution to the differential equ'n
plot(tt,pp,'r')
hold on
xlabel('t'), ylabel('x')
sol = dsolve('Dx=y','Dy=3*t-4*x', 'x(0)=0', 'y(0)=1');
sol_x = sol.x, sol_y = sol.y
fv = @(t,x) [x(2); 3*t-4*x(1)];
options = odeset('reltol', 1e-5,'abstol',1e-5);
tspan = [0 5]; initx = [0 1];
[t,x] = ode45(fv,tspan,initx,options);
plot(t,x(:,1),'k+');
axis([0 5 0 4])
```

执行该脚本给出符号解

```
x =
 (3*t)/4 + sin(2*t)/8
sol_x =
(3*t)/4 + sin(2*t)/8

sol_y =
cos(2*t)/4 + 3/4
```

463

该脚本还给出了符号解和数值解的图像 (图 9-3). 请注意数值解和符号解是多么一致.

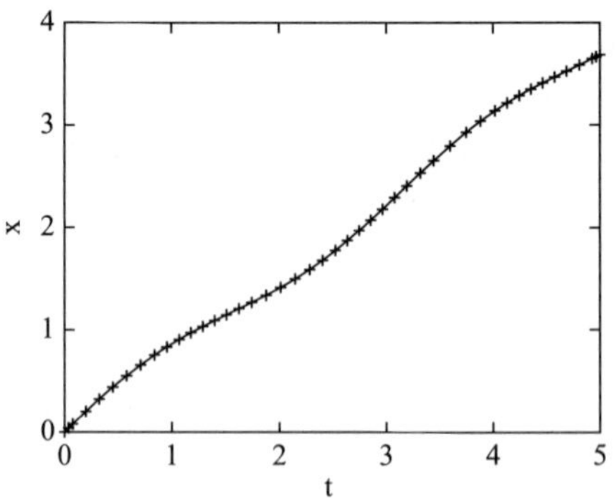

图 9-3 用+表示符号解和数值解

9.12 拉普拉斯变换

符号工具箱提供了很多函数的拉普拉斯变换的符号计算. 拉普拉斯变换将一个线性微分方程化成一个代数方程, 从而使求解过程简化. 它也可以把微分方程组变换成代数方程组. 拉普拉斯变换将 t 域上的一个连续函数 $f(t)$ 映射到 s 域上的 $F(s)$, 其中 $s=\sigma+j\omega$, s 是复

数. 设$f(t)$具有有限起点，并假设是$t=0$. 这种情况，可以写成

$$F(s)=\int_0^{\infty} f(t)\mathrm{e}^{-st}\,\mathrm{d}t \tag{9-8}$$

其中 $f(t)$ 是定义在所有 t 的正值上的已知函数，$F(s)$ 是 $f(t)$ 的拉普拉斯变换. 这个变换称为单边拉普拉斯变换. 为使积分收敛，需限制参数 s，而且应注意的是，很多函数的 464
拉普拉斯变换不存在. 下式给出逆变换

$$f(t)=\frac{1}{\mathrm{j}\,2\pi}\int_{\sigma_0-\mathrm{j}\infty}^{\sigma_0+\mathrm{j}\infty} F(s)\mathrm{e}^{st}\,\mathrm{d}s \tag{9-9}$$

其中 $\mathrm{j}=\sqrt{-1}$，σ_0 是任何实数，它需使得当$-\infty<\omega<\infty$时，等高线 $\sigma_0-\mathrm{j}\omega$ 位于 $F(s)$ 的收敛区域内. 实践中不用式（9-9）来计算逆变换. $f(t)$ 的拉普拉斯变换可以由算子$\mathcal{L}$表示，即

$$F(s)=\mathcal{L}[f(t)] \quad 和 \quad f(t)=\mathcal{L}^{-1}[F(s)]$$

现在给出使用符号工具箱来求某些函数拉普拉斯变换的例子.

```
>> syms t
>> laplace(t^4)

ans =
24/s^5
```

可以用 t 以外的变量作为自变量：

```
>> syms x; laplace(heaviside(x))

ans =
1/s
```

在此只简要介绍了拉普拉斯变换，不具体讨论它的性质，仅列出以下结果：

$$\mathcal{L}\left[\frac{\mathrm{d}f}{\mathrm{d}t}\right]=sF(s)-f(0)$$

$$\mathcal{L}\left[\frac{\mathrm{d}^2 f}{\mathrm{d}t^2}\right]=s^2F(s)-sf(0)-f^{(1)}(0)$$

其中 $f(0)$ 和 $f^{(1)}(0)$ 是 $f(t)$ 和它的一阶导数在 $t=0$ 时的值. 这个形式会一直延续至更高阶导数.

假设要求解以下微分方程：

$$\ddot{y}-3\dot{y}+2y=4t+\mathrm{e}^{3t},\quad y(0)=1,\quad \dot{y}(0)=-1 \tag{9-10}$$ 465

其中点号表示相对于时间的微分. 用（9-10）中的拉普拉斯变换，有

$$s^2Y(s)-sy(0)-y^{(1)}(0)-3\{sY(s)-y(0)\}+2Y(s)=\mathcal{L}[4t+\mathrm{e}^{3t}] \tag{9-11}$$

然后从拉普拉斯变换的定义或从表里可以确定$\mathcal{L}[4t+\mathrm{e}^{3t}]$. 这里，用符号工具箱来求所需变换：

```
>> syms s t
>> laplace(4*t+exp(3*t))

ans =
1/(s - 3) + 4/s^2
```

把这个结果代入（9-11）中，并整理得到

$$(s^2-3s+2)Y(s)=\frac{4}{s^2}+\frac{1}{s-3}-3y(0)+sy(0)+y^{(1)}(0)$$

应用初始条件，进一步整理，则有

$$Y(s)=\left(\frac{1}{s^2-3s+2}\right)\left(\frac{4}{s^2}+\frac{1}{s-3}-4+s\right)$$

为得到解 $y(t)$，必须确定这个方程的逆变换. 已经指出，在实践中一般不用式（9-9）来计算逆变换. 通常的程序是把这个变换重排成拉普拉斯变换表可以识别的样子，而且这里会用到经典的部分分数法. 不过，MATLAB 符号工具箱可以避开这个任务，用如下的 ilaplace 语句就可以确定逆变换：

```
>> ilaplace((4/s^2+1/(s-3)-4+s)/(s^2-3*s+2))

ans =
2*t - 2*exp(2*t) + exp(3*t)/2 - exp(t)/2 + 3
```

这样就得到了 $y(t)=2t+3+0.5(e^{3t}-e^{t})-2e^{2t}$

9.13 Z-变换

Z-变换和拉普拉斯变换在求解表示离散系统的微分方程时起着类似的作用. Z 变换定义为

466

$$F(z)=\sum_{n=0}^{\infty}f_n z^{-n} \tag{9-12}$$

其中 f_n 是从 f_0 开始的数列. 函数 $F(z)$ 称为 f_n 的单侧或单边 Z-变换，记为$\mathcal{Z}[f_n]$. 则

$$F(z)=\mathcal{Z}[f_n]$$

它的逆变换用$\mathcal{Z}^{-1}$ $[F(z)]$ 表示，则

$$f_n=\mathcal{Z}^{-1}[F(z)]$$

和拉普拉斯变换一样，Z-变换也有很多重要的性质. 这里就不详细讨论了，只给出以下重要结果：

$$\mathcal{Z}[f_{n+k}]=z^kF(z)-\sum_{m=0}^{k-1}z^{k-m}f_m \tag{9-13}$$

$$\mathcal{Z}[f_{n-k}]=z^{-k}F(z)+\sum_{m=1}^{k}z^{-(k-m)}f_{(-m)} \tag{9-14}$$

这些分别是左移和右移性.

可以采用与拉普拉斯变换求解微分方程相同的方式，用 Z-变换来求解微分方程. 例如，考虑以下微分方程：

$$6y_n-5y_{n-1}+y_{n-2}=\frac{1}{4^n}\quad n\geqslant 0 \tag{9-15}$$

这里 y_n 是从 y_0 开始的数列. 不过当（9-15）中 $n=0$ 时，需要指定 y_{-1} 和 y_{-2} 的值. 这些初始条件和微分方程中的初始条件起着类似的作用. 令初始条件 $y_{-1}=1$，$y_{-2}=0$. 在（9-14）中 $k=1$，则有

$$\mathcal{Z}[y_{n-1}]=z^{-1}Y(z)+y_{-1}$$

在（9-14）中取 $k=2$，有

$$\mathcal{Z}[y_{n-2}]=z^{-2}Y(z)+z^{-1}y_{-1}+y_{-2}$$

用（9-15）中的 Z-变换，并替代 y_{-1} 和 y_{-2} 的变换值，得到

$$6Y(z)-5\{z^{-1}Y(z)+y_{-1}\}+(z^{-2}Y(z)+z^{-1}y_{-1}+y_{-2})=\mathcal{Z}\left[\frac{1}{4^n}\right] \tag{9-16}$$

467 可以用 Z-变换的基本定义或关系表，来确定该方程右端的 Z-变换. 不过，MATLAB 符号工具箱可以直接给出函数的 Z-变换，如下所示：

```
>> syms z n
>> ztrans(1/4^n)

ans =
z/(z - 1/4)
```

把这个结果代入到式（9-16）中，就有

$$(6-5z^{-1}+z^{-2})Y(z)=\frac{4z}{4z-1}-z^{-1}y_{-1}-y_{-2}+5y_{-1}$$

替换掉 y_{-1} 和 y_{-2} 给出

$$Y(z)=\left(\frac{1}{6-5z^{-1}+z^{-2}}\right)\left(\frac{4z}{z-1}-z^{-1}+5\right)$$

可以通过取 Z-变换的逆，来确定 y_n. 使用 MATLAB 函数 iztrans，则有

```
>> iztrans((4*z/(4*z-1)-z^(-1)+5)/(6-5*z^(-1)+z^(-2)))

ans =
(5*(1/2)^n)/2 - 2*(1/3)^n + (1/4)^n/2
```

也就是

$$y_n=\frac{5}{2}\left(\frac{1}{2}\right)^n-2\left(\frac{1}{3}\right)^n+\frac{1}{2}\left(\frac{1}{4}\right)$$

对 $n=-2$ 和 -1 计算这个解，结果表明它满足初始条件.

9.14 傅里叶变换法

傅里叶分析把时间或空间域上的数据或函数变换到频域上. 这里，是把 x 域变换成 ω 域，因为 MATLAB 在执行傅里叶变换和逆傅里叶变换时，使用 x 和 w（对应于 ω）作为默认参数.

傅里叶级数把 x 域上的一个周期函数，变换到频域中的相应离散值，这些值就是傅里叶系数. 与之相对的，傅里叶变换是作用在 x 域上的非周期连续函数上，并将它转换成在频域中的一个无限连续函数.

函数 $f(x)$ 的傅里叶变换由下式给出

$$F(s)=\mathcal{F}[f(x)]=-\int_{-\infty}^{\infty}f(x)\mathrm{e}^{-sx}\,\mathrm{d}x \qquad (9\text{-}17)$$ 468

其中 $s=\mathrm{j}\omega$，也就是说，s 为虚数. 这样就可以写成

$$F(\omega)=\mathcal{F}[f(x)]=\int_{-\infty}^{\infty}f(x)\mathrm{e}^{-\mathrm{j}\omega x}\,\mathrm{d}x \qquad (9\text{-}18)$$

$F(\omega)$ 是复的，它称为 $f(x)$ 的频谱. 傅里叶逆变换由下式给出

$$f(x)=\mathcal{F}^{-1}[F(\omega)]=\frac{1}{2\pi}\int_{-\infty}^{\infty}F(\omega)\mathrm{e}^{\mathrm{j}\omega x}\,\mathrm{d}\omega \qquad (9\text{-}19)$$

这里分别用算符 $\mathcal{F}$ 和 $\mathcal{F}^{-1}$ 来表示傅里叶变换和它的逆变换. 不是所有的函数都有傅里叶变换，傅里叶变换若存在，必须满足一定条件（请见 Bracewell，1978）. 傅里叶变换的重要性质会适当地予以介绍.

下面通过使用 MATLAB 的符号函数 fourier，来确定 $\cos(3x)$ 的傅里叶变换.

```
>> syms x, y = fourier(cos(3*x))

y =
pi*(dirac(w - 3) + dirac(w + 3))
```

这一对傅里叶变换示意图显示在图 9-4 中. 该傅里叶变换说明，这个余弦函数的频谱由两个无限窄的部分构成，一个在 $\omega=3$ 处，一个在 $\omega=-3$ 处（狄拉克 δ 函数的说明，请参见 9.7 节）. MATLAB 函数 ifourier 可以实现符号的逆傅里叶变换，命令如下：

```
>> z = ifourier(y)

z =
1/(2*exp(x*3*i)) + exp(x*3*i)/2

>> simplify(z)

ans =
cos(3*x)
```

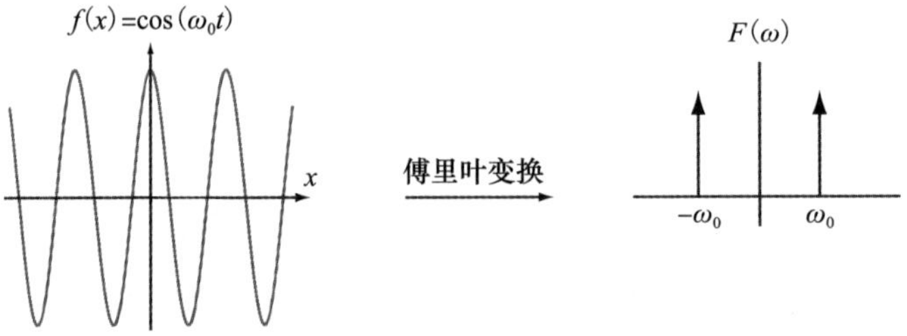

图 9-4 余弦函数的傅里叶变换（傅里叶变换）

作为使用傅里叶变换的第二个例子，考虑图 9-5 中所示函数的变换，它在范围 $-2<x<2$ 内有单位值，在其他地方为零. 请注意它是如何由两个赫维赛德（Heaviside）函数构
469 建的（赫维赛德函数在 9.7 节中有所介绍）.

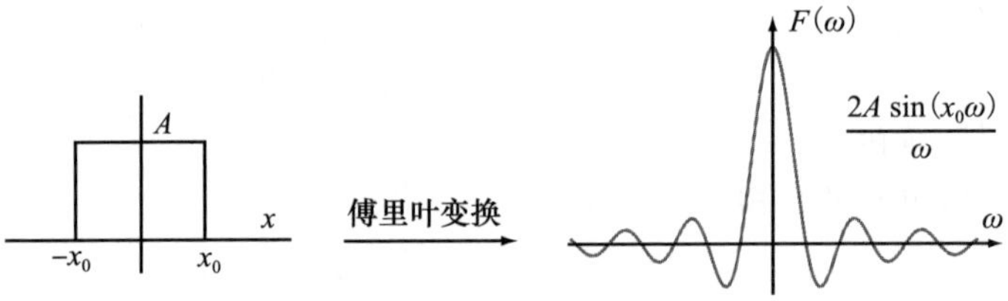

图 9-5 “礼帽”函数的傅里叶变换（傅里叶变换）

```
>> syms x
>> fourier(heaviside(x+2) - heaviside(x-2))

ans =
(cos(2*w)*i + sin(2*w))/w - (cos(2*w)*i - sin(2*w))/w
```

该表达式可以化简如下：

```
simplify(ans)

ans =
(2*sin(2*w))/w
```

请注意这个原始函数，它的 x 域被限制在 $-2<x<2$ 范围内，但却具有连续的频谱 $-\infty<\omega<\infty$. 这显示在图 9-5 中.

接下来说明如何使用傅里叶变换来求解偏微分方程. 考虑方程

$$\frac{\partial u}{\partial t}=\frac{\partial^2 u}{\partial x^2}\quad(-\infty<x<\infty,t>0)\tag{9-20}$$

满足初始条件

$$u(x,0)=\exp(-a^2x^2)\quad 其中\ a=0.1$$ 470

可以证明

$$\mathcal{F}\left[\frac{\partial^2 u}{\partial x^2}\right]=-\omega^2\mathcal{F}[u]\quad 和\quad \mathcal{F}\left[\frac{\partial u}{\partial t}\right]=\frac{\partial}{\partial t}\{\mathcal{F}[u]\}$$

因此，对（9-20）作傅里叶变换有

$$\frac{\partial}{\partial t}\{\mathcal{F}[u]\}+\omega^2\mathcal{F}[u]=0$$

解这个关于$\mathcal{F}[u]$的一阶微分方程，给出

$$\mathcal{F}[u]=A\exp(-\omega^2 t)\tag{9-21}$$

必须使用初始条件才能确定常数 A. 首先用 MATLAB 找到初始条件的傅里叶变换：

```
>> syms x y z w
>> z = fourier(exp(-x^2/100))

z =
(10*pi^(1/2))/exp(25*w^2)
```

所以

$$\mathcal{F}[u(x,0)]=\sqrt{100\pi}\exp(-25\omega^2)$$

与 $t=0$ 时的（9-21）式比较，得到，

$$A=\sqrt{100\pi}\exp(-25\omega^2)$$

把这个结果代入（9-21），有

$$\mathcal{F}[u]=\sqrt{100\pi}\exp(-25\omega^2)\exp(-\omega^2 t)$$

取该方程的逆变换给出

$$u(x,t)=\mathcal{F}^{-1}[\sqrt{100\pi}\exp(-25\omega^2)\exp(-\omega^2 t)t]$$

假设需要 $t=4$ 时的解，就用 MATLAB 计算傅里叶逆变换，有

```
>> y = z*exp(-4*w^2)

y =
(10*pi^(1/2))/exp(29*w^2)
>> ifourier(y)
```

471

```
ans =
(5*29^(1/2))/(29*exp(x^2/116))
```

因此，当 $t=4$ 时，（9-20）的解为

$$u(x,4)=\frac{5\sqrt{29}}{29}\exp(-x^2/116)$$

再考虑赫维赛德（Heaviside）或阶跃函数的傅里叶变换.

```
>> syms x
>> fourier(heaviside(x))

ans =
pi*dirac(w) - i/w
```

赫维赛德函数的傅里叶变换的实部是 π 乘以在 $\omega=0$ 处的狄拉克 δ 函数，虚部是 $\frac{1}{\omega}$，当 $\omega=0$ 时，它趋向于正负无穷. 阶跃函数有很多应用. 例如，如果要求下面函数的傅里叶变换

$$f(x)=\begin{cases}e^{-2x} & x\geqslant 0\\ 0 & x<0\end{cases}$$

使用赫维赛德或单位阶跃函数，可以把它重写成

$$f(x)=u(x)e^{-2x} \quad \text{对所有 } x$$

其中，$u(x)$ 是赫维赛德函数. 用 MATLAB 执行就是

```
>> syms x
>> fourier(heaviside(x)*exp(-2*x))

ans =
1/(w*i + 2)
```

9.15 符号和数值处理的结合

符号代数可以用来减轻用户在数值求解过程中的负担. 为说明这点，演示一下当用某种牛顿法求解非线性方程时，在只给出函数本身的情况下，如何使用符号工具箱. 实现牛
472 顿法（请见 3.7 节）通常需要提供函数的一阶导数和函数本身. MATLAB 中的改进算法采用以下形式：

```
function [res, it] = fnewtsym(func,x0,tol)
% Finds a root of f(x) = 0 using Newton's method
% using the symbolic toolbox.
% Example call: [res, it] = fnewtsym(func,x,tol)
% The user defined function func is the function f(x) which must
% be defined as a symbolic function.
% x is an initial starting value, tol is required accuracy.
it = 1; syms dfunc x
% Now perform the symbolic differentiation:
dfunc = diff(sym(func));
d = double(subs(func,x,x0)/subs(dfunc,x,x0));
while abs(d)>tol
    x1 = x0-d; x0 = x1;
    d = double(subs(func,x,x0)/subs(dfunc,x,x0));
    it = it+1;
end
res = x0;
```

注意通过使用 subs 和 double 函数得到数值的返回值. 为说明 fnewtsym 如何使用，试求解 $\cos x-x^3=0$，找到最接近 1 的根，并精确到 4 位小数.

```
>> [r,iter] = fnewtsym('cos(x)-x^3',1,0.00005)

r =
    0.8655

iter =
     4
```

这些与用函数 fnewton 获得的结果（参见 3.7 节）是一致的，但这里无需提供函数的

导数.

某些数值方法中需要执行一些常规、繁复有时甚至困难的任务，下面给出进一步的例子，说明符号工具箱如何帮助用户来完成这些任务. 已经看到，单变量的牛顿法可以用符号微分来改进. 现在把它扩展到多变量牛顿法来求解一个方程组. 这里使用符号函数会给用户节省更多事情. 该例中求解的方程为

$$x_1x_2=2$$ 473

$$x_1^2+x_2^2=4$$

MATLAB 中的函数形式为

```
function [x1,fr,it] = newtmvsym(x,f,n,tol)
% Newton's method for solving a system of n nonlinear equations
% in n variables. This version is restricted to two variables.
% Example call: [xv,it] = newtmvsym(x,f,n,tol)
% Requires an initial approximation column vector x. tol is
% required accuracy.
% User must define functions f, the system equations.
% xv is the solution vector, parameter it is number of iterations.
syms a b
xv = sym([a b]); it = 0;
fr = double(subs(f,xv,x));
while norm(fr)>tol
    Jr = double(subs(jacobian(f,xv),xv,x));
    x1 = x-(Jr\fr')'; x = x1;
    fr = double(subs(f,xv,x1));
    it = it+1;
end
```

注意这个函数是如何使用符号雅可比函数的，这一行是

```
Jr = double(subs(jacobian(f,xv),xv,x));
```

这使用户在该例中不用求四个偏导数了. 运行下述脚本，使用该函数

```
% e3s905.m.  Script for running newtonmvsym.m
syms a b
x = sym([a b]);
format long
f = [x(1)*x(2)-2,x(1)^2+x(2)^2-4];
[x1,fr,it] = newtmvsym([1 0],f,2,.000000005)
```

运行脚本，给出

```
x1 =
   1.414244079950892   1.414183044795298


fr =
  1.0e-008 *
  -0.093132257461548   0.186264514923096


it =
    14
```

注意到结果给出了这个双变量问题的精确解. 474

有趣的是，可以用类似的方式写出共轭梯度法的脚本，这样用户就无需提供要最小化函数的一阶偏导数了. 这个脚本使用语句

```
for i = 1:n, dfsymb(i) = diff(sym(f),xv(i)); end
df = double(subs(dfsymb,xv(1:n),x(1:n)'));
```

得到所需函数的梯度. 运行这个改进函数的脚本与之前多变量牛顿法的类似. 脚本中要定义待优化的非线性函数，并要定义一个符号向量 x.

9.16 小结

本节介绍了一系列的符号函数，并说明了它们如何用于一些标准的数学过程，如积分、微分、展开和化简. 同时演示了符号方法有时可以直接与数值程序相结合，取得良好效果. 访问符号工具箱时，必须针对问题，小心选择合适的方法——符号的或数值的.

习题

9.1 利用适当的 MATLAB 符号函数，把下述表达式写成 x 的多项式

$$\left(x-\frac{1}{a}-\frac{1}{b}\right)\left(x-\frac{1}{b}-\frac{1}{c}\right)\left(x-\frac{1}{c}-\frac{1}{a}\right)$$

9.2 利用适当的 MATLAB 符号函数，将下列多项式相乘

$$f(x)=x^4+4x^3-17x^2+27x-19 \quad 和 \quad g(x)=x^2+12x-13$$

化简所得表达式. 然后把解写成嵌套形式.

9.3 利用适当的 MATLAB 符号函数，展开下列函数

(a) 把 $\tan(4x)$ 展开成含 $\tan(x)$ 的项.

(b) 把 $\cos(x+y)$ 展开成含 $\cos(x)$，$\cos(y)$，$\sin(x)$，$\sin(y)$ 的项.

(c) 把 $\cos(3x)$ 展开成含 $\cos(x)$ 的项.

(d) 把 $\cos(6x)$ 展开成含 $\cos(x)$ 的项.

9.4 利用适当的 MATLAB 符号函数，把 $\cos(x+y+z)$ 展开成含 $\cos(x)$，$\cos(y)$，$\cos(z)$，$\sin(x)$，
475 $\sin(y)$，$\sin(z)$ 的项.

9.5 利用适当的 MATLAB 符号函数，按 x 的升幂展开下列函数到 x^7：

(a) $\sin^{-1}(x)$　　(b) $\cos^{-1}(x)$　　(c) $\tan^{-1}(x)$

9.6 利用适当的 MATLAB 符号函数，按 x 的升幂展开 $y=\log_e(\cos(x))$ 到 x^{12}.

9.7 数列的前三项为

$$\frac{4}{1\cdot2\cdot3}\left(\frac{1}{3}\right)+\frac{5}{2\cdot3\cdot4}\left(\frac{1}{9}\right)+\frac{6}{3\cdot4\cdot5}\left(\frac{1}{27}\right)+\cdots$$

用 MATLAB 函数 `symsum` 和 `simple`，求这个数列前 n 项的和.

9.8 利用适当的 MATLAB 符号函数，求数列前 100 项的和，其中第 k 项为 k^{10}.

9.9 利用适当的 MATLAB 符号函数，验证

$$\sum_{k=1}^{\infty}k^{-4}=\frac{\pi^4}{90}$$

9.10 用函数 `inv` 符号运算求矩阵

$$\boldsymbol{A}=\begin{bmatrix}1 & a & a^2\\ 1 & b & b^2\\ 1 & c & c^2\end{bmatrix}$$

的逆，利用 MATLAB 函数 `inv` 函数 `factor` 把结果表示成如下形式

$$\begin{bmatrix}\dfrac{cb}{(a-c)(a-b)} & \dfrac{-ac}{(b-c)(a-b)} & \dfrac{ab}{(b-c)(a-c)}\\ \dfrac{-(b+c)}{(a-c)(a-b)} & \dfrac{(a+c)}{(b-c)(a-b)} & \dfrac{-(a+b)}{(b-c)(a-c)}\\ \dfrac{1}{(a-c)(a-b)} & \dfrac{-1}{(b-c)(a-b)} & \dfrac{1}{(b-c)(a-c)}\end{bmatrix}$$

9.11 利用适当的 MATLAB 符号函数，证明下述矩阵

$$\boldsymbol{A}=\begin{bmatrix} a_1 & a_2 & a_3 & a_4 \\ 1 & 0 & 0 & 0 \\ 0 & 1 & 0 & 0 \\ 0 & 0 & 1 & 0 \end{bmatrix}$$

的特征方程为 476

$$\lambda^4-a_1\lambda^3-a_2\lambda^2-a_3\lambda-a_4=0$$

9.12 旋转矩阵 **R** 如下. 用符号定义它，并用 MATLAB 计算它的二次和四次幂.

$$\boldsymbol{R}=\begin{bmatrix} \cos\theta & \sin\theta \\ -\sin\theta & \cos\theta \end{bmatrix}$$

9.13 符号求解形如 $x^3+3hx+g=0$ 的一般的三次方程.

提示：用 MATLAB 函数 subexpr 化简结果.

9.14 利用适当的 MATLAB 符号函数，求解三次方程 $x^3-9x+28=0$.

9.15 利用适当的 MATLAB 符号函数，求 $z^6=4\sqrt{2}(1+\mathrm{j})$ 的根，并在复平面画出这个根. 提示：用 double 转化所得结果.

9.16 利用适当的 MATLAB 符号函数，关于 x 微分下面的函数：

$$y=\log_e\left(\frac{(1-x)(1+x^3)}{1+x^2}\right)$$

9.17 已知拉普拉斯方程为

$$\frac{\partial^2 z}{\partial x^2}+\frac{\partial^2 z}{\partial y^2}=0$$

利用适当的 MATLAB 符号函数证明，下面的这些函数满足该方程

(a) $z=\log_e(x^2+y^2)$ (b) $z=\mathrm{e}^{-2y}\cos(2x)$

9.18 利用适当的 MATLAB 符号函数，证明 $z=x^3\sin y$ 满足下述条件：

$$\frac{\partial^2 z}{\partial x\partial y}=\frac{\partial^2 z}{\partial y\partial x} \quad 和 \quad \frac{\partial^{10} z}{\partial x^4\partial y^6}=\frac{\partial^{10} z}{\partial y^6\partial x^4}=0$$

9.19 利用适当的 MATLAB 符号函数，求下列函数的积分，然后再微分，把所得结果恢复到原函数：

(a) $\dfrac{1}{(a+fx)(c+gx)}$ (b) $\dfrac{1-x^2}{1+x^2}$

9.20 利用适当的 MATLAB 符号函数，求下列不定积分： 477

(a) $\displaystyle\int\frac{1}{1+\cos x+\sin x}\mathrm{d}x$ (b) $\displaystyle\int\frac{1}{a^4+x^4}\mathrm{d}x$

9.21 利用适当的 MATLAB 符号函数，验证下列结果：

$$\int_0^\infty\frac{x^3}{\mathrm{e}^x-1}\mathrm{d}x=\frac{\pi^4}{15}$$

9.22 利用适当的 MATLAB 符号函数，计算下列积分：

(a) $\displaystyle\int_0^\infty\frac{1}{1+x^6}\mathrm{d}x$ (b) $\displaystyle\int_0^\infty\frac{1}{1+x^{10}}\mathrm{d}x$

9.23 利用适当的 MATLAB 符号函数，计算积分

$$\int_0^1\exp(-x^2)\mathrm{d}x$$

把 $\exp(-x^2)$ 按 x 的升幂展开成级数，然后逐项积分得到一个级数近似. 展开级数到 x^6 和 x^{14}，这样就得到积分的两个近似. 比较结果的精度. 解精确到 10 位小数是 0.746 824 132 8.

9.24 利用适当的 MATLAB 符号函数，验证下述结果：

$$\int_0^\infty\frac{\sin(x^2)}{x}\mathrm{d}x=\frac{\pi}{4}$$

9.25 利用适当的 MATLAB 符号函数，计算积分

$$\int_0^1 \log_e(1+\cos x)\,dx$$

把$\log_e(1+\cos x)$ 按 x 的升幂展开成级数，然后逐项积分得到一个级数近似. 展开级数到 x^4. 比
478 较结果的精度. 解精确到 10 位小数是 0.607 625 033 3.

9.26 利用适当的 MATLAB 符号函数，计算下列重积分

$$\int_0^1 dy \int_0^{1} \frac{1}{1-xy}\,dx$$

9.27 利用适当的 MATLAB 符号函数，求解下述微分方程，该方程用来研究消费者行为：

$$\frac{d^2y}{dt^2} + (bp + aq)\frac{dy}{dt} + ab(pq-1)y = cA$$

当 $p=1$，$q=2$，$a=2$，$b=1$，$c=1$，$A=20$ 时，求出方程的解.

提示：用 MATLAB 函数 subs.

9.28 利用适当的 MATLAB 符号函数，求解下面的微分方程组

$$2\frac{dx}{dt} + 4\frac{dy}{dt} = \cos t$$

$$4\frac{dx}{dt} - 3\frac{dy}{dt} = \sin t$$

9.29 利用适当的 MATLAB 符号函数，求解下述微分方程：

$$(1-x^2)\frac{d^2y}{dx^2} - 2x\frac{dy}{dx} + 2y = 0$$

9.30 利用适当的 MATLAB 符号函数，用拉普拉斯变换求解下述微分方程：

(a) $\frac{d^2y}{dt^2} + 2y = \cos(2t)$，　$y=-2$ 且 $\frac{dy}{dt}=0(t=0)$

(b) $\frac{dy}{dt} - 2y = t$，　$y=0(t=0)$

(c) $\frac{d^2y}{dt^2} - 3\frac{dy}{dt} + y = \exp(-2t)$，　$y=-3$ 且 $\frac{dy}{dt}=0(t=0)$

(d) $\frac{dq}{dt} + \frac{q}{c} = 0$，　$q=V(t=0)$

9.31 用 Z-变换，符号求解下述微分方程：

(a) $y_n + 2y_{n-1} = 0$，$y_{-1}=4$

(b) $y_n + y_{n-1} = n$，$y_{-1}=10$

(c) $y_n - 2y_{n-1} = 3$，$y_{-1}=1$

479 (d) $y_n - 3y_{n-1} + 2y_{n-2} = 3\ (4^n)$，$y_{-1}=-3$，$y_{-2}=5$

矩阵代数

本附录简要回顾矩阵代数的一些内容，涵盖了本书中需要用到的基本概念，如矩阵的性质、运算符、类的介绍等.

A.1 引言

由于 MATLAB 中很多函数和运算符都作用在矩阵和数组上，所以熟练使用矩阵记号并掌握矩阵代数的一些知识对 MATLAB 用户来说非常重要. MATLAB 提供了理想的学习矩阵代数的环境，并可随时进行试验. 虽然不能进行公式化的证明，但利用 MATLAB 可使用户对矩阵操作的结果进行验证，快速积累经验. 本附录仅列出一些定义和结果，若需要了解证明或更进一步的解释，推荐读者参考 Golub 和 Van Loan（1989）的书.

A.2 矩阵和向量

矩阵由矩形数组的元素组成，矩阵不仅依赖于所构成的元素，还依赖于元素的排布. 矩阵的元素可以是实数或复数、代数表达式或其他的矩阵. 矩阵通常用方括号、圆括号或花括号括起来. 在本书中使用方括号，且用黑体字符来表示矩阵. 例如：

$$\mathbf{A}=\begin{bmatrix} 3 & -2 \\ -2 & 4 \end{bmatrix} \quad \mathbf{B}=\begin{bmatrix} \mathbf{A} & \mathbf{A} & 2\mathbf{A} \\ \mathbf{A} & -\mathbf{A} & \mathbf{A} \end{bmatrix}$$

$$\mathbf{x}=\begin{bmatrix} 11 \\ -3 \\ 7 \end{bmatrix} \quad \mathbf{e}=\begin{bmatrix} (2+3t) & (p^2+q) & (-4+7t) & (3-4t) \end{bmatrix}$$

从而

$$\mathbf{B}=\begin{bmatrix} 3 & -2 & 3 & -2 & 6 & -4 \\ -2 & 4 & -2 & 4 & -4 & 8 \\ 3 & -2 & -3 & 2 & 3 & -2 \\ -2 & 4 & 2 & -4 & -2 & 4 \end{bmatrix}$$

其中 $\mathrm{i}=\sqrt{-1}$. 在前面的例子中，$\mathbf{A}$ 是 2×2 的实方阵，同时也是对称矩阵（见 A.7 节）. 481
矩阵 $\mathbf{B}$ 从矩阵 $\mathbf{A}$ 构造得到，$\mathbf{B}$ 是一个 4×6 的实方阵. $\mathbf{x}$ 是 3×1 的矩阵，通常称为列向量. $\mathbf{e}$ 是 1×4 的矩阵，通常称为行向量. 注意到 $\mathbf{e}$ 的第 2 个元素是代数表达式 p^2+q，在这个向量中，使用括号来分隔各个元素，这样可使结构清晰. 为每个元素加上括号并不是必须的.

若需要引用矩阵的某个特定元素，可使用下标记号：第 1 个下标表示行号，第 2 个下标表示列号. 在矩阵为行向量或列向量的情形，通常使用单一下标表示. 即，在前面的例子中有：

$$a_{21}=-2, \quad b_{25}=-4, \quad x_2=-3 \quad e_4=3-4t$$

注意到，虽然 $\mathbf{A}$ 和 $\mathbf{B}$ 都是大写字母，但这里使用小写字母表示它们的元素. 一般来说，$\mathbf{A}$ 的第 i 行和第 j 列的元素记为 a_{ij}.

A.3 一些特殊矩阵

单位矩阵. 主对角线上元素均为 1、其余元素均为 0 的矩阵，称为单位矩阵，记为 $\boldsymbol{I}$. 主对角线由矩阵左上角至右下角的对角线元素构成. 例如：

$$\boldsymbol{I}_2=\begin{bmatrix}1&0\\0&1\end{bmatrix}\quad \boldsymbol{I}_3=\begin{bmatrix}1&0&0\\0&1&0\\0&0&1\end{bmatrix}$$

这里的下标表示矩阵大小，通常忽略不写. 单位矩阵在运算时和标量 1 类似. 特别地，矩阵左乘或右乘一个单位矩阵 $\boldsymbol{I}$ 不改变该矩阵.

对角矩阵. 此类矩阵为方阵，且非零元只能在主对角线上. 如下矩阵都是对角矩阵：

$$\boldsymbol{A}=\begin{bmatrix}4&0&0&0\\0&-2&0&0\\0&0&0&0\\0&0&0&9\end{bmatrix}\quad \boldsymbol{B}=\begin{bmatrix}12&0&0\\0&-2&0\\0&0&-6\end{bmatrix}$$

三对角矩阵. 此类矩阵为方阵，且非零元只能在主对角线和上、下次对角线上. 若使
482 用“x”表示非零元，则如下矩阵为三对角矩阵：

$$\boldsymbol{A}=\begin{bmatrix}x&x&0&0&0\\x&x&x&0&0\\0&x&x&x&0\\0&0&x&x&x\\0&0&0&x&x\end{bmatrix}$$

三角矩阵和海森伯格（Hessenberg）矩阵. 非零元只能在主对角线（含）以下的矩阵称为下三角矩阵. 非零元只能在主对角线（含）以上的矩阵称为上三角矩阵. 海森伯格矩阵和三角矩阵类似，不过海森伯格矩阵的次对角线上元素也可能非零. 如下矩阵：

$$\begin{bmatrix}x&x&x&x&x\\0&x&x&x&x\\0&0&x&x&x\\0&0&0&x&x\\0&0&0&0&x\end{bmatrix}\quad\begin{bmatrix}x&0&0&0&0\\x&x&0&0&0\\x&x&x&0&0\\x&x&x&x&0\\x&x&x&x&x\end{bmatrix}\quad\begin{bmatrix}x&x&x&x&x\\x&x&x&x&x\\0&x&x&x&x\\0&0&x&x&x\\0&0&0&x&x\end{bmatrix}$$

第 1 个矩阵是上三角矩阵，第 2 个矩阵是下三角矩阵，最后的是上海森伯格矩阵.

A.4 行列式

矩阵 $\boldsymbol{A}$ 的行列式记为 $|\boldsymbol{A}|$ 或 $\det(\boldsymbol{A})$. 对 2×2 的矩阵，定义其行列式如下：

$$\text{若 } \boldsymbol{A}=\begin{bmatrix}a_{11}&a_{12}\\a_{21}&a_{22}\end{bmatrix}\text{则 } \det(\boldsymbol{A})=\begin{vmatrix}a_{11}&a_{12}\\a_{21}&a_{22}\end{vmatrix}=a_{11}a_{22}-a_{21}a_{12} \tag{A.1}$$

一般地，若 $\boldsymbol{A}$ 是 $n\times n$ 的矩阵，可以定义代数余子式 $C_{ij}=(-1)^{i+j}\Delta_{ij}$，其中 Δ_{ij} 为将 $\boldsymbol{A}$ 的第 i 行和第 j 列划掉后剩下元素组成矩阵的行列式. Δ_{ij} 称为 $\boldsymbol{A}$ 的余子式. 则有：

$$\det(\boldsymbol{A})=\sum_{k=1}^{n}a_{ik}C_{ik}\quad \text{对任意 } i=1,2,\cdots,n \tag{A.2}$$

上式即为行列式沿第 i 行展开，计算行到式时经常沿第 1 行展开. 利用该等式，可将计算一个 $n\times n$ 矩阵 $\boldsymbol{A}$ 行列式的问题化为计算 n 个 $(n-1)\times(n-1)$ 矩阵行列式的问题. 重复

此过程，直至将代数余子式化成 2×2 的行列式，再利用公式（A.1），可求得 $\boldsymbol{A}$ 的行列式．这是 $\boldsymbol{A}$ 的行列式的形式化定义，但计算效率不高． 483

A.5 矩阵运算

矩阵转置．矩阵转置运算将矩阵的行和列互换．实矩阵 $\boldsymbol{A}$ 的转置记为$\boldsymbol{A}^{\mathrm{T}}$，例如：

$$\boldsymbol{A}=\begin{bmatrix}1 & -2 & 4\\2 & 1 & 7\end{bmatrix}\quad \boldsymbol{A}^{\mathrm{T}}=\begin{bmatrix}1 & 2\\-1 & 1\\4 & 7\end{bmatrix}\quad \boldsymbol{x}=\begin{bmatrix}1\\2\\3\end{bmatrix}\quad \boldsymbol{x}^{\mathrm{T}}=[1\quad 2\quad 3]$$

注意到方阵转置后依然是方阵，列向量转置后为行向量，反之亦然．

矩阵加法和减法．矩阵加法和减法分别为对应元素的相加和相减．例如：

$$\begin{bmatrix}1 & 3\\-4 & 5\end{bmatrix}+\begin{bmatrix}5 & -4\\6 & 6\end{bmatrix}=\begin{bmatrix}6 & -1\\2 & 11\end{bmatrix}\quad \begin{bmatrix}-4\\6\\11\end{bmatrix}-\begin{bmatrix}3\\-3\\2\end{bmatrix}=\begin{bmatrix}-7\\9\\9\end{bmatrix}$$

很明显，只有具有相同行数和列数的矩阵才能进行相加或相减．一般地，若 $\boldsymbol{A}=\boldsymbol{B}+\boldsymbol{C}$，则 $a_{ij}=b_{ij}+c_{ij}$．

标量乘法．矩阵每个元素都乘以某个标量．即若 $\boldsymbol{A}=s\boldsymbol{B}$，其中 s 是一个标量，则 $a_{ij}=sb_{ij}$．

矩阵乘法．只有当矩阵 $\boldsymbol{B}$ 的列数和 $\boldsymbol{C}$ 的行数相等时，才能对 $\boldsymbol{B}$ 和 $\boldsymbol{C}$ 进行矩阵相乘．这样的矩阵称为可乘矩阵．若 $\boldsymbol{B}$ 是 $p\times q$ 的矩阵，$\boldsymbol{C}$ 是 $q\times r$ 的矩阵，则可求乘积 $\boldsymbol{A}=\boldsymbol{BC}$，且结果为 $p\times r$ 的矩阵．乘法的顺序很重要，这里可以说 $\boldsymbol{B}$ 左乘矩阵 $\boldsymbol{C}$ 或 $\boldsymbol{C}$ 右乘矩阵 $\boldsymbol{B}$．若 $\boldsymbol{A}=\boldsymbol{BC}$，则 $\boldsymbol{A}$ 的元素由下式确定：

$$a_{ij}=\sum_{k=1}^{q}b_{ik}c_{kj}\quad 其中\ i=1,2,\cdots,p;j=1,2,\cdots,r$$

例如：

$$\begin{bmatrix}2 & -3 & 1\\-5 & 4 & 3\end{bmatrix}\begin{bmatrix}-6 & 4 & 1\\-4 & 2 & 3\\3 & -7 & -1\end{bmatrix}$$

$$=\begin{bmatrix}2(-6)+(-3)(-4)+1(3) & 2(4)+(-3)2+1(-7) & 2(1)+(-3)3+1(-1)\\(-5)(-6)+4(-4)+3(3) & (-5)4+4(2)+3(-7) & (-5)1+4(3)+3(-1)\end{bmatrix}$$

$$=\begin{bmatrix}3 & -5 & -8\\23 & -33 & 4\end{bmatrix}$$

上式为 2×3 的矩阵和 3×3 的矩阵相乘，结果为 2×3 的矩阵．进一步考虑如下 4 个例子： 484

$$\begin{bmatrix}1 & 2\\3 & 4\end{bmatrix}\begin{bmatrix}5 & 6\\3 & 2\end{bmatrix}=\begin{bmatrix}11 & 10\\27 & 26\end{bmatrix}\quad \begin{bmatrix}5 & 6\\3 & 2\end{bmatrix}\begin{bmatrix}1 & 2\\3 & 4\end{bmatrix}=\begin{bmatrix}23 & 34\\9 & 14\end{bmatrix}$$

$$[1\quad 2\quad 3]\begin{bmatrix}-4\\3\\3\end{bmatrix}=11\quad \begin{bmatrix}-4\\3\\3\end{bmatrix}[1\quad 2\quad 3]\begin{bmatrix}-4 & -8 & -12\\3 & 6 & 9\\3 & 6 & 9\end{bmatrix}$$

注意到两个同为 2×2 的矩阵可以任意顺序相乘，但结果不同．这个结果很重要，一般地，$\boldsymbol{BC}\neq\boldsymbol{CB}$．另外，行向量乘以列向量结果为标量，列向量乘以行向量结果为矩阵．

矩阵的逆．矩阵 $\boldsymbol{A}$ 的逆记为$\boldsymbol{A}^{-1}$，定义如下：

$$\boldsymbol{A}\boldsymbol{A}^{-1}=\boldsymbol{A}^{-1}\boldsymbol{A}=\boldsymbol{I}$$

$\boldsymbol{A}^{-1}$的形式化定义为：

$$\boldsymbol{A}^{-1} = \mathrm{adj}(\boldsymbol{A})/\det(\boldsymbol{A}) \tag{A.3}$$

其中 adj($\boldsymbol{A}$) 表示 $\boldsymbol{A}$ 的伴随矩阵，即

$$\mathrm{adj}(\boldsymbol{A}) = \boldsymbol{C}^{\mathrm{T}}$$

这里 $\boldsymbol{C}$ 是 $\boldsymbol{A}$ 的代数余子式构成的矩阵. 利用公式（A.3）求矩阵的逆，计算效率不高.

A.6 复矩阵

矩阵的元素可以是复数，这样的矩阵可用两个实矩阵写出来，即

$$\boldsymbol{A} = \boldsymbol{B} + \mathrm{i}\boldsymbol{C} \quad 其中 \quad \mathrm{i} = \sqrt{(-1)}$$

这里 $\boldsymbol{A}$ 是复矩阵，$\boldsymbol{B}$ 和 $\boldsymbol{C}$ 是实矩阵. $\boldsymbol{A}$ 的复共轭通常记为$\boldsymbol{A}^*$，定义为：

$$\boldsymbol{A}^* = \boldsymbol{B} - \mathrm{i}\boldsymbol{C}$$

$\boldsymbol{A}$ 的转置为：

485

$$\boldsymbol{A}^{\mathrm{T}} = \boldsymbol{B}^{\mathrm{T}} + \mathrm{i}\boldsymbol{C}^{\mathrm{T}}$$

矩阵 $\boldsymbol{A}$ 的共轭、转置可同时计算，记为$\boldsymbol{A}^{\mathrm{H}}$，称为埃尔米特（Hermitian）转置，即

$$\boldsymbol{A}^{\mathrm{H}} = \boldsymbol{B}^{\mathrm{T}} - \mathrm{i}\boldsymbol{C}^{\mathrm{T}}$$

举例如下：

$$\boldsymbol{A} = \begin{bmatrix} 1-\mathrm{i} & -2-3\mathrm{i} & 4\mathrm{i} \\ 2 & 1+2\mathrm{i} & 7+5\mathrm{i} \end{bmatrix} \quad \boldsymbol{A}^* = \begin{bmatrix} 1+\mathrm{i} & -2+3\mathrm{i} & -4\mathrm{i} \\ 2 & 1-2\mathrm{i} & 7-5\mathrm{i} \end{bmatrix}$$

$$\boldsymbol{A}^{\mathrm{T}} = \begin{bmatrix} 1-\mathrm{i} & 2 \\ -2-3\mathrm{i} & 1+2\mathrm{i} \\ 4\mathrm{i} & 7-5\mathrm{i} \end{bmatrix} \quad \boldsymbol{A}^{\mathrm{H}} = \begin{bmatrix} 1+\mathrm{i} & 2 \\ -2+3\mathrm{i} & 1-2\mathrm{i} \\ -4\mathrm{i} & 7-5\mathrm{i} \end{bmatrix}$$

需要注意，MATLAB 中，当 $\boldsymbol{A}$ 是复矩阵时，表达式 `A'`输出的是 $\boldsymbol{A}$ 的共轭转置，即$\boldsymbol{A}^{\mathrm{H}}$，而 `A.'`输出普通转置，即$\boldsymbol{A}^{\mathrm{T}}$.

A.7 矩阵性质

实方阵 $\boldsymbol{A}$ 称为：

对称矩阵，若$\boldsymbol{A}^{\mathrm{T}} = \boldsymbol{A}$

反对称矩阵，若$\boldsymbol{A}^{\mathrm{T}} = -\boldsymbol{A}$

正交矩阵，若$\boldsymbol{A}^{\mathrm{T}} = \boldsymbol{A}^{-1}$

幂零矩阵，若$\boldsymbol{A}^p = 0$；其中 p 为正整数，$\boldsymbol{0}$ 表示零矩阵

幂等矩阵，若$\boldsymbol{A}^2 = \boldsymbol{A}$

复方阵 $\boldsymbol{A}=\boldsymbol{B}+\mathrm{i}\boldsymbol{C}$ 称为：

埃尔米特矩阵，若$\boldsymbol{A}^{\mathrm{H}} = \boldsymbol{A}$

酉矩阵，若$\boldsymbol{A}^{\mathrm{H}} = \boldsymbol{A}^{-1}$

A.8 一些矩阵关系

若 $\boldsymbol{P}$，$\boldsymbol{Q}$ 和 $\boldsymbol{R}$ 都是矩阵，且满足

$$\boldsymbol{W} = \boldsymbol{PQR}$$

则

486

$$\boldsymbol{W}^{\mathrm{T}} = \boldsymbol{R}^{\mathrm{T}}\boldsymbol{Q}^{\mathrm{T}}\boldsymbol{P}^{\mathrm{T}} \tag{A.4}$$

及

$$W^{-1}=R^{-1}Q^{-1}P^{-1} \tag{A.5}$$

若 $\boldsymbol{P}$，$\boldsymbol{Q}$ 和 $\boldsymbol{R}$ 均为复矩阵，则公式（A.5）依然成立，另外（A.4）变为

$$W^{H}=R^{H}Q^{H}P^{H} \tag{A.6}$$

A.9 特征值

考虑特征值问题：

$$\boldsymbol{Ax}=\lambda\boldsymbol{x}$$

若 $\boldsymbol{A}$ 是 $n\times n$ 的对称矩阵，则有 n 个实特征值 λ_i 及 n 个实特征向量 $\boldsymbol{x}_i$ 满足上式．若 $\boldsymbol{A}$ 是 $n\times n$ 的埃尔米特矩阵，则有 n 个实特征值 λ_i 及 n 个复特征向量 $\boldsymbol{x}_i$ 满足上式．称关于 λ 的多项式方程 $\det(\boldsymbol{A}-\lambda\boldsymbol{I})=0$ 为特征方程，该方程的根记为 $\boldsymbol{A}$ 的特征值．$\boldsymbol{A}$ 的特征值之和等于 trace($\boldsymbol{A}$)，这里 trace($\boldsymbol{A}$) 为 $\boldsymbol{A}$ 的主对角线上元素之和．$\boldsymbol{A}$ 的特征值的乘积等于det（$\boldsymbol{A}$）．

注意若定义如下的矩阵 $\boldsymbol{C}$：

$$\boldsymbol{C}=\begin{bmatrix} -p_1/p_0 & -p_2/p_0 & \cdots & -p_{n-1}/p_0 & -p_n/p_0 \\ 1 & 0 & \cdots & 0 & 0 \\ 0 & 1 & \cdots & 0 & 0 \\ \vdots & \vdots & & \vdots & \vdots \\ 0 & 0 & \cdots & 1 & 0 \end{bmatrix}$$

则 $\boldsymbol{C}$ 的特征值为如下多项式的根：

$$p_0x^n+p_1x^{n-1}+\cdots+p_{n-1}x+p_n=0$$

矩阵 $\boldsymbol{C}$ 称为相伴矩阵．

A.10 范数的定义

向量 $\boldsymbol{v}$ 的 p-范数定义为：

$$\|\boldsymbol{v}\|_p=(|v_1|^p+|v_2|^p+\cdots+|v_n|^p)^{1/p} \tag{A.7}$$ 487

参数 p 可取任意值，常用的有 3 个值．若 $p=1$，则为 1-范数 $\|\boldsymbol{v}\|_1$：

$$\|\boldsymbol{v}\|_1=|v_1|+|v_2|+\cdots+|v_n| \tag{A.8}$$

若 $p=2$，则为向量 $\boldsymbol{v}$ 的 2-范数或欧几里得范数，记为 $\|\boldsymbol{v}\|$ 或 $\|\boldsymbol{v}\|_2$，即：

$$\|\boldsymbol{v}\|_2=\sqrt{v_1^2+v_2^2+\cdots+v_n^2} \tag{A.9}$$

这里由于每个元素都进行了平方，所以并不需要对每个元素求模．欧几里得范数也被称为向量的长度，这是因为在 2 维或 3 维的欧几里得空间中，向量表示空间中点的位置，而从原点到该点的距离即为该向量的欧几里得范数．

若 p 趋向于无穷，则有 $\|\boldsymbol{v}\|_\infty=\max(|v_1|,|v_2|,\cdots,|v_n|)$，称为无穷范数．初看可能觉得和定义（A.7）不一致，实际上，当 p 趋向于无穷时，由于每个元素的模都取很高次幂，所以最大元素在求和中占主要作用．

这些函数在 MATLAB 中均有实现，`norm(v,1)`、`norm(v,2)`（或 `norm(v)`）和 `norm(v,inf)` 分别返回向量 v 的 1、2 及无穷范数．

A.11 约化行标准型

矩阵的约化行标准型（reduced row echelon form，RREF）在理解线性代数理论时非常重要．矩阵的约化行标型准满足如下条件：

1. 所有的零行（若存在）均在矩阵底部.

2. 每个非零行的第一个非零元是 1.

3. 对每个非零行，其第一个非零元在前一行第一个非零元的右边.

4. 非零行第一个非零元所在列的其他元素均为零.

矩阵的约化行标准型可通过有限多个初等行变换得到. 约化行标准型是矩阵只通过初等行变换能得到的最重要的标准型.

对线性方程组 $\boldsymbol{Ax}=\boldsymbol{b}$，可定义增广矩阵 $[\boldsymbol{A}\ \boldsymbol{b}]$. 若将此增广矩阵化成约化行标准型，则有如下结果：

1. 若 $[\boldsymbol{A}\ \boldsymbol{b}]$ 从不相容的方程组（即方程组无解）导出，则约化行标准型有一行为
488 $[0 \cdots 0\ 1]$.

2. 若 $[\boldsymbol{A}\ \boldsymbol{b}]$ 从相容的方程组导出，且该方程组有无穷多个解，则系数矩阵的列数大于约化行标准型中非零行的数目；若不然，则该方程组有唯一解，且解为约化行标准型的最后一列（增广列）.

3. 约化行标准型的零行表示初始的方程组中含有冗余方程，即能从其他方程导出的方程.

在计算约化行标准型的过程中，会出现数值计算问题，这在用到初等行变换的其他操作中也很常见.

A.12 矩阵求导

矩阵求导与标量求导的法则本质上是相同的，不过在矩阵求导时要确保矩阵运算的顺序. 下面举例说明矩阵求导的过程. 求二次型 $f(\boldsymbol{x})=\boldsymbol{x}^{\mathrm{T}}\boldsymbol{Ax}$ 关于 $\boldsymbol{x}$ 各个元素的导数，这里 $\boldsymbol{x}$ 为 n 个元素的列向量 $(x_1, x_2, x_3, \cdots, x_n)^{\mathrm{T}}$，$\boldsymbol{A}$ 的元素为 a_{ij} $(i, j=1, 2, \cdots, n)$. 由于二次型关联的矩阵是对称矩阵，所以矩阵 $\boldsymbol{A}$ 是对称的. 因为 $f(\boldsymbol{x})$ 关于 $\boldsymbol{x}$ 各个元素的一阶偏导数构成 $f(\boldsymbol{x})$ 的梯度，即需要求 $f(\boldsymbol{x})$ 的梯度（记为 $\nabla f(\boldsymbol{x})$）. 将 $f(\boldsymbol{x})$ 表达式中的乘法用具体元素写出即为：

$$f(\boldsymbol{x}) = \sum_{i=1}^{n} a_{ii}x_i^2 + \sum_{i=1}^{n}\sum_{\substack{j=1,\\ j\neq i}}^{n} a_{ij}x_ix_j$$

注意到 $\boldsymbol{A}$ 是对称矩阵，有 $a_{ij}=a_{ji}$，则 $a_{ij}x_ix_j+a_{ji}x_ix_j$ 可写为 $2a_{ij}x_ix_j$，于是：

$$\frac{\partial f(\boldsymbol{x})}{\partial x_k} = 2a_{kk}x_k + 2\sum_{\substack{j=1,\\ j\neq 1}}^{n} a_{kj}x_j \quad k=1,2,\cdots,n$$

以矩阵形式可写为

$$\nabla f(\boldsymbol{x}) = 2\boldsymbol{Ax}$$

489 此即为标准的矩阵结果（$\boldsymbol{x}$ 是列向量）.

A.13 矩阵开方

一个矩阵若能开方，则该矩阵必须为方阵. 若 $\boldsymbol{A}$ 是方阵，且有 $\boldsymbol{BB}=\boldsymbol{A}$，则称 $\boldsymbol{B}$ 是 $\boldsymbol{A}$ 的平方根. 若 $\boldsymbol{A}$ 是奇异的，则 $\boldsymbol{A}$ 可能没有平方根.

若方阵 $\boldsymbol{A}$ 可分解为 $\boldsymbol{A}=\boldsymbol{XDX}^{-1}$，其中 $\boldsymbol{D}$ 是由 $\boldsymbol{A}$ 的 n 个特征值构成的对角矩阵，$\boldsymbol{X}$ 是 $\boldsymbol{A}$ 的特征向量构成的 $n\times n$ 矩阵，可将 $\boldsymbol{A}$ 的分解式写为：

$$\boldsymbol{A} = (\boldsymbol{XD}^{1/2}\boldsymbol{X}^{-1})(\boldsymbol{XD}^{1/2}\boldsymbol{X}^{-1})$$

由于

$$A = BB$$

则

$$B = XD^{1/2}X^{-1}$$

由特征值构成的对角矩阵的平方根，即矩阵 D，为特征值的平方根构成的对角矩阵. 每个实数或复数都有一对平方根（一正一负）. 求 A 的平方根需要求 D 的平方根，必须考虑特征值正、负平方根的各种组合. 各种不同的组合有 2^n 种，所以$D^{1/2}$有 2^n 种不同的形式，这将给出 2^n 种不同的平方根矩阵 B. 若$D^{1/2}$由所有正的平方根组成，则得到的平方根矩阵称为主平方根，这个矩阵是唯一确定的.

考虑下面的例子. 若

$$A = \begin{bmatrix} 31 & 37 & 34 \\ 55 & 67 & 64 \\ 91 & 115 & 118 \end{bmatrix}$$

则有 $2^3 = 8$ 种不同的平方根组合，可求得矩阵 A 的如下几个平方根，其中B_0 是主平方根.

$$B_0 = \begin{bmatrix} 2.9798 & 2.9296 & 1.8721 \\ 4.3357 & 5.0865 & 3.9804 \\ 5.0313 & 7.1413 & 8.9530 \end{bmatrix} \quad B_1 = \begin{bmatrix} 1.0000 & 2.0000 & 3.0000 \\ 3.0000 & 4.0000 & 5.0000 \\ 8.0000 & 9.0000 & 7.0000 \end{bmatrix}$$

$$B_2 = \begin{bmatrix} 2.8115 & 3.0713 & 1.8437 \\ 4.5426 & 4.9123 & 4.0153 \\ 4.9594 & 7.2019 & 8.9408 \end{bmatrix} \quad B_3 = \begin{bmatrix} 1.1683 & 1.8583 & 3.0284 \\ 2.7931 & 4.1742 & 4.9651 \\ 8.0719 & 8.9395 & 7.0121 \end{bmatrix}$$

上述矩阵的负矩阵给出了其他 4 个 A 的平方根. 将这些矩阵的任何一个和自身相乘都可得初始的矩阵 A. 490

误差分析

任何数值过程都会产生误差．有如下几种类型的误差：

1．截断误差，这是数值算法内在产生的．

2．舍入误差，这是由于需得到有限的有效数字精度造成的．

3．由于输入数据不准确造成的误差．

4．程序设计时出现的错误，这显然不应该出现，但实际中会经常遇到．

第（1）类误差在本书中随处可见，比如第 3、4、5 章中的例子．本附录将考察第（2）类和第（3）类误差的含义．本书不考虑第（4）类错误．

B.1 引言

误差分析估计计算过程中出现的误差，误差是由之前的过程产生的，比如实验、观察或计算时的舍入等．一般地，需要确定最坏情形时的误差上界．举例说明如下．假设 $a=4\pm0.02$（误差为$\pm0.5\%$）及 $b=2\pm0.03$（误差为$\pm1.5\%$），则 a/b 的最大值为 4.02 除以 1.97（结果为 2.041），最小值为 3.98 除以 2.03（结果为 1.960）．和 a/b 的标准值（为 2）相比，最大向上偏差 2.05%，最大向下偏差 2.0%．

误差分析中，有时需要确定计算过程对某个参数的误差敏感性．可人为修改该参数来求得最终结果对这个参数变化的敏感程度．例如，考虑如下的等式：

$$a = 100\,\frac{\sin\theta}{x^3}$$

当 $\theta=70^\circ$及 $x=3$ 时，$a=3.4803$．当 θ 增加 10%，则 $a=3.6088$，增加了 3.69%；当 θ 减少 10%，则 $a=3.3$，减少了 5.18%．同样，当 x 增加 10%，则 $a=2.6148$，减少了 24.8%；当 x 减少 10%，则 $a=4.7741$，增加了 37.17%．很明显，相比于 θ 来说，x 的

微小变化能引起 a 的更大改变，a 的值对参数 x 更加敏感．

B.2 算术运算的误差

通常，每个独立变量都会有特定误差，最终希望确定整个计算过程的误差．下面考虑如何估计标准的算术运算中产生的误差．令 x_a、y_a 和 z_a 分别为精确值 x，y 和 z 的估计值．记 x，y 和 z 的误差分别为 x_ε、y_ε 和 z_ε，则有如下等式：

$$x_\varepsilon = x - x_a，\quad y_\varepsilon = y - y_a，\quad z_\varepsilon = z - z_a$$

即

$$x = x_\varepsilon + x_a，\quad y = y_\varepsilon + y_a，\quad z = z_\varepsilon + z_a$$

若 $z=x\pm y$，则有

$$z = (x_a + x_\varepsilon) \pm (y_a + y_\varepsilon) = (x_a \pm y_a) + (x_\varepsilon \pm y_\varepsilon)$$

因为 $z_a=x_a\pm y_a$，则从上面定义可知 $z_\varepsilon=x_\varepsilon\pm y_\varepsilon$．通常需确定最大可能的误差，因为 x_ε、y_ε 可能为正也可能为负，所以有

$$\max(|z_\varepsilon|) = |x_\varepsilon| + |y_\varepsilon|$$

下面考虑乘法计算. 若 $z=xy$，则

$$z=(x_a+x_\varepsilon)(y_a+y_\varepsilon)=x_a y_a+x_\varepsilon y_a+y_\varepsilon x_a+x_\varepsilon y_\varepsilon \tag{B.1}$$

假设误差很小，则可以忽略上式中误差的乘积项. 这里采用相对误差更方便. x 的相对误差 x_ε^R 由下式定义：

$$x_\varepsilon^R=x_\varepsilon/x\approx x_\varepsilon/x_a$$

将式（B.1）除以 $z_a=x_a y_a$，则有

$$\frac{(z_a+z_\varepsilon)}{z_a}=1+\frac{x_\varepsilon}{x_a}+\frac{y_\varepsilon}{y_a}$$

即

$$\frac{z_\varepsilon}{z_a}=\frac{x_\varepsilon}{x_a}+\frac{y_\varepsilon}{y_a} \tag{B.2}$$

（B.2）式可写为：

$$z_\varepsilon^R=x_\varepsilon^R+y_\varepsilon^R$$

同样，需确定 z 的最大误差，又因为 x 和 y 的误差可正可负，所以有： 492

$$\max(|z_\varepsilon^R|)=|x_\varepsilon^R|+|y_\varepsilon^R| \tag{B.3}$$

很容易求得当 $z=x/y$ 时，z 的最大相对误差同样由（B.3）式确定. 证明留给读者作为练习.

更一般地，可采用泰勒级数进行误差分析. 若 $y=f(x)$ 及 $y_a=f(x_a)$，则

$$y=f(x)=f(x_a+x_\varepsilon)=f(x_a)+x_\varepsilon f'(x_a)+\cdots$$

由于

$$y_\varepsilon=y-y_a=f(x)-f(x_a)$$

可知

$$y_\varepsilon\approx x_\varepsilon f'(x_a)$$

例如，考虑 $y=\sin\theta$，其中 $\theta=\pi/3\pm0.08$. 有 $\theta_\varepsilon=\pm0.08$，则

$$y_\varepsilon\approx\theta_\varepsilon\frac{\mathrm{d}}{\mathrm{d}\theta}\{\sin(\theta)\}=\theta_\varepsilon\cos(\pi/3)=0.08\times0.5=0.04$$

B.3 线性方程组解的误差

考虑线性方程组 $\boldsymbol{Ax}=\boldsymbol{b}$ 解的误差估计问题，为便于分析，必须引入矩阵范数的概念.

矩阵 p-范数的形式化定义为：

$$\|\boldsymbol{A}\|_p=\max\frac{\|\boldsymbol{Ax}\|p}{\|\boldsymbol{x}\|_p}\quad 若\quad \boldsymbol{x}\neq\boldsymbol{0}$$

这里 $\|\boldsymbol{x}\|_p$ 为附录 A.10 节定义的向量范数. 实际中并不直接采用上式来计算矩阵范数. 例如，矩阵的 1-范数、2-范数和无穷范数分别可如下计算：

$\|\boldsymbol{A}\|_1=\boldsymbol{A}$ 每一列元素绝对值之和的最大值

$\|\boldsymbol{A}\|_2=\boldsymbol{A}$ 奇异值的最大值

$\|\boldsymbol{A}\|_\infty=\boldsymbol{A}$ 每一行元素绝对值之和的最大值 493

定义如上的矩阵范数之后，考虑求解如下的线性方程组：

$$\boldsymbol{Ax}=\boldsymbol{b}$$

记该方程组的精确解为 $\boldsymbol{x}$，实际求得的解为 $\boldsymbol{x}_c$. 则误差为

$$\boldsymbol{x}_e=\boldsymbol{x}-\boldsymbol{x}_c$$

同样可定义残差 $\boldsymbol{r}$ 为：

$$r = b - A x_c$$

需要注意的是，残差大表示解不够精确，但残差小并不能保证精度高. 例如，考虑如下情形：

$$A = \begin{bmatrix} 2 & 1 \\ 2+\varepsilon & 1 \end{bmatrix} \quad b = \begin{bmatrix} 3 \\ 3+\varepsilon \end{bmatrix}$$

则方程 $Ax=b$ 的精确解（残差 $r=0$）为

$$x = \begin{bmatrix} 1 \\ 1 \end{bmatrix}$$

但，若代入解的一个非常差的估计：

$$x_c = \begin{bmatrix} 1.5 \\ 0 \end{bmatrix}$$

计算残差为：

$$b - Ax_c = \begin{bmatrix} 0 \\ -0.5\varepsilon \end{bmatrix}$$

若取 $\varepsilon=0.00001$，则残差非常小，但此时解的精度很差.

可按如下步骤求计算解 x_c 的相对误差的界：

$$r = b - Ax_c = Ax - Ax_c = AX_\varepsilon \tag{B.4}$$

从式（B.4）可得：

$$x_\varepsilon = A^{-1} r$$

两边同时取范数，则有：

494

$$\|x_\varepsilon\| = \|A^{-1} r\| \tag{B.5}$$

这里可采用任意一个 p-范数. 在下面的分析中，省略了下标 p. 范数满足性质 $\|AB\| \leqslant \|A\|\|B\|$，则从式（B.5）可得：

$$\|x_\varepsilon\| \leqslant \|A^{-1}\|\|r\| \tag{B.6}$$

因为 $r=A x_\varepsilon$，则

$$\|r\| \leqslant \|A\|\|x_\varepsilon\|$$

于是有

$$\frac{\|r\|}{\|A\|} \leqslant \|x_\varepsilon\|$$

结合（B.6）式，可得：

$$\frac{\|r\|}{\|A\|} \leqslant \|x_\varepsilon\| \leqslant \|A^{-1}\|\|r\| \tag{B.7}$$

再由于 $x=A^{-1}b$，类似可得：

$$\frac{\|b\|}{\|A\|} \leqslant \|x\| \leqslant \|A^{-1}\|\|b\| \tag{B.8}$$

若上面的不等式中各项均不为 0，则取倒数后为：

$$\frac{1}{\|A^{-1}\|\|b\|} \leqslant \frac{1}{\|x\|} \leqslant \frac{\|A\|}{\|b\|} \tag{B.9}$$

将式（B.7）和式（B.9）中的对应项相乘，得：

$$\frac{1}{\|A\|\|A^{-1}\|}\frac{\|r\|}{\|b\|} \leqslant \frac{\|x_\varepsilon\|}{\|x\|} \leqslant \|A\|\|A^{-1}\|\frac{\|r\|}{\|b\|} \tag{B.10}$$

该不等式给出了相对误差的界，可直接计算得到. 矩阵 A 的条件数定义为 $\mathrm{cond}(A, p)=$

$\|\boldsymbol{A}\|_p\|\boldsymbol{A}^{-1}\|_p$，则不等式（B.10）可用 cond($\boldsymbol{A}$，$p$）重新写出．当 $p=2$ 时，cond($\boldsymbol{A}$）为矩阵 $\boldsymbol{A}$ 最大奇异值和最小奇异值的比值．

下面说明当矩阵 $\boldsymbol{A}$ 为希尔伯特矩阵时，如何用式（B.10）来估计方程组 $\boldsymbol{Ax}=\boldsymbol{b}$ 解的相对误差．选择希尔伯特矩阵是因为它的条件数非常大，而且它的逆矩阵是已知的，这样就能求得计算解时的实际误差．下面的 MATLAB 脚本对特定的希尔伯特矩阵计算式（B.10）的上下界，其中采用的范数为 2-范数．

```
n = 6, format long
a = hilb(n); b = ones(n,1);
xc = a\b;
x = invhilb(n)*b;
exact_x = x';                                    495
err = abs((xc-x)./x);
nrm_err = norm(xc-x)/norm(x)
r = b-a*xc;
L_Lim = (1/cond(a))*norm(r)/norm(b)
U_Lim = cond(a)*norm(r)/norm(b)
```

运行该脚本，输出如下：

```
n =
    6

nrm_err =
3.316798106133016e-11

L_Lim =
3.351828310510846e-21

U_Lim =
7.492481073232495e-07
```

可以看到，实际相对误差的范数 3.316×10^{-11} 介于下界 3.35×10^{-21} 和上界 7.49×10^{-7} 之间． 496

部分习题解答

第1章

1.1 (a) 由于一些 x 是负的，相应的平方根是虚数，需要用到 $i=\sqrt{-1}$.

(b) 在计算 x./y 时，除以 0 会出现符号∞及警告.

1.2 (b) 注意到 t2 和 c 是相同的，但 t1 不是，这是因为 sqrt 函数计算的是 c 的各个元素的平方根.

1.4 $x=2.4545$，$y=1.4545$，$z=-0.2727$. 注意到当使用运算符“/”时，求解需要输入 x=b'/a'.

1.8 因为没有足够多的点，所以画出的图不能真正表示函数 $\cos(x^3)$.

1.9 函数 fplot 可自动调整以画出足够光滑的图. 不过，当取 x 为-2:0.01:2 时，用函数 plot 也能画出类似质量的图.

1.12 $x=1.6180$.

1.14 取 $x_1=1$，$x_2=2$，…，$x_6=6$，脚本为

```
n = 6; x = 1:n;
for j = 1:n,
    p(j) = 1;
    for i = 1:n
        if i~=j
            p(j) = p(j)*x(i);
        end
    end
end
p
```

1.15 脚本为

```
x = 0.82; tol = 0.005; s = x; i = 2; term = x;
while abs(term)>tol
    term = -term*x; s = s+term/i; i = i+1;
end
s, log(1+x)
```

497 注意：可能会压缩脚本以节省空间.

1.17 函数形式为

```
function [x1,x2] = funct1(a,b,c)
d = b*b-4*a*c;
if d==0
    x1 = -b/(2*a); x2 = x1;
else
    x1 = (-b+sqrt(d))/(2*a); x2 = (-b-sqrt(d))/(2*a);
end
```

1.18 脚本可如下

```
function [x1,x2] = funct2(a,b,c)
if a~= 0
    %as in problem 1.17
else
    disp('warning only one root'); x1 = -c/b; x2 = x1;
end
```

1.19 通过画图，可取初始估计值为 1.5，再执行函数调用 fzero('funct3',1.5)得到解为 1.2512.

1.20 脚本可如下

```
x=[ ]; x(1) = 1873;
c = 1; xc = x(1);
while xc>1
    if (x(c)/2)==floor(x(c)/2)
        x(c+1) = (x(c))/2;
    else
        x(c+1) = 3*x(c)+1;
    end
    xc = x(c+1); c = c+1;
    if c>1000
        break
    end
end
plot(x)
```

尝试不同的 x(1)，例如，1173、1409 等等.

1.21 脚本可如下

```
x = -4:0.1:4; y = -4:0.1:4;
[x,y] = meshgrid(-4:0.1:4,-4:0.1:4);
p = x.^2+y.^2;
z = (1-x.^2).*exp(-p)-p.*exp(-p)-exp(-(x+1).^2-y.^2);
subplot(3,1,1)
mesh(x,y,z)
xlabel('x'), ylabel('y'), zlabel('z')
title('mesh')
subplot(3,1,2)
surf(x,y,z)
xlabel('x'), ylabel('y'), zlabel('z')
title('surf')
subplot(3,1,3)
mesh(x,y,z)
xlabel('x'), ylabel('y'), zlabel('z')
title('contour')
```

498

1.22 脚本可如下

```
clf
a = 11; b= 6;
t = -20:0.1:20;
% Cycloid
x = a*(t-sin(t));y=a*(1-cos(t));
subplot(3,1,1), plot(x,y)
xlabel('x-xis'), ylabel('y-xis'), title('Cycloid')
% witch of agnesi
x1 = 2*a*t;y1=2*a./(1+t.^2);
subplot(3,1,2), plot(x1,y1)
xlabel('x-xis'), ylabel('y-xis')
title('witch of agnesi')
% Complex structure
x2 = a*cos(t)-b*cos(a/b*t);
y2 = a*sin(t)-b*sin(a/b*t);
subplot(3,1,3), plot(x2,y2)
```

```
xlabel('x-xis'), ylabel('y-xis')
title('Complex structure')
```

1.23 函数可如下

```
function r = zetainf(s,acc)
sum = 0; n = 1; term = 1+acc;
while abs(term)>acc
    term = 1/n.^s;
    sum = sum +term;
    n = n+1;
end
r = sum;
```

499 1.24 函数可如下

```
function res = sumfac(n)
sum = 0;
for i = 1:n
    sum = sum+i^2/factorial(i);
end
res = sum;
```

1.26 脚本可如下

```
rho1 = [zeros(2), eye(2); eye(2), zeros(2)]
rho2 = [zeros(2), i*eye(2); -i*eye(2), zeros(2)]
rho3 = [eye(2), zeros(2); zeros(2), -eye(2)]
q1 = [zeros(4)  rho1;-rho1  zeros(4)]
q1 = [zeros(4)  rho2;-rho2  zeros(4)]
q1 = [zeros(4)  rho3;-rho3  zeros(4)]
```

1.27 脚本可如下

```
x = -4:0.001:4;
y = 1./(((x+2.5).^2).*((x-3.5).^2));
plot(x,y)
ylim([0,20])
xlim([-3,-2])
```

1.28 脚本可如下

```
y = @(x)x.^2.*cos(1+x.^2);
y1 = @(x) (1+exp(x))./(cos(x)+sin(x));
x = 0:0.1:2;
subplot(1,2,1), plot(x,y(x))
xlabel('x'), ylabel('y')
subplot(1,2,2), plot(x,y1(x))
xlabel('x'), ylabel('y')
```

第 2 章

2.1

n	norm(p-r)	norm(q-r)
3	0.0000	0.0000
4	0.0849	0.0000
5	84.1182	0.1473
6	4.7405e10	6.7767e3

500 注意当 $n=6$ 时计算希尔伯特矩阵平方的逆时的巨大误差.

2.2 当 $n=3$，4，5，6 时，结果分别为 2.7464×10^5、2.4068×10^8、2.2715×10^{11}、2.2341×10^{14}. 习题 2.1 中出现的巨大误差正是由于希尔伯特矩阵是非常病态的，这从本习题中可以看出.

2.3 例如，取 $n=5$，$a=0.2$ 及 $b=0.1$，$a+2b<1$ 时，矩阵元素的最大误差为 1.0412×10^5. 而取 $n=5$，

a=0.3 及 b=0.5，$a+2b>1$ 时，计算到 10 项后，矩阵元素的最大误差为 10.8770，计算到 20 项后，矩阵元素的最大误差为 50.5327，很明显是发散的.

2.4 特征值为 5、2+2i 和 2−2i. 在矩阵（$\boldsymbol{A}-\lambda\boldsymbol{I}$）中取 $\lambda=5$，可求得其约化行标准型（$RREF$）为：

$$\boldsymbol{p}=\begin{bmatrix}1 & 0 & -1.3529\\ 0 & 1 & 0.6471\\ 0 & 0 & 0\end{bmatrix}$$

所以 $\boldsymbol{px}=\boldsymbol{0}$. 求解可得 $x_1=1.3529x_3$，$x_2=-0.6471x_3$，其中 x_3 为任意数.

2.6 $x^{\mathrm{T}}=[0.9500\ 0.9811\ 0.9727]$. 所有方法的结果相同. 注意到若`[q,r]=qr(a)`且 `y=q'*b`，则有`x = r(1:3,1:3)\y(1:3)`.

2.7 解为 $[0\ 0\ 0\ 0\ \cdots\ n+1]$.

2.10 当 $n=20$ 时，条件数为 178.0643，条件数的理论值为 162.1139. 当 $n=50$ 时，条件数为 1053.5，条件数的理论值为 1013.2.

2.11 右向量为

$$\begin{bmatrix}0.0484+0.4447\mathrm{i}\\ -0.3962+0.4930\mathrm{i}\\ 0.4930+0.3962\mathrm{i}\end{bmatrix}\begin{bmatrix}0.0484-0.4447\mathrm{i}\\ -0.3962-0.4930\mathrm{i}\\ 0.4930-0.3962\mathrm{i}\end{bmatrix}\begin{bmatrix}0.4082\\ 0.8165\\ 0.4082\end{bmatrix}$$

相应的特征值为 2+4i、2−4i 和 1. 左向量可对转置矩阵应用 `eig` 函数得到.

2.12 (a) 最大特征值为 242.9773.

(b) 最接近 100 的特征值为 112.1542.

(c) 最小特征值为 77.6972.

2.14 当 $n=5$ 时，最大特征值为 12.3435，最小特征值为 0.2716. 当 $n=50$ 时，最大特征值为 1.0337×10^3，最小特征值为 0.2502.

2.15 利用函数 `roots` 可求得特征值 22.9714、−11.9714、1.0206±0.0086i、1.0083±0.0206i、0.9914±0.0202i、0.9798±0.0083i. 使用函数 `eig` 求得的结果为 22.9714、−11.9714、1、1、1、1、1、1、1、1. 后者更准确.

2.16 函数 `eig` 和 `roots` 给出的结果相差不超过 1×10^{-10}. 特征值为 242.9773、77.6972、112.1542、 501
167.4849、134.6865.

2.17 特征值之和为 55，特征值的乘积为 1.

2.18 $c=0.641n^{1.8863}$.

2.19 函数可如下

```
function appinv = invapprox(A,k)
ev = eig(A);
evm = max(ev);
if abs(evm)>1
    disp('Method fails')
    appinv = eye(size(A));
else
    appinv = eye(size(A));
    for i = 1:k
        appinv = appinv+A^i;
    end
end
```

2.20 MATLAB 运算符的结果更好. 函数可如下：

```
function [res1,res2, nv1,nv2] = udsys(A,b)
newA = A'*A; newb = A'*b;
x1 = inv(newA)*newb;
nv1 = norm(A*x1-b);
x2 = A\b;
nv2 = norm(A*x2-b);
res1 = x1; res2 = x2;
```

2.22 精确解为：

$$\boldsymbol{x} = [-12.5\ -24\ -34\ -42\ -47.5\ -50\ -49\ -44\ -34.5\ -20]^{\mathrm{T}}$$

要得到需要的精度，高斯-塞德尔（Gauss-Seidel）方法需要149步迭代，雅可比方法需要283步迭代.

第3章

3.2 解为27.8235.

3.3 解为−2和1.6344.

502 3.4 当$c=5$时，初始值取1.3或1.4，经过两步或三步迭代求得解为1.3735. 当$c=10$时，初始值取1.4，经过五步迭代求得解为1.4711，初始值取1.3时，经过41步迭代，收敛到193.1083. 这也是一个解，但由于函数的不连续性，导致牛顿法的性能下降.

3.5 施罗德（Schroder）法经过62步迭代给出的解为$x=1.0285$，但牛顿法经过161步迭代给出的解为$x=1.0624$. 由施罗德法给出的解更精确.

3.6 方程可重写为形式$x=\exp(x/10)$. 迭代求解得$x=1.1183$. 方程也可重写为其他形式.

3.7 解为$E=0.1280$.

3.8 初始值为1和−1.5时，结果分别为-3.019×10^{-6}和-6.707×10^{-6}. 精确解显然为0，不过这个问题很困难.

3.9 使用前4、5、6项，求得三个结果分别为1.4299、1.4468、1.4458. 可以看出结果收敛于正确的值.

3.10 两种方法给出的结果相同，均为$x=8.2183$，$y=2.2747$. 单变量方程为$x/5-\cos x=2$. 另外，可执行如下的函数调用：

```
newtonmv([1 1]','p310','p310d',2,1e-4)
```

其中要用到如下定义的函数及其导数：

```
function v = p310(x)
v = zeros(2,1);
v(1) = exp(x(1)/10)-x(2);
v(2) = 2*log(x(2))-cos(x(1))-2;

function vd = p310d(x)
vd = zeros(2,2);
vd(1,:) = [exp(x(1)/10)/10 -1];
vd(2,:) = [sin(x(1)) 2/x(2)];
```

3.11 由`broyden`给出的解为$x=0.1605$，$y=0.4931$.

3.12 一个解为$x=0.9397$，$y=0.3420$. 使用MATLAB函数`newtonmv`需要7步迭代，使用`broyden`需要33步.

3.14 5个根分别为1，$-i$，i，$-\sqrt{2}$，$\sqrt{2}$.

3.15 解为$x=-0.1737$，$-0.9848i$，$0.9397+0.3420i$，$-0.7660+0.6428i$. 和精确解相同.

503 3.16 所需的MATLAB函数为

```
function v = jarrett(f,x1,x2,tol)
gamma = 0.5; d = 1;
while abs(d)>to
    f2 = feval(f,x2);f1=feval(f,x1);
    df = (f2-f1)/(x2-x1); x3 = x2-f2/df; d = x2-x3;
    if f1*f2>0
        x2 = x1; f2 = gamma*f1;
    end
    x2 = x3
end
```

3.17 3 阶方法在 7 步迭代后得到所求精度的解，而 2 阶方法需要 10 步迭代才能得到所求精度的解.

3.18 从图中可以看出，当 $c=2.8$ 时，收敛到一个解. 当 $c=3.25$ 时，迭代过程在两个值之间振荡. 当 $c=3.5$ 时，迭代过程在 4 个值之间振荡. 当 $c=3.8$ 时，迭代过程在很多值之间混沌振荡.

3.20 取如下的 p 和 q 的值，根为实数：

```
>> p=2.5; q = -1; if p^3/q^2>27/4, r = roots([1 0 -p -q]), end

r =
   -1.7523
    1.3200
    0.4323
```

3.21 求解该习题的命令如下：

```
>> y1 = roots([1 0 6 -60 36])

y1 =
  -1.8721 + 3.8101i
  -1.8721 - 3.8101i
   3.0999
   0.6444

>> y = y1(3:4)'

y =
    3.0999    0.6444
>> x = 6./y

x =
    1.9356    9.3110

>> z = 10-x-y

z =
    4.9646    0.0446
```

504

3.22 可用如下脚本求解该习题：

```
c1=(sinh(x)+sin(x))./(2*x);
c3=(sinh(x)-sin(x))./(2*x.^3);
fzero(@ (x) c1^2-x.^4*c3.^2,5)
fzero(@ (x) c1^2-x.^4*c3.^2,30)
```

第 4 章

4.1 一阶导数为 0.2391，二阶导数为 −2.8256. 取 $h=0.1$ 或 0.01，函数 diffgen 都能给出足够精确的解. 该函数在所求区域上变化缓慢.

4.2 当 $x=1$ 时，导数的计算值和精确值均为 −5.0488；当 $x=2$ 时，导数的计算值为 −176.6375（精确值为 −176.6450）；当 $x=3$ 时，导数的计算值为 −194.4680（精确值为 −218.6079）.

4.3 使用新的公式求解习题 4.1，分别取 $h=0.1$ 和 0.01，求得的一阶导数分别为 0.2267 和 0.2390，求得的二阶导数分别为 −2.8249 和 −2.8256. 使用新的公式求解习题 4.2，当 x 分别取 1、2、3 时，一阶导数分别为 −5.0489、−175.5798、−150.1775. 注意到这些结果不如用 diffgen 得到的结果精确.

4.4 导数的近似值分别为 −1367.2、−979.4472、−1287.7、−194.4680. 若 h 减小为 0.0001，则求得导数的近似值与精确值在给定的有效数字内是相同的.

4.5 相对于 x 和 y 的偏导数的精确值分别为 593.652 和 445.2395. 相应的近似值分别为 593.7071 和 445.2933.

4.6 在 1 到 10 范围内，数值积分给出的近似值为 6.3470. 在 1 到 17 范围内，数值积分给出的近似值为 9.633. 在 1 到 30 范围内，数值积分给出的近似值为 15.1851. 三种情形的准确值分别为 7、
505 10、15.

4.7 对 $r=0$、1、2，精确值分别为 1.5708、0.5236、0.1428. 数值积分求得的近似值分别为 1.5338、0.5820、0.2700.

4.8 当 $a=1$ 时，精确值为 -0.0811，当 $a=2$ 时，精确值为 0.3052. 使用 512 个点的 simp1 函数，其计算结果和精确值在小数点后 12 位是一样的.

4.9 精确结果为 $-0.915\,965\,591$，由 fgauss 给出的解为 -0.9136. 由于在 $x=0$ 处函数是奇异的，所以不能使用 simp1 函数.

4.10 精确结果为 0.915 965 591，由 fgauss 给出的解为 0.915 965 593 8. 注意到习题 4.9 中的数值积分和本题的结果除去符号外是相同的.

4.11 (a) 利用 10 个点的公式（4.32）求得解为 3.977 463 260 506 42，16 点高斯求得的解为 3.8145.
(b) 用公式（4.33）求得的解为 1.775 499 689 212 18，16 点高斯求得的解为 1.7758.

4.13 使用函数 filon 求得的解分别为 2.000 000 000 000 98、$-0.133\,333\,333\,444\,40$、$-2.000\,199\,980\,281\,494\times10^{-4}$.

4.14 使用 9 个子区间的龙贝格（Romberg）法求得解为 $-2.000\,222\,004\,003\,794\times10^{-4}$. 使用 1 024 个子区间的辛普森法求得解为 $-1.999\,899\,106\,566\,088\times10^{-4}$.

4.18 (a) 的解为 48.963 211 825 529 04，(b) 的解为 $9.726\,564\,917\,628\,732\times10^{3}$. 这些结果和精确值匹配得很好，精确值的计算公式为 $4\pi^{(n+1)}/(n+1)^2$，其中 n 为 x 和 y 的幂次.

4.19 (a) 为固定积分的界，代入 $y=\sqrt{(x/3)}-1z+1$. 结果为 $-1.719\,627\,484\,689\,52$.
(b) 为固定积分的界，代入 $y=(2-x)z$. 结果为 0.222 223 887 802 05.

4.20 结果分别为 (a) $-1.718\,212\,932\,548\,48$ 和 (b) 0.222 222 222 009 93.

4.21 积分值如下表所示：

z	精确值	16 点高斯法
0.5	0.493 107 418	0.493 107 417 846 18
1.0	0.946 083 070	0.946 083 069 991 40
2.0	1.605 412 977	1.605 412 976 176 44

4.22 使用 gauss2v 并定义如下的函数：

```
z = @(x,y) 1./(1-x.*y);
```

4.23 可用如下脚本求解本习题：

```
% Probability of engine failure
p = [ ];
a = 3.5; b = 8200;
i = 1;
506 for T = 200:100:4000
P(i) = quad(@(x) a*b^a./((x+b).^(a+1)),0.001,T);
i = i+1;
end
figure(1)
plot(200:100:4000,P)
xlabel('Time in hours'), ylabel('Probability of failure')
title('plot of probaility of failure against time')
grid
```

4.24 可用如下脚本求解本习题. 积分值精确到 5 位有效数字为 $-0.154\,15$.

```
p = 3; q = 4; r = 2;
f = @(x) (x.^p-x.^q).*x.^r ./log(x);
```

```
val = quad(f,0,1);
fprintf('\n value of integral = %6.5f\n',val)
check = log((p+r+1)/(q+r+1))
fprintf('\n value of integral = %6.5f\n',check)
```

4.25 三个积分近似等于 0.915 97.

4.26 精确到小数点后 5 位的积分值为 0.

4.27 得到的解的精度很低.

4.28 得到一个精确到小数点后 2 位的解.

4.29 求得的值匹配得很好. 脚本如下：

```
f = @(x) -log(x).^3 .* exp(-x)
val = quadgk(f,0,Inf);
fprintf('\n value of integral = %6.5f\n',val)
gam = 0.57722;
S3 = gam^3+0.5*gam*pi^2+2*zeta(3)
fprintf('\n Approximate sum of series = %6.5f\n',S3)
```

4.30 由 dblquad 求得的解最好，为 2.011 31. 脚本如下：

```
R = dblquad(@(x,y) (1-cos(50*x).*cos(100*y))./(2-cos(x)-cos(y))...
,0.0001,pi,0.0001,pi);R=R/pi^2;
fprintf('\nValue of integral using dblquad = %6.5f\n',R)
R1 = simp2v(@(x,y) (1-cos(50*x).*cos(100*y))./(2-cos(x)-cos(y))...
    ,.00001,pi,0.00001,pi,64);R1=R1/pi^2;
gamma = -psi(1);                                                    507
R = (gamma+3*log(2)/2+log(50^2+100^2)/2)/pi;
fprintf('\nValue of integral using simp2v = %6.5f\n',R1)
fprintf('\n Approximate value check = %6.5f\n',R)
```

4.31 积分值＝0.463 06.

第 5 章

5.1 当 $t=10$ 时，精确值为 30.326 533. 取 $h=1$、0.1、0.01，feuler：29.9368、30.2885、30.3227. 取 $h=1$、0.1，eulertp：30.3281、30.3266. 取 $h=1$，rkgen：30.3265.

5.2 经典方法给出的解为 108.9077，布彻（Butcher）法给出解为 109.1924，默松（Merson）法给出的解为 109.0706. 精确解为 $2\exp(x^2)=109.1963$.

5.3 亚当斯-巴什福斯-莫尔顿（Adams-Bashforth-Moulton）法给出解为 4.1042，汉明（Hamming）法给出解为 4.1043. 精确解为4.104 249 9.

5.4 用 ode23 计算得 0.0456，用 ode45 计算得 0.0588.

5.5 习题 5.1 中取 $h=1$ 时，解为 30.3265. 习题 5.2 中取 $h=0.2$ 时，解为 108.8906. 习题 5.2 中取$h=0.02$ 时，解为 109.1963.

5.6 (a) 7998.6，精确值＝8000. (b) 109.1963.

5.9 取 $h=0.1$ 和 0.2 时，方法是稳定的. 取 $h=0.4$ 时，方法是不稳定的.

5.11 使用如下的函数定义右端项：

```
function = p511(t,x)
v = ones(2,1);
v(1) = x(1)*(1-0.001*x(1)-1.8*x(2));
v(2) = x(2)*(.3-.5*x(2)/x(1));
```

5.12 使用如下的函数定义右端项：

```
function v = p512(t,x)
v = ones(2,1);
v(1) = -20*x(1); v(2) = x(1);
```

5.13 使用如下的函数定义右端项：

```
function v = p513(t,x)
v = ones(2,1);
v(1) = -30*x(2);
v(2) = -.01*x(1)*x(2);
```

508 5.14 使用如下的函数定义右端项：

```
function v = p514(t,x)
global c
k = 4; m = 1; F = 1;
v = ones(2,1);
v(1) = (F-c*x(1)-k*x(2))/m;
v(2) = x(1);
```

求解该方程的脚本为：

```
global c
i = 0;
for c = [0,2,1]
    i = i+1;
    c
    [t,x] = ode45('q514',[0 10],[0 0]');
    figure(i)
    plot(t,x(:,2))
end
```

5.16 求解该问题的函数如下：

```
function prhs = planetrhs(t,x)
% global x0
% NB global is used if initial values x0
% are used to calculate impact probabilities
% rather than x the variable values
for i=1:3
    for j=1:3
        A(i,j)=x(i).*x(j)./(x(i)+x(j))/1000;
    end
end
prhs = zeros(3,1);
prhs(1) = -x(1).*(A(1,2).*x(2)+A(1,3).*x(3));
prhs(2) = 0.5*A(1,1)*x(1).*x(1)-x(2).*(A(2,2).*x(2)+A(2,3).*x(3));
prhs(3) = 0.5*A(1,2)*x(1).*x(2);
```

求解脚本如下：

```
% Solution of planetary growth
% The coagulation equation three size model
% Let x(1), x(2) and x(3) represent the
% number of planetesimals of the three sizes
global x0
% Initially
```

509

```
x0 = [200,25,1];
tspan = [0,2];
[t,x] = ode45('planetrhs', tspan,x0);
fprintf('\n number of smallest planets= %3.0f',x(end,1))
fprintf('\n number of intermediate planets=%3.0f',x(end,2))
fprintf('\nlargest planets=%3.0f\n',x(end,3))
figure(1)
```

```
plot(t,x)
xlabel('time'), ylabel('planet numbers')
grid
```

5.17 求解方程的脚本如下：

```
% Solution of Daisy world problem
span = 10;
[x,t] = ode45('daisyf',span,[0.2, 0.3]);
plot(x,t)
xlabel('Time'), ylabel('black and white daisy areas')
title('daisy world')
grid
```

所需函数为：

```
function daisyrhs = daisyf(t,x)
daisyrhs = zeros(2,1);
gamma = 0.3;
Tb = 295; Tw = 285;
betab = 1-0.003265*(295.5-Tb)^2;
betaw = 1-0.003265*(295.5-Tw)^2;
barbit = 1-x(1)-x(2);
daisyrhs(1) = x(1).*(barbit.*betab-gamma);
daisyrhs(2) = x(2).*(barbit.*betaw-gamma);
```

第6章

6.1 (a) 双曲方程. (b) 抛物方程. (c) $f(x, y)>0$ 时为双曲方程；$f(x, y)<0$ 时为椭圆方程.

6.2 初始斜率 $=-1.6714$. 试射法和有限差分法的结果都很好.

6.3 这是刚性方程的一个例子. (a) 当 $x=0$ 时，斜率的准确值为 1.0158×10^{-24}. 因为不能准确求得斜率，试射法给出的解很不精确. (b) 这个情形里，因为初始斜率为 -120，所以试射法的结果很好. 在这两种情形里，有限差分方法都需要大量的网格才能得到有一定精度的解.

6.5 有限差分法求得 $\lambda_1=2.4623$，精确解 $\lambda_1=(\pi/L)^2=2.4674$. 510

6.6 当 $t=0.5$ 时，u 在边界 0 到 10 之间的变化几乎是线性的.

6.7 精确解和有限差分解非常相似.

6.8 精确解和有限差分解很相似，最大误差为 0.0479.

6.9 $\lambda=5.8870$，14.0418，19.6215，27.8876，29.8780.

6.10 [0.7703 1.0813 1.5548 1.583 1.1943 1.5548 1.583 1.194 1.0813 0.7703].

第7章

7.1 利用 aitken 函数，$E(2°)=1.5703$、$E(13°)=1.5507$、$E(27°)=1.4864$，这些结果都精确到所给的有效数字.

7.2 根为 27.8235.

7.3 (a) $p(x)=0.9814x^2+0.1529$ 和 $p(x)=-1.2083x^4+2.1897x^2+0.0137$. 4 次多项式拟合得很好.

7.4 内插分别求得 0.9284（线性）、0.9463（样条）、0.9429（三次多项式）. MATLAB 函数 aitken 求得 0.9455，这是精确到小数点后 4 位的准确值.

7.5 $p(x)=-0.3238x^5+3.2x^4-6.9905x^3-12.8x^2+31.1429x$. 注意到该多项式在数据点间振荡. 样条拟合没有这个现象，这说明使用样条拟合能更好地表示数据的内在函数.

7.6 (a) $f(x)=3.1276+1.9811e^x+e^{2x}$.

(b) $f(x)=685.1-2072.2/(1+x)+1443.8/(1+x)^2$.

(c) $f(x)=47.3747x^3-128.3479x^2+103.4153x-5.2803$. 画出这些函数来说明最好的拟合是(a)，多项式拟合结果也不错.

7.7 画出的图为机翼的截面.

7.8 拟合的结果为 0.3679＋1.0182 $\log_e P$.

7.9 $a_0=1$，$a_1=-0.5740$，$a_2=0.9456$，$a_3=-0.6865$，$a_4=0.4115$，$a_5=-0.0966$.

7.10 精确值：−78.3323. 内插求得−78.3340（三次）或−77.9876（线性).

7.11 E 的极小值近似等于−14.95 和−6.45，分别在点 40 和 170 处取到. E 的极大值近似等于 3.68 和 16.47，分别在点 110 和 252 处取到.

7.12 数据采样自函数 $y=\sin(2\pi f_1 t)+2\cos(2\pi f_2 t)$，其中 $f_1=1.25\text{Hz}$，$f_2=3.4375\text{Hz}$. 在 1.25Hz 时，DFT＝−15.9999i；在 3.4375Hz 时，DFT＝32.0001. 负的复系数对应正弦函数的系数为正，而
511 正的实系数对应余弦函数的系数为正. 为将 DFT 的结果和数据的频谱对应起来，需将 DFT 的结果除以采样的数目（这里为 32）再乘以 2.

7.13 结果为

$$32\sin^5(30t) = 20\sin(30t) - 10\sin(90t) + 2\sin(150t)$$

和

$$32\sin^6(30t) = 10 - 15\cos(60t) + 6\cos(120t) - \cos(180t)$$

通过 DFT 验证这些结果时需要将结果除以 n 再乘以 2. DFT 结果中实数为余弦函数的系数，纯虚数为正弦函数系数的相反数. 需要注意在频率为 0 处的系数为 20，而不是 10，这从 DFT 定义中可以看出，见 7.4 节.

7.14 计算得到的谱在 30Hz 和 112Hz 处有分量. 由于 400Hz 大于奈奎斯特（Nyquist）频率，所以“折回”到了一个错误的频率. 400Hz 等于奈奎斯特频率 256Hz 加上 144Hz，而 256Hz 减去 144Hz 等于 112Hz. 这即为在 112Hz 处有个大分量的原因.

7.16 32 个点的情形下，频率的增量为 16Hz，主要分量在频率 96Hz 和 112Hz（振幅最大）处. 512 个点的情形下，频率的增量减少为 1Hz，主要分量在频率 106Hz、107Hz 和 108Hz 处，在 107Hz 时振幅最大. 1024 个点的情形下，频率的增量减少为 0.5Hz，最大振幅在 107.5Hz 时取到. 原始数据有一个 107.5Hz 的频率分量.

7.17 使用三次外插法和二次外插法计算得到的第 6 年的生产成本分别约为 31.80 美元和 20.88 美元. 用修正后的数据估计的生产成本分别为 24.30 美元和 21.57 美元结果差别如此之大，必然有的结果不可信，这说明当数据不够时，试图估计未来的生产成本是非常危险的.

7.18 $x=0.5304$.

7.19 $I=1.5713$，$\alpha=9.0038$.

7.20 $f_n=\dfrac{n}{6}(n^2+3n+2)$.

7.23 值为 22.70、22.42、22.42.

512 7.24 求解该习题的脚本为：

```
load sunspot.dat
year = sunspot(:,1);
sunact = sunspot(:,2);
figure(1)
plot(year,sunact)
xlabel('Year'), ylabel('Sunspots')
title('Sunspot activity by year')
Y = fft(sunact);
N = length(Y);
Power = abs(Y(1:N/2)).^2;
freq = (1:N/2)/(N/2)*0.5;
figure(2)
plot(freq,Power)
xlabel('freq'), ylabel('Power')
```

第 8 章

8.1 目标值为 21.6667，解为 $x_1=3.6667$，$x_3=0.3333$，其他变量为 0.

8.2 目标值为 −21.6667，解为 $x_1=3.6667$，$x_2=1.6667$，$x_4=0.3333$，其他变量为 0. 可以看出，本习题和上一习题的目标函数大小相等.

8.3 目标值为 −100，解为 $x_1=10$，$x_3=20$，$x_5=22$，其他变量为 0.

8.4 这个函数使用共轭梯度法求解是很困难的，这也是为什么需要调整线搜索精度的原因，这样才能得到更精确的结果. 解为 [1.0007 1.0014]，梯度为 $[0.3386\ 0.5226]\times10^{-3}$.

8.5 精确解和计算解均为 [−2.9035 −2.9035 1 1 1].

8.6 解为 $[-0.4600\ 0.5400\ 0.3200\ 0.8200]^T$. `norm(b-Ax)` $=1.3131\times10^{-14}$.

8.7 `[xval,maxf] = optga('p807',[0 2],8,12,20,.005,.6)`，其中 p807 为定义该习题的 MATLAB 函数. 运行后输出如下：

```
xval = 0.9098, maxf = 0.4980.
```

8.8 主要的修改针对 `fitness` 函数，如下： 513

```
function [fit,fitot] = fitness2d(criteria,chrom,a,b)
% calculate fitness of a set of chromosomes for a two variable
% function assuming each variable is defined in the range
% a to b using a two variable function given by criteria
[pop bitl] = size(chrom); vlength = floor(bitl/2);
for k = 1:pop
    v = [ ]; v1 = [ ]; v2 = [ ]; partchrom1 = chrom(k,1:vlength);
    partchrom2 = chrom(k,vlength+1:2*vlength);
    v1 = binvreal(partchrom1,a,b); v2 = binvreal(partchrom2,a,b);
    v = [v1 v2]; fit(k) = feval(criteria,v);
end
fitot = sum(fit);
```

调用修改后函数的语句如 `optga2d('f808',[1 2],24,40,100,.005,.6)`，其中 f808 定义了函数 $z=x^2+y^2$，该语句的输出为 `maxf=7.9795` 和 `xval=[1.9956 1.9993]`.

8.11 求得的值为 0.1605 和 0.4931.

8.12 求解该问题的脚本为：

514

```
clf
[x,y] = meshgrid(-4:0.1:4,-4:0.1:4);
p = x.^2+y.^2;
z = (1-x).^2.*exp(-p)- p.*exp(-p) - exp(-(x+1).^2 - y.^2);
figure(1)
surf(x,y,z)
xlabel('x-axis'), ylabel('y-axis'), zlabel('z-axis')
title('mexhat plot')
figure(2)
contour(x,y,z,20)
xlabel('x-axis'), ylabel('y-axis')
title('contour plot')
optp = ginput(3);
x = optp(:,1); y = optp(:,2);
p = x.^2+y.^2;
z = (1-x).^2.*exp(-p)- p.*exp(-p) - exp(-(x+1).^2 - y.^2)
fprintf('maximum value= %6.2f\n',max(z))
fprintf('minimum value= %6.2f\n',min(z))
x
y
```

```
P=x(1).^2+x(2).^2;
fopt=@ (x)(1-x(1)).^2 .*exp(-(x(1).^2+x(2).^2))...
    - (x(1).^2+x(2).^2).*exp(-(x(1).^2+x(2).^2))...
    - exp(-(x(1)+1).^2 - x(2).^2) ;
[x,fval] = fminsearch(fopt,[-4;4])
fprintf('\nNon global solution= %8.6f\n',fval)
```

8.13 可以看出，用连续遗传算法求解习题 8.12 所得结果与其他方法吻合得很好．最优值为－0.3877.

8.14 最小值在 63.8157 处得到.

8.15 最小值在 63.8160 处得到，和习题 8.14 中的结果很接近.

第 9 章

9.1 使用

```
>>collect((x-1/a-1/b)*(x-1/b-1/c)*(x-1/c-1/a))
```

9.2 使用

```
>>y = x^4+4*x^3-17*x^2+27*x-19; z = x^2+12*x-13;
>>horner(collect(z*y))
```

9.3 使用

```
>>expand(tan(4*x))
>>expand(cos(x+y))
>>expand(cos(3*x))
>>expand(cos(6*x))
```

9.4 使用

```
expand(cos(x+y+z))
```

9.5 使用

```
>>taylor(asin(x),8)
>>taylor(acos(x),8)
>>taylor(atan(x),8)
```

9.6 使用

```
taylor(log(cos(x)),13)
```

9.7 使用

```
>>[solution, how] = simple(symsum((r+3)/(r*(r+1)*(r+2))*(1/3)^r,1,n))
```

9.8 使用

515 symsum(k^10,1,100)

9.9 使用

```
symsum(k^(-4),1,inf)
```

9.10 使用

```
a = [1 a a^2;1 b b^2;1 c c^2]; factor(inv(a))
```

9.11 令

```
a = [a1 a2 a3 a4;1 0 0 0;0 1 0 0;0 0 1 0]
```

并使用

```
ev = a-lam*eye(4)
```

及

```
det(ev)
```

9.12 令

```
trans = [cos(a1) sin(a1);-sin(a1) cos(a1)];
```

并使用

```
>>[solution,how] = simple(trans^2)
>>[solution,how] = simple(trans^4)
```

9.13 令

```
r = solve('x^3+3*h*x+g=0')
```

并使用

```
[solution,s] = subexpr(r,'s')
```

9.14 使用

```
>>solve('x^3-9*x+28 = 0')
```

9.15 使用

```
>>p = solve('z^6 = 4*sqrt(2)+i*4*sqrt(2)');
>>res = double(p)
```

9.16 使用

```
>>f5 = log((1-x)*(1+x^3)/(1+x^2)); p = diff(f5);
>>factor(p)
```

使用 pretty(ans) 帮助理解计算结果.

9.17 使用

```
>>f = log(x^2+y^2);
>>d2x = diff(f,x,2)
>>d2y = diff(f,y,2)
>>factor(d2x+d2y)
>>f1 = exp(-2*y)*cos(2*x);
>>r = diff(f1,'x',2)+diff(f1,'y',2)
```

9.18 使用

```
>>z = x^3*sin(y);
>>dyx = diff(diff(z,'y'),'x')
>>dxy = diff(diff(z,'x'),'y')
>>dxy = diff(diff(z,'x',4),'y',6)
>>dxy = diff(diff(z,'y',6),'x',4)
```

516

9.19 (a) 使用

```
>>p = int(1/((a+f*x)*(c+g*x)));
>>[solution,how] = simple(p)
>>[solution,how] = simple(diff(solution))
```

(b) 使用

```
>>solution = int((1-x^2)/(1+x^2))
>>p = diff(solution); factor(p)
```

9.20 使用

```
>>int(1/(1+cos(x)+sin(x)))
```

及

```
>>int(1/(a^4+x^4))
```

9.21 使用

```
>>int(x^3/(exp(x)-1),0,inf)
```

9.22 使用

```
>>int(1/(1+x^6),0,inf)
```

及

```
>>int(1/(1+x^10),0,inf)
```

9.23 使用

```
>>taylor(exp(-x*x),7)
>>p = int(ans,0,1); vpa(p,10)
>>taylor(exp(-x*x),15)
>>p = int(ans,0,1); vpa(p,10)
```

9.24 使用
```
>>int(sin(x^2)/x,0,inf)
```
9.25 使用
```
>>taylor(log(1+cos(x)),5)
>>int(ans,0,1)
```
9.26 使用
```
>>dint = 1/(1-x*y)
>>int(int(dint,x,0,1),y,0,1)
```
9.27 使用
```
>>[solution,s] = subexpr(dsolve('D2y+(b*p+a*q)*Dy+a*b*(p*q-1)*...
y = c*A ', 'y(0)=0', 'Dy(0)=0','t'),'s')
```
使用 subs 函数

517
```
>>subs(solution,{p,q,a,b,c,A},{1,2,2,1,1,20})
```
得到给定值的解如下
```
ans =
10-5*s(2)/s(1)^(1/2)*exp(-1/2*s(3)*t)+5*s(3)/s(1)^(1/2)*exp(-1/2*s(2)*t)
```
另外，还需求得 s(1)、s(2)和 s(3)的值，再一次使用 subs 函数：
```
>>s = subs(s,{p,q,a,b,c},{1,2,2,1,1})

s =
[          17]
[ 5+17^(1/2)]
[ 5-17^(1/2)]
```
9.28 使用
```
>>sol = dsolve('2*Dx+4*Dy = cos(t),4*Dx-3*Dy = sin(t)','t')
```
求得如下形式的解：
```
sol =
    x: [1x1 sym]
    y: [1x1 sym]
```
可用如下语句查看解的各个分量：
```
>>sol.x

ans =
C1+3/22*sin(t)-2/11*cos(t)
```
和
```
>>sol.y

ans =
C2+2/11*sin(t)+1/11*cos(t)
```
9.29 使用
```
>>dsolve('(1-x^2)*D2y-2*x*Dy+2*y = 0','x')
```
9.30 (a) 使用
```
>>laplace(cos(2*t))
```
及
```
>>p = solve('s^2*Y+2*s+2*Y = s/(s^2+4)','Y');
>>ilaplace(p)
```
(b) 使用

518
```
>>laplace(t)
```
及

```
>>p = solve('s*Y-2*Y = 1/s^2','Y');
>>ilaplace(p)
```

(c) 使用

```
>>laplace(exp(-2*t))
```

及

```
>>p = solve('s^2*Y+3*s-3*(s*Y+3)+Y = 1/(s+2)','Y');]
>>ilaplace(p)
```

(d) 零函数的拉普拉斯变换还是零函数. 将等式进行拉普拉斯变换，再使用

```
>>p = solve('(s*Y-V)+Y/c=0','Y');
>>ilaplace(p)
```

9.31 (a) 零函数的 Z-变换还是零函数. 将等式进行 Z-变换，再使用

```
>>p = solve('Y=-2*(Y/z+4)','Y');
>>iztrans(p)
```

(b) 使用

```
>>ztrans(n)
```

然后再用

```
>>p = solve('Y+(Y/z+10) = z/(z-1)^2','Y');
>>iztrans(p)
```

(c) 使用

```
>>ztrans(3*heaviside(n))
```

然后再用

```
>>p = solve('Y-2*(Y/z+1)=3*z/(z-1)','Y');
>>iztrans(p)
```

(d) 使用

```
>>ztrans(3*4^n)
```

然后再用

```
>>p = solve('Y-3*(Y/z-3)+2*(Y/z^2+5-3/z) = 3*z/(z-4)','Y'); 
>>iztrans(p)
```

519

参考文献

Abramowitz, M., and Stegun, I.A. (1965). *Handbook of Mathematical Functions*, 9th ed. Dover, New York.

Adby, P.R., and Dempster, M.A.H. (1974). *Introduction to Optimisation Methods*. Chapman and Hall, London.

Anderson, D.R., Sweeney, D.J., and Williams, T.A. (1993). *Statistics for Business and Economics*. West Publishing Co., Minneapolis.

Armstrong, R., and Kulesza, B.L.J. (1981). "An approximate solution to the equation $x = \exp(-x/c)$." *Bulletin of the Institute of Mathematics and Its Applications*, **17**(2-3), 56.

Bailey, D.H. (1988). "The computation of π to 29,360,000 decimal digits using Borweins' quadratically convergent algorithm." *Mathematics of Computation*, **50**, 283–296.

Barnes, E.R. (1986). "Affine transform method." *Mathematical Programming*, **36**, 174–182.

Beltrami, E.J. (1987). *Mathematics for Dynamic Modelling*. Academic Press, Boston.

Bracewell, R.N. (1978). *The Fourier Transform and Its Applications*. McGraw-Hill, New York.

Brent, R.P. (1971). "An algorithm with guaranteed convergence for finding the zero of a function." *Computer Journal*, **14**, 422–425.

Brigham, E.O. (1974). *The Fast Fourier Transform*. Prentice Hall, Englewood Cliffs, NJ.

Butcher, J.C. (1964). "On Runge Kutta processes of high order." *Journal of the Australian Mathematical Society*, **4**, 179–194.

Caruana, R.A., and Schaffer, J.D. (1988). "Representation and hidden bias: Grey vs. binary coding for genetic algorithms." *Proceedings of the 5th International Conference on Machine Learning*, Los Altos, CA, pp. 153–161.

Chelouah, R., and Siarry, P. (2000). "A continuous genetic algorithm design for the global optimisation of multimodal functions." *Journal of Heuristics*, **6**(2), 191–213

Cooley, P.M., and Tukey, J.W. (1965). "An algorithm for the machine calculation of complex Fourier series." *Mathematics of Computation*, **19**, 297–301.

Dantzig, G.B. (1963). *Linear Programming and Extensions*. Princeton University Press, Princeton, NJ.

Dekker, T.J. (1969). "Finding a zero by means of successive linear interpolation" in Dejon, B. and Henrici, P. (eds.). *Constructive Aspects of the Fundamental Theorem of Algebra*. Wiley-Interscience, New York.

Dongarra, J.J., Bunch, J., Moler, C.B., and Stewart, G. (1979). *LINPACK User's Guide*. SIAM, Philadelphia.

Dowell, M., and Jarrett, P. (1971). "A modified *regula falsi* method for computing the root of an equation." *BIT*, **11**, 168–174.

Draper, N.R., and Smith H. (1998). *Applied Regression Analysis*, 3rd ed. Wiley, New York.

Fiacco, A.V., and McCormick, G. (1968). *Nonlinear Programming: Sequential Unconstrained Minimization Techniques*. Wiley, New York.

Fiacco A.V. and McCormick, G. (1990). *Nonlinear Programming: Sequential Unconstrained Minimization Techniques*. SIAM Classics in Mathematics, SIAM, Philadelphia (reissue).

Fletcher, R., and Reeves, C.M. (1964). "Function minimisation by conjugate gradients." *Computer Journal*, **7**, 149–154.

Fox, L., and Mayers, D.F. (1968). *Computing Methods for Scientists and Engineers*. Oxford University Press, Oxford, UK.

Froberg, C.-E. (1969). *Introduction to Numerical Analysis*, 2nd ed. Addison-Wesley, Reading, MA.

Garbow, B.S., Boyle, J.M., Dongarra, J.J., and Moler, C.B. (1977). *Matrix Eigensystem Routines: EISPACK Guide Extension*. Lecture Notes in Computer Science, **51**. Springer-Verlag, Berlin.

Gear, C.W. (1971). *Numerical Initial Value Problems in Ordinary Differential Equations.* Prentice Hall, Englewood Cliffs, NJ.

Gilbert, J.R., Moler, C.B., and Schreiber, R. (1992). "Sparse matrices in MATLAB: Design and implementation." *SIAM Journal of Matrix Analysis and Application,* **13**(1), 333–356.

Gill, S. (1951). "Process for the step by step integration of differential equations in an automatic digital computing machine." *Proceedings of the Cambridge Philosophical Society,* **47**, 96–108.

Goldberg, D.E. (1989). *Genetic Algorithms in Search, Optimization and Machine Learning.* Addison-Wesley, Reading, MA.

Golub, G.H., and Van Loan, C.F. (1989). *Matrix Computations,* 2nd ed. John Hopkins University Press, Baltimore.

Gragg, W.B. (1965). "On extrapolation algorithms for ordinary initial value problems." *SIAM Journal of Numerical Analysis,* **2**, 384–403.

Guyan, R.J. (1965). "Reduction of stiffness and mass matrices." *AIAA Journal,* **3**(2), 380.

Hamming, R.W. (1959). "Stable predictor–corrector methods for ordinary differential equations." *Journal of the ACM,* **6**, 37–47.

Higham, D.J., and Higham, N.J. (2005). MATLAB *Guide,* 2nd ed. SIAM, Philadelphia.

Hopfield, J.J., and Tank, D.W. (1985). "Neural computation of decisions in optimisation problems." *Biological Cybernetics,* **52**(3), 141–152.

Hopfield, J.J., and Tank, D.W. (1986). "Computing with neural circuits: A model." *Science,* **233**, 625–633.

Ingber, L. (1993). "Very fast simulated annealing." *Journal of Mathematical Computer Modelling,* **18**, 29–57.

Jeffrey, A. (1979). *Mathematics for Engineers and Scientists.* Nelson, Sunburyon-Thames, UK.

Karmarkar, N.K. (1984). "A new polynomial time algorithm for linear programming." AT&T Bell Laboratories, Murray Hill, NJ.

Karmarkar, N.K., and Ramakrishnan, K.G. (1991). "Computational results of an interior point algorithm for large scale linear programming." *Mathematical Programming,* **52**(3), 555–586.

Kirkpatrick, S., Gellat, C.D., and Vecchi, M.P. (1983). "Optimisation by simulated annealing." *Science,* **220**, 206–212.

Kronrod, A.S. (1965). *Nodes and Weights of Quadrature Formulas: Sixteen Place Tables.* Consultants' Bureau, New York.

Lambert, J.D. (1973). *Computational Methods in Ordinary Differential Equations.* John Wiley & Sons, London.

Lasdon, L., Plummer, J., and Warren, A. (1996). "Nonlinear programming" in Avriel, M. and Golany, B. (eds.). *Mathematical Programming for Industrial Engineers,* Chapter 6, 385–485, Marcel Dekker, New York.

Lindfield, G.R., and Penny, J.E.T. (1989). *Microcomputers in Numerical Analysis.* Ellis Horwood, Chichester, UK.

MATLAB *User's Guide.* (1989). The MathWorks, Inc., Natick, MA. [This describes an earlier version of MATLAB.]

Merson, R.H. (1957). "An operational method for the study of integration processes." *Proceedings of the Conference on Data Processing and Automatic Computing Machines.* Weapons Research Establishment. Salisbury, South Australia.

Michalewicz, Z. (1996). *Genetic Algorithms + Data Structures = Evolution Programs,* 3rd Edition. Springer-Verlag, Berlin.

Moller M.F. (1993). "A scaled conjugate gradient algorithm for fast supervised learning." *Neural Networks,* **6**(4), 525–533.

Olver, F.W.J., Lozier, D.W., Boisvert. R.F., and Clark, C.W. (2010). *NIST Handbook of Mathematical Functions.* National Institute of Standards and Cambridge University Press, New York. See also *NIST Digital Library of Mathematical Functions.* `http://dlmf.nist.gov/`.

Percy, D.F. (2011). "Prior elicitation: A compromise between idealism and pragmatism," *Mathematics Today,* **47**(3), 142–147.

Press, W.H., Flannery, B.P., Teukolsky, S.A., and Vetterling, W.T. (1990). *Numerical Recipes: The Art of Scientific Computing in Pascal.* Cambridge University Press, Cambridge, UK.

Ralston, A. (1962). "Runge Kutta methods with minimum error bounds." *Mathematics of Computation*, **16**, 431–437.

Ralston, A., and Rabinowitz, P. (1978). *A First Course in Numerical Analysis*. McGraw-Hill, New York.

Ramirez, R.W. (1985). *The FFT, Fundamentals and Concepts*. Prentice Hall, Englewood Cliffs, NJ.

Salvadori, M.G., and Baron, M.L. (1961). *Numerical Methods in Engineering*. Prentice Hall, London.

Stakhov, A., and Rozin, B. (2005). "The golden shofar." *Chaos, Solitons and Fractals*, **26**, 677–684.

Stakhov, A., and Rozin, B. (2007). "The golden hyperbolic models of the universe." *Chaos, Solitons and Fractals*, **34**, 159–171.

Sultan, A. (1993). *Linear Programming—An Introduction with Applications*. Academic Press, San Diego.

Short, L. (1992). "Simple iteration behaving chaotically." *Bulletin of the Institute of Mathematics and its Applications*, **28**(6-8), 118–119.

Simmons, G.F. (1972). *Differential Equations with Applications and Historical Notes*. McGraw-Hill, New York.

Smith, B.T., Boyle, J.M., Dongarra, J.J., Garbow, B.S., Ikebe, Y., Kleme, V.C., and Moler, C. (1976). *Matrix Eigensystem Routines: EISPACK Guide*. Lecture Notes in Computer Science, **6**, 2nd Ed. Springer-Verlag, Berlin.

Styblinski, M.A., and Tang, T.-S. (1990). "Experiments in nonconvex optimisation: Stochastic approximation with function smoothing and simulated annealing." *Neural Networks*, **3**(4), 467–483.

Swift, A. (1977). *Course Notes*, Mathematics Department, Massey University, Wellington, New Zealand.

Thompson, I. (2010). "From Simpson to Kronrod: An elementary approach to quadrature formulae." *Mathematics Today*, **46**(6), 308–313.

Walpole, R.E., and Myers, R.H. (1993). *Probability and Statistics for Engineers and Scientists*. Macmillan, New York.

索 引

索引中的页码为英文原书页码，与书中页边标注的页码一致。

E

F

G

H

I

J

K

L

M

N

O

P

Q

R

S

T

U

V

W

Z

推荐阅读

深入理解计算机系统（第2版）

作者：Randal E. Bryant　David R. O'Hallaron
译者：龚奕利 雷迎春
中文版：978-7-111-32133-0，99.00元
英文版：978-7-111-32631-1，128.00元

计算机系统概论（第2版）

作者：Yale N. Patt　Sanjay J. Patel
译者：梁阿磊 蒋兴昌 林凌
中文版：7-111-21556-1，49.00元
英文版：7-111-19766-6，66.00元

数字设计和计算机体系结构（第2版）

作者：David Harris　Sarah Harris
译者：陈俊颖
英文版：978-7-111-44810-5，129.00元
中文版：2016年4月出版

计算机系统：核心概念及软硬件实现（原书第4版）

作者：J. Stanley Warford
译者：龚奕利
书号：978-7-111-50783-3
定价：79.00元

推荐阅读

云计算：概念、技术与架构

作者：Thomas Erl 等 译者：龚奕利 等 ISBN：978-7-111-46134-0 定价：69.00元

“我读过Thomas Erl写的每一本书，云计算这本书是他的又一部杰作，再次证明了Thomas Erl选择最复杂的主题却以一种符合逻辑而且易懂的方式提供关键核心概念和技术信息的罕见能力。”

—— Melanie A. Allison，Integrated Consulting Services

在本书中，世界上最畅销的IT书籍作者之一Thomas Erl联合云计算专家和研究者，详细分析了业已证明的、成熟的云计算技术和实践，并将其组织成一系列定义准确的概念、模型、技术机制和技术架构，所有这些都是以工业为中心但是与厂商无关的。

本书理论与实践并重，重点放在主流云计算平台和解决方案的结构和基础上。除了以技术为中心的内容以外，还包括以商业为中心的模型和标准，以便读者对基于云的IT资源进行经济评估，把它们与传统企业内部的IT资源进行比较。此外，本书提供了一些用来计算与SLA相关的服务质量的模板和公式，还给出了大量的SaaS、PaaS和IaaS交付模型。

本书包括超过260幅图、29个架构模型和20种机制，是一本不可或缺的指导书，是对云计算技术的详细解读。

云计算与分布式系统：从并行处理到物联网

作者：Kai Hwang 等 译者：武永卫 等 ISBN：978-7-111-41065-2 定价：85.00元

“本书是一本全面而新颖的教材，内容覆盖高性能计算、分布式与云计算、虚拟化和网格计算。作者将应用与技术趋势相结合，揭示了计算的未来发展。无论是对在校学生还是经验丰富的实践者，本书都是一本优秀的读物。”

—— Thomas J. Hacker, 普度大学

本书是一本完整讲述云计算与分布式系统基本理论及其应用的教材。书中从现代分布式模型概述开始，介绍了并行、分布式与云计算系统的设计原理、系统体系结构和创新应用，并通过开源应用和商业应用例子，阐述了如何为科研、电子商务、社会网络和超级计算等创建高性能、可扩展的、可靠的系统。